智慧勘察
理论、实践和未来

蔡升华　任治军　编著

清华大学出版社
北京

内 容 简 介

本书系统地总结了智慧勘察体系的内涵、相关理论和技术架构,并分享了研究团队在智慧勘察顶层设计中的做法,以及在电力工程勘察、勘察监管、数字监测、质量管理创新等不同应用场景下的实践案例,结合行业数字化的发展趋势,展望数字孪生背景下智慧勘察在智慧城市发展、企业数字化转型中的关键作用和未来之路。

图书在版编目(CIP)数据

智慧勘察:理论、实践和未来/蔡升华,任治军编著.—北京:清华大学出版社,2023.6
ISBN 978-7-302-63097-5

Ⅰ.①智…　Ⅱ.①蔡…　②任…　Ⅲ.①智能技术－应用－岩土工程－地质勘探　Ⅳ.①TU412

中国国家版本馆 CIP 数据核字(2023)第 047599 号

责任编辑: 王向珍　王　华
封面设计: 陈国熙
责任校对: 王淑云
责任印制: 曹婉颖

出版发行: 清华大学出版社
　　　　网　　　址:http://www.tup.com.cn,http://www.wqbook.com
　　　　地　　　址:北京清华大学学研大厦 A 座　　　邮　　编:100084
　　　　社 总 机:010-83470000　　　　　　　　　邮　　购:010-62786544
　　　　投稿与读者服务:010-62776969,c-service@tup.tsinghua.edu.cn
　　　　质量反馈:010-62772015,zhiliang@tup.tsinghua.edu.cn
印 装 者: 三河市龙大印装有限公司
经　　销: 全国新华书店
开　　本: 185mm×260mm　　**印　张:** 21.75　　　　**字　　数:** 529 千字
版　　次: 2023 年 6 月第 1 版　　　　　　　　　　**印　　次:** 2023 年 6 月第 1 次印刷
定　　价: 118.00 元

产品编号:098216-01

编著委员会

通过近 40 年的变革,我国传统工程勘察行业实现了与国际同行的技术接轨,发展成为以岩土工程及工程测量技术为核心的智力服务产业,为社会创造了更加丰富的行业价值。随着这一改革进程并借助计算机和网络信息技术的飞速发展,工程勘察行业的骨干企业在过去的 30 年里坚持研发创新,首先通过计算机绘图与试验数据采集等手段大大提高工效;其次通过数据库与 GIS 等平台的开发应用,为全程支撑工程项目实施、深化资料信息管理利用和科学研究奠定了新的基础,加上多样化的数值分析和人工智能分析技术的发展,为不断创造出新的行业价值提供了有力支撑。近年来,云计算、大数据、物联网、移动通信和智能终端技术得到快速普及,使得工程勘察企业开发出个性化、数字化、智能化的技术产品,并基于专业 BIM 集成技术、全球卫星导航、地理信息系统及其数字孪生技术、移动互联网、云技术和空-地监测等,将岩土工程与工程测量技术服务进一步有机组合,从规划-设计-施工-运营全过程的高度和广度,为社会和客户提供一流的专业服务成为可能。

如何全面、系统地了解和掌握并运用这些新技术以实现工程勘察企业服务能力的跃升、实现"智慧勘察",是全行业面临的新课题。为此,一批业界骨干企业前瞻性地持续投入岩土工程勘察信息化全过程的技术研究,通过集成化、智能化水平的提升,对业务系统进行不断的更新换代,建立了覆盖业务处理、质量管控、成果移交、专业协同的系统和工作体系,为岩土工程勘察全过程信息化提供了高质量的解决方案。中国能源建设集团江苏省电力设计院有限公司(简称"江苏院")是国内工程勘察信息化走在前列的业界骨干企业之一,其紧密结合工程服务和企业工作的需要,开展了系列化、开创性和前瞻性的基础研究,在智慧勘察理念的实践和技术创新等方面进行了有意义的探索,建树颇丰,不仅带动了本企业高质量发展,取得了显著的社会效益及经济效益,对工程勘察行业企业更具有积极的示范作用,在岩土工程勘察信息化的发展与提升方面发挥了重要的推动作用。

《智慧勘察——理论、实践和未来》一书凝聚了江苏院研发团队在"智慧勘察"领域的研究与实践成果,包括先进的发展理念、顶层设计的宝贵经验、多种应用场景的创新实践,展示了集数字化采集、集成化管理、智能化分析、协同化应用、可视化表达于一体的智慧勘察系统范例,并且从研发者与使用者的角度对智慧勘察在智慧城市发展、企业数字化转型中的关键作用和未来之路提出了展望。在此专著面世之际,特别感谢江苏院的专家、同仁们为工程勘察行业奉献了一个全面、系统学习和了解新技术在工程勘察领域应用的捷径和窗口,其对促进工程勘察行业企业在新时代的发展和全行业的科技进步具有十分重要的价值。

《"十四五"国家信息化规划》中已明确我国信息化要进入加快数字化发展、建设数字中国的新阶段。住房城乡建设部在《"十四五"工程勘察设计行业发展规划》中明确提出,要通过推进勘察设计企业管理信息系统升级迭代、推进 BIM 全过程应用、推广工程项目数字化交付等进一步推动勘察设计行业的数字转型，提升行业的发展效能。随着社会科学可持续发展需求的快速增长，智慧城市、智慧能源、绿色发展等理念的进一步普及与落地，智慧勘察技术应当且必将因新的需求而获得不断的拓展。通过全行业的共同和不懈的努力，将物联网、云计算和空间地理信息集成技术应用到全行业的科技服务中，加速优化专业间的动态协同设计，大力发展信息智能采集处理、大数据技术、三维地质技术和专业 BIM 集成技术，工程勘察行业必将为社会和更加广泛的客户创造巨大的智力服务价值。

全国工程勘察设计大师、中国勘察设计协会监事长

2022 年 10 月于北京

　　随着智慧地球、智慧城市理念的逐步深入,智慧勘察的概念近几年也被屡屡提及,成为工程勘察行业的热门词汇,如何理解和阐述智慧勘察的内涵,并在工程实践中加以应用,往往是一件比提出新名词更困难的事情。

　　工程勘察的主要工作内容是针对特定的勘察测量目标,采用多种勘察手段进行相应的资料信息采集并进行恰当的处理,其关键过程包括搜资分析、制定勘察方案、现场调绘、勘探取样、现场试验、室内试验、资料分析处理、成果汇编等。工程勘察信息化的重大任务就是把这一系列工作中数据的产生、传递、加工和处理过程与岩土工程师的技术工作要求进行整合思考。

　　中国能源建设集团江苏省电力设计院有限公司(简称"江苏院")从 20 世纪 90 年代开始研究工程勘察信息化,从最先的工具包、小程序到工程勘察集成应用系统搭建,坚持以提升竞争力为核心,通过勘察信息化建设推进企业管理创新、科技创新和业务模式创新,在行业里率先提出全过程信息化的理念并坚持不动摇。我作为评审专家,多次见证了江苏院勘测信息化工作中重要的创新成果和产品发布,从研究的突破到实践的验证,每一步改进都看得出团队成员那一份工程师的严谨和执着,我为行业内有这样的研究团队感到欣慰。第一时间拿到本书稿后,我放下手边的工作进行了认真研读。这本书聚焦智慧勘察产生的技术基础、历史背景、案例研究和关键技术,结合全过程信息化研究中涉及的多源异构数据的结构化、地质体及岩土工程对象的智能化采集、处理、分析计算及工程勘察数字化交付等问题,紧扣理论、实践和未来三个关键词,系统地阐述了智慧勘察所蕴含的本质含义,对工程勘察行业的信息化建设经验做了很好的总结和提升。从这一群年轻的技术达人身上,我看到了工程勘察信息化的方向和希望。

　　新发布的《工程勘察设计行业"十四五"信息化工作指导意见》中明确提出,"十四五"期间行业信息化工作的总体目标是:以数字化转型整体驱动生产方式变革,推动数据赋能全产业链协同发展,初步实现全生命周期数字化协同工作模式,创新勘察设计新业态,有效提高生产能效和绿色环保水平,开放、健康、安全的行业信息化生态初见成效。到 2025 年,大型骨干企业基本实现数字化转型,有条件的中小企业数字化转型取得明显进展,部分龙头企业达到国际先进水平。期望江苏院在智慧勘察的道路上不断总结提升,始终勇立数字化转型潮头,在不远的将来取得更辉煌的成绩,也在业内起到更好的表率作用。

中国工程勘察设计大师　刘志清

2022 年 10 月于西安

前言

PREFACE

"十三五"期间,工程勘察设计行业紧紧抓住以信息化引领全面创新、构筑国家竞争新优势的战略机遇,深入研究和推进以建筑信息模型(building information modeling,BIM)和数字化工厂为代表的新技术开发和应用,取得了一系列重要发展成果,以工业领域为例,集成化设计和数字化交付、数字化工厂等快速发展,深度促进了工程建设模式变革;集成办公系统、协同设计系统、综合管理系统的建立以及移动办公、电子签名和电子归档等技术的应用,极大地提升了企业管理水平和服务能力。但对比高质量发展要求,工程勘察行业信息化工作仍然存在不足,尤其是工程勘察领域,信息化水平远低于社会平均水平,行业信息化在管理理念、标准规范、数据治理、网络安全等方面还未形成有效体系;工程勘察设计软件对外依赖程度较高,自主化率较低,亟待聚力提升。

以5G、物联网、工业互联网、大数据中心、特高压、城际高速铁路和轨道交通、新能源等为代表的新基建,基于数字化、网络化、智能化的新城建,都将为行业带来新的市场机会。智慧城市、智慧交通、智能建造、智慧能源的发展进一步加速万物互联,将为行业带来新的应用场景,势将促进工程建设全生命周期和全产业链的协同发展。在这一背景下,智慧勘察的提法逐步成为行业热点,但何谓智慧勘察,智慧勘察体系应该包括哪些应用场景和典型的解决方案,对此行业中并无典型的案例可以全面回答。本书的作者们都是一线从事工程勘察设计行业的工程师和管理人员,结合各自在技术和管理中的实践经验和理论积累,提出智慧勘察的定义:在充分利用云计算、大数据、物联网、移动终端和智能化算法等新一代信息技术和装备条件下,对传统的工程勘察行业进行数字化改造,将工程勘察技术与数字技术进行深度融合,通过业务场景和IT功能匹配,全面赋能工程勘察过程,做到数据全采集、过程全感知、结果可追溯,进而形成以工程勘察信息化、数字化和智能化为目的的新型工程勘察模式。

本书是中国能源建设集团江苏省电力设计院有限公司(简称"江苏院")在长期坚持工程勘察信息化、数字化的背景下,系统性地对智慧勘察的内涵、智慧勘察体系相关理论和技术架构进行的一次总结。

本书的理论部分简要介绍智慧勘察相关的基础理论,其中第1章提出智慧勘察的概念,第2章讲述传统勘察业务的技术手段及应用,第3章讲述智慧勘察中将运用到的信息技术,然后将传统勘察业务与信息技术相结合,提出智慧勘察新理论,并于第4章中详细阐述。

实践部分给出智慧勘察理论投入实际应用的具体案例,其中第5章结合顶层设计理念提出智慧勘察顶层设计的主要内涵和做法,第6章阐述不同应用场景下的典型案例分析,第7章结合戴明环理论阐述基于智慧勘察体系的质量管理创新理念。

未来探究部分给出智慧勘察未来可能的发展方向,第8章涉及信息化、数字化和智慧化融合的理论基础,主要阐述数字孪生背景下智慧勘察与智慧城市、企业数字化转型等问题之间的联系,并结合作者所在公司的实践,给出了可行的实施路径。

与本书内容相关的研究得到了国家电网江苏省电力有限公司的大力支持,尤其是在智慧勘察体系落地过程中,通过依托工程科技项目等方式,将省院模式与省公司管控需求进行无缝对接,探索形成了具有江苏特色的勘察质量管控模式,为智慧勘察的进一步发展提供了平台和机会。江苏院智慧勘察研发团队将秉承为客户创造更高价值的宗旨,不断开拓新的应用场景,迭代新的数字产品,让智慧勘察成果能在行业内得到更充分的应用。

编著者

2022 年 10 月

目录
CONTENTS

第1章

从数字地球到智慧勘察

　　数字地球与工程勘察两个概念看似距离遥远,实际上对数字地球的研究为研究地球表层工程地质特性的工程勘察提供了大量的创新思路。本章将从数字地球、智慧城市的相关概念入手,对智慧勘察的定义进行探讨。由于工程勘察、岩土工程勘察在工程建设行业的习惯表达上具有相同内涵,本书将统一使用工程勘察来表述。

1.1　数字地球相关概念

1.1.1　数字地球

　　1998 年 1 月美国副总统戈尔在加利福尼亚科学中心开幕典礼上发表题为"数字地球:认识 21 世纪我们所居住的星球"(The Digital Earth: Understanding Our Planet in the 21st Century)的演说时,提出一个与地理信息系统、网络、虚拟现实等高新技术密切相关的概念。在戈尔的文章中,他将数字地球看成"对地球的三维多分辨率表示,它能够放入大量的地理数据"。戈尔这篇约 5000 字的演讲只对数字地球做了一个大概轮廓的设想和描述,列举了建立数字地球所需要的数种关键性技术,如科学计算、海量存储、卫星图像、宽带网络、互操作、元数据等,指出了数字地球可能的无比广阔的应用前景,诸如指导仿真外交、打击犯罪、保护生态多样性、预报气候变化、提高农业生产率等,以及建立数字地球的大致步骤。尽管这不是一篇严谨的学术论文,甚至并没有对数字地球给出清晰的科学定义,然而,"数字地球"作为一个 21 世纪认识地球的新方式和新概念,一经提出,立即引起人们的兴趣和关注,在科技界成为热门话题。

　　数字地球的核心思想是用数字化的手段来处理整个地球自然和社会活动等多方面的问题,最大限度地利用资源,并使普通百姓能够通过一定方式方便获得他们所想了解的有关的地球信息。数字地球的显著特点是嵌入海量地理数据,实现多分辨率、三维对地球的描述,其本质是"虚拟地球"。

　　作为一个复杂技术系统,数字地球是遥感图像处理系统、地理信息系统、全球定位系统、宽带网络以及仿真和虚拟现实技术等现代科技的高度综合,是信息技术发展的必然结果。据不完全统计,在自然与人类社会的信息流总量中,具有地理参考特征的各种信息流量占总信息流量的 80% 左右。而具有地理特征属性的空间信息均与地球有关,因此在进入信息时代的社会中,提出数字地球的概念、创建数字地球并在各个领域中应用数字地球成为一种趋势。工程勘察作为研究地球表面工程场地条件的一门分支学科,最显著的特征就是其各类数据均有强烈的地理参考特征,因此数字地球的相关理论将为工程勘察提供最有效的帮助。

地球信息科学是数字地球的理论基础,包括地球系统理论和信息科学理论、地球耗散结构与自身组织理论、地球分形与自身相似理论等。数字地球主要由空间数据、文本数据、操作平台、应用模型组成。数字地球的核心是地球空间信息科学,地球空间信息科学的技术体系中最基础和最基本的技术核心是"3S"技术及其集成。所谓"3S",是全球定位系统(global positioning system,GPS)、地理信息系统(geographic information system,GIS)和遥感(remote sensing,RS)的统称。目前,"3S"技术已广泛应用于全球气候变化、海平面变化、荒漠化、生态与环境变化、土地利用变化等监测。"3S"技术以其快速、经济、方便等特点,在资源调查及动态监测方面显示出极大优势。

1. 数字地球关键技术

(1)高速计算机网络与分布式数据库技术

数字地球所需要的数据是具有不同来源和不同应用目的的多媒体海量数据,已不能通过单一的数据库来存储,而需要由无数个分布在不同地点的,即分布式的数据库来存储,并由高速网络连接。

(2)高分辨率卫星遥感数据的获取与处理技术

遥感影像的获取与处理技术是数字地球空间数据获取和更新的最经济、最快速的技术途径。高分辨率卫星每天都要产生大量的数据,对这些数据的获取与处理应用能力,直接影响数字地球系统的应用效率。

(3)地球空间海量数据存储和处理技术

数字化地球的数据除了包括大量的遥感数据之外,还包括图形数据、属性数据等。要高效地存储和操纵这些海量数据,就必须在海量数据的大容量存储、快速检索与分发机制、压缩和处理技术、多尺度数据库的综合应用等方面取得实质性突破。

(4)无级比例尺的信息综合技术

无级缩小和放大数字地球空间数据是数字地球的基本功能要求。人们可以从不同尺度观察、分析地球空间数据,以一个大比例尺数据库为基础数据源,在一定区域内空间对象的信息量随比例尺变化自动增减。

(5)空间数据仓库技术

空间数据仓库是在数据仓库的基础上提出的一个新概念,它是一个支持决策过程的、面向主题的、集成的、稳定的、不同时间的空间数据的集合,目的是对累积的海量空间数据进行处理,提供不同粒度与主题的有用信息,并提供决策支持。在数字地球系统的一些应用领域的空间分析中,需要数据仓库技术的支持。

(6)空间数据的重组、融合与挖掘技术

空间数据库提供了直观的、有限的数据信息。而地理实体之间存在一定的联系和规律,这些信息隐含在这些直观的信息中。通过空间数据的重组技术、融合技术和挖掘技术,可以产生新的综合数据。

(7)虚拟现实技术

虚拟现实技术是对地理空间信息进行可视化显示以及模拟、仿真的先进技术。运用计算机技术建立现实地球的虚拟与仿真环境,对地理现象以及地理过程进行虚拟再现,人们可以通过视觉、听觉、触觉等对该虚拟世界中的虚拟实体进行体验,是实现虚拟地球的必要技术。

(8)互操作技术

地理信息互操作技术也是实现数字地球的关键技术。为了在不同的系统之间进行空间数据的无损转换,就需要制定统一的空间数据转换标准。数字地球需要统一的协议,互操作技术可以使管理海量空间数据的 GIS 之间形成一个无缝集成的网络信息系统,该系统数据应具有多源、多比例尺、多分辨率的特点。

（9）元数据

元数据是对地理空间数据的说明数据。它是数字地球框架下地理信息标准化的重要组成部分。在数字地球中,地理信息数据量大、使用者众多,为了能够正确地使用,需要通过元数据对数据进行详细的描述。在空间数据的交换过程中,元数据能够使不同用户了解数据集对其应用目的的适用性。

（10）计算科学技术

地球是一个复杂的巨系统,对其观测研究并不容易。高速计算机的使用,使人类能更好地理解已经观察到的数据,并且可以模拟和仿真那些不易观察到的现象。建造数字地球所需的计算科学支持包括计算机能力和计算模型两个方面。

2. 数字地球技术的应用

（1）数字地球技术在环境科学中的应用

环境科学事业的发展不断对环境信息的采集、管理、发掘、加工提出新的更高要求,全面、及时、准确地发掘、掌握和处理各种环境信息是提高环保事业科学化管理水平的必要条件。而现代信息技术在显著提高环境科学工作效率的同时,也影响着环境保护工作的观念和方式。数字地球技术在环境科学中的应用主要分为以下三大类：①环境变化动态监测与环境演变模拟；②区域环境治理；③环境综合管理。

（2）数字地球技术在全球变化与社会可持续发展中的应用

全球变化与社会可持续发展已成为当今世界人们关注的重要问题,数字地球技术为这一问题的研究提供了非常有利的条件。在计算机中利用数字地球技术可以对全球变化的过程、规律、影响以及对策进行各种模拟和仿真,从而提高人类应对全球变化的能力。数字地球技术可以广泛地应用于对全球气候变化、海平面变化、荒漠化、生态与环境变化、土地利用变化的监测。利用数字地球技术,还可以对社会可持续发展的许多问题进行综合分析与预测,如自然资源与经济发展、人口增长与社会发展、灾害预测与防御等。

（3）数字地球技术在国防建设中的应用

建立服务于战略、战术和战役的各种军事地理信息系统,并运用虚拟现实技术建立数字化战场,是一个典型的平战结合、军民结合的系统工程,也是数字地球技术在国防建设中的典型应用。这其中包括地形地貌侦察、军事目标跟踪监视、飞行器定位、导航、武器制导、打击效果侦察、战场仿真、作战指挥等方面,对空间信息的采集、处理、更新提出了极高要求。在战争开始之前需要建立战区及其周围地区的军事地理信息系统；战时利用 GPS、RS 和 GIS 进行战场侦察、信息更新、指挥调度、武器制导；战时与战后的军事打击效果评估等。

（4）数字地球技术在矿产资源开发中的应用

从矿产资源勘察开发利用角度,其主要业务过程与科研都涉及空间信息的采集、处理、解译和应用,比如野外观测数据获取、样品采集、成图与综合研究、矿化点信息解译、成矿预测等过程都是空间信息采集与处理的过程,而空间信息技术是数字地球的重要关键技术之一。在各类矿产资源开发中,数字地球技术的应用可有效解决资源与环境方面存在的问题,并宏观调控矿产资源的开发与利用。

（5）数字地球技术在社会经济生活中的作用

数字地球将容纳大量行业部门、企业和私人信息，进行大量数据在空间和时间分布上的研究和分析，城市规划部门可利用数字地球技术对基础设施建设、交通运输、城市发展规划、长江经济带开发、大湾区开发等国家发展战略提出更有依据的政策建议。从贴近人们的生活看，与生活相关的一切活动都可以在数字地球上找到映射：旅游公司可以将酒店、旅游景点，包括它们的风景照片和录像放入这个公用的数字地球上；世界著名的博物馆和图书馆可以将其收藏以图像、声音、文字形式放入数字地球中；甚至商店也可以将货架上的商品制作成多媒体或虚拟产品放入数字地球中，让用户任意挑选。另外数字地球在相关技术研究和基础设施方面也将会起到推动作用。因此，数字地球进程的推进必将对社会经济发展与人民生活产生巨大的影响。

（6）数字地球技术在各类咨询服务中的应用

数字地球是用数字方式为研究地球及其环境的科学提供重要手段。地壳运动、地质现象、地震预报、气象预报、土地动态监测、资源调查、灾害预测和防治、环境保护等无不需要利用数字地球。而且数据的不断积累，最终将使人类能够更好地认识和了解其所生存和生活的星球，运用海量地球信息对地球进行多分辨率、多时空和多种类的三维描述已成为现实。基于数字地球技术，各行各业的咨询服务也将更有效率、更加准确。

1.1.2　智慧地球

2008 年 11 月国际商业机器公司（International Business Machines Corporation，IBM）提出"智慧地球"概念，2009 年 1 月，美国总统奥巴马公开肯定了 IBM"智慧地球"思路。所谓的智慧地球，就是把感应器嵌入和装备到地球表面或地球内部的各种物体中去，形成所谓的物联网，通过物联网和互联网的整合，实现人类社会与物理系统的整合链接，从而实现以更精细和动态的方式管理生产和生活，达到"智慧"的状态。

2009 年 8 月，IBM《智慧地球赢在中国》计划书中为中国量身打造了六大智慧："智慧电力""智慧医疗""智慧城市""智慧交通""智慧供应链""智慧银行"。随着我国发展物联网、云计算热潮的不断升温，IBM 在"智慧计算""智慧数据中心"等方面也投入了更多的研发力量，并积极与国内相关机构寻求合作。从近两年世界各国的科技发展布局可以看出，IBM"智慧地球"战略已经得到各国的普遍认可。数字化、网络化和智能化被公认为未来社会发展的大趋势，而与"智慧地球"密切相关的物联网、云计算等，更成为科技发达国家制定本国发展战略的重点。

"智慧地球"的创建需要解决数量庞大的技术问题，比如与"智慧地球"密切相关的传感器、云计算和物联网等方面，就面临着巨大的技术难题，"智慧地球"所必需的高端传感器，进行云计算所需要的核心电子器件、高端通用芯片及大型系统软件等，都有非常高深、精密、准确和快速有效的技术要求，需要全世界的科技人员站在"智慧地球"的高度协作共建、共同攻关。建设"智慧地球"，就要在国家电网、交通、物流、家居、医疗、农业、国防、军事等众多领域实现"全面的互联互通"，由此也就必然涉及海量数据的管理与信息安全问题，因此，"智慧地球"创建过程中的信息安全显得尤为重要。

目前，在"智慧地球"创建过程中，类似"智慧城市"一类的"智慧实体"的创建似乎一夜之间风靡全球，在我国也有上百个地区制定了建设"智慧城市"的发展蓝图。"智慧城市"的实践必须立足于全球系统、全球观念,不能各自为政。例如,要在全球范围预报和预防火山、地震、飓风和海啸等灾难事件,使得整个地球能够真正做到迅速反应,就需要集中全球的灾害预报网络、预报技术和预报资料,共同组建有关自然灾害的预报系统和防范机制。一个高效能的"智慧地球"需要开放科学技术、奉献智慧和能力,不能搞技术垄断和利润第一,要通过创新和务实战略,实施技术输出,提升全球范围的大数据处理、云计算、智慧商务、智慧城市、高端系统、智慧运算等关键能力。

1.2　智慧城市

1.2.1　智慧城市的概念

过去 10 年来,"智慧城市"一词在学术界和地方政府的发展规划中使用频率越来越高。然而,在不同场景下,该概念却经常被误用和混用。英国政府曾公开承认这种混淆的存在,称"智慧城市没有一个绝对定义,没有终点,而是一个过程或一系列步骤,它可以让城市变得更加宜居"。业内普遍认为,智慧城市建设是指利用物联网、云计算、移动互联和大数据等新一代信息技术,提高城市管理与运行效率,促进城市健康可持续发展,为人们创造更加美好的城市生活,是城市发展的新理念、新引擎。

如今,很多与城市创新发展相关但实际上却截然不同的举措都被认为是智慧城市建设的重要内容,这使得智慧城市的解决方案变得难以界定。一个城市不会因为增加了智能路灯,就从此加入智慧城市的行列。然而,在各大城市争相发展的背景下,许多地方政府却都过早地宣布了其在智慧城市建设方面的成就。理论研究与实践探索的分歧和混乱给智慧城市的建设、发展带来了不确定性。

2011 年,纳姆(Nam)和帕尔多(Pardo)首次提出了智慧城市的三大认知维度。在技术层面,智慧城市包含信息城市、数字城市、智能城市等一系列概念范畴,主要关注那些能够改变人们日常工作、生活方式的各类型信息基础设施建设;在社会层面,智慧城市包含学习型城市、知识城市等相关内容,主要关注一些对于城市发展具有关键驱动力的教育和知识传播问题;在制度层面,智慧城市则包含健康城市、可持续城市和绿色城市等诸多发展理念,主要关注各方利益相关者的协同治理和政府机构公共政策实施。

智慧城市不仅仅注重城市管理过程中的技术应用,也关注整个城市的居住、生活环境。虽然智能和数字设备的广泛应用和高质量数字服务的普及是城市技术创新的体现,但城市本身还应当具备一整套自我监控和自我反应的系统来解决各种社会问题,包括资源受限、设施不足、能源紧缺、价格失衡、环境污染等。正如安东尼·汤森(Anthony Townsend)所提出的,智慧城市概念不是凭空产生的观念,而是带着解决能源、贫困、腐败等全球重大问题的任务而来,面对上述城市问题,智慧城市需要"置市民需求于首位,市民充分参与建造过程,制定智慧城市公民原则"。

在我国智慧城市的内涵一直都非常多元化,大量政策文件和研究文献将其描述为一种"目的＋手段"的综合应用模式。从内容看,智慧城市的早期研究十分重视城市规划、运营过程中的技术运用和数字化功能实现。其中,武汉大学的李德仁院士曾指出,要在全面数字化的基础上进行智能化城市管理与运营,并建立网络化的城市信息管理平台和综合决策支撑平台;同济大学的吴志强院士则提出,要建立有效的城市智能模型(city intelligent model,CIM),并以此为支撑发展具备城市大脑、小脑和迷走神经的综合智能系统。而以各方面技术为支撑,公共管理领域也提出包括"可视化治理"和"动态治理"在内的一系列全新的城市治理模式。

随着智慧城市建设实践的深入,中共中央网络安全和信息化委员会办公室于 2015 年 12 月提出"新型智慧城市"的概念。相比于智慧城市的概念,新型智慧城市对建设目标提出了新的定位。2012 年之前,智慧城市建设主要关注供给侧,强调政府的投入与保障、部门应用和经济发展,而 2018 年版的《新型智慧城市评价指标》则更加注重需求侧,强调提升人的生活体验,如表 1-1 所示。

表 1-1　"新型智慧城市"与"智慧城市试点"指标对比

发 布 部 门	名　　称	一级指标	权重说明
住房和城乡建设部	国家智慧城市(区、镇)试点指标体系(试行)	保障体系与基础设施	—
		智慧建设与宜居	—
		智慧管理与服务	—
		智慧产业与经济	—
国家发展和改革委员会、中共中央网络安全和信息化委员会办公室、国家标准化管理委员会	新型智慧城市评价指标(2018)	惠民服务	26%
		精准治理	11%
		生态宜居	6%
		智能设施	5%
		信息资源	8%
		信息安全	扣分项
		创新发展	4%
		市民体验	40%

1.2.2　我国智慧城市的发展现状

近年来,为推动我国新型智慧城市健康有序发展,各部门、各地方先后出台了一系列政策举措和战略部署优化发展环境。

(1) 国家层面高度重视。习近平总书记多次就智慧城市建设发表重要讲话,做出重要指示。国家层面陆续发布一系列相关政策文件,指导智慧城市建设。2014 年 8 月,由国家发展和改革委员会牵头研究制定的《关于促进智慧城市健康发展的指导意见》经国务院同意正式发布,这是我国第一份对智慧城市建设做出全面部署的权威文件。2014 年 10 月,经国务院同意,成立了由国家发展和改革委员会牵头、25 个部委组成的"促进智慧城市健康发展部际协调工作组",工作组办公室设在国家发展和改革委员会创新和高技术发展司,国家信息中心智慧城市发展研究中心具体承担办公室秘书处职责。2015 年 12 月,根据国务院领导批示,原有的各部门司局级层面的协调工作组升级为由部级领导同志担任工作组成员的协调工作机制,工作组更名为"新型智慧城市建设部际协调工作组",由国家发展和改革委员会与中共中央网络安全和信息化委员会办公室(简称中央网信办)共同担任组长单位。近年来,依托部际协调工作机制,各部委共同研究新型智慧城市建设过程中跨部门、跨行业的重大问题,推动出台智慧城市分领域建设相关政策与标准,如表 1-2 所示,我国新型智慧城市建设政策体系逐步健全。

表 1-2　2018 年以来中央及各部委出台智慧城市相关政策和标准

政策文件/标准名称	文号标准号	发布部门	发布时间
教育信息化 2.0 行动计划	教技〔2018〕6 号	教育部	2018 年 4 月 13 日
国务院办公厅关于促进"互联网＋医疗健康"发展的意见	国办发〔2018〕26 号	国务院办公厅	2018 年 4 月 25 日
关于深入开展"互联网＋医疗健康"便民惠民活动的通知	国卫规划发〔2018〕22 号	国家卫生健康委员会、国家中医药管理局	2018 年 7 月 10 日
关于继续开展新型智慧城市建设评价工作 深入推动新型智慧城市健康快速发展的通知	发改办高技〔2018〕1688 号	国家发展和改革委员会、中央网信办	2018 年 12 月 19 日
2019 年新型城镇化建设重点任务	发改规划〔2019〕0617 号	国家发展和改革委员会	2019 年 3 月 31 日
关于公布 2019 年度"智慧教育示范区"创建项目名单的通知	教技厅函〔2019〕52 号	教育部	2019 年 5 月 5 日
信息安全技术 智慧城市安全体系框架	GB/T 37971—2019	国家市场监督管理总局、国家标准化管理委员会	2019 年 8 月 30 日
智慧城市 数据融合 第5部分：市政基础设施数据元素	GB/T 36625.5—2019	国家市场监督管理总局、国家标准化管理委员会	2019 年 8 月 30 日
智慧城市 建筑及居住区综合服务平台通用技术要求	GB/T 38237—2019	国家市场监督管理总局、国家标准化管理委员会	2019 年 10 月 24 日
信息安全技术 智慧城市建设信息安全保障指南	GB/Z 38649—2020	国家市场监督管理总局、国家标准化管理委员会	2020 年 4 月 28 日
全光智慧城市白皮书	—	国家信息中心信息化和产业发展部、智慧城市发展研究中心	2020 年 11 月 26 日
智慧城市 数据融合 第3部分：数据采集规范	GB/T 36625.3—2021	国家市场监督管理总局、国家标准化管理委员会	2021 年 4 月 30 日
智慧城市 数据融合 第4部分：开放共享要求	GB/T 36625.4—2021	国家市场监督管理总局、国家标准化管理委员会	2021 年 4 月 30 日
智慧城市 运营中心 第1部分：总体要求	GB/T 40656.1—2021	国家市场监督管理总局、国家标准化管理委员会	2021 年 10 月 11 日
智慧城市 设备联接管理与服务平台技术要求	GB/T 40689—2021	国家市场监督管理总局、国家标准化管理委员会	2021 年 10 月 11 日
中国智慧城市长效运营研究报告（2021）	—	国家信息中心智慧城市发展研究中心	2021 年 10 月 15 日
智慧城市 智慧医疗 第2部分：移动健康	GB/T 40028.2—2021	国家市场监督管理总局、国家标准化管理委员会	2021 年 4 月 30 日
智慧城市评价模型及基础评价指标体系 第2部分：信息基础设施	GB/T 34680.2—2021	国家市场监督管理总局、国家标准化管理委员会	2021 年 4 月 30 日
智慧城市 智慧多功能杆 服务功能与运行管理规范	GB/T 40994—2021	国家市场监督管理总局、国家标准化管理委员会	2021 年 11 月 26 日
智慧城市人工智能计算平台白皮书	—	国家工业信息安全发展研究中心	2021 年 12 月 29 日

政策文件/标准名称	文号标准号	发布部门	发布时间
城市和社区可持续发展 可持续城市建立智慧城市运行模型指南	GB/T 41150—2021	国家市场监督管理总局、国家标准化管理委员会	2021 年 12 月 31 日
依托智慧服务 共创新型智慧城市——2022 智慧城市白皮书	—	国家工业信息安全发展研究中心	2022 年 5 月 24 日

（2）地方层面积极推进。所有副省级以上城市、超过 89% 的地级及以上城市均提出建设智慧城市。国内各省市智慧城市建设的重点和发展路径各不相同，在发布实施智慧城市总体行动计划的同时，不断推进"智慧教育""智慧医疗""智慧交通"等具体领域实践，探索适合本地智慧城市建设的重点和发展路径。

（3）持续开展国家新型智慧城市评价工作。2016 年，全国信息技术标准化技术委员会联合中国电子技术标准化研究院、中国信息通信研究院等部门制定《新型智慧城市评价指标（2016）》，全国 220 个地市参与评价。2019 年，在原有评价体系的基础上修订形成《新型智慧城市评价指标（2018）》，评价工作旨在摸清智慧城市发展现状，为国家决策提供参考，为地方明确新型智慧城市建设工作方向、促进新型智慧城市建设经验共享和推广提供有力支撑。国家新型智慧城市建设评价工作由新型智慧城市建设部际协调工作组办公室秘书处（国家信息中心智慧城市发展研究中心）协助国家发展和改革委员会及中央网信办具体组织，从评价结果平均得分率来看，惠民服务、精准治理、生态宜居、信息资源、改革创新领域平均得分率都有所提升，全国不同地方对于信息资源共享和开发利用差异程度较大，是未来破解发展不充分、不均衡的重要内容之一。

（4）智慧城市基础设施建设方面存在一些技术短板。在与智慧城市建设高度关联的高端传感器方面，中国生产能力严重缺乏，现有的传感器灵敏度较低，直接影响传感器的作用距离；在与云计算密切相关的云计算基础架构等方面，核心电子器件、高端通用芯片和大型系统软件等仍过多依靠购买国外的成品，在核心晶片制造工艺和技术方面也很不成熟；中间件、开发环境和应用软件开发等也普遍薄弱。此外，中国应用层研发的起步也较晚，且大部分分散于低端层次。因此，如何发展中国的智慧系统，选择何种技术发展路径，确实面临相当程度的技术风险。

（5）智慧城市产业可能带来新的产能过剩。中国与"智慧地球"直接相关的物联网、云计算等产业规模持续增大，一些重点城市在发展物联网、云计算的过程中，通常依据自己对"智慧"的理解，以及自身城市建设的需求进行布局。目前，已有上百个地区提出建设"智慧城市"，30 多个省市将物联网作为产业发展重点，80% 以上城市将物联网列为主导产业，已经出现了明显过热的发展苗头。有专家对这种"一拥而上"的重复建设现象，纷纷表达出担忧，认为当前过热的物联网、云计算和"智慧城市"等的建设，将有可能导致新的产能过剩。

（6）智慧城市的数据管理与信息安全需高度重视。IBM"智慧地球"战略在我国的实施，必将引发深层次的国家信息安全风险，这一点需要高度重视。"智慧地球"所倡导的"更全面的互联互通"，目标是要实现国家层面乃至全球基础设施甚至自然资源的互联互通。而这种互联互通，则极有可能为某些跨国大公司借助技术手段掌控全球范围的各种资源提供便利。从海量数据管理来看，目前中国数据中心的产业规模已跃居全球第一，随着物联网未来在国家电网、交通、物流、家居、医疗、农业、国防军事等众多领域的广泛应用,必将产生更多的数据,而对这些海量数据的分析和管理,也将变得越来越重要。因此,虽然物联网、云计算、"智慧地球"具有广阔的应用前景和市场规模,但其存在的可靠性、安全性等方面的问题,目前尚无高效的解决办法,需高度重视。

1.3　智慧勘察的提出

1.3.1　工程勘察工作内容

城市及其与之相关的建设都离不开工程勘察,在智慧城市建设过程中,如何为城市提供一个真实的数据底座,离不开工程勘察行业的各项工作。工程勘察是指为满足工程建设的规划、设计、施工、运营及综合治理等的需要,对地形、地质及水文等状况进行测绘、勘探测试,并提供相应成果和资料的活动,岩土工程中的勘测、设计、处理、监测活动也属于工程勘察范畴。

工程勘察设计活动是中国基本建设程序中十分重要的内容之一,是固定资产投资转化为现实生产力的先导性工作。城市建设、工业和民用建筑、轨道交通、市政道路、海港口、输电及管线工程、水利与水工建筑、采矿与地下等工程的规划、设计、施工、运营及综合治理,都需要对建筑场地进行地形、地质及水文等要素的测绘、勘探、测试及综合评定,它是基本建设的首要环节。搞好工程勘察,对建设场地做出详细论证,保证工程建设的经济、合理和安全起到关键作用。

近年来,工程勘察设计行业企业不断优化整合,中国基础设施建设领域快速发展,为勘察设计企业带来了发展红利,通过广泛参与竞争,企业实力进一步提高,科技实力不断增强。工程勘察设计行业正逐步由快速成长阶段进入成熟阶段,行业发展逐步转型为依靠企业能力提升和资源整合的内涵式发展。与此同时,低碳、绿色、节能、环保等理念逐步兴起,成为工程勘察设计单位关注的热点,并对工程勘察设计不同细分行业带来不同机遇与挑战。企业要实现业务转型升级和高质量发展,必须要积极投身新兴市场拓展、资源配置调整和机制体系完善,更要跳出原有的思维禁锢,进行积极的创造性思考和创新性探索。

工程勘察的最终成果通常是以勘察报告及相关附图构成,勘察报告需要勘察工程师通过恰当的展示、详尽的分析和合理的建议,让复杂且各向异性的岩土体及相关不良地质现象,通过相对简洁、归一的表达,传递给结构设计人员。而结构设计人员对勘察成果的理解程度,往往会影响后续设计、施工及管理过程中的各个环节,最终决定建设工程的质量。

工程勘察的主要工作内容是针对特定的需要勘察和测量的目标,采用各种勘测设备进行相应的资料信息的搜集并进行恰当的处理,其关键过程包括搜集资料(简称"搜资")分析、工作量布置、现场调绘、勘探取样、室内试验、资料分析处理等。工程勘察成果的质量依赖于上述过程的严谨性、真实性、完整性和准确性,勘察工程师是这一过程中的灵魂人物,需要充分理解规程规范要求、场地前期资料,还需要通过合理的规划,逐一落实各项勘察任务,最后对获得的各类数据进行整合分析,得出相应的结论。这一过程通常需要工程勘察设计企业具备完善的质量管理体系,帮助工程师实现过程可控、结果可靠。然而在实践中,仅凭工程师能力和质量管理体系,往往不能全方位提高项目执行的效率和质量,研究者们仍需苦练内功提升技术水平,以关键技术作为提档升级、核心能力打造的突破口。

1.3.2   工程勘察信息化

从上述工作大致过程的描述可以看出,信息的处理工作是工程勘察工作中一个极为关键的组成部分,聚焦岩土工程师实际工作的各个环节,把数据的产生、传递、加工和处理,与岩土工程师的技术工作要求进行整合思考,是解决工程勘察信息化痛点的关键。数据是当今社会最重要的战略资源之一,大数据技术给各行各业带来更多想象空间。在此背景下,工程勘察设计行业不可避免地需要转型升级,全面推进数字化转型,从而提升管理水平和综合竞争力。结合工程勘察过程的技术和管理需求,探索项目工作模式优化、协同机制和全流程数字化工作平台建设,利用大数据技术对各类数据进行分类分析应用,对提高工程勘察业务能力,加快响应业主需求和激活企业数据资产价值将起到关键作用。

自 20 世纪 80 年代的个人电脑革命和 90 年代的互联网革命及其普及应用,计算机网络使得信息化所包含的信息收集、传递与共享具备了实现的技术条件。信息技术近十几年来的飞速发展和应用,其重要意义和对人类的深远影响举世公认。工程勘察如果不能很好地利用"互联网＋"、大数据、智能化等高新技术,依然采用传统的工作模式,其工作效率、数据处理模式和成果展现形式必然是远落后于时代发展的需求。

1. 工程勘察信息化现状

(1) 勘察外业采集信息化系统

现场钻探及编录是取得岩土工程勘察第一手资料的重要环节,钻孔编录是否准确、真实可靠直接影响着勘察报告的分析和结论。外业采集系统有助于岩土工程勘察外业作业过程中信息更充分地采集、标准化地录入,减轻因现场人员知识水平与工作态度的不同而导致钻探记录存在缺漏、粗糙、不准确,甚至产生错误的问题,信息和数据具有可追索性,能有效控制数据造假或篡改的问题。

国外具有代表性外业采集系统有 Bentley 公司的 KeyLogbook、gINT Collector,ICD SERVICES 公司的 LOGitEASY,Dataforensics 公司的 PLog 等,其开发平台包括 Windows、iOS 和安卓(Android);均具有钻孔、试坑数据采集及网络数据传输功能;KeyLogbook 独具现场制作和打印样品标签功能。

另外,Terrasolum 公司开发了基于安卓系统的 Geostation,专用于现场采集岩石、岩体信息。使用移动设备作为罗盘测斜仪测量倾角、倾向,进行地质力学分类,能记录每次描述位置的 GPS 信息和现场照片,具备直接在设备上生成 PDF 格式报告、数据存储格式、文件网络传输的功能。从调研分析结果来看,国外软件的功能设计基本上与国内的作业习惯和流程无法对应,参考价值不大。

国内较早的外业采集系统有中国能源建设集团江苏省电力设计院有限公司、上海勘察设计研究院(集团)有限公司 WinCE 开发的岩土工程勘察数据处理系统等,它是国内最早将外业采集工作标准化、功能化的案例,也为今后各类 APP 的开发提供了最基本的产品模型。随着安卓和 iOS 系统逐渐占领移动终端统治地位,目前国内外业采集系统多基于安卓或 iOS 系统开发,其可安装的智能终端通常包括手机和平板电脑。考虑到工程勘察外业现场工作环境较为恶劣,出于智能终端的性价比等因素考虑,基于安卓系统开发的外业采集系统数量更多一些。

随着技术的成熟和成本的降低,近年来很多勘察单位都开发了符合自身使用习惯及实际需求的外业采集系统。这些外业采集系统大多具有 GPS 定位、照片及视频拍摄、表单化信息录入、实时网络传输等功能。

目前在网络上发布的外业采集系统主要有:穿山甲(中国能源建设集团江苏省电力设计院有限公司)、工程勘察钻探编录系统(北京综建信息技术有限公司)、勘察云(广东省重工建筑设计院有限公司)、云勘(上海城勘信息科技有限公司)、易勘通(中冶集团武汉勘察研究院有限公司)和多采(中国电力顾问集团西南电力设计院有限公司)等。

"穿山甲"是江苏院基于安卓系统开发的野外岩土勘察移动数据采集软件,分为线路版和非线路版两个版本,以表单化形式采集岩土勘测原始数据,数据可表达为文本、图像、音频和视频,数据同时满足数据完整性约束等数据库建库要求,可广泛应用于站厂类和输电线路工程外业现场勘查数据采集、存储、整理、分析和分享。江苏院根据"穿山甲"APP 的使用情况,结合工程勘察质量管控要求,于 2022 年推出了"爱勘"APP,融合了"穿山甲"两个版本的需求,通过定制模板,可以满足不同勘察场景、不同项目特点,进行快速调整和适应,对于标准信息,可以采用选项内置的方式进行选择,确保了记录方式标准化,同时也丰富了采集信息来源的多样性。国内勘察行业典型外业采集系统如表 1-3 所示。

表 1-3 国内勘察行业典型外业采集系统

系统名称	研发单位	系统特点
穿山甲/爱勘	中国能源建设集团江苏省电力设计院有限公司	针对电力行业多场景应用,"穿山甲"非线路版适用于站厂工程,解决工程地质编录;"穿山甲"线路版适用于输电线路外业勘察过程数据采集。"爱勘"为穿山甲系统的整合升级版,兼容了线路和非线路工程的应用场景,具备较大的功能弹性
多采	中国电力顾问集团西南电力设计院有限公司	适用于输电线路工程外业现场勘察数据采集、存储、整理、分析和分享,满足不同勘察场景、不同项目特点
易勘通	中冶集团武汉勘察研究院有限公司	各系统均对勘察作业过程进行分解,适用于工程勘察行业,具备工程地质编录、外业管理、监督检查等多项功能,区别主要体现在功能细节的处理上
云勘	上海城勘信息科技有限公司	
工程勘察钻探编录系统	北京综建信息技术有限公司	

目前勘察单位研发技术在外业采集方面仍需大量人工,依赖外业工程师水平,如何打通内外业沟通感知,提高外业工作智能化采集,是今后研究的重点。

(2)勘察内外业一体化处理系统

外业采集只是工程勘察过程中最为特殊的一个环节,工程勘察从项目策划、外业实施、内业整理到成果提交的整个过程中,都存在信息化需求。

岩土工程全生命周期涉及多方面环节,因此,一体化勘察设计系统也涉及勘察、设计、监测、检测等多环节的数据,但由于各环节相互孤立,存在数据多源化、数据格式标准化问题,一体化系统的数据"打通、共享"成为限制其发展的主要力量。然而,随着信息化技术的普及,行业中数据格式逐渐走向规范化,行业信息化标准也逐渐建立,多元数据融合及一体化系统搭建逐渐成为主流趋势,其中的技术难点是建立公开统一的信息交换标准,以保障信息资源的准确性、扩展性、无障碍交换性。

岩土工程勘察内外业一体化系统涉及外业采集系统、网络传输技术、服务器部署及内业辅助报告和报告编制软件的一体化。国外从事勘察行业的公司都具备该能力,例如 Bentley 公司;国内勘察行业著名的有中国能源建设集团江苏省电力设计院有限公司、深圳市勘察研究院有限公司、深圳市秉睦科技有限公司、广州市城市规划勘测设计研究院、北京市勘察设计研究院有限公司等单位研发的信息化系统。它们的共同点是主要通过联合电子化、互联网、云计算、计算机三维等现代技术手段,完成勘察现场信息采集、勘察项目管理、信息集成与成果交付等。国内勘察行业典型岩土工程信息化系统如表 1-4 所示。

表 1-4 国内勘察行业典型岩土工程信息化系统

系统名称	研发单位	系统特点
工程勘察集成应用系统	中国能源建设集团江苏省电力设计院有限公司	以局域网络平台为支撑,勘察业务信息为基础,岩土工程勘察全过程信息管理与共享为核心内容,项目勘察设计流程管理为主线,实现信息共享、功能集成、模块智能为特色的高度集成化的综合应用系统
工程勘察三维信息化整体解决方案	深圳市秉睦科技有限公司、深圳市勘察研究院有限公司	联合电子化、互联网、云计算、计算机三维数字化等现代技术手段,研发了"工程勘察外业信息采集系统""工程勘察信息综合管理与数据交互平台""地质三维建模与分析系统"三大平台
勘察内外业一体化全流程信息化系统	广州市城市规划勘测设计研究院	建立广州市岩土层标准化资源库、外业数据采集系统、试验数据处理系统、勘察数据处理系统、勘察项目管理系统
深勘岩土工程勘察信息化管理系统	深圳市勘察研究院有限公司	系统主要包括工程勘察外业实时监管系统、试样试验管理系统、数据分析成图系统三大部分
勘察外业数据采集信息化	广东省重工建筑设计院有限公司	包括外业数据采集信息化、外业远程信息化监管、岩土试验信息化,通过移动设备端专用的软件 APP,将信息数据保存在设备中,而后通过移动网络上传至云平台数据中心,实现标准地层定制、外业资料数据采集信息化、外业管理信息化
"智慧勘察"系列软件	北京市勘察设计研究院有限公司	外业数据采集移动端系统"勘探宝"、项目管理和数据服务云平台"勘云宝"、勘察内业数据处理系统"勘智宝"、室内试验数据处理系统"勘试宝"、基于 GIS 岩土工程勘察信息查询系统

(3) 三维地质建模系统

三维技术在工程地质信息化领域已得到蓬勃发展,主要包含三维地质建模技术、地质体可视化技术、地质体属性信息化、基于三维地质模型的应用技术等新兴技术。

三维地质建模(3D geosciences modeling)就是运用计算机技术,在三维环境下,将空间信息管理、地质解译、空间分析和预测、地学统计、实体内容分析以及图形可视化等工具结合起来,并用于地质分析的技术。它是随地球空间信息技术的不断发展而发展起来的,由地质勘探、数学地质、地球物理、矿山测量、矿井地质、GIS、图形图像和科学计算可视化等学科交叉而形成的一门新兴学科,这一概念最早是由加拿大的 Simon W. Houlding 于 1993 年提出的。Houlding 结合地质建模研究了规则三维格网、非规则块、断面和体数据结构,系统地建立了三维地质建模理论。

目前国外已经出现了多种结合不同专业开发的三维地质建模软件。20 世纪 80 年代以来,以美国、加拿大、澳大利亚、英国、法国等为代表的西方发达国家相继推出各种三维地质建模软件,比较有影响的有 EVS、GOCAD、CATIA、Vulcan、3Dmove、Datamine Studio、Surpac Vision、Petrel、Earthvision 等,这些软件涉及地震勘探、石油开采、地下水模拟、矿体模拟、矿产资源评估、开采评估、设计规划、生产管理等众多专业领域。

近年来,三维技术在我国各行各业岩土工程勘察设计领域正在加速推广应用,其中在我国油气勘探领域的应用程度最高,有色贵金属矿山领域次之,煤炭行业中一些大型企业开始起步,城市地质和一些综合型勘察设计单位也逐步开展。但一般普通地质勘察单位受技术发展成熟度、软件易用性、适用性、资金和投入影响仍停留在起步或空白阶段,在三维协同设计及仿真技术方面比较落后。但真正能达到全面三维设计和信息化的企业单位凤毛麟角,且多数集中在具有行政主管职能和科研攻关任务的部级大型勘察设计单位。

近年来,在水利水电行业、地矿系统及城市地理信息系统等行业的三维地质建模技术得到蓬勃发展和推广应用,已经取得了骄人的成绩,奠定了国内的领先地位。部分开发研究成果已基本实现了野外信息采集系统、三维地质建模及可视化设计系统的集成作业平台,达到了勘察设计多专业协同作业的程度,并已应用于工程实践。国内勘察行业常用的三维地质建模系统如表 1-5 所示。

表 1-5　国内勘察行业常用的三维地质建模系统

系统名称	研发单位	系统特点
地质三维勘察设计系统 GeoStation	华东勘测设计研究院有限公司	基于 Bently 平台开发,数据驱动建模、自动化出图等多项专利技术创新,首个实现工程勘察设计三维协同一体化,以及低带宽网络条件下的工程地质勘察远程信息化
水电工程地质勘察与分析一体化系统	中国电力建设集团成都勘测设计研究院有限公司	基于 CATIA 平台开发,涵盖现场立体化数字采集、数据中心信息管理、地质三维解析、工程综合应用
土木工程三维地质系统(GeoBIM)	中国电力建设集团昆明勘测设计研究院有限公司	基于 Bently 平台开发,工程建设全阶段,三维地质对象建模及应用全过程,水电站的健康运行状况监测检测
地质工程三维建模与分析设计一体化系统	中国电力建设集团西北勘测设计研究院有限公司	基于 ItasCAD 平台开发,行业定制的快速建模,面向行业的勘察、分析、设计一体化,远程传输和跨区域协同作业
苏电三维辅助设计系统	中国能源建设集团江苏省电力设计院有限公司	基于 MAPGIS 三维平台二次开发,包括数据管理、区域分析,归一化处理、地层建模、属性体建模和三维模型的通用分析等功能
岩土工程信息模型工具箱(GeoTBSBIM 勘察版)	上海勘察设计研究院(集团)有限公司	基于 Revit 二次开发,包括地层创建、模型编辑、分析技术、风险管理和属性管理等功能

（4）勘察质量监管系统

从勘察设计质量管控角度,以电力行业为例,在长期的工程实践中行业管理和企业管理的双轮驱动模式,基本上保证了电力工程勘测设计质量,但应该指出,如果停留在现有的质量管理水平上进行项目勘测设计管理,将难以满足新时代条件下的质量要求。国家电网公司近年来陆续出台了《国家电网公司输变电工程设计质量管理办法》《国网基建部关于进一步加强输变电工程勘测管理的通知》等相关标准制度,要求落实设计主体责任、提升勘测质量。江苏省电力公司在梳理、总结省内勘测质量管理经验的基础上,发布了《国网江苏省电力有限公司建设部关于进一步加强输变电工程勘测质量管理工作意见(试行)》等管理规定,将江苏省区域内输变电工程勘测质量管理要求提升到新的高度。

党的十九大报告提出,提高供给体系质量,显著增强我国经济质量优势;推动互联网、大数据、人工智能和实体经济深度融合,全社会对品质发展达成共识。从行业监管角度,《住房和城乡建设部关于开展工程质量安全提升行动试点工作的通知》(建质〔2017〕169号)中明确提出勘察质量管理信息化试点的要求。根据国网公司《能源互联网技术研究框架》等技术文件,电力工程勘测智能化关键技术研究已被列入电力工程设计施工与环保技术方向[近期重点研究项目实施计划(N51)]。近年来,随着无线宽带、智能终端的快速普及,信息化条件下的质量管控研究已成为传统勘测设计企业面临的新课题。国内先进企业前瞻性地介入了勘察信息化全过程的研究,将行业自律和过程监管有机整合在一起,即基于大数据技术有关的信息系统协同工作,对工程项目质量管理齐抓共管促提升,为工程勘察全过程信息化提供可行的解决方案,值得推广。工程勘察质量监管平台如表1-6所示。

表1-6　工程勘察质量监管平台

系统名称	研发单位	系统特点
江苏省输变电工程智慧勘测监管平台	中国能源建设集团江苏省电力设计院有限公司	针对电力行业特点开发,全面覆盖输变电工程、市政交通和工民建应用场景,系统包括编录员管理、单位管理、策划管理、外业管理、合规分析和预警管理等功能
智慧云勘勘察监管平台	青岛市勘察测绘研究院有限公司	系统包括单位管理、工程管理、钻机管理、勘探监管、试验监管、审图预警、地理信息和综合统计等功能模块,满足勘察、试验、审图、劳务和监管单位的需求
易勘通监管平台	中冶集团武汉勘察研究院有限公司	包括项目管理、员工管理、考勤管理、文档管理、企业公告等功能,实现钻探过程的行为监控、钻机监控和数据监控
工程勘察监察平台	北京综建信息技术有限公司	系统由"勘察编录APP"和"工程勘察数据服务平台"共同组成,系统涵盖从外业数据现场编录到内业数据整理、外业行为和外业内容监管全过程。全程采用移动设备与互联网服务器完美融合,无纸化、网络化贯穿全程。平台的使用对象是勘察企业、政府监管部门、业主公司和审图机构

2. 工程勘察信息化现状分析

近年来,随着新一代信息技术的广泛应用,国内勘测设备制造企业和软件开发企业紧密结合勘察设计单位的需求,针对岩土工程勘测的各个环节研发外业数据采集、室内土工试验数据采集和勘测数据处理软件,这些设备和软件提高了整个勘察设计行业装备和应用新技术的水平,为岩土工程勘测工作提供了极大的便利,也促使岩土工程勘测工作逐步形成以数据库为核心,通过标准化、信息化途径向一体化产业体系方向转变的趋势。但综观工程勘察行业的信息化发展情况,还存在如下不足:

(1) 信息化重视和投入不足。在市场压力和竞争空前巨大现状下,工程勘察企业对勘察信息化的重视和投入与硬件投入相比存在较大差距,企业的关注点在于能迅速获取效益的勘察设备硬件和市场开发,对专业软件的需求长期停留在能用即可的层次上。

(2) 投入信息化研究的专业人才不足。工程勘察专业人员长期在本专业从事生产和研究,迫切需要能大幅度提高劳动效率、降低劳动强度的专业软件,而工程勘察软件的研发由于市场容量有限、产业天花板低,没有大型软件开发企业介入,即使有软件开发商在从事相应的软件研发,但由于专业技术人员介入开发过程少、软件开发人员理解需求偏差,现有的软件产品不能从根本上解决工程勘察行业的信息化痛点。

(3) 勘察过程和内业处理集成化程度低。现有工程勘察信息化多停留在数据采集、简单监管等单一功能和某个环节上,缺乏系统性,数据的采集、录入、传输、处理过程交互性差,数据自动、智能校验功能缺乏,过程消耗大、效率低下,专业技术人员劳动强度大、勘察成果的输出效率不高。以往岩土工程勘察流程得到的纸质数据,在将其进行数字化的过程中很容易出现重复录入工作,从而引发录入错误问题。外业数据以及行为数据的可靠真实性,很容易遭受人为因素影响,指派专门的工程师进行全程跟踪需消耗较高劳动成本。

(4) 勘察成果的应用延伸得不到拓展。电力行业发展这几十年来各单位承接了大量国家重点项目,但勘察数据资产尚未形成统一的意见,历史数据数字化入库难度大,数据中心建立进度慢,特别是功能强大的 GIS 尚局限应用于现场导航、常规图件绘制、成果轻量化演示等环节,未能系统、深度地整合全部勘察数据,其有效利用程度和共享性差,不可避免地造成大量的重复性勘察,消耗大量的社会资源和时间。

(5) 智能化程度低。勘测成果的处理仍采用常规算法完成,成果表现形式单一、技术较落后;一些原位测试(如静力触探数据)对地层分层尚无确定相关关系的指导,需完全凭借岩土工程技术人员的经验进行分层;数据的分析处理,没有智能算法支持,无法在时间和空间位置上形成有效的关联,现有数据的巨大潜力被低估;部分勘察软件与设备中的外业及内业环节是彼此孤立的,在进行数据转化时会涉及很繁杂的流程,需明确数据标准流程与格式,采取信息化、一体化系统技术;工程勘察获取的海量数据的共享和挖掘利用不够,相关的人工智能算法同地质统计理论相结合的应用偏少。

(6) 创新能力不足。由于专业技术人员对新一代信息技术不熟悉,即使有针对作业过程的研发,开发工具也停留在业余层面,在功能实现上仅仅能达到某一特殊应用场景的需求,对于多源异构数据的分析、处理方面,创新点不够,不能解决现有软件效率低下的问题。

1.3.3 勘察信息化的意义

岩土工程全过程信息化包括数据库建设、勘察数据采集、数据分析与处理、设计与咨询、施工、检测监测、运营与维护信息化等,其本质是提升勘察效率和数据智能,借助现代数字化技术手段,搭建勘察全过程生产协同平台,将不同类型、不同结构、不同来源的数据(如钻探数据、原位测试数据、室内试验数据、测量数据及物探数据等)进行深度融合、关联,甚至采用人工智能等智慧化技术,通过深度学习行业标准、算法,高效解决岩土工程勘察从外业勘察与室内试验数据采集、信息化监管,到数据分析处理及数字化成果交付与应用中的实际问题采用信息化手段,可以让客户更好地理解勘察成果,让下游相关方更好地使用成果。勘察信息化建设的意义主要包括以下几个方面。

(1) 提高勘察效率与降低勘察成本

将勘察外业传统的纸质编录改为电子编录,使记录程序化、智能化,编录更加简单、规范、精准、高效,从而避免了后期数据处理时的多次重复录入带来的数据错误和大量重复性工作。外业编录期间,可随时在线调取相邻勘探点成果进行地质条件分析、剖面草图绘制,还能自动检查纠错,如当出现相邻持力层标高不满足规范要求、相邻钻孔间地质异常等情况时,数据采集端可及时提醒增补钻孔。

土工试验人员可直接扫描样品二维码,实现样品快速交接并获取样品检测信息。土工试验加荷、试验数据采集自动化,使试验结果更加精准。实现土工试验数据实时共享,可提高勘察中间资料处理效率。

勘察信息化建设,有利于提高勘察数据分析与处理效率。勘察系统不能仅停留在简单的录入数据、生成图表、简单统计这一层面,更要实现深层次分析、处理数据。通过构建工程地质勘察信息管理与应用系统,让数据与数据之间联系起来(多源数据的融合),实现"数字驱动",并实现二维、三维一体化。系统除了能生成常规图表外,还具有自动实现工作量统计、液化判别、应力历史分析、岩土指标统计、环境水土腐蚀性评价、基坑突涌风险计算、边坡稳定性分析、地基沉降量计算、单桩承载力计算、开挖方量计算等专项处理功能,可实现实时一键成图、统计和更新,实时在线校对与审核,实现地质三维建模与岩土 BIM 设计的有机衔接,将看不见的地下岩土分布实现可视化,大大节省人力,提高出图效率、准确性。

勘察全过程效率的提升,也将为企业带来显著的社会效益和经济效益,降低成本。地质技术人员可以把更多的精力从疲于应付生产压力,转向提高全过程勘察质量管理和自身能力的提升。

(2)提高勘察成果质量与应用水平

重大工程项目、地下空间建设项目及市政项目等地质条件、地下环境复杂,业主对勘察技术手段、过程监管、安全生产、勘察效率及质量、多方协作等方面的要求也越来越高,勘察人员需要处理的信息十分庞杂,常规勘察模式已无法满足要求,地质三维模型、BIM 技术应用、多方协作等将成为必然。

岩土 BIM 的可视化,不仅能直观地反映地下三维空间岩土层的分布与属性、特殊性土及不良地质体的空间分布,而且能使岩土工程师对场地地质条件的分析、设计更加精准。各专业间协同办公,也可以避免出现信息沟通不畅造成图纸错误、返工等问题。地质三维建模是构建地下、地上一体化岩土 BIM 的基础,地质三维数字化移交(模型+数据库+文档)也将成为必然。此外,勘察成果数据库的建立,也将有利于提升勘察、设计等相关人员调取、利用数据的效率与安全性。

(3)提升企业竞争力

勘察信息化建设旨在提升勘察技术手段,提高勘察成果质量及成果应用水平,为顾客提供更直观、高效、优质的服务,提升企业竞争力。勘查信息化可以让业主摆脱对技术壁垒的限制,同时对方案理解更加透彻,对 BIM 技术运用带来的项目投资成本节约、施工安全与质量管理的高效等一目了然。在重大项目勘察设计招标、评奖中,越来越重视信息化技术的应用,一旦勘察企业信息化建设落后,项目中标、获奖难度将大大增加。

(4)提升勘察监管水平

岩土工程勘察具有隐蔽性,加之勘察门槛较低,不少企业通过低价抢占市场,弄虚作假,致使勘察行业乱象丛生。鉴于此,各地政府纷纷出台严格的措施,要求对勘察企业的勘察过程实现信息化监管。

利用"互联网+勘察",有利于实现勘察全过程监管,达到全过程可溯源性,确保源数据的真实性与可靠性:采用勘察外业数据采集系统,使采集到的原始数据无法随意更改;在勘察过程中对每个回次、每次取样或原位测试环节进行时间记录、空间记录及影像记录,对现场技术人员的资质、实时位置、影像进行采集;对室内试验原始数据、试验过程进行信息化监管等。

同时,勘察监管信息化建设的推进可有效避免低价竞争、恶性竞争,实现勘察企业的优胜劣汰,促进勘察行业持续健康发展与技术创新。

(5) 降低勘察安全风险

对于工程勘察现场作业而言,不同施工条件下的场地对安全风险的敏感度有所差异。比如在执行海上勘察作业时,气象、海况是影响海上勘察作业率、海上作业安全的重要因素,尤其是重大项目、海况恶劣的海域,特定勘察海域的实时精准气象预报也是实现勘察信息化不可或缺的一环。

1.3.4　智慧勘察

1. 智慧勘察的定义

智慧勘察作为一个新概念来自近年来社会各行业"智慧+"创新活动的启发,而业内对此并没有明确的定义。笔者在从事工程勘察和勘察信息化研究的历程和理解上,给出如下定义:智慧勘察是指在充分利用云计算、大数据、物联网、移动终端和智能化算法等新一代信息技术和装备条件下,对传统工程勘察行业进行数字化改造,将工程勘察技术与数字技术进行深度融合,通过业务场景和IT功能相匹配,全面赋能工程勘察过程,做到数据全采集、过程全感知、结果可追溯,进而实现工程勘察信息化、数字化和智能化目的的新型工程勘察模式。

智慧勘察实施过程中的信息获取、信息传输、分析管理阶段涉及的时空信息是四维的,即空间三维坐标+时间维度。时空信息的获取技术手段除了传统的地理数据获取,将来可通过计算机物联网感知技术获取实时信息,包括钻机现场监控、基坑隧道地质动态监测、精细思维全景影像等多维度可视化地理信息,实现自动化,减少人工干预,维持数据真实客观。云GIS技术主要在传统GIS技术上,通过大型计算机海量数据存储处理技术,解决密集型地理信息数据高性能计算的问题。在岩土工程勘察行业,云GIS技术的应用可以解决现场外业工作无法及时获取计算技术支持的痛点,使得技术人员可根据现场需要,通过计算机接入云端数据中心,结合工程情况按需实时计算得到结果,交互校对数据指导工程施工。

2. 智慧勘察与大数据智能感知挖掘技术

大数据智能感知及挖掘技术主要用于岩土工程勘察的智能物探、智能地质预测分析方面。在传统物探技术生成的数据以及传统钻探生成的地质序列及分布数据后,利用数据挖掘理论,结合地质统计学理论,对实测结果及历史测量结果进行统计分析,从而对区域工程地质概况形成宏观认识,对潜在场地不稳定因素进行预判。

3. 智慧勘察与人工智能+视觉识别技术

由于工程勘察环境的随机性及容易受到多因素扰动的复杂环境问题,应用人工智能算法可以通过分析岩石图像的特征从而建立岩石岩性识别的数学模型,使识别过程智能化、自动化。但视觉识别技术对岩性识别仍不够精确高效,主要在于工程勘察现场实际岩土照片与标准岩石薄片的差别较大,视觉识别技术精度容易受到扰动,具有小样本性;有的岩土勘察芯样图像需要识别的信息多,具有多标签语义特征。同时还需满足工程现场的快速分析计算要求,识别效率要求高,因此需要进一步对视觉识别技术的多标签识别、小样本特征、迁移学习等技术进行深入研究。

4.　智慧勘察与互联网＋虚拟现实技术

由于工程勘察环境的随机性及容易受到多因素扰动的复杂环境问题,通过虚拟现实和增强现实技术可以加强外业和内业工作的感知及有效沟通。当今 5G 互联网技术、大数据分析及数据挖掘、物联网技术为工程勘察的智能信息化提供了大数据高速计算的良好平台。目前虚拟现实技术刚刚起步,尚未得到广泛普及应用,大多数工程项目仅作为一种试验性技术。虚拟现实技术提供了缩短时空距离的一种解决方案。

第2章

工程勘察技术概述

工程勘察工作就是运用各种勘察手段和技术方法有效查明建筑场地的工程地质条件，分析可能出现的岩土工程问题，对场地地基的稳定性和适宜性做出评价，为工程规划、设计、施工和正常使用提供可靠的地质依据，从而利用有利的自然条件，避开或改造其不利因素，进而保证工程的安全稳定、经济合理和正常使用。

本章从工程勘察技术、业务实施流程、成果的表达与应用、相关新技术和技术标准体系等维度，对工程勘察技术进行一个简要的介绍。

2.1 工程勘察技术

常用的岩土工程勘察技术主要有工程勘探、原位测试、工程物探、地质调查等。

2.1.1 工程勘探技术

工程勘探是利用人工或机械掘进的方式，揭露地层剖面实况，撷取实体样本用于试验，以取得相关数据资料或者开采地底或者海底自然资源等。它具有精度高、直观性强、适应面广等优点。

1. 槽探

槽探一般采用锹、镐挖掘方式，当遇大块碎石、坚硬土层或风化基岩时，亦可采用爆破或动力机械。其挖掘深度较浅，一般在覆盖层小于 3m 时使用，其长度可根据所了解的地质条件和需要决定，宽度和深度则根据覆盖层的性质和厚度决定。当覆盖层较厚，土质较软易塌时，挖掘宽度需适当加大，甚至侧壁需挖成斜坡形；当覆盖层较薄，土质密实时，宽度亦可相应减小至便于工作即可。

槽探一般适用于了解构造线、破碎带宽度、不同地层岩性的分界线、岩脉宽度及其延伸方向等。

2. 井探

井探是一种地质调查手段（方法），槽探无法达到地质目的或受地面条件影响无法施工探槽时，采用的一种占地面积较小的浅部勘探手段。井探的深度不宜超过地下水位。竖井和平洞的深度、长度、断面按工程要求确定。探井种类根据开口形状可分为圆形、椭圆形、方形、长方形等。圆形探井在水平方向上能承受较大侧压力，比其他形状的探井安全。

井探具有能直接观察地质情况,详细描述岩性和分层,取出接近实际的原状结构的土试样等优点。但井探存在速度慢、劳动强度大和不太安全等缺点。在地质条件复杂地区和黄土地区的坝址、地下工程、大型边坡等勘察中,当须详细查明深部岩层性质、构造特征时,经常采用。

3. 钻探

在岩土工程勘察中,钻探是最广泛采用的一种工程勘探手段,可以鉴别、描述土层,岩土取样,进行标准贯入试验、圆锥动力触探试验、波速测试等。

根据钻进方式的不同,可分为冲击钻进、回转钻进、冲击-回转钻进等方式,如图 2-1 所示。

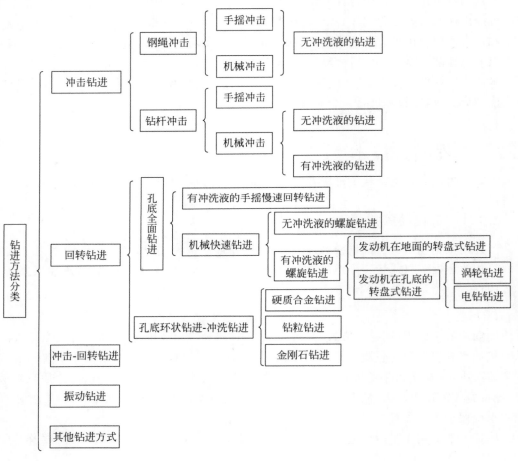

图 2-1　钻进方法分类

（1）冲击钻进

利用钻具的重力和下冲击力使钻头冲击孔底以破碎岩土。根据使用的工具不同,可分为钻杆冲击钻进和钢绳冲击钻进,但以钢绳冲击钻进较普遍。对于硬层(基岩、碎石土),一般采用孔底全面冲击钻进,对于土层,采用圆筒形钻头的刃口,借钻具冲击力切削土层。

（2）回转钻进

利用钻具回转使钻头的切削刃或研磨材料削磨岩土使之破碎。回转钻进可分为孔底全面钻进和孔底环状钻进（岩芯钻进）。岩芯钻进根据使用的研磨材料不同，又可分为硬质合金钻进、钻粒钻进和金刚石钻进。

（3）冲击-回转钻进

冲击-回转钻进也称综合钻进。岩石的破碎是在冲击、回转综合作用下发生的，在岩土工程勘察中，冲击-回转钻进应用较广泛。

（4）振动钻进

振动钻进系将机械动力所产生的振动力，通过连接杆及钻具传到圆筒形钻头周围土中。振动器高速振动使土的抗剪力急剧降低，这时圆筒钻头依靠钻具和振动器的重力切削土层进行钻进。钻进速度较快，主要适用于粉土、黏性土层和粒径较小的碎石（卵石）层。

（5）其他钻进方式

为了解浅部土层，也可采用以下简易钻进方法：小口径人力麻花钻钻进、小口径勺形钻钻进、洛阳铲钻进。

钻进方法的试用范围如表 2-1 所示。

表 2-1　钻进方法的试用范围

钻进方法		钻 进 地 层					勘 察 要 求		
		黏性土	粉土	砂土	碎石土	岩石	直观鉴别，采取不扰动试样	直观鉴别，采取扰动试样	不要求直观鉴别，不采取试样
回转	螺纹钻探	○	△	△	—	—	○	○	○
	无岩芯钻探	○	○	○	△	○	—	—	○
	岩芯钻探	○	○	○	△	○	○	○	○
冲击	冲击钻探	—	△	○	○	—	—	—	○
	锤击钻探	○	○	○	△	—	○	○	○
振动钻探		○	○	○	△	—	△	○	○
冲洗钻探		△	○	○	—	—	—	—	○
人工	麻花钻钻进	○	○	△	—	—	—	△	○
	洛阳铲钻进	○	○	—	—	—	—	△	○

注：○代表适用；△代表部分情况适用；—代表不适用。

岩土工程勘察钻探要求按《岩土工程勘察规范》（2009 年版）（GB 50021—2001）进行，并应满足以下要求。

（1）钻进深度和岩土分层深度的量测误差应在±5cm 范围。

（2）应严格控制非连续取芯钻进的回次进尺，使分层精度符合要求。

（3）对鉴别地层天然湿度的钻孔，在地下水位以上应进行干钻；当必须加水或使用循环液时，应采用双层岩芯管钻进。

（4）岩芯钻探的岩芯采取率，对完整和较完整岩体不应低于 80%，较破碎和破碎岩体不应低于 65%；对须重点查明的部位（活动带、软弱夹层等）应采用双层岩芯管连续取芯；当须确定岩石质量指标（rock quality designation，RQD）时，应采用 75mm 口径（N 型）双层岩芯管和金刚石钻头。

（5）钻孔时应注意观测地下水位，量测地下水初见水位和静止水位。通常每个钻孔均应量测第一含水层的水位。如有多个含水层，应根据勘察要求决定是否分层量测水位。

（6）定向钻进的钻孔应分段进行孔斜测量；倾角和方位的量测精度应分别为±0.1°和±3.0°。

4．取样

（1）取土器的种类

取土器的种类很多，按壁厚可分为薄壁和厚壁两类，薄壁取土器壁厚仅1.25～2.00mm，厚壁取土器壁厚达8.0～14.0mm；根据取土器的结构及封闭形式又可分为敞口式和封闭式。

《建筑工程地质勘探与取样技术规程》（JGJ/T 87—2012）中按进入土层方式将取土器分为贯入式取土器和回转式取土器，具体分类见图2-2。

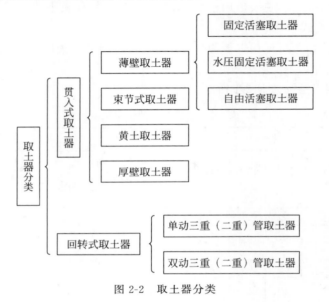

图 2-2　取土器分类

《建筑工程地质勘探与取样技术规程》中将取砂器分为内环刀取砂器和双管单动内环刀取砂器。

（2）不扰动试样的采取方法

① 击入法：按锤击能量应采用重锤少击法，按锤的位置可分为上击法和下击法。

② 压入法：分为慢速压入法和快速压入法。慢速压入法是用杠杆、千斤顶、钻机手把等加压，取土器进入土层的过程不是连续的，对土试样有一定程度的扰动。快速压入法是将取土器快速、均匀地压入土中，采用这种方法对土试样的扰动程度最小。

③ 回转法：这种方法系使用回转式取土器取样。取土时内管压入取样，外管回转削切的废土一般用机械钻机靠冲洗液带出孔口。使用这种方法取样可减少土试样的扰动程度，从而提高取样质量。

（3）取样质量要求

按照取样方法及试验目的，《岩土工程勘察规范》对土试样的质量等级按表2-2分为4个等级。

表 2-2　土试样质量等级

级　别	扰动程度	试验内容
Ⅰ	不扰动	土类定名、含水量、密度、强度试验、固结试验
Ⅱ	轻微扰动	土类定名、含水量、密度
Ⅲ	显著扰动	土类定名、含水量
Ⅳ	旁压试验数据	土类定名

在钻孔中采取Ⅰ、Ⅱ级砂样时，可采用原状取砂器，并按相应的现行标准执行。在钻孔中采取Ⅰ、Ⅱ级土试样时，应满足下列要求。

(1) 在软土、砂土地层中宜采用泥浆护壁，如使用套管，应保持管内水位等于或稍高于地下水位，取样位置应低于套管底 3 倍孔径的距离；

(2) 采用冲洗、冲击、振动等方式钻进时，应在预计取样位置 1m 以上改用回转钻进；

(3) 下放取土器前应仔细清孔，清除扰动土，孔底残留浮土厚度不应大于取土器废土段长度（活塞取土器除外）；

(4) 采取土试样宜用快速静力连续压入法，条件不允许时也可采用重锤少击方式，但应有良好的导向装置，避免锤击时摇晃；

(5) 对黏性较强的土层，上提取土器之前可回转 3 圈，使土试样从底端断开；

(6) 具体操作方法应按现行标准《建筑工程地质勘探与取样技术规程》执行。

Ⅰ、Ⅱ、Ⅲ级土试样应妥善密封，防止湿度变化，严防曝晒或冰冻。在运输中应避免振动，保存时间不宜超过三周。对易于振动液化和水分离析的土试样宜就近进行试验。

岩石试样可利用钻探岩芯制作或在探井、探槽、竖井或平洞中刻取。采取的毛样尺寸应满足试块加工的要求。在特殊情况下，试样形状、尺寸和方向由岩体力学试验设计确定。

2.1.2　原位测试技术

原位测试是在岩土原来所处的位置上或基本上在原位状态和应力条件下对岩土性质进行的测试。在可以基本保持岩土的天然结构、天然含水量以及天然应力状态下，测定岩土的工程力学性质指标。

原位测试适用于：①当原位测试比较简单，而室内试验条件与工程实际相差较大时；②当基础的受力状态比较复杂，计算不准确而又无成熟经验，或整体基础的原位真型试验比较简单；③重要工程必须进行必要的原位试验。

原位测试具备可以测定难于取得不扰动土样的有关工程力学性质；可避免取样过程中应力释放的影响；具有影响范围大、代表性强等优点。但是也具备特定原位测试有其适用条件；有些理论往往建立在统计经验的关系上；影响原位测试成果的因素较为复杂，使得对测定值的准确判定造成一定的困难等缺点。

常用的原位测试方法有荷载试验、静力触探试验、圆锥动力触探试验、标准贯入试验、十字板剪切试验、旁压试验等。

1. 荷载试验

荷载试验是指在天然地基上通过承压板向地基施加竖向荷载，观察所研究地基土的变形和强度规律的一种原位试验。它是检验地基(含天然地基、复合地基)承载力的各种方法中应用最广的一种,且被公认为试验结果最准确、最可靠,被列入各国地基基础工程规范或规定中。该试验手段利用各种方法人工加荷,模拟地基或基础的实际工作状态,测试其加载后承载性能及变形特征。其显著的优点是受力条件比较接近实际,简单易用,试验结果直观且易于被人们理解和接受,但是试验规模及费用相对较大。

荷载试验分为浅层平板荷载试验、深层平板荷载试验、螺旋板荷载试验、岩石地基荷载试验等。

浅层平板荷载试验(plate load test,PLT)是在一定面积的承压板上向地基土逐级施加荷载,测求地基土的压力与变形特性的原位测试方法。它反映承压板下 1.5～2.0 倍承压板直径或宽度范围内地基土强度、变形的综合性状。浅层平板荷载试验适用于确定浅部地基土层承压板下压力主要影响范围内的承载力和变形参数。浅层平板荷载试验根据半无限空间弹性理论,试验标高处的试坑宽度不应小于承压板宽度或直径的 3 倍。

深层平板荷载试验是平板荷载试验的一种,适用于埋深大于或等于 5.0m 和地下水位以上的地基土。深层平板荷载试验用于确定深部地基土及大直径桩的桩端土层在承压板下应力主要影响范围内的承载力及变形参数。深层平板荷载试验的试坑(井)直径应等于承压板直径,当试坑(井)直径大于承压板直径时,紧靠承压板周围外侧的土层高度不应小于承压板直径。

螺旋板荷载试验(spiral plate load test,SPLT)是将一螺旋形的承压板用人力或机械旋入地面以下的预定深度,通过传力杆向螺旋形承压板施加压力,测定承压板的下沉量。螺旋板荷载试验适用于深层地基土或地下水位以下的地基土。它可以测求地基土的压缩模量、固结系数、饱和软黏土的不排水抗剪强度、地基土的承载力等,其测试深度可达 10～15m。

岩石地基荷载试验是平板荷载试验的一种。适用于确定完整、较完整、较破碎岩石地基作为天然地基或桩基础持力层时的承载力。

2. 静力触探试验

静力触探试验(cone penetration test,CPT)是用静力将探头以一定的速率压入土中,利用探头内的传感器,通过电子量测器将探头受到的贯入阻力记录下来。由于贯入阻力的大小与土层的性质有关,所以通过贯入阻力的变化情况,可以达到了解土层工程性质的目的。孔压静力触探试验(piezocone penetration test,PCPT)除静力触探试验原有功能外,在探头上附加孔隙水压力量测装置,用于量测孔隙水压力增长与消散。利用孔压量测的高灵敏性,可以更加精确地辨别土类,测定评价更多的岩土工程性质指标。

静力触探试验成果可以应用于查明地基土在水平方向和垂直方向的变化,划分土层,确定土的类别;确定建筑物地基土的承载力和变形模量,以及其他物理力学指标;选择桩基持力层,预估单桩承载力,判别桩基沉入的可能性;检查填土及其他人工加固地基的密实程度和均匀性,判别砂土的密度及其在地震作用下的液化可能性;湿陷性黄土地基用于查找浸水湿陷的范围和界线等。

3. 圆锥动力触探试验

圆锥动力触探试验(dynamic penetration test,DPT)是岩土工程勘察中常规的原位测试方法之一,它是利用一定质量的落锤,以一定高度的自由落距将标准规格的圆锥形探头击入土层中,根据探头贯入击数、贯入度或动贯阻力判别土层的变化,评价土的工程性质。

圆锥动力触探试验的类型分为轻型、重型和超重型三种。轻型圆锥动力触探试验一般适用于贯入深度小于 4m 的黏性土、粉土,新近沉积的黏性土、粉土、粉砂、细砂以及由黏性土、粉土组成的素填土,可用于施工验槽、地基检验和地基处理效果的检测。重型圆锥动力触探试验一般适用于砂土、中密以下的碎石土和极软岩。超重型圆锥动力触探试验一般适用于稍密-很密的碎石土、极软岩和软岩。

圆锥动力触探试验成果可以应用于通过触探试验获得地基土的物理力学性质指标;经过试验对比和相关分析,可获得地基土的密实度、地基承载力、变形指标等参数以及单桩承载力;判定地基土的均匀性;利用从上至下连续测试特点,试验曲线可反映地层沿深度变化规律;利用多个触探点的试验曲线,可分析地层在水平方向的变化,评价地基的均匀性;具有钻探和测试的双重功能;可利用锤击数判定土的力学性质,同时也可以对比场地内的钻探资料或已有地层资料,进行地层力学分层;探查土洞、滑动面、软硬土层界面、岩石风化界面;检测地基处理效果。

4. 标准贯入试验

标准贯入试验(standard penetration test,SPT)(简称标贯)是用质量为 63.5kg 的重锤按照规定的落距(76cm)自由下落,将标准规格的贯入器打入地层,根据贯入器贯入一定深度得到的锤击数来判定土层的性质。这种测试方法适用于砂土、粉土和一般黏性土。

标准贯入试验成果可以应用于确定砂土的密实度、确定黏性土的状态和无侧限抗压强度、确定地基承载力、确定土的抗剪强度、确定土的变形参数、估算单桩承载力、计算剪切波速、评价砂土液化等。

5. 十字板剪切试验

十字板剪切试验(vane shear test,VST)是用插入土中的标准十字板探头,以一定速率扭转,量测土破坏时的抵抗力矩,测定土的不排水抗剪强度和残余抗剪强度。十字板剪切试验可用于测定饱和软黏性土($\varphi \approx 0$)的不排水抗剪强度和灵敏度。所测得的抗剪强度值相当于试验深度处天然土层在原位压力下固结的不排水抗剪强度。十字板剪切试验不需要采取土样,避免了土样扰动及天然应力状态的改变,是一种有效的现场测定土的不排水强度试验方法。

十字板剪切试验成果可以应用于确定强度修正系数、计算地基承载力、估算单桩极限承载力、确定软土路基临界高度、判定软土的固结历史、检验地基加固改良效果等。

6. 旁压试验

预钻式旁压试验(pressuremeter test,PMT)是通过旁压器在预先打好的钻孔中对孔壁施加横向压力,使土体产生径向变形,利用仪器量测孔周岩土体的径向压力与变形关系,测求地基土的原位力学状态和力学参数。预钻式旁压试验适用于孔壁能保持稳定的黏性土、粉土、砂土、碎石土、残积土、风化岩和软岩,不适用于饱和软黏土。

自钻式旁压试验(self-boring pressuremeter test,SBPMT)把成孔和旁压器的放置、定位、试验一次完成,可测求地基承载力、变形模量、原位水平应力、不排水抗剪强度、静止侧压力系数和孔隙水压力等。与预钻式旁压试验相比,自钻式旁压试验消除了预钻式旁压试验中由于钻进使孔壁土层所受的各种扰动和天然应力的改变,因此,试验成果比预钻式旁压试验更符合实际。

7. 扁铲侧胀试验

扁铲侧胀试验(flat dilatometer test,DMT)是岩土工程勘察中一种新兴的原位测试方法,试验时将接在探杆上的扁铲测头压入土中预定深度,然后施压,使位于扁铲测头一侧面的圆形钢膜向土内膨胀,量测钢膜膨胀三个特殊位置(A、B、C)的压力,从而获得多种岩土参数,适用于软土、一般黏性土、粉土、黄土和松散-中密的砂土。在密实的砂土、杂填土和含砾土层及风化岩中,因膜片容易损坏,故一般不宜采用此试验。

根据试验值及试验指标,扁铲侧胀试验按地区经验可划分土类,确定黏性土的状态,计算静止侧压力系数、超固结比 OCR、不排水抗剪强度、变形参数,进行液化判别等。

8. 现场直接剪切试验(简称直剪试验)

现场直剪试验可用于岩土体本身、岩土体沿软弱结构面和岩体与其他材料接触面的剪切试验,可分为岩土体在法向应力作用下沿剪切面剪切破坏的抗剪断试验,岩土体剪断后沿剪切面继续剪切的抗剪试验(摩擦试验),法向应力为零时岩体剪切的抗切试验。现场直剪试验可在试洞、试坑、探槽或大口径钻孔内进行。当剪切面水平或近于水平时,可采用平推法或斜推法;当剪切面较陡时,可采用楔形体法。现场直剪试验成果可以确定岩土体的比例强度、屈服强度、峰值强度、残余强度、剪胀强度、抗剪强度参数等。

9. 波速测试

在地层介质中传播的弹性波可分为体波和面波。体波又可分为压缩波(P 波)和剪切波(S 波),剪切波的垂直分量为 SV 波,水平分量为 SH 波;在地层表面传播的面波可分为Rayleigh(R 波)和 Love(L 波)。体波和面波在地层介质中传播的特征和速度各不相同,由此可以在时域波形中加以区别。

利用弹性波波速测试结果确定的岩土弹性参数,可以进行场地类别划分,为场地地震反应分析和动力机器基础进行动力分析提供地基土动力参数,检验地基处理效果等方面的应用,通常波速测试主要有单孔法、跨孔法、瑞雷波法。

10. 岩体原位测试

岩体原位测试包括岩体变形测试、岩体强度测试、岩体应力测试、岩体原位观测。

(1)岩体变形测试是通过加压设备将力施加在选定的岩体面上,测量其变形。其方法有静力法和动力法两种。静力法有承压板法、刻槽法、水压法、钻孔变形计法等;动力法有地震法和声波法等。

(2)岩体强度测试是原位测定岩体抗剪强度的一种方法。由于这种方法考虑了岩体结构面的影响,试验结果比较符合实际情况。岩体强度测试方法有现场直剪试验和现场三轴试验两种。

(3)岩体应力测试一般是先测出岩体的应变值,再根据应变与应力的关系计算出应力值。测试方法通常有应力解除法和应力恢复法。

(4)岩体原位观测主要有地下洞室围岩收敛观测、钻孔轴向岩体位移观测、钻孔横向岩体位移观测。

11. 地基动力参数测试

土在动力荷载作用下的性能与其在静力荷载作用下的性能有明显的区别,且更为复杂。

为满足实际工程需要,当动力机器基础、小区划分、高层建筑及重要厂房等工程设计前,地基刚度系数、阻尼比、参振质量、地基能量吸收系数、场地的卓越周期、卓越频率等地基动力参数应在现场进行试验确定。主要包括模型基础动力参数测试、振动衰减测试、地脉动测试等。

（1）模型基础动力参数测试

天然地基和人工地基的动力特性可采用强迫振动或自由振动的方法测试,应根据动力机器的性能采用不同的测试方法,如属于周期性振动的机器基础应采用强迫振动测试,而属于冲击性振动的机器基础,则可采用自由振动测试。考虑到所有的机器基础都有一定的埋深,因此基础应分别做明置和埋置两种情况的振动测试。明置基础的测试目的是获得基础下地基的动力参数,埋置基础的测试目的是获得埋置后对动力参数的提高效果。

（2）振动衰减测试

由动力机器、交通车辆、打桩等工作时产生的振动,经地基土向周围传播,随着与振源距离的增大,振动波的能量逐渐减小。振动波在地基中传播时能量的减小与地基土介质的阻尼消耗和半球面几何扩散有关。衡量振动波传播在地基土中传播衰减快慢常用地基能量吸收系数 α 来表示,α 值大即衰减快,α 值小即衰减慢。振动衰减测试是根据具体情况和设计需要选用振源和布置测点,确定地基能量吸收系数 α 的一种测试方法。

（3）地脉动测试

地脉动测试是地基动力特性测试方法之一,地脉动测试较多地应用于地震小区域划分、震害预测、厂址选择或评价、提供动力机器基础设计参数,有时将地脉动作为环境振动评价,可供精密仪器仪表及设备基础进行减震设计时参考。对地区脉动测试资料进行对比,也可用作地基土分类、场地稳定性(如滑坡、采空区、断裂带等)的评价或监测、第四纪地层厚度、场地类别区分等方面。在石油天然气、地热资源等地球物理勘探方面也可提供有用信息。地脉动观测方法在对房屋、古建筑、桥梁等作模态分析方面有较好的应用前景。

2.1.3 工程物探技术

物探技术是地球物理勘探技术的简称,是以目标地质体与周围介质的物性差异为前提,如电性、磁性、密度、波速、温度、放射性等,通过仪器观测自然或人工物理场的变化,确定地下地质体的空间展布范围(大小、形状、埋深等)并可测定岩土体的物性参数,达到解决地质问题的一种物理勘探技术。物探具有快速、全面、准确、省时和经济、勘探精度高等特点,是一种无损检测方法。

常用的物探技术有电法勘探、电磁法勘探、地震勘探、声波探测、层析成像、管波探测、综合测井等。

1. 电法勘探

自然界中,岩土因其种类、成分、结构、湿度和温度等因素的不同,而具有不同的电学性质,电法勘探是以这种电性差异为基础,利用仪器观测天然或人工电场变化或岩土体电性差异,来解决某些地质问题的物探方法。电法勘探根据其电场性质的不同可分为电阻率法、充电法、自然电场法和激发极化法等。

（1）电阻率法

利用地壳中不同岩土间导电性(以电阻率表示)的差异,通过观测与研究在地下人工建立的稳定电流场的分布规律,来寻找煤和其他有益矿产和地下水,以及解决有关地质问题的一种电法勘探方法。电阻率法是电法勘探中研究应用最早、使用最广泛的方法。为了解决不同的地质问题,常采用不同的电极排列形式和移动方式(简称为装置)。根据装置的不同将电阻率法分为电剖面法、电测深法和高密度电阻率法。

（2）充电法

充电法是将电源的一端接到良导体上,另一端接到无穷远处,供电时良导体成为一个"大电极",其电场分布取决于几何参数、电参数、供电点的位置等。因此,通过研究电场的分布规律来了解矿体的分布、产状、埋深等。

（3）自然电场法

利用自然电场进行找矿勘探的方法叫自然电场法。自然电场法按其观测方法可分为电位法和电位梯度法。当地下水埋藏较浅、流速足够大,并有一定矿化度时,能取得较好效果;可利用此法判定在岩溶、滑坡以及覆盖层下地下水沿断裂带活动的情况。

它的优点是不需要供电电源,工作速度快,成本低。缺点是非矿异常(如山地电场、碳质页岩电场)和干扰(如工业游散电流等)较多。

（4）激发极化法

地质体在充放电过程中产生随时间缓慢变化的附加电场现象,称为激电效应。激发极化法是以不同地质体激电效应的差异为基础,通过研究大地激电效应,来探测地下地质情况的一种分支电法。它又分为直流激发极化法(时间域法)和交流激发极化法［频率域法(spectrum induced polarization,SIP)］。常用的电极排列有中间梯度排列、联合剖面排列、固定点电源排列、对称四极测深排列等。也可以用使矿体直接或间接充电的办法来圈定矿体的延展范围和增大勘探深度。

2. 电磁法勘探

电磁法又称电磁感应法,是以介质的电磁性(σ,ε,μ)差异为物质基础,通过观测和研究人工或天然的交变电磁场随空间分布规律或随时间变化规律,达到某些勘察目的的一类勘探方法。按其电磁场随频率和时间变化规律可分为频率域电磁法和时间域电磁法。电磁法的种类较多,常用的电磁法有频率电磁测深法、瞬变电磁测深法、可控源音频大地电磁测深法、探地雷达等。

（1）频率电磁测深法

频率电磁测深法是通过改变人工电磁场的频率来控制探测深度,查明岩层电阻率随深度的变化情况,借以判释地层分布及地质构造。

（2）瞬变电磁测深法

瞬变电磁测深法是一种时间域电磁法,它是通过阶跃波电磁脉冲激发,利用不接地回线向地下发射一次脉冲电磁场,在一次脉冲电磁场断电后,测量由地下介质产生的感应二次场随时间的变化,以达到寻找各种地质目标的一种地球物理勘探方法。

（3）可控源音频大地电磁测深法

可控源音频大地电磁测深法是加拿大多伦多教授 D. W. 斯特兰格韦(D. W. Strangway)和他的学生迈伦·戈德斯坦(Myron Goldstein)针对 MT 法天然场源的随机性和信号微弱使得 MT 法的精度和效率都很低这两个弱点提出的,他们发现,采用可以控制的人工场源,能够克服 MT 的缺点。

（4）探地雷达

探地雷达（ground penetrating radar，GPR）是利用高频电磁脉冲波的反射探测目的体及地质界面的电磁装置，又称地质雷达。

3. 地震勘探

地震勘探是指人工激发所引起的弹性波利用地下介质弹性和密度的差异，通过观测和分析人工地震产生的地震波在地下的传播规律，推断地下岩层的性质和形态的地球物理勘探方法。地震勘探是地球物理勘探中最重要，解决油气勘探问题最有效的一种方法。它是钻探前勘测石油与天然气资源的重要手段，在煤田和工程地质勘察、区域地质研究和地壳研究等方面，也得到广泛应用。根据弹性波的传播方式，可将地震勘探分为直达波法、反射波法、折射波法和瑞雷波法。

（1）直达波法

直达波是一种从震源出发不经过界面的反射、折射而直接传播到接收点的地震波。利用直达波的时距曲线（波到达观测点的时间 t 和到达观测点所经过的距离 s 的关系曲线）求得直达波波速，从而计算岩土层的动力参数。

（2）反射波法

地震波在其传播过程中遇到介质性质不同的岩层界面时，一部分能量被反射，一部分能量透过界面而继续传播。在垂直入射情形下有反射波的强度受反射系数影响，在噪声背景相当强的条件下，通常只有具有较大反射系数的反射界面才能被检测识别。地下每个波阻抗变化的界面，如地层面、不整合面、断层面等都可产生反射波。在地表接收来自不同界面的反射波，可详细查明地下岩层的分层结构及其几何形态。

（3）折射波法

折射波法是利用折射波（又称明特罗普波或首波）的地震勘探方法。地层的地震波速度如大于上面覆盖层的波速，则二者的界面可形成折射面。以临界角入射的波沿界面滑行，沿该折射面滑行的波离开界面又回到原介质或地面，这种波称为折射波。折射波的到达时间与折射面的深度有关，折射波的时距曲线（折射波到达时间与炮检距的关系曲线）接近于直线，其斜率决定于折射层的波速。

（4）瑞雷波法

瑞雷波沿地表传播时，其穿透深度相当于它的波长。在均匀介质中，瑞雷波的传播速度（v_R）与频率（f）无关；在非均匀介质中，传播速度随频率的改变而改变（所谓的频散效应）。当采用不同振动频率的震源产生不同波长的瑞雷波时，可以得到不同穿透深度的瑞雷波速度值，根据波速值评价地质体或进行地质分层，从而达到探测的目的。

4. 声波探测

声波探测是弹性波探测技术中的一种，其理论基础是固体介质中弹性波的传播理论，它是利用频率为数千赫兹到 $20kHz$ 的声频弹性波，研究其在不同性质和结构的岩体中的传播特性，从而解决某些工程地质问题。主要应用于测定岩体的动弹性系数，评价岩体的完整性和强度，测定洞室围岩松动圈和应力集中区的范围。

5. 层析成像

地学层析成像是用医学 X 射线的理论详细调查地下物性参数分布状况的物探技术。

分为弹性波(地震波、声波)层析成像、电磁波层析成像和电阻率层析成像。地震层析成像就是用地震数据反演地下结构的物质属性,并逐层剖析绘制其图像的技术。其主要目的是确定地球内部的精细结构和局部不均匀性。相对来说,地震层析成像较其他两种方法应用更加广泛,这是因为地震波的速度与岩石性质有比较稳定的相关性,地震波衰减程度比电磁波小,且电磁波速度快,不易测量。

6. 管波探测

管波探测是在施工钻孔中利用"管波"这种特殊的弹性波作为探测物理场,探测孔内周围一定范围内的溶洞、溶蚀、裂隙、软弱夹层等不良地质体的孔中物探方法,是一种一发一收、固定收发距离的单孔测试装置。这种方法可根据仪器发出的波在不同介质中的不同反应,判断具体的地质情况。比如,在基岩面、溶洞顶和底面、裂隙、孔底、水面等界面产生条状反射波,在不良地质体处如溶洞、溶蚀、软弱岩层、土层等会有管波能量及速度的变化。通过分析仪器接收到的管波数据,可推测出勘察地质是否属于完整基岩段、裂隙发育段、溶蚀发育段、岩溶发育段、软弱岩层和土层 6 种情况。

作为一种物探方法,管波探测与其他物探方法比较,具有成果准确、快速,异常易于识别,异常的地质解释具有唯一性,勘察成果可靠性高,探测岩溶分辨能力强,垂向探测精度高,仪器设备投资少,不受工作场地限制等特点和优势。主要缺点是无方向性。

7. 综合测井

综合测井主要包括电测井、声波测井、放射性测井、电视测井等。

(1)电测井

电测井是研究钻孔中岩层间电学或电化学性质差异为基础的一组地球物理勘探方法的总称。它在所有测井方法中发展最早,理论与实践也较成熟。包括电阻率测井、侧向测井、自然电位测井等。

(2)声波测井

声波测井是以声波在岩石中传播的速度、岩石对声波能量的吸收以及岩石对声波的折射和反射等性质为基础,评价地层、划分岩性、计算孔隙度的一种测井方法。可分为声速测井和声幅测井。

(3)放射性测井

放射性测井又称核测井,是以地层和井内介质的核物理性质为基础的地球物理方法。测井时,用探测器在井中连续测量由天然放射性核素发射的或由人工激发产生的核射线,以计数率或标准化单位记录射线强度随深度的变化,也可直接转换成测井分析所需的地球物理参数,以更直观的形式进行记录。这类测井方法可在裸眼井和套管井中研究钻孔地质剖面,划分地层单元,识别淡咸水层,确定含水层厚度和深度,划分隔水层底板,确定岩土层密度等工程地质问题。根据测量方法的不同,可分为天然放射性测井和人工放射性测井两类。

(4)电视测井

电视测井是一种能直观反映孔壁图像的探测方法,常见的有以普通光源和超声波为能源的电视测井。

2.1.4　地质调查技术

地质调查(geological survey)泛指一切以地质现象(岩石、地层、构造、矿产、水文地质、地貌等)为对象,以地质学及其相关科学为指导,以观察研究为基础的调查工作。地质调查一般以不同比例尺的填图为主要手段。国家对不同比例尺的填图精度有明确的要求,因此不同比例尺的填图精度代表了该项地质调查的详细程度。其基本任务是采用各种现代化手段和综合性方法查明陆地和海域各种重要的区域地质现象,研究这些现象的发生、发展及其规律,并在此基础上编制一系列基础地质图件、资料,为国民经济建设和社会发展提供服务。地质调查工作成果是制订国家和地区地质工作计划,满足如矿产预测、矿产普查、水文地质、工程地质、环境地质、地质勘查等社会需求,以及为国土开发、整治、规划和综合开发利用海洋资源等提供重要依据。

1．工程地质测绘

工程地质测绘是工程地质勘察中一项最重要最基本的勘察方法,也是诸多勘察工作中走在前面的一项勘察工作。它是运用地质、工程地质理论对与工程建设有关的各种地质现象进行详细观察和描述,以查明拟定建筑区内工程地质条件的空间分布和各要素之间的内在联系,并按照精度要求将它们如实地反映在一定比例尺的地形设计图上。配合工程地质勘探、试验等所取得的资料编制成工程地质图。常见的测绘方法有像片成图法、实地测绘法等。

(1) 像片成图法

利用地面摄影或航空(卫星)摄影像片,先在室内进行解译,划分地层岩性、地质构造、地貌、水系和不良地质作用等,并在像片上选择若干点和路线,去实地进行校对修正,绘成底图,然后再转绘成图。

(2) 实地测绘法

常用的方法有三种:路线法、布点法和追索法。路线法是沿一定的路线,穿越测绘场地,把走过的路线正确地填绘在地形图上,并沿途详细观察地质情况,把各种地质界线、地貌界线、构造线、岩层产状和各种不良地质作用等标绘在地形图上。布点法是工程地质测绘的基本方法,也就是根据不同的比例尺预先在地形图上布置一定数量的观察点和观察路线,观察路线长度必须满足要求,路线力求避免重复,使一定的观察路线达到最广泛的观察地质现象的目的。追索法,一种辅助方法,是沿地层走向或某一构造线方向布点追索,以便查明某些局部的复杂构造。

2．遥感影像

遥感是通过遥感器这类对电磁波敏感的仪器,在远离目标和非接触目标物体条件下探测目标地物,获取其反射、辐射或散射的电磁波信息(如电场、磁场、电磁波、地震波等信息),并进行提取、判定、加工处理、分析与应用的一门科学和技术。凡是只记录各种地物电磁波大小的胶片(或相片),都称为遥感影像(remote sensing image),在遥感中主要是指航空像片和卫星相片。

用计算机处理的遥感图像必须是数字图像。以摄影方式获取的模拟图像必须用图像扫描仪等进行模/遥感影像数(A/D)转换;以扫描方式获取的数字数据必须转存到一般数字计算机都可以读出的计算机兼容磁带(computer compatible tape,CCT)等通用载体上。计算机图像处理要在图像处理系统中进行。

遥感图像解译是根据人们对客观事物所掌握的解译标志和实践经验,通过各种手段和方法,对图像进行分析,达到识别目标物的属性和含义的过程。利用地质学、工程地质学等知识识别与工程建设有关的地形地貌、地层岩性、地质构造、不良地质作用、水文地质条件等地质作用和地质现象的过程,称为遥感图像的工程地质解译。

2.2 工程勘察业务实施流程

2.2.1 工程建设行业勘察流程

工程勘察应按工程建设各勘察阶段的要求正确反映工程地质条件,查明不良地质作用和地质灾害,提出资料完整、评价正确的勘察报告。

以房屋建筑和构筑物勘察为例,《岩土工程勘察规范》(2009 年版)(GB 50021—2001)中规定,建筑物的岩土工程勘察宜分阶段进行,可行性研究勘察应符合选择场址方案的要求;初步勘察应符合初步设计的要求;详细勘察应符合施工图设计的要求;场地条件复杂或有特殊要求的工程,宜进行施工勘察;场地较小且无特殊要求的工程可合并勘察阶段;当建筑物平面布置已经确定,且场地或其附近已有岩土工程资料时,可根据实际情况,直接进行详细勘察。

工程建设行业勘察阶段的划分及依据规范见表 2-3。

表 2-3 工程建设勘察阶段划分

勘察对象	勘察阶段				采用的勘察规范
房屋建筑和构筑物	可行性研究勘察	初步勘察	详细勘察	施工勘察(不是固定阶段)	GB 50021—2001 (2009 年版)
地下洞室	可行性研究勘察	初步勘察	详细勘察	施工勘察	
岸边工程	可行性研究勘察	初步设计阶段勘察	施工图设计阶段勘察	—	
管道工程	选线勘察	初步勘察	详细勘察	—	
架空线路工程	—	初步勘察	施工图设计勘察	—	
废弃物处理工程	可行性研究勘察	初步勘察	详细勘察		
核电厂	初步可行性研究勘察	可行性研究勘察	步设计勘察	施工图设计勘察	工程建造勘察	
边坡	—	初步勘察	详细勘察	施工勘察	
公路	可行性研究勘察	初步工程地质勘察	详细工程地质勘察	—	JTG C 20—2011
	预可勘察	工可勘察			
铁路	踏勘	初测	定测	补充定测	根据施工、运营需要开展工程地质工作	TB 10012—2019
水电	规划勘察	预可行性研究勘察	可行性研究勘察	招标设计阶段工程地质勘察	施工详图设计阶段工程地质勘察	GB 50287—2016
港口	可行性研究阶段勘察	初步设计阶段勘察	施工图设计阶段勘察	施工期勘察	JTS 133—2013

注:引自《工程地质手册》(第五版)。

总体来说,工程建设的勘察阶段一般可以划分为可行性研究阶段勘察、初步设计阶段勘察、施工图设计阶段勘察、施工阶段勘察。各个阶段的勘察目的、要求和主要工作内容见表 2-4。

表 2-4　各勘察阶段的工作内容和要求

勘察阶段	可行性研究勘察	初步设计阶段勘察（初勘）	施工图设计阶段勘察（详勘）	施工阶段勘察
设计要求	满足确定场址方案	满足初步设计	满足施工图设计	满足施工中具体问题的设计,随勘察对象不同而不同
勘察目的	对拟选场址的稳定性和适宜性做出评价	初步查明场地岩土条件,进一步评价场地的稳定性	查明场地岩土条件,提出设计、施工所需参数,对设计、施工和不良地质作用的防治等提出建议	解决施工过程出现的岩土工程问题
工作主要方法	搜索分析已有资料,进行场地踏勘,必要时进行一些勘探和工程地质测绘工作	调查、测绘、物探、钻探、试验,目的不同侧重点不同	根据不同勘察对象和要求确定,一般以勘探和室内外测试、试验为主	施工验槽、钻探和原位测试

注：引自《工程地质手册》(第五版)。

2.2.2　电力行业工程勘察流程

电力工程与一般建筑工程相比,行业特征尤为明显：规范要求众多、按阶段推进要求各阶段满足主要的设计需求等,使得电力工程的勘察流程具有一定特殊性。按设计和勘察阶段的划分特点,主要分为架空输电线路工程、电力电缆(陆域)工程、厂站工程、风电与光伏等新能源工程四大类。

1. 架空输电线路工程

1) 可行性研究阶段

岩土工程勘察工作的目的主要是为论证拟选线路路径的可行性与适宜性提供所需的勘察资料,主要按下列工作流程展开：

(1) 搜集各路径沿线已有的区域地质、地震地质、矿产资源、水文地质、工程地质及遥感资料。

(2) 调查了解沿线地形地貌特征、地层岩性及其分布特征,特殊性岩土和不良地质作用的分布、发育情况及其危害性。

(3) 调查了解沿线地下水的埋藏条件。

(4) 调查了解沿线矿产资源的分布与开采情况。

(5) 现场踏勘重点交叉跨越地段,初步确定其岩土工程适宜性。

(6) 对各路径方案进行初步岩土工程评价。

2) 初步设计阶段

岩土工程勘察工作的目的主要是为选定线路路径方案及确定地基基础初步方案提供所

需的勘察资料，主要按下列工作流程展开：

（1）获取线路路径方案图。

（2）进一步搜集沿线区域地质、矿产资源、地震地质、水文地质、工程地质、环境地质、遥感及地质灾害等相关资料。

（3）进一步调查特殊性岩土及不良地质作用和地质灾害的分布特征。

（4）初步查明沿线地形地貌特征、地层岩性及其分布特征。

（5）初步查明沿线地下水埋藏条件及水土腐蚀性。

3）施工图设计阶段

勘测应在初设勘测的基础上开展详细的勘测工作，为塔基定位、基础设计及其环境整治提供资料和岩土工程分析论证。

4）施工图设计阶段

地质勘测内容应满足以下要求：

（1）查明沿线的地形地貌特征、地层岩体分布、岩土性质特点、不良地质作用、水文地质、矿产地质等条件。

（2）选定地质稳定或岩土整治相对容易的塔基位置，采用适当的勘察手段或综合勘测方法进行勘察，并对每基塔腿情况进行影像记录。

（3）对塔基及其附近的特殊岩土和特殊地质问题进行勘测、分析和评价；应对滑坡、崩塌、泥石流等地质灾害进行预判，必要时需进行专业评估，确保塔位的稳定性。

（4）对于山地基岩裸露或表土较薄地段，采取地质调查、坑槽探和物探相结合的方法进行；对于山间盆地、河谷平原、溶蚀盆地以及山地表土较厚地段，应采取重点勘探工作。

（5）对于适宜采用岩石锚杆基础的塔位，逐腿钻探取样，准确鉴定和描述覆盖层厚度、岩石的性质、风化程度及岩石的物理参数。

（6）对塔基适宜的基础结构类型和环境整治方案进行分析并提出建议。

（7）对施工和运行中可能出现的岩土工程技术问题进行预测分析，并提出相应建议。

（8）加强调查沿线地下水位和地下水及地基土的腐蚀性；对线路所经采空影响区进行勘察，提供地基处理和基础设计所需的岩土工程资料；对黄土地区场地土的湿陷性进行评价；勘察岩溶地区的溶洞发育情况等。

（9）配合结构专业，预判机械化施工的可行性，并作详细记录。

（10）提供编制施工图设计文件所需的完整岩土工程资料。所提交的成品资料应包括：岩土工程勘察报告、杆塔工程地质条件一览表、线路土壤电阻率统计表及施工图阶段大地导电率测量报告等。

2. 电力电缆工程

1）可行性研究阶段

岩土工程勘察的主要目的是初步查明各路径方案沿线的岩土工程条件，对各路径方案沿线场地的稳定性与适宜性做出最终评价，为路径方案的比选提供岩土工程依据，主要按下列工作流程展开：

（1）详细了解和分析区域地质构造和地震活动情况，对各路径方案的区域稳定性做出最终评价。

（2）初步查明各路径方案沿线的工程地质和水文地质等条件，评价场地的稳定性和适宜性。

（3）对控制路径方案的不良地质作用与特殊性岩土，初步查明其类型、成因、范围及发展趋势，分析其对工程的危害，提出规避、整治的初步建议。

（4）对场地和地基的地震效应进行初步评价。

（5）根据工程条件，提出开展地质灾害危险性评估、地震安全性评价和压覆矿产评估等工作建议。

（6）根据路径方案的岩土工程条件与周边环境，建议可行的设计与施工方案，并预估工程建设对周边环境可能产生的影响。

（7）从岩土工程监督提出路径方案比选的建议。

2）初步设计阶段

勘察的主要目的是查明拟定路径方案沿线的岩土工程条件，针对电力电缆的敷设形式、结构形式、施工方法等开展工作，为初步设计提供岩土工程依据，主要按下列工作流程展开：

（1）查明拟定路径方案沿线地质构造、岩土类型及分布、岩土物理力学性质，必要时可进行工程地质分区。

（2）查明沿线不良地质作用与特殊性岩土的分布、规模、工程性质、发展趋势，分析其对工程的危害程度，提出处理、整治方案的建议。

（3）查明沿线地下水的埋藏条件与变化规律，分析地下水对施工可能产生的不利影响，提出地下水控制方案的建议。

（4）提供场地地震动参数，并进行场地地震效应评价。

（5）判定场地水、土对建筑材料的腐蚀性。

（6）判定沿线场地的建筑场地类别，划分对建筑抗震有利、一般、不利及危险地段。

（7）根据沿线的岩土工程条件与周边环境，提供设计与施工方案比选所需的岩土参数，提出设计与各构筑物平面布置、路径纵断面方案及施工方案比选的建议，初步分析工程建设对周边环境的影响，根据沿线重要建构筑物及地下管线的地基条件、基础形式、结构类型等情况，预测施工可能引起的变化及预防措施。

3）施工图设计阶段

勘察应在初步设计岩土工程勘察的基础上，针对电缆的敷设形式、结构形式、施工工法等条件，详细查明各地段的岩土工程条件，提供设计和施工所需的岩土参数，进行岩土工程分析与评价，主要按下列工作流程展开：

（1）查明各地段地基岩土类型、层次、厚度、分布规律及工程性质，提供设计和施工所需的岩土参数。

（2）查明不良地质作用的特征、成因、分布范围、发展趋势和危害程度，提出治理方案的建议。

（3）进行场地和地基的地震效应评价，确定场地类别，对于抗震设防烈度大于或等于7度的工程场地，应进行液化判别。

（4）调查沿线环境状况，分析施工与周边环境的相互影响，提出环境保护措施的建议。

（5）评价隧道围岩的稳定性，进行隧道围岩分级和岩土施工工程分级，对施工设备选型提出建议。

（6）查明地下水的埋藏条件、水位变化幅度、规律和地表水与地下水的水力联系，提供设计和施工所需的水文地质参数,分析地下水对工程的影响,提出地下水控制措施的建议。

(7) 判定场地水、土对建筑材料的腐蚀性。

3. 厂站工程

厂站工程主要包含火力发电厂、变电站、换流站、开关站等类型工程。

1) 可行性研究阶段

该类工程一般涉及多个场址,主要按下列工作流程展开:

(1) 查明场址区的地形、地貌及地质构造,并对场址附近的断裂作进一步研究。

(2) 初步查明场址及附近地区的不良地质作用,并对其危害程度和发展趋势作出判断,需要时提出防治的初步方案。

(3) 初步查明场址范围内地层成因、时代、分布及各层岩土的主要物理力学性质、地下水埋藏条件,以及场地水、土对建筑材料的腐蚀性。

(4) 确定场址区的地震动参数;确定建筑场地类别;根据场址区地形、地貌及地质条件,划分对建筑抗震的有利、一般、不利及危险地段,并对场址区的地震效应作出进一步研究。

(5) 进一步查明场址有无压矿情况以及采矿对场址稳定性的影响,并研究和预测可能影响场址稳定的其他环境岩土问题。

(6) 当工程需要进行场地和地基处理或采用桩基时,需进行方案论证并提出建议。

2) 初步设计阶段

岩土工程勘测工作的主要目的是最终确定建筑总平面布置、主要建筑物地基基础方案设计、不良地质作用整治、原体试验等,提供岩土工程勘测资料,推荐地基处理或桩基方案,对其他岩土体整治工程进行方案论证,主要按下列工作流程展开:

(1) 查明场地的地形、地貌特征和地层分布、成因、类别、时代及岩土物理力学性质,提出地基基础方案初步设计所需的岩土参数。

(2) 查明不良地质作用的成因、类别、范围、性质、发生发展规律及其危害程度等,并对其整治方案进行论证。

(3) 查明地下水的类型、埋藏条件及其变化规律,分析评价地下水对施工可能产生的影响,提出防治措施和建议,并对建筑场地地下水和岩土层对建筑材料的腐蚀性作出评价。

(4) 查明可能对建筑物有影响的天然边坡或人工开挖边坡地段的工程地质条件,分析评价其稳定性,并对其施工及处理方案进行论证。

(5) 对地基的地震效应进行判定与评价。

3) 施工图设计阶段

应在初设勘测的基础上展开详细的勘测工作,主要按下列工作流程展开:

(1) 查明各建筑地段的地形、地貌和地层分布、成因、类别、时代、岩土物理力学性质,提供地基岩土承载力、抗剪强度、压缩模量等物理力学性质指标及地基基础方案设计所需的计算参数。

(2) 查明不良地质作用的成因、类型、范围、性质、发生发展规律及危害程度等,并对其整治方案进行论证。

(3) 查明各建筑地段地下水的埋藏条件及变化规律,分析地下水对施工可能产生的影响,提出防治措施,并对场地地下水和土层对建筑材料的腐蚀性做出评价;提供地层渗透性指标供降水设计,提出地下水控制设计的建议。

（4）分析地基土在建筑物施工和使用期间可能产生的变化及其对工程的影响，预测由施工和运行可能引起的工程地质环境问题，并提出防治措施建议。

（5）提供深基坑稳定计算和支护设计所需的岩土参数，论证和评价基坑开挖、降水等对邻近建（构）筑物的影响。

（6）查明场地的地震地质条件，划分场地类别，进行场地与地基的地震效应评价。

（7）对需进行沉降计算的建筑物，提供地基变形计算参数，预测建筑物的变形特征。

4．风电与光伏等新能源工程

风电与光伏等新能源工程与上述其他电力工程稍有区别，一般仅分为可行性研究和施工图设计两个阶段开展，故该类型工程的勘察流程也与设计阶段相适应。

1）可行性研究阶段

主要按下列工作流程展开：

（1）详细了解和分析场址区的区域地质构造和地震活动情况，确定场址区的地震动参数、地震基本烈度及场地土类别，并对场址区的稳定性作出最终评价。

（2）初步查明场址区的地形、地貌特征。

（3）初步查明场址区的地层组成、成因、地质年代、分布规律及主要物理力学性质。

（4）初步查明场址区地下水类型、埋藏条件、变化规律，分析地下水对设计、施工可能产生的不利影响，并评价场地水、土对混凝土和金属材料的腐蚀性。

（5）详细调查场址区附近的不良地质作用，对其危害程度和发展趋势作出判断，并提出有关整治方案。

（6）调查、了解场址区文物、矿藏等情况。

（7）对场址区地基持力层的埋深、不均匀沉降、湿陷、地震液化等主要工程地质问题作出评价，提出基础形式和地基处理建议。

2）施工图设计阶段

在前期勘察成果的基础上，根据有关规范、规程的要求，对风电机组、光伏支架、升压站进行详细的工程地质勘察，为地基与基础设计提供地质依据，其中升压站地段与厂站工程类似，此处不再赘述。风电机组、光伏支架地段施工图阶段勘察主要按下列工作流程展开：

（1）查明场址区构造稳定性，进一步查明地震动参数，并进行地震效应评价。

（2）查明场址区岩土体组成、层次结构、分布规律，特别是地基软土等特殊性土的分布范围和厚度。

（3）查明基础地基地下水类型、埋藏条件、地下水位、地下水与地表水的补排关系，评价地下水对地基稳定性的影响，特别是对膨胀性土层、湿陷性土层、易崩解土层等水敏感性土的影响。

（4）评价地下水、地表水、地基土对风电机组基础的腐蚀性。

（5）进行岩土体室内试验，确定地基岩土体的物理力学性质参数，包括天然地基承载力、抗剪力学指标、压缩系数、压缩模量、变形模量、桩基的桩侧阻力值和桩端阻力值，以及特殊岩土体的相关物理力学参数等。

（6）查明土壤电阻率。

（7）查明地基持力层的埋深、不均匀沉降、湿陷、地震液化等主要工程地质问题。

（8）提出基础持力层的埋藏深度及各层岩土体物理力学参数建议值。

（9）对基础地基的工程地质条件和主要工程地质问题作出评价，并提出基础形式和地基处理建议。

2.3　工程勘察成果的表达与应用

岩土工程勘察成果是在获取勘察原始资料的基础上，通过工程师的经验积累和技术加工，将岩土工程分析与评价内容以某种特定格式展现出来的技术资料。同时，岩土工程勘察成果的表达形式也需要考虑使用人员的关注重点、习惯偏好、专业壁垒以及行业区别，不同行业间呈现出不同的标准和要求。表 2-5 列出了公路、铁路、港口、水利、电力等行业对详勘阶段岩土工程勘察成果形式的具体要求。

表 2-5　各行业详勘阶段岩土工程勘察成果要求

行业分类	勘察阶段	文字报告	图　件	表　格	附　件
公路	详细勘察	总报告 工点报告	路线综合工程地质平面图 路线综合工程地质纵断面图	不良地质和特殊性岩土一览表	各类试验和测试报告
铁路	定测	工程地质勘察报告	详细工程地质图 详细工程地质纵断面图	—	勘探、测试资料及其他原始资料
港口	施工图设计	报告文字部分	勘探点平面图 钻孔柱状图 工程地质剖面图	勘探点成果数据表 原位测试成果图表 室内试验成果图表 岩土试验特征指标综合统计表	其他图表、照片 岩土工程测试报告 岩土工程检验或检测报告 岩土工程事故调查与分析报告 岩土利用、整治或改造方案报告 技术咨询报告
水利	初步设计～招标设计	报告文字部分	综合地质图 综合地层柱状图 典型地质剖面图 各建筑地段工程地质剖面图 坝基渗透剖面图 监测成果汇总表	岩土水试验成果汇总表	物探报告 岩土试验报告 水质分析报告 专题研究报告
电力	施工图设计	报告文字部分	勘探点平面布置图 工程地质剖面图 钻孔柱状图 原位测试综合图	报告文字部分体现	土工试验报告 水质分析报告 易溶盐分析报告 波速测试报告 电阻率测试报告

2.3.1　二维成果表达与应用

岩土工程勘察成果通常为基于二维的方式进行表示和处理，其实质就是将三维地质环境中的地质现象投影到某一平面上进行表达,其成果即为我们常用的勘探点平面布置图、工程地质剖面图等。通过这些图件,将零散分布的钻孔信息通过某一方向的连接,实现岩土工程勘测"由点到面"揭示场地地基分布规律的目的。

从表 2-5 中各个行业勘察成果表达方式的对比不难发现,岩土工程勘察成果的二维数据表达主要有地质平面图、地质剖面图、单孔柱状图、各类指标分层统计表等几种形式。表 2-6 对每种类型二维成果的应用进行了归纳整理。

表 2-6 岩土工程勘察二维成果的应用

序号	成 果 名 称	应 用
1	地质平面图	① 为总平面布置提供基础依据 ② 辅助工程选址,识别不良地质作用和地质灾害 ③ 辅助土方量计算
2	地质剖面图(纵断面图)	展示地层分布的二维形态,为基础和地下结构设计提供依据
3	单孔柱状图	① 表述各个勘探孔地层的差异性 ② 提供设计所需的地层计算模型
4	各类指标分层统计表	① 提供设计专业选取所需的岩土设计参数 ② 综合确定岩土体的物理力学指标和工程特性

2.3.2 三维建模与应用

受常规二维表现形式的约束,地质剖面图尽管成功地解释了工程设计中某个特定方向的岩土工程问题,但无法做到充分揭示场地地基岩土的空间变化规律,难以使人们直接、完整、准确地理解和感受地下的地质情况,对于重大工程而言,甚至难以满足工程设计和分析的需求。越来越多的岩土工程师希望能借助地下空间的三维建模等合理手段,实现对岩土工程条件的直观表达,更好地服务于设计过程。随着三维 GIS 技术的进步,空间三维地质建模及可视化技术的研究不仅是计算机在岩土工程领域应用的一个必然趋势,而且已经成为岩土工程界研究的前沿和热点问题。

1. 三维地质建模理论

模型是对现实世界中事物或现象的简化、抽象和模拟,它是建立在人们对事物或现象认识基础之上的高度概括,又是进一步获取客观规律的方法和手段。数据模型就是对现实世界进行必要的简化、观念化处理,以反映实体的某些结构特征和行为功能属性。

三维地质建模过程:在原始岩土工程勘测数据的基础上,在岩土工程师的专业知识和经验指导下,经过一系列解译、修正后,通过对实际岩土体对象的几何形态、拓扑关系和工程属性三个方面的计算机模拟,通过适当的数学模型将各种信息组合形成的一个复杂的三维实体。

三维地质建模与建筑设计等领域的 CAD 几何建模有着较大区别,主要表现在:

(1)拓扑关系。CAD 模型的拓扑关系在建模之前的构思阶段已经形成,而三维地质模型的拓扑关系必须通过岩土工程师对地质点、钻孔和地质剖面等数据进行解译、修正后才能形成。

(2)处理对象。CAD 建模处理的对象主要是人造几何模型,而三维地质建模要处理的对象是天然地质体。

（3）建模精度。CAD 模型是实体的精确表达，具有唯一性；受勘测精度、数据采集难度的限制，三维地质模型只能是对地质实体的一种近似表达，具有多解性。

（4）建模方法。CAD 建模通常采用样条、B 样条以及贝塞尔插值法构造目标体的面或体，然后经过布尔运算构造实体，而三维地质建模的难度则取决于被建模地质体的复杂程度。

这些不同点决定了三维地质建模的复杂性，也是现行一些优秀的 CAD 软件不能直接用于三维地质建模的原因。

2. 三维地质模型建模过程

通常来说，勘察工程数据包含工程数据、钻孔数据、土层数据、标贯数据、动探数据、静探数据、十字板数据、荷载数据、室内土工试验数据等，各类数据又可细分为更多类别数据，比如工程数据可分为工程属性信息、工程地层信息、地面线信息等，并且各类信息之间并未独立存在，而是有着十分复杂的关联关系。

通过对勘测数据的特性、相互关联性进行仔细深入的分析，采用以钻孔数据为核心的数据组织方案，可以将勘测工程数据高效合理组织起来。钻孔数据中平面坐标及地层分层信息构成三维地质模型的基本框架。

三维地质建模流程如图 2-3 所示。

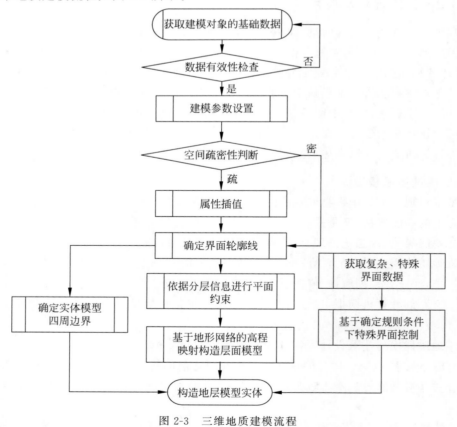

图 2-3　三维地质建模流程

岩土工程领域,根据对地质体空间位置、几何形状及内部属性关注的不同,地质建模可分为空间几何建模和属性建模两大类。通过对电厂现有勘测资料的数字化,提供了地质建模所需的数据源,并可根据设计的不同需求,分别构建地基岩土的空间几何模型(图 2-4)和属性模型(图 2-5)。

 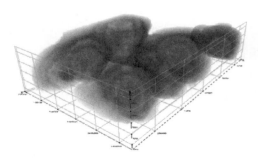

图 2-4　三维地质模型(几何模型)　　　　图 2-5　参数体属性模型

在建立地基岩土空间几何模型后,对于地基岩土的分布规律、孔隙比、含水量、承载力等地质属性参数的三维空间建模,首先需要从数据库中提取钻孔采样等勘探样品数据,之后通过三维插值生成体数据,建立三维模型后再利用面绘制法或体绘制法等进行可视化。

3.三维地质模型应用研究

(1)三维地质模型与岩土工程勘测

通过三维地质模型的反分析,可实现利用虚拟钻孔的提取最大限度提高勘测的精度。

虚拟钻孔在三维地质模型中的意义在于,表征三维地质模型中某一点的地层分布状况,也就是在三维地质模型中由"已知信息"经推测获得的"未知信息"。从岩土工程勘测设计的角度,这个过程是完全可逆向利用的过程。通过对虚拟钻孔的提取分析,即可获得相对准确的地基岩土分布信息。通过对虚拟钻孔的可视化操作,依据其分层状况,设定取样、原位测试的精确深度,从而实现对勘察现场的精确控制。利用三维地质模型得到的各种数据,可全面、细致、准确地实现对建设场地下阶段勘测的控制,为最终保证三维地质模型的精度提供可靠保证。

得到初步设计的勘测结果后,可进一步优化和完善三维地质模型,并可建立高精度属性模型实现地基基础设计方案的优化。

随着勘测阶段的推进,岩土工程勘测的成果逐渐丰富,对建设场地的认识也逐步加深。在这种认识提高、深度加大的情况下,勘测数据也逐步丰富,这就为地基岩土体的三维地质模型的优化和完善提供了数据支持。在这种情况下,三维地质模型的建模工作可实现由一级模型向二、三级模型细化。

依据对三维地质模型的分析,可实现地基岩土分布规律的详尽分析,为设计方案优化提供便利,为加强现场测试工作提供强化指导。

地基岩土的各种岩土工程属性,如含水量、孔隙比等均可按要求进行三维属性模型的建模分析。例如,依据含水量数据建立的三维属性模型,很好地表达了某一层位含水量的空间变化情况,可以为设计的基坑降水设计方案提供较准确的依据;通过压缩模量数据建立的三维属性模型,从地基岩土的力学性质上反映厂区的岩土工程条件。三维地质模型中的属性模型建立,解决了关键岩土设计参数分析的难点问题,尤其是在现场测试方面,通过准确的三维地质模型及其属性模型的均匀性分析,可选择合适的、有代表性的场地进行现场测试工作。同时,针对模型中局部存在差异的地段,可开展针对性的跟踪测试,实现对模型判断的验证和对建设场地岩土体性状的完全掌控。

(2)三维地质模型与岩土工程有限元分析

有限元数值模拟在岩土工程设计中已得到广泛的应用,但由于定量研究结果偏差较大,模拟结果大多为设计或研究提供参考。定量分析偏差与数值模型的准确度有关。有限元分析软件的数值建模一般采用直接建模的方式,其存在的不足有:①简化计算模型导致准确度降低,且不能真实反映复杂的地质特征。大部分有限元分析软件的直接建模主要靠人机交互方式处理数据,效率低、易出错且修改困难。②地层边界条件描述欠准确,导致模型中岩体的力学参数选取不合理。③在设计方案比选时常常面临多个设计方案及施工过程的模拟,情况将更为复杂。④模型的空间网格划分实现难度大。

如果能将地质建模数据用于数值分析建模,将极大地提高计算模型的精度,岩体力学参数的选取将更加合理,地质模型可实现一次建模多次利用,通过动态提取局部模型进行分析可避免重复建模。这样既简化了数值模拟前处理的难度,又扩展了三维地质模拟的功能。因此,将地质模型与数值模型相结合,在三维地质模型的基础上构建数值分析模型,为解决部分岩土工程数值分析前处理问题开辟新途径。

(3)三维地质模型与地下空间综合管理

三维地质模型的建立与研究为电厂地下空间的开发利用提供了新思路:运用计算机技术,以计算机作为信息载体,将地下的管线和电缆等隐蔽地下设施的属性资料和运行检修记录全部集成在一个三维模型中,实现管线三维视觉效果与数据库属性的完美结合。

地下管线三维管理系统既可利用现有的三维地质模型进行深化,即在三维地质模型中增加地下管线等数据,并有针对性地开发相应管理模块,也可与电厂 MIS 管理信息系统(management information system,MIS)集成开发,使其具备 MIS 和 CAD 图形系统的特点。

通过三维环境下对地下管线模型的可视化信息管理,为日常的管理、改扩建和企业发展提供全面正确的信息,在操作层面上实现工程项目设计的全寿命管理。

2.4 工程勘察相关新技术

2.4.1 智能数字图像技术

智能数字图像技术是通过光学摄像头对岩土工程勘察现场进行拍摄以及数据分析。智能数字图像技术主要有勘察钻孔电视技术、二维码图像识别技术、钻孔岩芯照片中的智能识别技术、无人机摄影测量技术等。

(1)勘察钻孔电视技术是利用电缆把摄像头下入井内在后置光源的照射下采集信号,通过光电信号转换,把钻井实时图像在显示器上显示出来。目前石油等行业有大量运用物探、数字摄影图像进行岩石分析及含油量分析等方面的实例。

(2)二维码图像识别技术也是智能数字图像技术的一种典型技术,通过二维码扫描识别土工试验样品及信息录入追踪管理。

（3）钻孔岩芯照片中的智能识别技术包括岩性识别、进行地层分层、识别 RQD 等，如长江岩土工程总公司（武汉）的一种基于图像特征的野外岩性智能识别方法发明专利（2015）、中国建筑西南勘察设计研究院有限公司的一种适用于人工智能分层的拍照托架装置发明专利（2021）、东北大学的一种从钻孔岩芯照片中识别 RQD 的智能方法发明专利（2021）等。

（4）无人机摄影测量技术在我国矿山勘察、公路勘察、铁路勘察、水电勘察以及地质灾害勘察中均有一定的应用，可用于地形、地物、地貌以及不良地质现象等判读，从而为工程项目的规划选址、选站、线路路径初选以及地质灾害的快速评估处理等工作提供科学依据，有利于推动现场勘察工作方法的改进，有利于提高现场作业效率、节约人力和管理成本、降低在地势险恶地区工作的风险、保障人员的生命和财产安全，如梁礼绘等基于无人机的自动解译和地学分析技术研究（2020）、朱允伟等无人机倾斜摄影及三维建模技术在地质灾害应急测绘中的应用（2020）、郭晨等无人机摄影测量技术在金沙江白格滑坡应急抢险中的应用（2020）等。

2.4.2 智能视频监控采集技术

智能视频监控采集技术主要应用于勘察外业安全、质量、职业健康及环境方面的监管及辅助技术人员现场工作，减少人工误判、记录不详实的情况。如赵岩等 2015 年发表了一个集日常生产管理、安全防范、事故防范以及事故应急救援指挥为一体的综合性动态钻井安全视频监控系统平台论文，杨新军等 2016 年发表了应用于油气田的勘探生产领域钻井现场的多路视频监控系统论文，张盖 2017 年发表了视频智能分析在岩土工程勘察外业中的应用研究论文等。

中科院自动化研究所自主开发的视频智能监控系统，用于智能交通领域，是一个结合了计算机视觉技术、图像处理技术、计算机图形学、人工智能、图像分析等多项技术手段的综合系统工程。针对岩土工程勘察现场特点，国内已有一些学者分析了勘察外业现场视频采集设备所应满足的要求，对常见的视频采集设备进行对比，开发了勘察外业现场视频智能采集系统。

2.4.3 智能原位测试技术

智能原位测试技术是通过将外业勘察原位测试设备与计算机信息化数据采集技术结合，从而形成具有数字化采集、数据处理的自动化原位测试技术。

岩土工程勘察原位测试常采用的试验有荷载试验、静力触探试验、圆锥动力触探试验、标准贯入试验、十字板剪切试验设备、旁压试验设备、扁铲侧胀试验、现场直接剪切试验、波速测试等。

除圆锥动力触探试验、标准贯入试验过程简单、人工操作方便，暂未收集到国内相关自动化或智能化设备信息外，其余试验项目在国内均有十分成熟的自动化设备，并得到了广泛应用。欧美等公司的自动控制梅纳旁压仪、DMT 标准扁铲式侧胀仪也占据一定的市场份额。当然，在海洋领域还是以国外设备如荷兰近海数字式静力触探系统占据领先地位。

此外，美国 PDI 公司研发的标准贯入试验（SPT）分析仪通过测量试验中锤击的力和速度值确定锤击的转化能力，配备的 PDA-W 软件可输出力、速度、能量和位移随时间的变化曲线,PDI PLOT 软件可以用数值、统计、图形等形式输出每一组数据分析结果。国内外智能原位测试技术及设备如表 2-7 所示。

表 2-7   国内外智能原位测试技术及设备

名　　称	国家	研发单位	技 术 特 点
自动控制梅纳旁压仪	法国	GeoPAC	全自动按操作者设定步骤进行试验,两套完全分离的水气管路循环系统,对水体积控制精度高
EXPLOFOR3 钻探数据记录仪	法国	Apageo	在钻探过程中记录各种钻探参数,实时观察和收集与土壤剖面相关的信息,数据可用来确定接下来土体原位试验选择
标准贯入试验(SPT)分析仪	美国	PDI	通过测量标准贯入试验(SPT)中锤击时的力和速度值确定锤击的转换能量。实测数据通过 USB 存储卡保存并转移至计算机中。配备的 PDA-W 软件可输出力、速度、能量和位移随时间的变化曲线,PDI PLOT 软件可以用数值、统计、图形等形式输出每一组数据分析结果
VANE 电动十字板剪切仪	俄罗斯	Geotech	通过应变仪测量的所施加扭矩,以及十字板头的旋转角度都会以每半度为一个间隔通过采集软件记录在计算机上,测试曲线的形态反映土的力学特性
重型动力触探仪	法国	APAFORlOO	根据每击贯入度的测量控制沟渠或者平面的压实度;取样器管里有塑料光滑衬里可进行无扰动取样;可实现螺旋钻取样,或者在较浅的深度进行贯入试验数据采集系统 APADYN;带有数字显示的电子计数器
智能静载试验技术	中国	广州建筑	超大吨位静载试验智能化监测装置,开发了监测数据处理及三维 BIM 技术

2.4.4　智能钻探设备及技术

　　智能钻探设备是通过将外业勘察钻探设备与计算机信息化数据采集技术结合,从而形成具有数字化采集、数据处理的自动化智能钻探设备。国内外智能钻探设备及其技术成果主要集中在采矿、海洋勘探行业,岩土工程勘察行业暂未见成熟的设备。

　　国外 SmanROC D65 全自动智能露天钻机实现了自动化钻孔,采用了 ImS 钻杆处理系统、HNS 钻孔导航系统和自动定位系统、安百拓 RCS 钻机控制系统。通过自动化钻孔过程实现无间断式连续作业,钻孔定位精确,生产率和成孔质量高,但其因采用潜孔锤钻进,无法自动取芯而不适合岩土工程勘察。

　　中国铁道重工集团股份有限公司研发的隧道凿岩台车具有智能精确定位、高质高效钻孔、超前地质分析等功能,但其工作方式、取芯能力也不适合岩土工程勘察。

　　我国已进行 5000m 智能地质钻探技术与装备研发,涉及的智能化研究包括:智能钻进控制系统、孔底数据传输与接收、垂直钻进系统技术、孔底参数测量与存储等。

　　随着地球资源的大量消耗,海洋将成为人类深入开发的新领域,人类自 1872 年首次用冲击式水下取样器进行海底取样以来,取样技术和设备已取得许多成果。国外技术较为成熟的海床式钻机包括:英国 BGS(British geological survey)的 RD2、美国 Williamson & Associates 公司的 Rovdrill 和 BMS、德国 Marum 公司的 MeBo、澳大利亚 Benthic

Geotech 公司的 PROD、美国 Gregg Drilling & Testing 公司的 Seafloor Drill。这些钻机最大工作水深大部分为 2000～4000m，BMS-2 可达到 6000m；RD2 取样深度达 15m，BMS-2 取样深度达 22m，MeBo 取样深度达 75m，其余钻机取样深度达 90～150m。

　　我国在海底钻探装备领域的研究和应用起步于 20 世纪 70 年代，原地质矿产部海洋地质勘探局曾自行研制 HZ-10 型动力头海底取心钻机和振动式海底取样钻机。1998 年从俄罗斯引进一台深海浅层钻机，并在"大洋一号"船上做了多次海上试验。长沙矿山研究院有限责任公司研制的钻孔深度为 10～15m 的海底岩心取心钻机已完成海上试验，正在与中国地质调查局广州海洋局联合开展海底 20m 深海浅钻系统技术开发与应用研究。2015 年 6 月，"海牛号"赴南海，进行海底 3109m 海试，刷新中国深海钻机钻探深度；2016 年 6 月，"海牛号"海底 60m 多用途钻亮相国家"十二五"科技创新成就展；2021 年 4 月 7 日，中国首台"海牛Ⅱ号"海底大孔深保压取芯钻机系统，在南海超 2000m 深水成功下钻 231m，刷新世界深海海底钻机钻探深度，相关成果达到国际领先水平。

　　岩土工程勘察方面有报道的有香港大学岳中琦教授团队开展的全自动钻孔过程监测技术的应用。

　　依上可见，智能钻探设备及技术正逐渐成熟，岩土工程勘察钻机的自动化、智能化、一体化将随着从业人员年龄老化、技术发展落后、成本降低等影响因素逐渐发展。

2.5　工程勘察技术标准体系

2.5.1　国内勘察技术标准体系

　　随着《工程勘察通用规范》(GB 55017—2021)、《建筑与市政地基基础通用规范》(GB 55003—2021)、《建筑与市政工程抗震通用规范》(GB 55002—2021)等全文强制性工程建设规范的实施，目前国内技术标准体系发生了一定程度的转变。住房和城乡建设部通过印发《深化工程建设标准化工作改革的意见》等文件，改革现行标准体系中分散的强制性条文，逐步推行全文强制性工程建设规范，形成由法律、行政法规、部门规章中的技术规定与全文强制性工程建设规范构成的技术法规体系。

　　全文强制性工程建设规范具有强制约束力，岩土工程勘察全过程必须严格执行，与强制性工程建设规范配套的推荐性工程建设标准同样也需执行。在满足强制性工程建设规范规定的前提下，可合理选用相关团体标准、企业标准。

　　全文强制性工程建设规范实施后，现行相关工程建设国家标准、行业标准中的强制性条文同时废止，现行工程建设地方标准中的强制性条文也需作相应修订，且要求不得低于全文强制性工程建设规范。

　　国内岩土工程勘察须执行的部分通用技术标准如表 2-8 所示。

表 2-8　国内岩土工程勘察须执行的部分通用技术标准

研 究 内 容	中 国 标 准
各类勘察要求	1. GB 55017—2021《工程勘察通用规范》 2. GB 50021—2001《岩土工程勘察规范》(2009 年版)

续表

研 究 内 容	中 国 标 准
岩土分类	1. GB 50021—2001《岩土工程勘察规范》(2009 年版) 2. GB/T 50218—2014《工程岩体分级标准》 3. CECS 239—2008《岩石与岩体鉴定和描述标准》 4. GB/T 50145—2007《土的工程分类标准》 5. GB/T 50123—2019《土工试验方法标准》
标准贯入试验	1. GB 50021—2001《岩土工程勘察规范》(2009 年版) 2.《工程地质手册》(第五版)
静力触探	GB 50021—2001《岩土工程勘察规范》(2009 年版)
岩土参数	1. GB 50007—2011《建筑地基基础设计规范》 2. GB 50021—2001《岩土工程勘察规范》(2009 年版)
地基承载力	1. GB 50007—2011《建筑地基基础设计规范》 2. JTG 3363—2019《公路桥涵地基与基础设计规范》
沉降	1. GB 50007—2011《建筑地基基础设计规范》 2.《工程地质手册》(第五版)
波速测试	1. DL/T 5159—2012《电力工程物探技术规程》 2. GB/T 50269—2015《地基动力特性测试规范》 3. DZ/T 0276.24—2015《岩石物理力学性质试验规程　第 24 部分：岩石声波速度测试》 4. DZ/T 0276.31—2015《岩石物理力学性质试验规程　第 31 部分：岩体声波速度测试》

2.5.2　国外勘察技术标准体系

国外技术标准制定的组织包括国际标准化组织(International Standard Organization，ISO)、国际电工委员会(International Electrotechnical Commission，IEC)、电气与电子工程师协会(Institute of Electrical and Electronics Engineers，IEEE)、欧盟、世界银行等，以及美国、德国、英国、法国、日本、俄罗斯、印度、澳大利亚、挪威等国家的标准化组织。以美国、英国和欧盟这 3 个国际上覆盖面较广的标准体系为例，国外岩土工程勘察中执行的部分通用技术标准如表 2-9 所示。

表 2-9　美国、英国和欧盟岩土工程勘察执行的部分通用技术标准

各类勘察要求

美国

1. ASTM D 420-98 工程、设计和施工用场地鉴定标准指南(Standard Guide to Site Characterization for Engineering Design and Construction Purposes)

2. IBC 国际建筑规范 2009(International Building Code 2009)

3. EM 1110-1-1804 岩土工程勘察 2001(Geotechnical Investigations 2001)

英国

BS 5930-1999 场地勘察实践规范(Code of Practice for Site Investigations)

欧盟

1. BS EN 1997-1 欧盟标准 7-1 欧盟标准 7-岩土工程设计-第一部分：总则(Eurocode 7-1 Eurocode 7-Geotechnical Design-Part 1：General Rules)

岩土分类

2. BS EN 1997-2 欧盟标准 7-2 欧盟标准 7-岩土工程设计-第二部分：场地勘察和测试（Eurocode 7-2 Eurocode 7 -Geotechnical Design-Part 2：Ground Investigation and Testing）

美国

1. EM-1110-1-1804　岩土工程勘察（Geotechnical Investigations）

2. ASTM D 6032-02　测定岩芯岩石质量标志数据（RQD）的标准试验方法［Standard Test Method for Determining Rock Quality Designation（RQD）of Rock Core］

3. ASTM D 2487-10　施工用土壤的分类方法（统一标准土壤分类系统）［Standard Classification of Soils for Engineering Purposes（Unified Soil Classification System）］

4. ASTM D 2488-00　土壤的描述和鉴别的标准实践规范（人工目测法）［Standard Practice for Description and Identification of Soils（Visual-Manual Procedure）］

5. ASTM D 1586-08a　贯入试验和土壤开管取样的标准试验方法（Standard Test Method for Penetration Test and Split-Barrel Sampling of Soils）

英国

1. BS 5930-1999　场地勘察实践规范（Code of Practice for Site Investigations）

2. BS 1377-1990　土木工程用土壤试验方法（Methods of Test for Soils for Civil Engineering Purposes）

3. BS 6031-1981　土方工程实践规范（Code of Practice for Earthworks）

欧盟

1. EN ISO 14689-1　岩土工程勘察与试验-岩石鉴定与分类-第一部分：鉴定与描述（Geotechnical Investigation and Testing-Identification and Classification of Rock-Part 1：Identification and Description）

2. EN ISO 14688-1　岩土工程勘察与试验-土壤鉴定与分类-第一部分：鉴定与描述（Geotechnical Investigation and Testing-Identification and Classification of Soil-Part 1：Identification and Description）

3. EN ISO 14688-2　岩土工程勘察与试验-土壤鉴定与分类-第二部分：分类原则（Geotechnical Investigation and Testing-Identification and Classification of Soil-Part 2：Principles for a Classification）

4. XPP 94-011-1999　土壤：勘察与试验. 描述. 识别. 土壤名称. 术语. 分类条目（Soil：Investigation and Testing. Description. Identification. Appellation of Soils. Terminology. Terms of Classification）

标准贯入试验

美国

1. ASTM D 1586-2　贯入试验和土壤开管取样的标准试验方法（Standard Test Method for Penetration Test and Split-Barrel Sampling of Soils）

2. UFC 3-220-03FA　建构筑物（除水工结构外）基础设计的土壤地质程序（美国国防部统一设备标准）［Soil and Geology Procedures For foundation Design of Building and Other Structures（Except Hydraulic Structures）］

英国

1. BS 1377-9　土木工程用土壤试验方法-第 9 部分：现场试验（Methods for Test for Soils for Civil Engineering Purposes-Part 9：In-situ tests）

2. BS 5930-99　场地勘察实践规范（Code of Practice for Site Investigations）

欧盟

1. BS EN 1997-2　欧盟标准 7-2 欧盟标准 7 岩土工程设计-第二部分：场地勘察与试验（Eurocode 7-2 Eurocode 7 Geotechnical Design-Part 2：Ground Investigation and Testing）

2. BS EN ISO 22476-3　岩土工程勘察和试验-野外试验-第三部分：标准贯入试验（Geotechnical Investigation and Testing-Field Testing-Part 3：Standard Penetration Test）

静力触探

美国

1. ASTM D 5778-95　土壤电测式静力触探及孔压静力触探标准试验方法（Standard Test Method for Performing Electronic Friction Cone and Piezocone Penetration Testing of Soils）

2. ASTM D 3441-05　机械式静力触探标准试验方法（Standard Test Method for Mechanical Cone Penetration Tests of Soil）

英国

1. BS 593099　场地勘察实践规范（Code of Practice for Site Investigations）

2. BS 1377-9-1990　土体原位测试（Soil Test In-situ Test）

欧盟

1. BS EN 1997-2　欧盟标准 7：岩土工程设计-第二部分：场地勘察与试验（Eurocode 7：Geotechnical Design -Part 2：Ground Investigation and Testing）

2. BS EN ISO 22476-3　岩土工程勘察和试验-野外试验-第三部分：标准贯入试验（Geotechnical Investigation and Testing - Field Testing - Part 3：Standard Penetration Test）

岩土参数

美国（无）

英国

1. EN 1997-1：2007　岩土工程设计-第一部分：总则（Geotechnical Design-Part 1：General Rules）

2. EN 1997-2：2007　岩土工程设计-第二部分：场地勘察与测试（Geotechnical Design-Part 2：Ground Investigation and Testing）

欧盟

1. BS 5930：1999　场地勘察实践规范（Code of Practice for Site Investigations）

2. EN 1997-1：2007　岩土工程设计-第一部分：总则（Geotechnical Design-Part 1：General Rules）

3. EN 1997-2：2007　岩土工程设计-第二部分：场地勘察与测试（Geotechnical Design-Part 2：Ground Investigation and Testing）

地基承载力

美国

1. 基础工程手册（Foundations Engineering Handbook）

2. 岩土工程与基础设计考虑（API）［Geotechnical and Foundation Design Considerations（API）］

英国

1. BS 5930：1999　场地勘察实践规范（Code of Practice for Site Investigations）

2. BS 8004-1986　基础实践规范（Code of Practice for Foundations）

欧盟

1. EN 1997-1：2007　欧盟标准 7：岩土工程设计-第一部分：总则（Eurocode 7：Geotechnical Design-Part 1：General Rules）

2. EN 1997-2：2007　岩土工程设计-第二部分：场地勘察与试验（Geotechnical Design-Part 2：Ground Investigation and Testing）

续表

沉降

美国

1. 基础工程手册：2006 国际大厦的设计与施工（Foundation Engineering Handbook：Design and Construction with the 2006 International Building）

英国

BS 8004-1986　基础实践规范（Code of Practice for Foundations）

欧盟

1. BS EN 1990-2002　欧盟标准-结构设计基础（Eurocode- Basis of Structural Design）
2. BS EN 1997-1：2004　欧盟标准 7：岩土工程设计（Eurocode 7：Geotechnical Design）

波速测试

美国

1. ASTM D7400-08　单孔法波速测试标准试验方法（Standard Test Method for Downhole Seismic Testing）
2. ASTM D4428/D4428M-07　跨孔法波速测试标准试验方法（Standard Test Method for Crosshole Seismic Testing）

英国（无）

欧盟（无）

2.5.3　国内外技术标准体系对比分析

根据表 2-8 和表 2-9 的统计，可以对国内和国外岩土工程勘察过程中执行的标准体系进行对比分析，如表 2-10 所示。

表 2-10　岩土工程勘察过程中国内外标准体系对比

勘 察 环 节	中国	美国	英国	欧盟
各类勘察要求	√	√	√	√
岩土分类	√	√	√	√
标准贯入试验	√	√	√	√
静力触探	√	√	√	√
岩土参数	√	×	√	√
地基承载力	√	√	√	√
沉降	√	√	√	√
波速测试	√	√	×	×

从表 2-10 可以看出，对于岩土工程勘察的各个环节，国内均有相关标准文件可循；美国在岩土参数方面缺乏标准文件；英国和欧盟在波速测试方面缺乏相关标准。

下面以静力触探环节为例，对国内外岩土工程勘察过程的标准化进行分析。

1. 参与比较的国内外标准

（1）中国标准

GB 50021—2001《岩土工程勘察规范》（2009 年版）

（2）美国标准

ASTM D 5778-95《土壤电测式静力触探及孔压静力触探标准试验方法》

ASTM D 3441-05《机械式静力触探标准试验方法》

（3）英国标准

BS 5930-1999《场地勘察实践规范》

BS 1377-9-1990《土体原位测试》

（4）欧盟标准

EN 1997-2-2007《岩土工程设计-第二部分：现场勘察及测试》

EN ISO 22476-12：2009 岩土勘察与测试-原位测试-机械式静力触探试验（CPTM）[Geotechnical Investigation and Testing-Field Testing-Mechanical Cone Penetration Test (CPTM)]

2. 主要比较内容

由于静力触探试验是由国外引进，中国的相关标准制定时参照了国际先进标准，中国标准和国外标准差别并不太大。总体来看，中外标准对于静力触探试验的基础规定基本一致，仅在个别细节方面有一定差别。

在试验目的和适用范围上中国标准和国外标准基本一致。中国标准根据探头类型分为单桥、双桥或带孔隙水压力量测的单、双桥探头。美国、英国和欧盟标准则根据数据采集方式分为机械式静力触探及电测式静力触探，英国标准的适用范围还包括了白垩等软岩，欧盟标准中提出了静力触探适用于软岩。

在探头尺寸上中国标准和美国标准一致，对侧壁摩擦筒面积的规定稍有不同，中国标准总体规定侧壁面积应采用 $150\sim300\text{cm}^2$，而美国标准则根据锥底面积的不同分别作出规定，英国标准规定为 150cm^2；在探头尺寸和侧壁摩擦筒面积的规定上中欧标准稍有不同，中国标准总体规定探头圆锥锥底截面面积为 10cm^2 或 15cm^2，锥角为 $60°$，而欧盟标准规定探头圆锥锥底截面面积一般采用 10cm^2，锥角一般为 $60°$，但 $60°\sim90°$ 都是允许的，探头摩擦筒侧壁面积应采用 150cm^2。

在贯入速率上中国标准和国外标准一致，只是表达单位不一样，中国为 1.2m/min，美国、英国和欧盟标准为 20mm/s。

在中国标准中仅规定设备需要定期标定，未规定具体时间间隔，而国外标准对不同使用状态下的设备标定间隔分别作出了详细规定。中国标准读数间隔一般为 0.1m，不超过 0.2m，而美国标准为不小于 0.05m。在量测及标定误差要求方面，中国标准和国外标准各有不同。

在孔斜测量要求方面，中国标准要求当贯入深度超过 30m，或穿过厚层软土后再贯入硬土层时，应采取措施防止孔斜或断杆，也可配置测斜探头，量测触探孔的偏斜角，校正土层界限深度。美国标准对孔斜探头的使用没有具体规定，只说明可根据需要使用，同时也可使用导向管防止孔斜。英国标准规定当预计地层条件可能引起探头倾斜或贯入深度超过 20m 时，应在探头中安装双向测斜仪来量测其偏斜角；BS 5099—1999 中当深度超过 15m 时，推荐安装测斜仪，以量测探头实际深度。欧盟标准使用的机械式静力触探探头不具有孔斜仪，无法进行孔斜测定；电测式静力触探相关规程本次未找到，无法进行比对。

对于孔压探头的要求，中外标准基本相同，只是中国标准规定试验过程中不得松动探杆，美国标准规定根据测压元件的位置确定是否可以松动探杆，英国标准对水压传感器测量误差作出了规定，暂未收集到欧盟相关标准。

　　中国标准根据探头类型要求绘制 P_s-z 曲线、q_c-z 曲线、f_s-z 曲线、R_f-z 曲线,孔压探头尚应绘制 u_i-z 曲线、q_t-z 曲线、f_t-z 曲线、B_q-z 曲线和孔压消散 u_t-lg$t$ 曲线。美国、英国标准仅要求绘制 q_c-z 曲线、f_s-z 曲线、R_f-z 曲线,孔压探头尚应绘制 u_i-z 曲线。欧盟标准对于机械式静力触探要求绘制 q_c-l 曲线、f_s-l 曲线、Q_t-l 曲线、Q_{st}-l 曲线、R_f-l 曲线,孔压探头还应绘制 u_i-l 曲线。可见中国标准要求绘制曲线种类较多,且由于单桥探头的应用,需要绘制比贯入阻力 P_s-z 曲线。

　　在成果应用方面中国标准规定可根据贯入曲线的线形特征,结合相邻钻孔资料和地区经验,划分土层和判定土类;计算各土层静力触探有关试验数据的平均值,或对数据进行统计分析,提供静力触探数据的空间变化规律。同时,还可估算土的塑性状态或密实度、强度、压缩性、地基承载力、单桩承载力、沉桩阻力,进行液化判别等。根据孔压消散曲线可估算土的固结系数和渗透系数,但中国标准未给出具体计算公式,具体计算可参见《工程地质手册》(第五版)。美国标准仅提到根据静力触探资料可判断土的类别,对土的工程性质进行评价,指导设计和施工,同时确定基础类型以及土在静载及动载下的变形。英国标准提到根据静力触探资料,利用地区经验,可进行土层划分,估算土的强度、比重、弹性模量等,如探头装有孔压仪,还可根据消散试验估算土的固结系数,具体计算公式需参见英国标准的参考文献。收集到的欧盟标准仅提到可根据静力触探资料进行土层划分、确定土层的强度和变形参数;估算扩展基础的地基承载力及沉降量,确定其尺寸、杨氏模量、不排水剪切强度、内摩擦角、固结模量、单桩抗压、抗拉承载力及桩长。

第3章

信息技术概述

信息技术(information technology,IT)包括信息传递过程中的各个方面,即信息的产生、收集、交换、存储、传输、显示、识别、提取、控制、加工和利用等技术。从信息技术的角度看,工程勘察实际上是一种"信息获取、信息理解和信息应用"的过程。

本章将介绍智慧勘察中运用到的信息技术,主要包括地理信息技术、物联网技术、大数据技术、云计算和数据库技术。

3.1 地理信息技术

地理信息技术是一门综合性技术,涉及地理学、测绘学、计算机科学与技术等许多学科。它的概念和基础是地理和测绘,技术支撑是计算机技术,应用领域是地理、规划与管理等许多行业。地理信息技术主要包括地理信息系统、遥感和全球卫星定位系统。工程勘察成果大多有较强的地理属性,因此,地理信息技术广泛应用于工程勘察的数据管理中。

(1)地理信息系统

地理信息系统(GIS)是一种在计算机软、硬件系统支持下,对整个或部分地球表层(包括大气层)空间中的有关地理分布数据进行采集、储存、管理、运算、分析、显示和描述的技术系统。地理信息系统处理、管理的对象是多种地理空间实体数据及其关系,包括空间定位数据、图形数据、遥感图像数据、属性数据等,用于分析和处理在一定地理区域内分布的各种现象和过程,解决复杂的规划、决策和管理问题。

(2)遥感

遥感(RS)是以航空摄影技术为基础的一种空间探测技术,目前已广泛应用于资源环境、水文、气象、地质、地理等领域。遥感利用地面上空的飞机、飞船、卫星等飞行物上的遥感器,根据不同物体对波谱产生不同响应的原理,收集地面数据资料,并从中获取信息,经记录、传送、分析和判读来识别地物。

(3)全球卫星定位系统

全球卫星定位系统(GPS)是一种结合卫星及通信发展的技术,利用导航卫星进行测时和测距。目前全球卫星定位系统已成功应用于大地测量、工程测量、航空摄影、运载工具导航和管制、地壳运动测量、工程变形测量、资源勘察、地球动力学等多种学科,取得了较好的经济效益和社会效益。

在以上三大技术中,GIS是与工程勘察联系最紧密的技术,本节主要介绍与GIS相关的技术背景。

3.1.1 空间数据处理与管理技术

1. 空间信息的获取与处理

空间信息的获取有多种方式,包括野外全站仪测量、GPS测量、室内地图扫描数字化、数字摄影测量、从遥感影像进行目标测量。野外全站仪测量、GPS测量的软件已基本普及,地图扫描半自动矢量化也已普及使用。用数字摄影测量方法自动获取DEM、数字正射影像,以及人工交互获取线划矢量数据的技术已得到广泛使用,特别是中国,该项技术处于世界领先水平,不仅仪器设备和软件大量出口,而且中国装配了世界上最多的数字摄影测量工作站,测绘部门承担大量国内外的数据采集任务。

在获取数据以后,还需对空间数据进行处理。一般情况下,初始获取的空间数据尚不能满足GIS的要求,要进行加工处理,如通过数据清理、检查及建立拓扑关系和数据格式转换,制成符合要求的GIS数据。

此外,还可以采用网络化方式生产空间数据,即空间数据采集与处理工作基于一个局域网环境,并用网络数据生产管理软件进行生产调度、监控、质量控制,目的是提高空间数据的生产效率和保证数据安全。

2. 空间数据的管理技术

原来的GIS软件一般采用文件方法管理矢量图形数据,用关系数据库管理系统管理属性数据,而GIS空间数据管理已经走出了文件管理模式。目前主要的GIS软件都采用商用关系数据库管理系统同时管理图形数据和属性数据,如国外的ArcInfo、GeoMedia,国内的GeoStar、MapGIS、SuperMap等。

利用商用关系数据库管理系统管理空间数据存在两种模式。一种模式是GIS软件商在纯关系数据库管理系统的基础上,开发一个空间数据管理的引擎,利用现在关系数据库提供的Blob字段,存储二进制的坐标数据。一个空间对象存为一条记录,一部分是定长字段存储属性数据,一部分是变长字段Blob存储矢量图形数据。存储Blob字段的二进制坐标数据是一个黑箱,具体的数据结构和解释由各GIS软件解决。这样不同的GIS软件虽然都采用同一个关系数据库管理系统管理图形数据和属性数据,但是,不同软件之间的数据还是不能进行共享和互操作的。GIS软件商开发空间数据管理引擎的另一个工作是建立空间数据索引,这是原来关系数据库管理系统所没有的。建立空间索引的方法有多种,不同的空间索引方法在数据管理的效率和检索速度上有差别,一般认为四叉树或R树较好。

利用关系数据库管理系统管理空间数据的另一种模式是直接采用关系数据库厂商提供的空间数据管理引擎。由于GIS和CAD等非传统数据库的广泛应用,许多关系数据库软件商自行开发了空间数据管理模块,如Oracle、DB2、Informix、Ingres等都有自己的空间数据管理模块,它的基本原理与前面类似。用Blob字段存储空间目标的坐标,用四叉树或R树建立空间索引。关系数据库厂商开发了空间数据管理的插件,无疑给GIS软件商带来福音。GIS软件可直接调用空间数据管理函数进行数据管理,这样一方面减少了开发工作量,保证了系统的稳定性和空间数据的共享性,不同的GIS软件采用同一个空间数据库管理系统,原理上说可以进行实时共享和互操作;另一方面,数据库厂商技术实力雄厚,开发的空间数据管理模块效率高,而且能跟随数据库主流技术同步发展。

3.1.2 地理信息应用服务

传统 GIS 软件一般采用 Client/Server(C/S)两层体系结构,这种模式在局域网上运行,基本上可以满足要求,其体系结构如图 3-1 所示。但对于分布式广域网环境下的 GIS 应用则难以满足要求,特别是涉及分布式环境下异构多数据库系统,这种 Client/Server 两层体系结构存在很大障碍。应用服务程序框架平台技术可以解决分布式异构多数据库集成与并发访问等问题,它将 C/S 的两层结构改换成三层或多层结构,即如图 3-2 所示的体系结构。

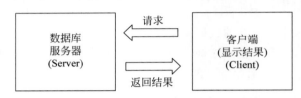

图 3-1　C/S 双层结构

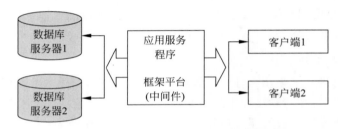

图 3-2　包含了应用服务器中间件的三层体系结构

应用服务器中间件的主要功能是程序监控、事务管理、安全管理等,对于 GIS 来说,空间分析与查询等功能可以由应用服务器中间件完成。

应用服务器中间件的实现技术可以有多种模式,如基于 CORBA 体系结构、基于 J2EE 体系结构和基于微软 DNA(distributed network architecture)体系结构等。基于 CORBA 体系结构的中间件无疑是功能最强的,它允许数据库服务端和客户端都是跨平台的和异构的,但是它太复杂且效率不高,实际上应用并不广泛。基于 DNA 体系结构的中间件只能在微软平台上运行,应用受到限制。当前在实际中得到广泛应用的应用服务器中间件是基于 J2EE 的中间件,SUN 公司、IBM 公司、Oracle 公司、BEA 公司等都推出了应用服务器中间件产品,如 Iplanet、Webspare、OAS、Weblogic 等应用服务器平台。GIS 软件开发商可以直接采用应用服务器中间件产品开发新一代 GIS 软件,以提高开发效率,并保持较好的通用性和标准化。

3.1.3 地理信息共享技术

作为空间数据的有效管理工具,地理信息系统目前正逐步成为空间信息管理与应用的主要平台。同时,地理信息系统也面临着对不同来源、不同数据组织形式的空间信息进行有效管理和综合应用的难题。有些应用项目的完成需要不同部门、不同空间数据库,如地形数据库、图形数据库和图像数据库或其他专题数据库的协同工作。然而,由于这些不同空间数据库可能建立在不同时期、不同系统,或者适合于不同部门、不同行业等情况,往往存在很大的差异性,也就是异构性特点,主要体现在:①数据内容与来源的差异性;②空间数据模型的差异性;③支撑软件平台的差异性。

以管理不同 GIS 软件平台所维护的不同数据来源、不同数据模型的空间数据库为目标的系统,可以称为异构多空间数据库系统。为使不同的地理信息系统软件能够迅速快捷地获取这些来源不同的数据,并将它们集成起来进行分析,使这些集成数据能够在不同系统下相互可操作,需要将具有不同数据结构和数据格式的软件系统集成在一起共同工作。地理信息系统互操作在不同情况下具有不同的侧重点:强调软件功能模块之间相互调用时称为软件互操作;强调数据集之间相互透明访问时称为数据互操作;强调信息共享,在一定语义约束下互操作则称为语义互操作。一般地,地理信息系统互操作是指不同应用(包括软件硬件)之间能够动态实时地相互调用,并且不同数据集之间有一个稳定接口。

目前,实现多格式数据共享的方式大致有三种:数据格式转换模式、直接数据访问模式和数据库互操作模式。

1. 数据格式转换模式

数据格式转换模式是把其他格式的数据经过专门的数据转换程序转换为本系统的数据格式,这是当前 GIS 软件系统共享数据的主要方法。许多 GIS 软件为了实现与其他软件交换数据,制定了明码的交换格式,如 ArcInfo 的 E00 格式、ArcView 的 Shape 格式、MapInfo 的 Mif 格式等,通过交换格式可以实现不同软件之间的数据转换和数据集成。

伴随着 C/S 体系结构在地理信息系统领域的广泛应用以及网络技术的发展,数据交换方法已经不能满足技术发展和应用的需求。美国国家空间数据协调委员会制定了统一的空间数据格式规范 Spatial Data Transfor Standard(SDTS)(《空间数据转换标准》),包括几何坐标、投影、拓扑关系、属性数据、数据字典,也包括栅格格式和矢量格式等不同空间数据格式的转换标准。许多软件利用了 SDTS 提供的标准的空间数据交换格式,如 ESRI 在 ArcInfo 中提供了 SDTSIMPORT 以及 SDTSEXPORT 模块,Intergraph 公司在 MGE 产品系列中也支持 SDTS 矢量格式。但 SDTS 目前也不完善,还不能完全概括空间对象的不同描述方法,也不能统一为各个层次及不同应用领域的空间数据转换提供统一的标准。

开放地理信息联盟推出的地理信息标记语言 GML3.0 比 SDTS 的空间数据模型更完善,由于采用了可扩展标记语言(extensible markup language,XML),描述更灵活一些,目前正在转化为国际标准。但是这种数据转换方法还不能为数据的集中和分布式异构在线处理提供解决方案,所有数据仍需要经过格式转换才能进入系统中,不能自动、实时、同步更新。

2. 直接数据访问模式

直接数据访问是指在一个 GIS 软件中实现对其他软件数据格式的直接访问,用户可以使用单个 GIS 软件存取多种数据格式。直接数据访问不仅避免了繁琐的数据转换,而且在一个 GIS 软件中访问某种软件的数据格式不再要求用户拥有该数据格式的宿主软件,更不需要该软件运行。直接数据访问要建立在对要访问的数据格式充分了解的基础上,如果被访问的数据格式不公开,或者不提供读写空间数据的 API 函数,就需要破译格式,且保证破译完全正确,这样才能与该格式的宿主软件实现数据共享。

3. 数据库互操作模式

GIS 数据库互操作是指在异构数据库和分布计算的情况下，GIS 用户在相互理解的基础上，能透明地获取所需的信息。为了使不同的地理信息系统之间能够实现互操作，最理想的方法是通过公共接口来实现。在接口中不仅仅要考虑到数据格式、数据处理，还要提供对数据处理应该采用的协议。各个系统通过公共的接口相互联系，而且允许各自系统内部数据结构和数据处理互为不同。

3.1.4　新型地理信息系统

1. 互联网地理信息系统

由于技术原因，一般基于 C/S 模式的地理信息系统都不能在互联网上运行，所以几乎每一个 GIS 软件商除了有一个 GIS 基础软件平台之外，都开发了一个能运行于互联网的 GIS 软件，如 Arc/Info 的 IMS、MapInfo 的 MapXtream、GeoStar 的 GeoSurf 等。

互联网地理信息系统的构造模式有 CGI 模式、ASP 模式、Plug-in 模式（含 Helper 程序）、GIS Java Applet、GIS ActiveX 控件、J2EE 和 DNA 等。服务器端的互联网地理信息系统是由 CGI 模式或 ASP 模式构造的，基于客户机端的互联网地理信息系统的构造模式有 Plug-in 模式（含 Helper 程序）、GIS Java Applet、ActiveX 控件等，基于客户机协同工作模式的有 J2EE 和 DNA 等。

从总体上来说，互联网地理信息系统分为两大类：①基于栅格结构，地理信息查询、分析、制图的主要工作在服务器端进行，得到的结果生成图像文件传输到客户端进行显示，如 CGI 模式、ASP 模式等；②基于矢量结构，客户端发出请求，从服务器端直接得到矢量数据，传输到客户端，由客户端的软件负责查询、分析、显示、制图，如 Plug-in 模式、JavaApplet 模式、ActiveX 控件模式等。两类系统需要根据实际应用情况的不同作出选择。

2. 组件 GIS

GIS 基础软件是应用基础软件，它可以根据某一行业或某一部门的特定需求进行二次开发，因而软件的体系结构和应用系统二次开发的模式对 GIS 软件非常重要。GIS 软件大多数都已经过渡到基于组件的体系结构，一般采用 COM/DCOM 技术。组件体系结构为 GIS 软件工程化开发提供了强有力的保障：一方面组件采用面向对象技术，软件的模块化更加清晰，软件模块的重用性更好；另一方面也为用户的二次开发提供了良好的接口。组件接口是二进制接口，它可以跨语言平台调用，即用 C++ 开发的 COM 组件可以用 VB 或 Delphi 语言调用，因而二次开发用户可以用通用而且易学的 VB 等语言开发应用系统，大大提高了应用系统的开发效率。

组件技术、应用服务器中间件技术是地理信息数据共享和功能共享与互操作的基础和前提，也是应用系统开发构建大型分布式 GIS 应用系统的基础。采用通用应用服务器中间件技术还可以将局域网 GIS 和互联网 GIS 统一起来，使开发的应用系统既可以在局域网 C/S 模式下运行，又可以在广域网 B/S 模式下运行。在 C/S 模式下运行时，可使应用服务器中间件安装并运行在数据库服务器上。

3. 移动 GIS

随着互联网和移动通信技术的发展，GIS 由信息存储与管理的系统发展到社会化、面向大众的信息服务系统。移动 GIS 是一种应用服务系统,狭义的移动 GIS 是指运行于移动终端并具有桌面 GIS 功能的 GIS,它不存在与服务器的交互,是一种离线运行模式;广义的移动 GIS 是一种集成系统,是 GIS、GPS、移动通信、互联网服务、多媒体技术等的集成。移动 GIS 具有以下特点:

(1) 移动 GIS 运行于各种移动终端上,与服务端通过无线通信进行交互,脱离了运行平台与传输介质的约束,具有移动性。

(2) 移动 GIS 作为一种应用服务系统,能及时响应用户的请求,能及时适应周围环境的不断变化,能提供处理突发事件的能力,能处理用户环境中随时间变化因素的实时影响,具有实时性。

(3) 移动 GIS 集成了各种定位技术,用于实时确定用户的当前位置和相关信息,因此它具有对位置信息的依赖性。

(4) 移动 GIS 的表达呈现于移动终端上,移动终端有手机、掌上电脑、车载终端等,形成移动终端的多样性。

移动 GIS 的体系结构包括客户端、服务器、数据源三部分,分别承载在表示层、中间层和数据层。移动 GIS 主要由移动通信、地理信息系统、定位系统和移动终端四个部分组成。GIS 终端软件制造商、移动通信运营商、空间信息应用服务提供商是空间移动信息服务的主轴,移动通信运营商在整个移动服务链中居于支配地位,它负责信息的传输与服务的计量;空间信息应用服务提供商是服务功能与质量的保证者,它引导空间数据生产商从事信息的采集、编辑与更新工作;GIS 终端软件制造商生产的产品是直接与用户打交道的,在这个服务链中,它负责终端软硬件的集成,移动终端的多样性要求 GIS 终端软件制造商必须生产出支持多种终端的、市场占有率高的产品,它决定着空间移动服务的市场占有率,也决定着空间移动服务的应用广度。

移动 GIS 客户端是集成 GIS 功能的嵌入式移动终端产品,它由嵌入式设备、嵌入式操作系统和运行于某种嵌入式操作系统之上的 GIS 专业应用软件等组成,通过它,客户端在移动 GIS 中实现信息表达、信息的简单处理以及与用户和服务器的交互操作。

移动 GIS 有五种应用模式:①基于 CF 卡＋GPS＋掌上电脑的离线应用模式;②基于 WAP 的手机在线应用模式;③基于 SMS 的手机定位在线应用模式;④基于 SMS＋GPS 的在线应用模式;⑤基于 GPRS＋GPS＋PDA 的实时在线应用模式。

4. 三维 GIS

传统的 GIS 都是二维的,仅能处理和管理二维图形数据和属性数据。目前三维 GIS 迅速发展,主要有以下几种:

(1) DEM 地形数据和地面正射影像纹理叠加在一起,形成三维的虚拟地形景观模型。有些系统还能够将矢量图形数据叠加进去。这种系统除了具有较强的可视化功能以外,通常还具有 DEM 的分析功能,如坡度分析、坡向分析、可视域分析等。它还可以将 DEM 与二维 GIS 进行联合分析。

(2) 在虚拟地形景观模型之上,将地面建筑物竖起来,形成城市三维 GIS。

(3) 真三维 GIS。它不仅表达三维物体(地面和地面建筑物的表面),也表达物体的内部,如矿山、地下水等物体。由于地质矿体和矿山等三维实体的表面呈不规则状,而且内部物质也不一样,此时 Z 值不能作为一个属性,而应该作为一个空间坐标,矿体内任一点的值

是三维坐标 x、y、z 的函数。

3.2　物联网技术

近年来互联网技术的发展为社会带来了巨大的变革。信息化生活已经普及到寻常百姓家中,深刻地改变了每一个人的生活习惯和工作模式。但在之前,受限于网络带宽的限制,互联网的应用场景仍然只是将人和物进行连接。而且这样的沟通,会存在一定的延迟,并且对于一些精密的要求网速极快的信息通信场景还无法达到较好的应用。但是随着网络信息技术的不断发展,这一局限正在悄然崩解。物联网这一概念,是以互联网为基础,并进行极致的延伸和拓展,使人机互通达到一个全新的高度,提高网络应用的场景和功能。物联网就是万物相连的互联网,包括物与物的互联、人与物的互联和人与人的互联。这里包含两层意思:第一,物联网的基础和核心仍然是互联网,仅是在互联网基础上进行延伸和扩展的一种更泛在的网络;第二,其互联的对象延伸和拓展到了任何物品与物品之间进行通信和信息交换,即物物相息。物联网通过识别技术、智能感知及普适计算、边缘计算等通信感知技术,广泛应用于网络的融合中,因此认为物联网是继计算机、互联网等技术之后世界信息产业发展的第三次浪潮。

3.2.1　物联网原理

1. 物联网基本概念

所谓的物联网(internet of things,IoT),其本质含义是指将各种信息传感设备与互联网进行连接,形成一个连接众多设备的、统一的网络系统。物联网以互联网和传统电信网络作为信息载体,将原先独立工作的各单位设备进行连接,使其能够以前所未有的融合状态统一操作。互联网具有以下三种特征:其一,可以实现物与物、人与物之间的无障碍通信,且能够适应多种终端特点,实现了在互联网基础上进行的拓展和延伸。其二,物联网系统形成的前提是物品感觉化,互联网实现了物品的自动通信,要求物品在实际使用过程中,具备一定的识别和判断能力,让物体能够对周围环境的变化有一定的感知,从而实现物与物、人与物之间的通信功能。一般的解决措施是,在物体上植入相应的微型感应芯片,让芯片在运作时帮助物品更好地接收来自外部的信息变化情况,并通过信息处理,让其能够应用于物品的下一步操作中。其三,物联网系统让物品有了感官能力之后,可以实现功能自动化,实现一定程度的自我反馈和智能控制。具备以上功能的物品可以完成一定程度的自动操作,摆脱了人为重复控制操作的局面,减轻了使用者的负担,让设备具有一定的自主工作能力,并可以利用互联网作为媒介进行远程管理。

早期的物联网主要是依托射频识别(RFID)技术进行物联网络,但随着技术和应用的不断发展及演进,物联网的内涵已经发生了较大变化。从功能角度看,国际电信联盟认为"世界上所有的物体均可以通过因特网进行主动的信息交换,实现任何地点、任何时间、任何物体之间的互联互通,无所不在的计算和无所不在的网络";从技术角度看,国际电信联盟认为"物联网涉及射频识别、传感器、纳米和智能等技术"。物联网是建立在互联网上的一种泛在网络,物联网的核心依旧是互联网,只是物联网将互联网的外延进行了扩展。互联网可以看作人的一种延伸,而物联网则是万物的一种延伸。

2．物联网体系架构

按照自下而上的思路,目前主流的物联网体系架构可以分为三层:感知层、网络层和应用层。根据不同的划分思路,也有将物联网系统分五层的:信息感知层、物联接入层、网络传输层、智能处理层和应用接口层。本文对当前主流的三层体系架构进行分析。

（1）感知层

感知层是物联网三层体系架构中最基础的一层,也是最为核心的一层。感知层的作用是通过传感器对物质属性、行为态势、环境状态等各类信息进行大规模、分布式获取与状态辨识,然后采用协同处理的方式,针对具体的感知任务对多种感知到的信息进行在线计算与控制,并作出反馈,是一个万物交互的过程。感知层被看作实现物联网全面感知的核心层,主要完成的是信息的采集、传输、加工及转换等工作。感知层主要由传感网及各种传感器构成,传感网主要包括以 NB IoT 和 LoRa 等为代表的低功耗广域网(low-power wide-area network,LPWAN),传感器包括 RFID 标签、传感器、二维码等。

通常把传感网划分于感知层中,传感网被看作随机分布的集成有传感器、数据处理单元和通信单元的微小节点,这些节点可以通过自组织、自适应的方式组建无线网络。

（2）网络层

网络层作为整个体系架构的中枢,起到承上启下的作用,解决的是感知层在一定范围一定时间内所获得的数据的传输问题,通常以解决长距离传输问题为主。而这些数据可以通过企业内部网、通信网、互联网、各类专用通用网、小型局域网等网络进行传输交换。网络层关键长距离通信技术主要包括有线、无线通信技术及网络技术等,以 4G、5G 等为代表的通信技术。可以预见未来 6G 技术将成为物联网技术的一大核心。网络层使用的技术与传统互联网本质上没有太大差别,各方面技术相对来说已经很成熟。

（3）应用层

应用层位于三层架构的最顶层,主要解决的是信息处理、人机交互等相关问题,通过对数据的分析处理,为用户提供丰富特定的服务。本层的主要功能包括两个方面:数据及应用。首先应用层需要完成数据的管理和数据的处理;其次要发挥这些数据的价值,还必须与应用相结合。例如,电力行业中的智能电网远程抄表:部署于用户家中的读表器可以被看作感知层中的传感器,这些传感器在收集到用户用电的信息后,经过网络发送并汇总到相应应用系统的处理器中。该处理器及其对应的相关工作就是建立在应用层上的,它将完成对用户用电信息的分析及处理,并自动采集相关信息。

3．物联网关键技术

物联网技术中最重要的技术包括传感器、网络技术、无线通信技术、射频识别、信息安全技术和嵌入式技术。本文主要对物联网感知层的通信技术、传感器技术和射频识别技术、信息安全技术进行重点介绍。

（1）物联网通信技术

物联网通信技术不同于传统互联网通信技术,物联网通信对带宽及功耗要求不高,但对传输距离和连接量有很高要求,以无线通信技术为主,这就对物联网通信技术提出了新要求。物联网的理想状态就是将所有的物品和人连接在一起,实现随时随地的通信。其最终发展形态具有广泛性和便捷性两大特点,无线通信是确保人和物之间进行有效信息沟通的媒介,并且无线通信技术在近些年也取得了较大的进展,参编了很多相关标准。物联网通信技术按传输方式分为两类:一类为低功耗广域网为主,即广域网通信技术,以 NB-IoT、LoRa、Sigfox 为代表;另一类则以 Zigbee、WiFi、蓝牙、Z-wave 等短距离通信为主的物联网通信技术。同时广域网又分为授权频段技术和非授权频段技术,授权频段为获得授权使用的频段。

（2）传感器技术

传感器作为物联网最底层的终端技术,对支撑整个物联网起到基础性作用,是实现物物互联的基础,是互联网延伸成为物联网的前提条件。传感器(transducer/sensor)是一种检测采集装置,能感受采集到被测量的信息,并能将感受到的信息按特定要求变换成电信号或其他所需的信号进行输出,以满足信息的传输、处理、转换、存储、显示、记录和控制等要求。

传感器特点包括微型化、数字化、多样化、智能化、多功能化、系统化、网络化等,是实现自动控制、自动传输和自动检测的首要环节。传感器的存在和发展,使物体有了触觉、味觉、嗅觉等感官能力,让物体活了起来。通常根据其基本感知功能又被分为热敏元件、气敏元件、光敏元件、力敏元件、湿敏元件、声敏元件多种类型。

传感器是人类五官的延伸及拓展。传感器类型决定对外界感知的程度,根据不同的需求选择不同的传感器类型,传感器的类型也决定了其应用场景。传感器网络技术是实现物联网使用状态的核心,解决的是物联网系统运行过程中的信息感知问题,能够通过传感器,对周围的变化情况进行自动感知,并进行简单的数据分析。

（3）射频识别技术

射频识别(radio frequency identification,RFID)技术,即通常所说的无线射频识别,它是一种通信技术,可通过无线电信号识别特定目标并对相关数据进行读写操作,而无须识别系统与特定目标之间建立机械或光学接触就能够实现信息传输。射频主要适用于短距离通信,以 1～100GHz 的微波为主。RFID 系统通常由三部分组成:应答器、阅读器及应用软件系统。

① 应答器:由天线、芯片及耦合元件组成,一般情况下用标签作为应答器,每个标签都具有唯一的电子编码,附着在物体上。

② 阅读器:与应答器类似,也是由天线、耦合元件及芯片三部分组成,读取标签信息的设备通常设计为固定式读写器或手持式 RFID 读写器。

③ 应用软件系统:主要是设计在应用层软件之上,首先把收集的数据进一步处理和加工,然后为人们所使用。

（4）信息安全技术

由于物联网是以互联网作为基础进行的延伸,所以,在使用过程中,为确保安全,就要对信息安全技术投入大量的资源进行研发,提高安全系数。无论是物联网还是互联网,在实际操作过程中都需要与信息通信保持较好的连接。如果不能保证信息安全,那么所有的操作都会存在安全隐患。

4. 物联网和互联网之间的关系

互联网是将两台移动互联网终端进行连接的结果,互联网的诞生和发展深刻影响到人类社会的进步,但是在互联网发展过程中,也面临着两个重要的问题,一方面来自网络安全,另一方面来自地址空间短缺,这两个问题的存在对于互联网的发展造成了严重干扰。如果不能对这两个问题进行彻底解决，互联网在未来的发展过程中便无法得到更大突破。与互联网相比，物联网无论是在范围，还是在标准上，目前仍然处于不明确的状态，虽然人们对于物联网的期许是希望其能够将任何物体和互联网进行连接，实现信息的高速流通和操作，但是由于物联网的使用场景设置，到目前来说还是属于一个比较模糊的状态，所以相应的标准设计仍然存在很多问题。

3.2.2 智能物联网技术

智能物联网（artificial intelligence of things，AIoT）是人工智能与物联网技术相融合的产物，这一新兴概念在智慧城市、智能家居、智慧制造、无人驾驶等领域得到广泛应用。通信技术的升级仅解决了物联网在联网层面的问题，其普及和深度应用仍面临巨大挑战。目前来看，物联网需要重点突破的环节包括设备智能控制、数据智慧分析处理、语义理解和基于内容的融合应用开发等。而人工智能恰恰是实现信息技术高层次智慧化应用（如数据挖掘、语义理解、智能推理、智慧化决策）的能手。因此，人工智能将成为解决物联网技术瓶颈的有效工具，人工智能与物联网的深度融合将成为物联网技术进一步发展的驱动力。

1. AIoT 基本概念

AIoT 属于比较新的名词，业界对其定义并未达成一致。百度百科认为 AIoT＝AI＋IoT，是 AI 和 IoT 两种技术相互融合的产物，IoT 是异构、海量数据的来源，而 AI 用于实施大数据分析，其最终目标是实现万物数据化、万物智联化。《2020 年中国智能物联网（AIoT）白皮书》中指出：AIoT 是人工智能与物联网的协同应用，它通过 IoT 系统的传感器实现实时信息采集，而在终端、边缘或云进行数据智能分析，最终形成一个智能化生态体系。白皮书同时对 AIoT 在技术和商业层面的内涵进行了解释。

图 3-3 对 AIoT 模型进行了诠释。由于融合 AI 的 IoT 应用通常要求物联网设备具备一定的算力，所以也常常与云计算、边缘计算等 IT 基础设施平台进行融合。AIoT 平台通过语音、视频等更加友好的人机交互界面，实现对物联网设备的智能操控、物联网信息的深度语义理解、价值提取、智能操控和其他高层衍生应用。目前 AIoT 已经在生物特征识别、智能家居、智慧农业、智慧工业及智慧城市下属的智慧物联网平台（智能交通系统、智能社区、智慧医疗）等领域展开广泛研究。

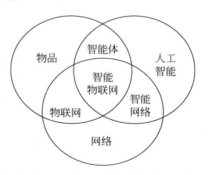

图 3-3　IoT 与 AI 融合形成 AIoT

AIoT 通过应用 AI 提高 IoT 应用的智慧化程度，提升应用层次。因此通常按照智慧化级别对 AIoT 进行分级，如图 3-4 所示。其中，智慧级别从低到高分成 5 个层次，包括传播智慧化、聚合智慧化、处理智慧化、识别智慧化和决策智慧化。嵌入人工智能的物体包括智慧个体、智慧物件和智慧容器 3 个级别。而 AIoT 构建的智慧化系统按照复杂程度分为 3 个级别，包括嵌入式平台、一般服务平台和分布式服务平台。而网络基础设施层则按照覆盖面分成智慧局域网、智慧同构互联网和智慧跨域互联网。

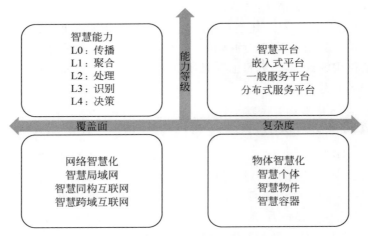

图 3-4　基于智慧级别分类的 IoT

2. AIoT 技术架构

AIoT 技术架构不仅需要考虑传统物联网的技术模型，还需要解决注入 AI 后如何及时处理海量数据，进行语义理解、人机交互和智能控制等问题，是一种非常复杂的生态系统，将催生新的从边缘到云的混合计算服务。

基于云的海量处理能力，人工智能适合放在云端处理，但可能造成时延。不同应用的时延容忍性不同：如语音助手回答天气问题出现时延是可容忍的，而智能自动驾驶/工业制造时出现时延则不可容忍。图 3-5 给出了 AIoT 的业务逻辑模型。其主要包含 4 层：应用层（涵盖 AIoT 的主要应用领域）、操作系统服务层（包含各种服务资源调度、信息、位置及安全管理等服务）、基础设施层（包含对整个实现过程中涉及的宏观资源抽象）以及接入层（包含接入媒介、信号感知识别等功能）。

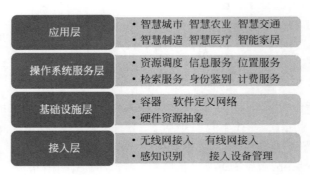

图 3-5　AIoT 业务逻辑模型

3. AIoT 应用场景

目前 AIoT 已在多个应用领域实现落地。主要包括以下几个方面：

（1）智慧安防

截至 2017 年 9 月，全国安装于公共服务的视频监控摄像机已经达到 3000 万台，这些公共基础设施中捕获的视频图像内容可以通过 AIoT 进行深入挖掘，从而构建智慧社会治安防线，实现对违法案件的提前预防和精确打击。

（2）智慧交通

AIoT 通过视频图像分析交通的拥堵状态以及车流量、人流量等,在数据分析的基础上叠加红绿灯等实际手段,优化城市交通路径,改善拥堵状况。此外,通过车-路-边的配合,AIoT 有望打造无人驾驶系统。

（3）智慧销售

AIoT 技术能够借助物联网获取的人脸数据,结合用户轨迹和购买数据,了解用户行为,充实顾客画像,实现主动服务、智能服务推荐和增值服务,构建人-货-场生态,帮助企业实现精准化营销。

（4）智慧园区

AIoT 能够实现社区档案、安全防控、轨迹定位、智慧物业和出入控制等智能化管理。

（5）智慧制造物联

通过融合物联网、电子信息、人工智能与制造技术等实现对产品制造与服务过程全生命周期制造资源与信息资源的动态感知、智能处理与优化控制。

3.3 大数据技术

3.3.1 大数据的概念

"大数据"至今没有公认的定义,2011 年全球知名咨询公司麦肯锡在《大数据:创新、竞争和生产力的下一个前沿领域》报告中给出的定义是:大数据指的是大小超出常规的数据库工具获取、存储、管理和分析能力的数据集。同时强调,并不是说一定要超过特定 TB 级的数据集才能算是大数据。国际数据公司（International Data Corporation,IDC）用四个维度来定义大数据,即 Volume、Variety、Velocity 和 Value。维基百科上的大数据定义是:"大数据指的是数据规模庞大和复杂到难以通过现有的数据库管理工具或者传统的数据处理应用程序进行处理的数据集合"。以上定义虽然不尽相同,但均突出了数据的"大"。从数据到大数据量再到最后的大数据,不仅仅体现在量上的变化,而且是数据质量的提升,大数据的技术、平台、数据分析方法等均与从前小数据时代不同,大数据的核心是从海量无序信息中获取有用信息。

（1）Volume

Volume 是指大数据巨大的数据量与数据完整性。十几年前,由于存储方式、科技手段和分析成本等的限制,当时许多数据都无法得到记录和保存。即使是可以保存的信号,也大多采用模拟信号保存,当其转变为数字信号时,由于信号的采样和转换,都不可避免存在数据的遗漏与丢失。大数据的出现,使得信号得以以最原始的状态保存,数据量的大小已不是最重要的,数据的完整性才是最重要的。

（2）Variety

Variety 意味着要在海量、种类繁多的数据间发现其内在关联。在互联网时代,各种设备连成一个整体,个人在这个整体中既是信息的收集者也是信息的传播者,加速了数据量的爆炸式增长和信息多样性。这就必然促使我们要在各种各样的数据中发现数据信息之间的相互关联,把看似无用的信息转变为有效的信息,从而做出正确的判断。

（3）Velocity

Velocity 可以理解为更快地满足实时性需求。目前,对于数据智能化和实时性的要求越来越高,如开车时会用智能导航仪查询最短路线,吃饭时会了解其他用户对这家餐厅的评价,见到可口的食物会拍照发微博等诸如此类的人与人、人与机器之间的信息交流互动,这些都不可避免地带来数据交换。而数据交换的关键是降低延迟,以近乎实时的方式呈献给用户。

（4）Value

Value 是指大数据的价值密度低,它是大数据特征里最关键的一点。大数据时代数据的价值就像从沙子淘金,数据量越大,里面真正有价值的东西就越少。现在的任务就是从这些 ZB、PB 级的数据中,利用云计算、智能化开源实现平台等技术,提取出有价值的信息,将信息转化为知识,发现规律,最终用知识促成正确的决策和行动。

3.3.2　大数据处理流程

大数据来源广泛、类型复杂,物联网、云计算、移动互联网、手机、计算机以及遍布世界各地各式各样的传感器,无一不是其数据来源或者承载的方式,因此对大数据的处理方法千变万化。尽管如此,大数据的处理流程都是一致的,基本的处理流程可以概括为数据采集、数据处理与集成、数据分析、数据解释四个步骤,如图 3-6 所示。

1. 数据采集

数据采集是指利用多个数据库接收来自客户端(Web、APP 或者传感器形式等)的各种类型的结构化、半结构化及非结构化的数据,并允许用户通过这些数据库来进行简单的查询和处理工作。目前常用的采集手段有条形码技术、RFID 技术、感知技术等。使用的数据库可以是关系数据库,如 MySQL 或 Oracle,也可以是 NoSQL 数据库,如 Redis 或 MongoDB。大数据采集过程中的主要挑战的是并发数高。例如,亚马逊、淘宝等网络可能有成千上万的用户同时进行访问和操作,峰值时,并发的访问量可能达到上百万。因而不仅需要在采集端设置大量的数据库,而且要深入研究如何在这些数据库之间进行负载的均衡和分片。

2. 数据处理与集成

随着数据量的不断增大,每秒产生的数据中绝大部分可能是无效信息,包括噪声数据、冲突数据和残缺数据等,如果不加区分地将这类数据进行分析计算,势必会影响最终结果的准确性,因此为保证数据结果具有有效价值,须对收集到的数据集进行预处理。

大数据预处理包括数据的清洗、集成、转换、削减。这些处理环节可以有效检测出噪声数据、无效数据等,是大数据分析结果质量的保证。

（1）数据清洗

数据清洗是针对残缺数据、噪声数据和不一致数据的处理。针对残缺数据,常用的处理方式有以下几种:丢弃该遗漏属性值数据;利用默认值填补遗漏属性值;利用数据均值填补遗漏属性值;利用回归分析填补遗漏属性值;利用同类别数据集属性值填补该遗漏属性值。噪声数据一般是数据集出现随机属性值,常用的降噪方式有:对噪声点数据的周边数据进行平滑;通过聚类分析方法定位噪声点;寻找数据集的拟合函数进行回归。不一致数据处理往往是数据记录错误问题或者属性取名规范问题,可以通过人工进行修改。

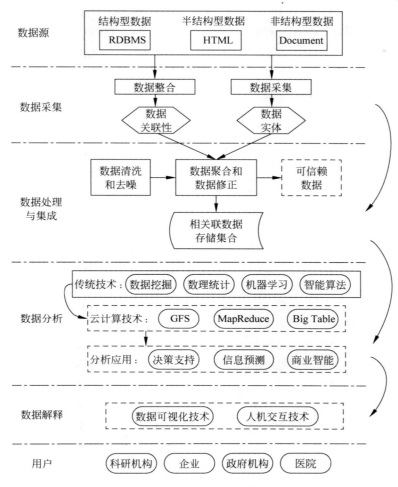

图 3-6　大数据处理的基本流程

（2）数据集成

数据集成就是将各个分散的数据库采集来的数据集成到一个集中的大型分布式数据库，或者分布式存储集群中，以便对数据进行集中处理。由于大数据具有多样性，在集成的基础上，还要依据数据特征或者需要，利用聚类、关联分析等方法对已接收的数据进行抽取处理，将各种渠道获得的多种结构和类型的复杂数据转化为单一的或者便于处理的结构，从而达到快速分析的目的。同时，针对大数据价值稀疏的特点，还要对大数据进行清洗，将其中我们不关心的、没有价值的、错误的数据通过过滤"去噪"，提取出有效数据，以保证数据的质量和可靠性。该阶段的挑战主要是集成的数据量大，每秒的集成数据量一般会达到百兆，甚至千兆级别。

（3）数据转换

数据转换是将数据进行转换或归并，形成适合数据处理的模式。常见的数据转换处理方式包括平滑处理、泛化处理、合计操作、归一化处理与重构属性。转换后的数据有效地保证了数据的统一性。

（4）数据削减

数据削减是指在保证数据集完整性的前提下对数据集的精简，进而提升数据分析的效率。常用的削减方法有维度削减、数据立方合计、数据块削减、数据压缩、离散化等。

3. 数据分析

数据分析是大数据处理流程中最为关键的步骤。数据分析主要是利用大数据分析的工具对存储在分布式数据库或分布式计算集群内的海量数据进行普通的分析和分类汇总等，以满足常见的分析需求。例如，一些实时性需求会用到 EMC 的 GreenPlum、Oracle 的 Exadatas 以及基于 MySQL 的列式存储 Infobright 等，而一些基于半结构化数据或者批处理的需求可以使用 Hadoop。统计分析过程中，涉及的数据量大，对系统资源，特别是 I/O 会有极大的占用。此外，对于统计工具的使用、需要分类的关键字等要求比较高，他们决定了能否将数据精确地归类，这将直接影响数据挖掘价值的准确度。

4. 数据解释

对于广大的数据信息用户来讲，最关心的并非是数据的分析处理过程，而是对大数据分析结果的解释与展示，因此，在一个完善的数据分析流程中，数据结果的解释步骤至关重要。若数据分析结果不能得到恰当的显示，则会对数据用户产生困扰，甚至会误导用户。传统的数据显示方式是用文本形式下载输出或用户个人计算机显示处理结果。但随着数据量的加大，数据分析结果往往也变得复杂，用传统的数据显示方式已经不足以满足数据分析结果输出的需求，因此，为了提升数据解释、展示能力，现在大部分企业都引入"数据可视化技术"作为解释大数据最有力的方式。通过可视化结果分析，可以形象地向用户展示数据分析结果，更方便用户对结果的理解和接受。常见的可视化技术有基于集合的可视化技术、基于图标的技术、基于图像的技术、面向像素的技术和分布式技术等。

3.3.3　大数据主流架构

1. Hadoop 平台

大数据时代对于数据分析、管理都提出不同程度的新要求，许多传统的数据分析技术和数据库技术已经不足以满足现代数据应用的需求。为了给大数据处理分析提供一个性能更高、可靠性更好的平台，Doug Cutting 模仿 GFS，为 MapReduce 开发了一个云计算开源平台 Hadoop，用 Java 编写，可移植性强。

Hadoop 是一个包括分布式文件系统（Hadoop distributed file system，HDFS）、分布式数据库（HBase、Cassandra）以及数据分析处理 MapReduce 等功能模块在内的完整生态系统（ecosystem），目前已经发展成为最流行的大数据处理平台。Hadoop 的实现结构如图 3-7 所示。

在这个系统中，以 MapReduce 算法为计算框架，HDFS 是一种类似于 GFS 的分布式文件系统，可以为大规模的服务器集群提供高速度的文件读写访问。HBase 是一种与 BigTable 类似的分布式并行数据库系统，可以提供海量数据的存储和读写，而且兼容各种结构化或非结构化的数据。YARN 是一个通用资源管理系统，可为上层应用提供统一的资源管理和调度，它的引入为集群在利用率、资源统一管理和数据共享方面带来巨大的好处。Hive 是一种基于 Hadoop 的大数据分布式数据仓库引擎，它使用结构化查询语言

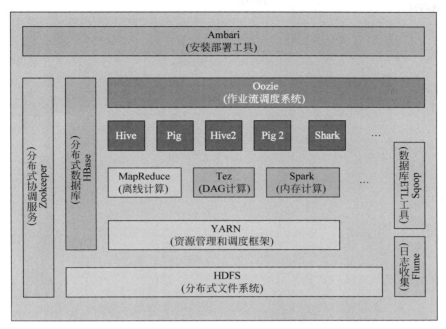

图 3-7 Hadoop 结构

（structured query language，SQL）对海量数据信息进行统计分析、查询等操作，并且将数据存储在相应的分布式数据库或分布式文件系统中。Zookeeper 是分布式系统的可靠协调系统，可以提供包括配置维护、名字服务、分布式同步、组服务等在内的相关功能，封装好复杂易出错的关键服务，将简单易用的接口和性能高效、功能稳定的系统提供给用户。Sqoop 是一个用来将 Hadoop 和关系型数据库中的数据双向转移的工具，可以将一个关系型数据库（MySQL、Oracle、Postgres 等）中的数据导入 Hadoop 的 HDFS 中，也可以将 HDFS 的数据导入关系型数据库中，还可以在传输过程中实现数据转换等功能。Flume 是一种分布式日志采集系统，特点是高可靠性、高可用性，它的作用是从不同的数据源系统中采集、集成、运送大量的日志数据到一个集中式数据存储器中。

Hadoop 的组件包括以下三部分：

（1）HDFS

HDFS 是分布式文件系统，分布于集群机器上，利用副本文件进行容错，确保可靠性。HDFS 的设计原则是十分明确的，一般适用于存储非常大的文件，采用流式模式进行访问。

HDFS 的主要组件有 NameNode、Block 和 Rack。其中 NameNode 是系统的主站，它对系统里的文件与目录文件系统树以及元数据进行管理，执行文件系统的操作。DataNode 作为系统的从机，所有机器均会分布于各自的集群中，然后进行存储，并且根据客户端的读写请求，提供相应的服务。主节点 NameNode 会管理多个工作节点 DataNode。

HDFS 的写过程流程如下：主节点确认客户端请求信息，并记录文件名称和存储该文件的工作节点集合，然后将这些信息存放在文件分配表中。为客户端向主节点发送 test.log 文件写请求的响应流程如图 3-8 所示。

对于分布式文件系统而言，最重要的就是数据的一致性。当 HDFS 中所有需要保存数据的工作节点均拥有副本文件，才会认为该文件的写操作完成，那么数据一致性就会确保客

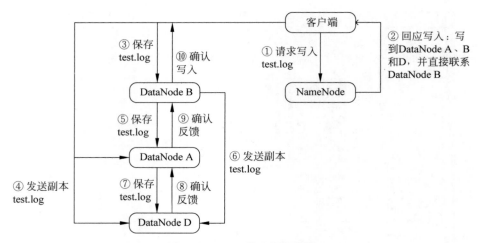

图 3-8　HDFS 写过程流程图

户端无论从任何工作节点进行读取,所得到的数据是一致的。

　　HDFS 的读过程流程如图 3-9 所示,其中数据块信息包括文件副本工作节点的 IP 地址、工作节点在本地硬盘查找数据块所需要的数据块 ID。

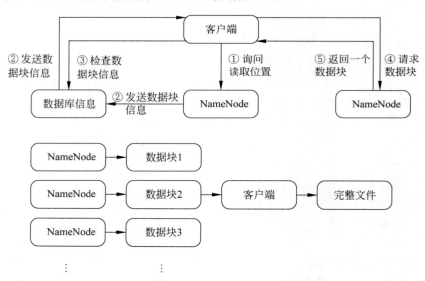

图 3-9　HDFS 读过程流程图

　　HDFS 目前被认为是 Hadoop 系统兼容性最好的文件系统,基于该系统的开源性,目前已经被广泛商用。

　　(2) HBase

　　HBase 是面向列的非关系型分布式存储系统,可进行实时读写,并随机对大规模数据集进行访问,具有高可靠性与高伸缩性。

　　HBase 具有以下特性:强读写一致性、自动的故障转移、HDFS 集成、丰富的"简洁,高效"API、具有块缓存、布隆过滤器、高效的列查询优化、提供了内置的 Web 界面操作,还可以监控 JMX 指标。

常见的 HBase 应用分三类：存储业务数据、存储日志数据和存储业务附件。存储业务数据包括用户的操作信息、设备访问信息等。存储日志数据包括登录日志、邮件发送记录、访问日志等。存储业务附件包括所包含的图像、视频和文档等附件信息。

HBase 系统主要包括 4 个关键节点：Zookeeper、HDFS、RegionServer 和 Master。Zookeeper 主要进行配置维护、分布式同步、组服务等，它的主要功能就是向用户提供简易、安全、高可用的封装系统。HDFS 是 HBase 运行过程中的底层文件系统。RegionServer 负责响应用户读写请求。Master 是主服务器的实现，它负责实时监视 RegionServer 实例，也可作为元数据更改的接口，可以控制该节点的故障转移和 Region 切分。

HBase 系统架构关系如图 3-10 所示。

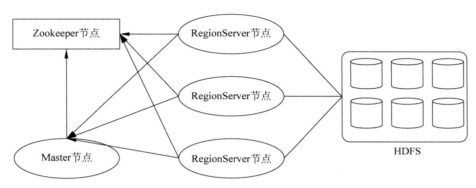

图 3-10　HBase 架构体系关系

（3）MapReduce

MapReduce 技术是谷歌公司于 2004 年提出，作为一种典型的数据批处理技术被广泛应用于数据挖掘、数据分析、机器学习等领域，并且，MapReduce 因为其能够对并行式数据进行处理，现已经成为大数据处理的关键技术。

MapReduce 的数据分析流程如图 3-11 所示。由图可以看出，MapReduce 系统主要由两部分组成：Map（映射）和 Reduce（归约）。MapReduce 的核心思想在于"分而治之"，也就是说，首先将数据源分为若干部分，每个部分对应一个初始的键-值（Key/Value）对，并分别给不同的 Map 任务区处理，这时的 Map 对初始的 Key/Value 对进行处理，产生一系列中间结果 Key/Value 对，MapReduce 的中间过程 Shuffle（数据混洗）将所有具有相同 Key 的 Value 组成一个集合传递给 Reduce 环节，Reduce 接收这些中间结果，并将相同的 Value 合并，形成最终的较小 Value 的集合。

MapReduce 系统的提出简化了数据的计算过程，避免了数据传输过程中大量的通信开销，使得 MapReduce 可以运用到多种实际问题的解决方案里，公布之后获得了极大的关注，在各个领域均有广泛的应用。

2. Strom 平台

Storm 是一个分布式、可靠和容错的系统，用于处理流数据。Storm 集群的输入流是由一个叫 Spout 的组件处理的。Spout 将数据传递给一个叫 Bolt 的组件，该组件以指定的方式处理数据，如持久化数据或处理数据并将其转发给另一个 Bolt。Storm 集群可以被看作Bolt 组件的链条（称为 Topology）。每个 Bolt 对 Spout 生成的数据进行某种处理。Storm

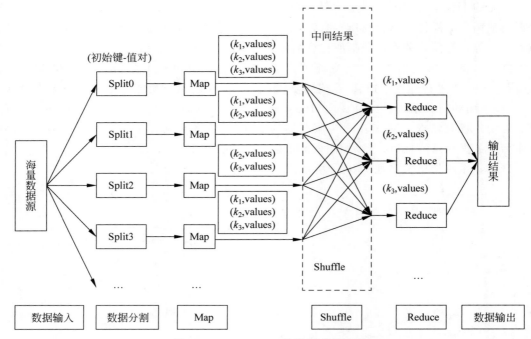

图 3-11　MapReduce 的数据分析流程

可以用来实时处理新数据和更新数据库,既能容错又能扩展。Storm 还可以用于连续计算,对数据流做连续查询,并在计算时将结果以流的形式输出给用户。它还可以用于分布式 RPC,并行地运行复杂的操作。

　　Storm 的主要特点是:①简单的编程模型。Storm 提供类似 MapReduce 的操作,降低并行批处理和实时处理的复杂性。通过指定它们的连接方式,Topology 可以处理大部分的流媒体要求。②容错。Storm 使用 Zookeeper 来管理工作进程和节点的故障。如果在工作中发生异常,Topology 会失败。但 Storm 会在一致的状态下重启进程,这样它就能正确恢复。③水平扩展。Storm 具有良好的水平扩展能力,它的流计算过程是在多个线程、进程和服务器之间并行进行的。Nimbus 节点将负责大量的协作工作交给 Zookeeper 节点,因此水平扩展不会产生瓶颈。④快速可靠的消息处理。Storm 使用 ZeroMQ 作为消息队列,这大大提高了消息传递的速度,系统地设计保证了消息能够被快速处理。当一个任务失败时,它负责从源头上重试消息。

　　与 Hadoop 主从架构一样,Storm 也采用了主从架构,分布式计算由两类服务进程 Nimbus 和 Supervisor 实现,Nimbus 运行在集群的主节点上,负责任务分配和分发,Supervisor 运行在集群的从节点上,负责执行任务的具体部分。监督者运行在集群的从属节点上,负责执行任务的具体部分。Storm 架构如图 3-12 所示。

　　(1) Nimbus:Storm 集群的主节点,负责资源分配和任务调度,负责分发用户代码,并在特定的 Supervisor 节点上分配工作节点,以运行 Topology 的相应组件(Spout/Bolt)的任务。

　　(2) Supervisor:Storm 集群的从属节点,负责接受 Nimbus 分配的任务,启动和停止属于自己管理的工人进程。可以通过 Storm 配置文件中的 supervisor. slots. ports 配置项来

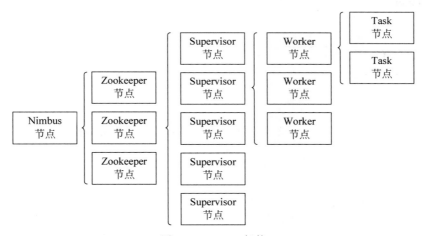

图 3-12　Storm 架构

指定 Supervisor 上允许的最大槽位数。每个 Slot 由一个端口号唯一标识,一个端口号对应一个工人进程(如果工人进程被启动的话)。

(3) Worker:负责运行具体处理组件的逻辑的进程。工作者运行的任务只有两种,一种是 Spout 任务,另一种是 Bolt 任务。

(4) Task:Worker 中的每个 Spout/Bolt 线程被称为一个任务。同一个 Spout/Bolt 任务可以共享一个物理线程,该线程被称为执行者。

(5) Zookeeper。用于协调 Nimbus 和 Supervisor,如果 Supervisor 由于问题而无法运行 Topology,Nimbus 将首先感知到它,并将 Topology 重新分配给其他可用的 Supervisor。

其中,Strom 平台包括以下几个服务组件:

(1) Topology

实时应用程序的逻辑被封装在 Storm Topology 结构中,类似于 MapReduce 作业。两者之间的关键区别在于,MapReduce 作业最终会完成,而 Topology 任务会永远运行。Topology 是 Spout 和 Bolt 的一个有向无环图,由 Stream Groupings 连接。Stream 是 Storm 中的核心概念。一个 Stream 是一个无界的、以分布式方式并行创建和处理的 Tuple 序列。Stream 以一个 schema 来定义,这个 schema 用来命名 Stream Tuple(元组)中的字段。默认情况下 Tuple 可以包含 integers、longs、shorts、bytes、strings、doubles、floats、booleans 和 byte arrays 等数据类型,也可以定义自己的 serializers,以至于可以在 Tuple 中使用自定义类型。每一个流在声明的时候会赋予一个 ID,由于只包含一个 Stream 的 Spout 和 Bolt 比较常见,OutputFieldsDeclarer 有更方便的方法可以定义一个单一的 Stream 而不用指定 ID,这个 Stream 被赋予一个默认的 ID,即"default"。其中包含:Spout,为 Storm 中的消息源,用于为 Topology 生产消息(数据),一般是从外部数据源(如 Message Queue、RDBMS、NoSQL、Realtime Log)不间断地读取数据并发送给 Topology 消息(Tuple 元组);Bolt,为 Storm 中的消息处理者,为 Topology 进行消息处理,Bolt 可以执行过滤、聚合、查询数据库等操作,而且逐级进行处理。Topology 模型如图 3-13 所示。

(2) Tuple

Storm 使用 Tuple 来作为它的数据模型。每个 Tuple 是一堆值,每个值有一个名字,并

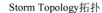

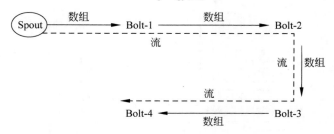

图 3-13　Topology 模型

且每个值可以是任何类型，一个 Tuple 可以看作一个 java 对象。总体来看，Storm 支持所有的基本类型：字符串以及字节数组作为 Tuple 的值类型，也可以使用自定义类型来作为值类型，只需实现对应的序列化器（serializer）。一个 Tuple 代表数据流中一个基本的处理单元，它可以包含多个 Field，每个 Field 表示一个属性。Tuple 是一个 Key-Value 的 Map，由于各个组件间传递的 Tuple 的字段名称已事先定义好，Tuple 只需按序填入各个 Value，所以就是一个 Value List。一个没有边界、源源不断、连续的 Tuple 序列就组成了 Stream。Topology 里面的每个节点必须定义它要发射的 Tuple 的每个字段。

（3）Spout

Spout 是一个 Topology 中 Stream 的源头，通常 Spout 会从外部数据源读取 Tuple，然后发送到拓扑中（如 Kestel 队列或者 Twitter API）。Spout 可以是可靠的或不可靠的。Spout 中最主要的方法是 nextTuple，nextTuple 要么向 Topology（拓扑）中发送一个新的 Tuple，要么在没有 Tuple 需要发送的情况下直接返回。对于任何 Spout 实现，nextTuple 方法都必须是非阻塞的，因为 Storm 在一个线程中调用所有的 Spout 方法。Spout 另外几个重要的方法是 ack 和 fail，这些方法在 Storm 检测到 Spout 发送出去的 Tuple 被成功处理或者处理失败的时候调用，ack 和 fail 只会在可靠的 Spout 中调用。

（4）Bolt

拓扑中所有的业务处理都在 Bolt 中完成。Bolt 可以实现很多功能：过滤、函数、聚合、关联与数据库交互等。Bolt 中最主要的方法是 execute 方法，当有一个新 Tuple 输入时会进入这个方法。Bolt 使用 OutputCollector 对象发送新的 Tuple。Bolt 必须在每一个 Tuple 处理完后调用 OutputCollector 上的 ack 方法，Storm 便会知道 Tuple 什么时候完成（最终可以确定调用源 Spout Tuple 是没有问题的）。当处理一个输入的 Tuple，会基于这个 Tuple 产生零个或者多个 Tuple 发送出去，当所有的 Tuple 完成后，会调用 acking。Storm 提供的 IBasicBolt 接口会自动执行 acking。最好在 Bolt 中启动新的线程异步处理 Tuples，OutputCollector 是线程安全的，并且可以在任何时刻调用。

3. Spark 平台

Spark 是一个基于内存计算的可扩展开源集群计算系统。为了解决 MapReduce 由于大量的网络传输和磁盘 I/O 而出现效率低下的缺点，Spark 使用内存数据计算来快速处理查询，并实时返回分析结果。Spark 提供了比 Hadoop 更高级别的 API，同样的算法在 Spark 中的运行速度是 Hadoop 的 10～100 倍。Spark 在技术上与 Hadoop 存储层 API 兼容,可以访问 HDFS、HBase、SequenceFile 等。Spark-Shell 可以打开一个交互式 Spark 命令环境,可以提供交互式查询。

Spark 是为集群计算中特定类型的工作负载而设计的,即在并行操作之间重用工作数据集(如机器学习算法)的工作负载。Spark 的计算架构有三个特点。①Spark 有一个轻量级的集群计算框架。Spark 将 Scala 应用于其编程架构,Scala 是一种多范式的 Spark,将 Scala 应用于其编程架构。Scala 是一种多范式的编程语言,具有并发性、可扩展性和对编程范式的支持,它与 Spark 紧密结合,可以轻松操作分布式数据集,并轻松添加新的语言构造。②Spark 可以与 HDFS 交互,获得里面的数据文件,同时 Spark 的迭代、内存和交互式计算为数据挖掘和机器学习提供一个良好的框架。③Spark 具有良好的容错机制。Spark 使用弹性分布式数据集(resilient distributed datasets,RDD),表示为分布在一组节点中的 Scala 对象的只读集合,这些集合具有弹性,以确保丢失的数据集可以被重建。

Spark 架构如图 3-14 所示。

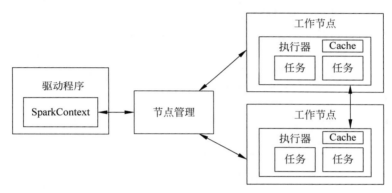

图 3-14 Spark 架构

（1）Driver 会执行客户端写好的 main 方法,它会构建一个名叫 SparkContext 的对象,该对象是所有 Spark 程序的执行入口。

（2）Application 是一个 Spark 的应用程序,它包含了客户端的代码和任务运行的资源信息。

（3）ClusterManager 是给程序提供计算资源的外部服务。

（4）Master 是整个 Spark 集群的主节点,负责任务资源的分配。

（5）Worker 是整个 Spark 集群的从节点,负责任务计算的节点。

（6）Executor 是一个进程,它会在 worker 节点启动该进程(计算资源)。

（7）Task Spark 任务是以 task 线程的方式运行在 worker 节点对应的 executor 进程中。

3.3.4 大数据关键技术

1. 大数据存储技术

为适应大数据环境下爆发式增长的数据量,大数据采用由成千上万台廉价个人计算机来存储数据的存储方案,以降低成本,同时提供高扩展性。考虑到系统由大量廉价易损的硬件组成,为保证文件系统的整体可靠性,大数据通常对同一份数据在不同节点上存储多份副本。同时,为保障海量数据的读取能力,大数据借助分布式存储架构提供高吞吐量的数据访问。

目前较为有名的大数据文件存储技术是谷歌的 GFS(Google file system)和 Hadoop 的 HDFS，HDFS 是 GFS 的开源实现。它们均采用分布式存储的方式存储数据，通过冗余存储(将文件块复制存储在几个不同的存储节点上)模式保证数据的可靠性。在实现原理上，GFS 和 HDFS 均采用主从控制模式，即主节点存储元数据、接收应用请求并且根据请求类型进行应答，从节点则负责存储数据。当用户访问数据时，首先与主节点进行指令交互，之后根据主节点返回的数据存储位置，再与相应从节点交互获得数据，从而避免主节点出现瓶颈。GFS 体系结构如图 3-15 所示。

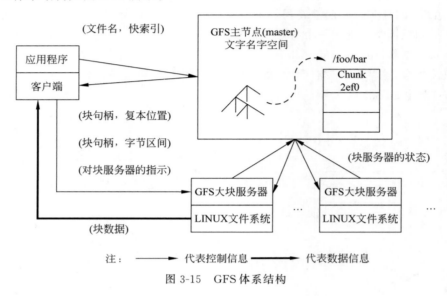

图 3-15　GFS 体系结构

2. 大数据数据管理技术

在数据管理上，传统的单表数据存储结构无法适应大数据对数据库的高并发读写、海量数据存储、复杂的关联分析和挖掘需求，因此，大数据使用由多维表组成的面向列存储的分布式实时数据管理系统组织和管理数据。其特点是将数据按行排序、按列存储，将相同字段的数据作为一个列族聚合存储。这样存储的好处是不同的列族对应数据的不同属性，属性可以根据需求动态增加，避免了传统数据存储方式下的关联查询。而且，当只需查询少数几个列族的数据时，可极大地减少读取的数据量，减少数据装载和 I/O 的时间，提高数据处理效率。

大数据数据管理技术的典型代表是谷歌的 BigTable 和 Hadoop 的 HBase。BigTable 基于 GFS，HBase 基于 HDFS。

BigTable 的基本架构如图 3-16 所示。BigTable 中的数据均以子表形式保存于子表服务器上，主服务器创建子表，最终将数据以 GFS 形式存储于 GFS 文件系统中，同时客户端直接和子表服务器通信。Chubby 服务器用来对子表服务器进行状态监控，主服务器可以查看 Chubby 服务器以观测子表状态检查是否存在异常，若有异常则会终止故障的子服务器，并将其任务转移至其余服务器。

除了 BigTable 之外，很多互联网公司也纷纷研发可适用于大数据存储的数据库系统，这些数据库的成功应用促进了对非关系型数据库的开发与运用的热潮，这些非关系型数据

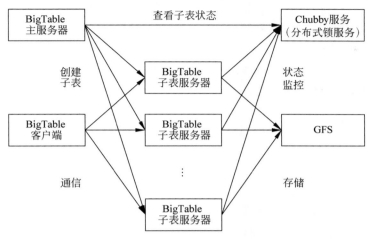

图 3-16　BigTable 基本架构

库方案现在被统称为 NoSQL(Not Only SQL)。就目前来说,NoSQL 没有一个确切的定义,一般普遍认为 NoSQL 数据库应该具有以下特征:模式自由(schema-free)、支持简易备份(easy replication support)、简单的应用程序接口(simple API)、一致性、支持海量数据(huge amount of data)。目前典型的 NoSQL 的分类如表 3-1 所示。

表 3-1　典型的 NoSQL 数据库

类　　别	相关数据库	性能	可拓展性	灵活性	复杂性	优　　点	缺　　点
Key-Value	Redis Riak	高	高	高	无	查询高效	数据存储缺乏结构
Colunn	HBase Cassandra	高	高	一般	低	查询高效	功能有限
Document	CouchDB MongoDB	高	可变	高	低	对数据结构的限制较少	查询性能低
Graph	OrientDB	可变	可变	高	高	图算法精密	数据规模相对较小

3. 大数据并行计算技术

大数据的分析和挖掘需要完成巨大的"数据密集型"计算,对系统的运算架构、计算域存储单元的数据吞吐率要求极高,传统的并行计算系统无法满足需要。因此,大数据的计算通常采用 MapReduce 技术。

4. 大数据数据挖掘技术

大数据数据挖掘技术比较复杂,一般需要针对具体的应用类型采用不同的处理方式。例如,对于流量统计、趋势分析、用户行为分析这样的统计分析,可将数据存储在分布式文件系统中,通过 MapReduce 并行处理方式来完成;对于 OLAP 分析,则可以采用行列混合存储、压缩、分片索引等技术对数据库进行针对性优化,借助强大的并行处理能力完成数据分组和表间关联;对于金融、B2C 等实时要求较高的业务,为获得快速处理能力,可将热点数据常驻内存或在特定数据库中进行分析。

Hive 和 Mahout 是大数据挖掘的代表技术。Hive 是一个基于 Hadoop 的 PB 级数据仓库平台,用于管理和查询结构化数据并完成海量数据挖掘。Hive 定义了一个类似于 SQL 的查询语言 HQL,能够将用户编写的 SQL 转化为相应的 MapReduce 任务来运行,非常方便惯使用 SQL 的用户完成并行计算。Mahout 则是一个机器学习与数据挖掘算法库,提供了一些可扩展的机器学习领域经典算法的实现,如集群、分类、推荐过滤等,与 Hadoop 结合后可以提供分布式数据分析挖掘功能。

3.4 云计算

云计算是互联网、分布式系统、虚拟机和多核芯片等多种技术综合的产物,它允许用户通过互联网实现按需访问信息技术基础设施和应用的功能。相较于本地部署的信息技术应用和解决方案,云计算的特点是虚拟化、动态和可扩展性、按需部署和高灵活性,进而极大地提高了信息系统的使用效率。云计算还可以与大数据、物联网和人工智能等数字技术相结合,提升这些技术的应用范围和深度。

3.4.1 云计算定义

传统意义上,云计算是一种虚拟化技术,允许用户通过互联网访问或接收不同终端的服务。美国国家标准与技术研究院对云计算的定义是:云计算是一种实现无处不在的、方便的、按需网络访问可配置的计算资源(如网络、服务器、存储、应用程序和服务)的共享池模式,可以通过服务提供商的互动快速配置和释放。云计算作为通过互联网向用户提供在线服务的过程,如服务器、网络应用和数据库都是云计算服务。云计算也可以理解为一个虚拟空间,用户可以进行重要数据的存储,并按照用户意愿使用,同时保证了数据不可能丢失、删除或损坏。计算终端系统如图 3-17 所示。

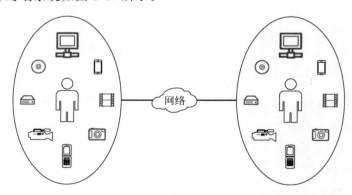

图 3-17 计算终端系统

云计算的基本原则是减少云服务接收者的处理负担。云计算是 21 世纪高性能计算的最重要和发展最快的 IT 模式之一,用户可以使用不同的电子设备,如移动电话、个人计算机和智能设备等,通过互联网使用标准协议访问不同的实用程序、IT 开发平台和存储。云计算可以通过使用虚拟机减少 IT 基础设施,如内存、存储、服务器和数据库等,这个过程中,虚拟机像普通计算机一样工作,使用虚拟 IT 基础设施执行任务。

3.4.2　云计算分类

当下,云计算共有 4 种部署模型,分别是公共云(public cloud)、私有云(private cloud)、混合云(hybrid cloud)和社区云(community cloud)。因此,云计算分类如图 3-18 所示。

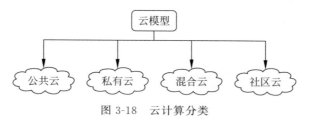

图 3-18　云计算分类

1. 公共云

公共云是一种开放的云计算模型,是由第三方云服务提供商负责部署和管理用户订购的相关服务,用户能够以较低的成本使用相关资源,即只对用户使用的资源按照服务提供商的订购规则收费。因此,用户不需要购买和部署自己的基础设施硬件或相关软件,有效降低了基础设施支出等运营成本,但安全性较低,应用和数据容易受到恶意网络攻击,需要云服务提供商和云用户建立一定的验证规则来保障数据和应用安全。

大多数情况下,任何用户都可以根据自己的需求来使用公共云,以实现按需付费。公共云的优势是低成本、高灵活性、用户兼容性强和地点独立性好,但由于用户在公共云中存储了大量的敏感数据,进而也有数据安全问题这一弊端。目前,全球最大的公共云供应商是亚马逊网络服务(Amazon web service,AWS)、阿里云、IBM 云、谷歌云和微软 Azure。

2. 私有云

私有云是一种特定的云服务,通常由公司或组织购买自己的基础设施硬件设备,部署虚拟云环境,并在其云平台环境上执行开发工作,供公司或组织使用。相较公共云而言,私有云的应用程序和数据的内部管理更加安全,但需要投入更多的资金和人力。

私有云通常用于私人公司或组织的数据存储。由于私有云只为特定公司或组织的特定用户提供服务,所以私有云呈现较高的安全和较强隐私性的特点,进而确保第三方无法接触到属于特定公司或组织的敏感数据。

3. 混合云

混合云是公共云和私有云的结合,指用户同时使用公有云和私有云的服务,一部分管理和运维工作由用户完成,另一部分交给云服务供应商。由于这一特性,混合云支持增加外部公有云服务,从而使用户可以根据业务的保密程度在公有云和私有云服务之间进行切换。

多数情况下,银行、金融、医疗保健和科研高校等机构都使用混合云。这一过程中,并非所有类型的数据都同样重要,部分敏感数据仍保存在私有云中,而有些不是很重要的数据则存储于公共云中。

4. 社区云

社区云是指为具有类似利益的多个组织或机构提供的云服务,通常由组织自己管理或使用第三方托管来管理这种云基础设施,其工作方式与公共云很相似。但仍有不同,社区云在一个特定的社区内提供服务，不同国家的不同社区，如军队办公室、警察办公室和许多其他组织都使用社区云。

3.4.3　云计算特征

1. 云计算体系结构

云计算体系结构可大致分为四层：面向服务的架构（sevice-oriented architecture，SOA）构建层、中间管理层、资源虚拟化池层和物理资源层，具体如下：

（1）SOA 构建层将云计算提供的资源或服务构建为面向用户的 Web 服务，并结合 SOA 本身实现相关管理，包括服务接口、服务注册、服务查找、服务访问和服务工作流五个部分。

云计算体系结构如图 3-19 所示。

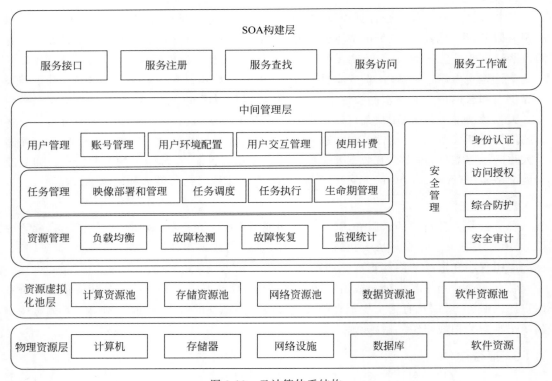

图 3-19　云计算体系结构

（2）中间管理层为云服务体系提供云平台的用户管理、任务管理、资源管理和安全管理功能。其中，用户管理功能是云计算商业化的核心阶段和技术设计，包括设计相关的交互界面，构建用户应用执行所需的资源和环境，验证和管理用户身份信息，完成使用资源的成本计算；任务管理的主要功能是执行来自用户或应用程序的请求任务，建立和管理用户任务图像和生命周期等；资源管理负责云资源节点的合理调度，保证负载均衡，监控节点的健康状况；安全管理是保障云计算平台相关资源安全的重要模块，具有身份认证、访问授权、综合防护、安全审计等功能。

（3）资源虚拟化池层结合虚拟化技术通过整合结构不同但相似的物理资源设备，构建一个大规模的资源池，并负责对虚拟化资源进行调度和管理。虚拟化资源主要是指汇集的计算资源、软件资源、存储资源、网络资源和数据资源。

（4）物理资源层主要包括计算机服务集群里的物理资源设备，如软件资源、计算机、数据库、网络设施和存储器等。

2. 云计算服务模式

云计算根据企业类型提供各种服务，其中包括三种主导服务模式：软件即服务（software as a service，SaaS）、平台即服务（platform as a service，PaaS）、基础设施即服务（infrastructure as a service，IaaS）。云计算服务模式如图 3-20 所示。

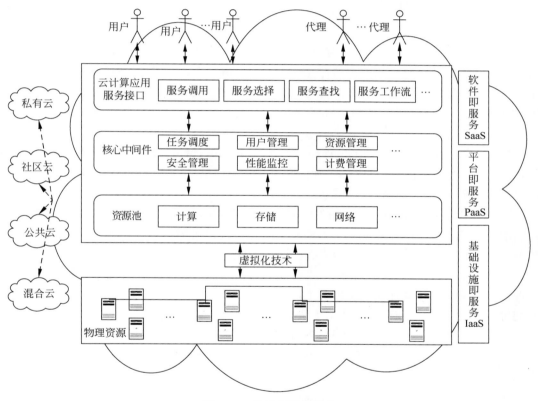

图 3-20 云计算服务模式

（1）软件即服务（SaaS）是指不同的云服务提供者向普通用户提供不同的基于云的软件服务，收取固定费用或多次免费提供。用户不需要安装任何特殊的软件来接受这种类型的服务，只需要通过任何有互联网连接的浏览器访问这种服务。软件即服务的软件更新、维护、技术故障排除都是由服务提供商提供。此外，供应商还提供各种基于云的软件解决方案，如企业资源规划、客户关系管理、账单和发票系统、邮件服务等。

（2）平台即服务（PaaS）是为程序员、编码员和开发人员等特殊用户设计的特定服务。通过平台即服务，该类特殊用户可以验证、创建、测试、运行、部署和管理各种网络应用的技术错误。平台即服务为开发者提供了一个框架，进而可以在此基础上创建定制的应用程序，并使用该框架。在使用平台即服务的情况下,不需要担心任何形式的基础设施管理,如服务器、存储和网络,因为它们是由云服务提供商管理的。平台即服务的例子有 AWS Elastic Beanstalk、Appfog、Heroku、Windows Azure、OpenShift、Apache Stratos、Magento Commerce Cloud 等。

（3）基础设施即服务（IaaS）通过虚拟化技术提供云计算基础设施,包括服务器、网络、操作系统和虚拟机等。通过基础设施即服务,一台虚拟机或计算机可以在任何地方操作。与其他服务模式不同,用户不必担心硬件、网络、硬盘、数据存储和服务器等方面的技术问题。基础设施即服务的例子有谷歌计算引擎和亚马逊网络服务等。

3.4.4　云计算应用

1. 云计算用途

数字技术时代,云计算作为强有力的技术支撑,各种公司、组织、医院、教育机构、社交网络以及其他一切的信息或数据都储存在云中。通常情况下,云计算具备以下用途:

（1）文件存储。任何类型的数据、文件、图像、视频、文档、科学研究等都可以存储在云中,以便世界上不同地区的任何人都可以轻松访问。云文件存储的最佳例子是 Dropbox、Mega、OneDrive 微云等。

（2）社交网络。例如,Facebook、Twitter、LinkedIn、Instagram、微信和微博等社交网站,这类社交媒体的用户定期上传各种信息,如照片、信息、视频等,这些信息存储在云端,用户可以随时随地访问、编辑、保存或删除。

（3）网站托管。当下全球有超过 17 亿个网站存在,但只有 2 亿个网站是活跃的,所有活跃的网站都是基于云计算或网络服务器而运行。云主机因为易于网站托管、维护、安全、控制、资源、友好成本等特征,正逐步体现其重要性。

（4）软件测试和开发。任何软件或网络应用的应用性能、功能、可靠性、可扩展性和安全性都可以使用云计算环境和基础设施进行测试。云计算供应商提供了许多用于持续集成和交付的预构建工具,使开发和测试更快更简单。

（5）科学研究。云计算被广泛应用于科学研究领域,通过应用系统和构建的科学方法获取、分析和解释数据。科学研究的主题多种多样,如科学、医学、环境、太空和军事等领域。

（6）大数据分析。大数据是分析、系统地提取信息或以其他方式处理过于庞大或复杂数据集的方法,而这些数据集是传统的数据处理应用软件所不能处理的。通常情况下,大数据收集了客户的营销趋势、行为、数量和质量等,而云计算则是根据这些数据进行操作的机制,以针对其广告和营销活动的特定人群。

2. 云计算服务商

云计算具备极大的商业价值。以下为全球主要的云计算服务供应商。

（1）亚马逊网络服务

亚马逊网络服务是亚马逊的子公司,提供各种服务,如计算、服务器、存储、数据库、分析、网络、电子邮件服务、移动开发、开发者工具、管理工具、物联网以及为个人、公司、政府或非政府组织提供更多服务。

（2）微软 Azure

微软 Azure 云计算服务由微软控制，用于各种应用管理系统。此外，Azure 还提供一系列云服务，包括计算、分析、存储、开发和网络。微软 Azure 支持不同的编程语言、工具和框架。底层是微软全球基础服务系统，由遍布全球的第四代数据中心构成；云基础设施服务层以 Windows Azure 操作系统为核心，主要从事虚拟化计算资源管理和智能化任务分配；Windows Azure 之上是一个应用服务平台，它发挥着构件的作用，为用户提供一系列服务，如 Live 服务、NET 服务、SQL 服务等；再往上是微软提供给开发者的 API、数据结构和程序库；最上层是微软为客户提供的服务。Azure 服务平台特点如图 3-21 所示。

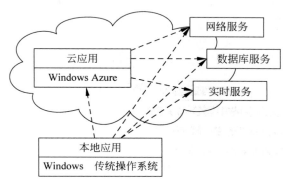

图 3-21　Azure 服务平台特点

（3）谷歌云

谷歌云是一个多种用途和功能的云计算服务，主要包括谷歌提供与谷歌内部服务相同的基础设施和安全系统，如谷歌搜索、Gmail、谷歌硬盘、YouTube 等。此外，谷歌云还保护数据、应用程序、基础设施，解决欺诈活动、垃圾邮件或任何其他网络问题。谷歌云提供计算、分析、存储、网络、大数据和开发者工具等服务，还有谷歌的数据加密系统。

（4）IBM 云

IBM 云是信息技术公司 IBM 为企业提供的一套云计算服务，通过公共、私人和混合模式提供 IaaS、SaaS、PaaS 服务。此外，IBM 还提供基于云的协作、开发和测试、应用开发、分析、企业对企业的整合和安全系统等工具。

（5）阿里云

阿里云是我国最大的云计算公司，提供各种服务，如数据库、网络、分析、弹性计算、数据存储、大数据处理、域名和网站管理、应用服务、媒体服务、中间件、内容交付网络等。此外，它还为在线企业提供云服务，如阿里巴巴的电子商务生态系统也使用阿里云平台。

（6）腾讯云

腾讯云是我国领先的公共云服务提供商，提供各种服务，如计算、数据存储、数据库、大数据、物联网、人工智能和开发者工具等，具有安全、易于部署、成本低、可靠和高性能等特点。腾讯云通过 QQ、微信、搜狗等产品为数亿人提供服务。

云计算服务商如图 3-22 所示。

图 3-22　云计算服务商

3.4.5　云计算利弊

云计算作为当下科技时代的主要技术支持,存在以下优势:

(1)云计算极大降低了较短时间内使用大量计算资源所需的成本,使这种资源的动态配置成为可能。此外,云计算可以提供即时的硬件资源访问,这对用户来说没有前期的资本投资,可使许多企业更快地进入市场。将 IT 作为一种运营费用,也有助于大幅降低企业计算的前期成本。云计算成为一个适应性的基础设施,可以被不同的终端用户共享,每个用户都可能以不同方式进行使用。用户之间是完全分离的,基础设施的灵活性允许计算负载在更多的用户加入系统时得到平衡,进而随着用户数量的增加,系统的需求负载在随机意义上变得更加平衡,甚至使规模经济进一步扩大。

(2)云计算使企业更容易根据客户需求扩展其服务,由于计算资源是通过软件管理的,当新的需求出现时,计算资源可以非常快速地被部署。事实上,云计算的目标是根据客户负载,通过软件 API 动态增加或减少资源,并尽量减少服务提供商的互动。

(3)由于科技创新,云计算还使新的应用类别成为可能,并提供以前不可能提供的服务,包括移动交互式应用,这些应用具有位置、环境和上下文感知能力,能够实时响应人类用户、非人类传感器甚至是独立的信息服务提供的信息。同时云计算也使并行批处理有一定提升,允许用户利用大量的计算资源,在相对较短的时间内分析数千兆字节的数据,使得在数百台服务器上并行执行应用程序的复杂过程对程序员是透明的。

此外,云服务具备诸多优势的同时也存在一定弊端:

(1)云计算可以将处理任务分配到各个节点计算以提高工作效率,但用户对于传输到云计算端的敏感数据的安全性仍有一定担忧;

(2)云计算技术可以提供专业的软件管理和维护服务,进而减少了普通用户软件平台的日常维护管理成本,但用户所使用的相应软件应用是否适合在云计算环境下运行,以往的软件应用如何移植到云计算环境下仍有一定局限性;

(3)云计算可以为用户提供根据业务需要动态按需请求的服务,可以处理高峰期负载并在非高峰期释放资源以提高效率,但实际上云计算服务提供商的扩展能力有限,需要多个云计算服务商间的交互,而云计算服务间交互的不足仍对用户和服务供应商造成一定限制。

3.4.6　移动云计算

1. 移动云计算定义

移动云计算是云计算的一个子集,通过提供便捷的网络连接和按需存储,可以为移动用户提供各种类型的服务和应用。由于移动云计算降低了移动应用和基础设施的开发和维护成本,进而吸引了许多移动网络公司,这种模式以较低的成本提供各种丰富的移动环境。

移动云计算是一种技术或模式,其中移动应用是使用云计算技术建立、驱动和托管。移动云计算被定义为移动计算、云计算和无线网络的组合,其目的是向移动用户、网络运营商和云计算供应商提供丰富的计算资源。

2. 移动云计算架构

移动云计算架构包括五个部分:移动设备、移动网络服务、接入点、互联网、云。

(1)移动设备:终端用户或消费者使用各种类型的移动设备,如智能手机、平板电脑和电子阅读器。移动设备通过基站连接到移动网络服务,或通过 WiFi 连接到接入点访问云服务。

(2)移动网络服务:运营商作为移动网络服务的提供者为用户提供服务,通过使用基站或卫星链接,移动设备访问云。

(3)接入点:接入点不使用网络运营商,令移动设备通过 WiFi 连接到互联网。移动设备访问云的延迟较小,消耗的能量也较少。

(4)互联网:作为移动设备和云之间的媒介,在移动云计算架构中至关重要。

(5)云:云拥有所有的 IT 基础设施,为移动设备提供服务和应用。

3. 移动云计算服务模式

移动云计算具有六种服务模式。

(1)移动网络即服务:在移动网络即服务模式中,云服务提供商提供网络基础设施。消费者可以建立自己的网络,控制流量并访问服务器。

(2)移动云基础设施即服务:在这种服务模式中,服务提供商为移动用户提供云组件和存储。

(3)移动数据即服务:这种模式向终端用户提供数据库和管理工具。终端用户可以访问数据、上传数据和改变数据。

(4)移动应用即服务:服务提供商通过云计算为终端用户提供各种应用,终端用户可以通过互联网安装和使用该程序。

(5)移动多媒体即服务:终端用户可以通过互联网播放视频、音频和游戏。

(6)移动社区即服务:该服务模式由一个社区通过互联网维护,为终端用户提供服务。

移动云计算与云计算服务模式的区别如表 3-2 所示。

表 3-2　移动云计算与云计算服务模式的区别

云 计 算	移动云计算
基础设施即服务	移动社区即服务
软件即服务	移动多媒体即服务
平台即服务	移动应用即服务
	移动数据即服务
	移动云基础设施即服务
	移动网络即服务

3.4.7　新兴云计算架构

传感器设备的增加产生了大量数据。云计算基础设施在不断发展,需要新的计算模型来满足其大规模应用。以下将介绍三种新兴云计算模式,即雾和移动边缘计算、无服务器计算和软件定义的计算。

1. 雾和移动边缘计算

雾计算的前提是利用边缘节点上现有的计算资源,如移动基站、路由器和交换机,或者在用户设备和云数据中心之间的整个数据路径上将额外的计算能力整合到网络节点上。这些节点的一般特点是它们的资源受到限制,如果能在现有的边缘节点上促进通用计算,或部署额外的基础设施,这将成为可能。

已有研究表明,雾计算适用于网络游戏和人脸识别等场合。使用雾计算的明显好处包括最大限度地减少应用延迟,提高用户的服务质量(QoS)和体验(QoE),同时利用分层网络和挖掘传统上不用于一般目的计算的资源。因此,预计雾计算可以实现物联网(IoT)的愿景。同时,雾计算不会使集中式云计算过时,但会与其一起工作,以促进更多的分布式计算。使用雾计算可以使应用程序在不同的计算层上扩展,这将使数据源之外只有必要的数据流量。工作负载可以从云数据中心卸载到边缘节点上,或者从用户设备卸载到边缘节点上。

移动边缘计算与雾计算类似,都是采用网络的边缘,但移动边缘计算只限于移动蜂窝网络,并没有沿着数据在网络中的整个路径进行计算。在这种计算模式中,无线电接入网络可以被共享,目的是减少网络拥堵。受益的应用领域包括低延迟的内容交付、数据分析和计算卸载,以提高响应时间。目前,英特尔已经报告了移动边缘计算的实际使用情况,并开发了支持移动边缘计算的行业领先的概念验证模型。

为了实现雾计算和移动边缘计算,至少需要解决两个挑战。首先,安全问题作为重中之重,当多个节点在用户设备和云数据中心间互动时,要加强安全并解决隐私问题。其次,与多方服务水平协议有关的复杂管理问题、责任的衔接和获得统一的管理平台也待完善。

2. 无服务器计算

无服务器并不意味着没有服务器就能促进计算。在这种情况下,它只是意味着不像传统的云服务器那样租用服务器,开发者不考虑服务器和应用程序在云虚拟机上的驻留。从开发者的角度来看,诸如在虚拟机上部署应用程序,为应用程序提供过多/过少的资源,可扩展性和容错等挑战都不需要处理,并考虑控制、成本和灵活性等属性。

通过无服务器计算,应用程序的功能将在必要时被执行,而不要求应用程序一直运行。一个事件可以触发一个函数或若干函数的并行执行。福布斯预测,鉴于数十亿台设备需要连接到网络和数据中心的边缘,无服务器计算的使用将会增加。在资源有限的环境中,让服务器闲置是不可行的。阻碍无服务器计算广泛采用的挑战将是程序员需要关注的应用程序属性的根本转变。这一因素不是延迟、可扩展性和弹性,而是与应用程序的模块化有关的属性,如控制和灵活性。此外,开发编程模型以实现高级别抽象,促进无服务器计算。在协调未来基于云的系统时,需要研究在使用传统外部服务的同时使用无服务器计算服务的效果和权衡。

3. 软件定义的计算

软件定义网络是一种将网络中的底层硬件与控制数据流量的组件隔离的方法,这种方法允许对网络的控制组件进行编程,以获得一个动态的网络架构。在未来云的背景下,关于软件定义网络的挑战和机遇,首先在开发混合型软件定义网络以代替集中式或分布式软件定义网络方面存在挑战,这需要研究促进物理上的分布式协议,同时可以支持逻辑上集中的控制任务。关于开发技术,通过考虑网络和云基础设施获取服务质量,这对于捕捉端到端的QoS和改善虚拟化网络与硬件环境中的用户体验是必需的。其次随着在软件定义网络之上采用以信息为中心的网络,其互操作性将需要得到促进。

随着新兴的分布式云计算架构的出现,软件定义不仅可以应用于网络,还可以应用于存储和计算以及数据中心以外的资源,以提供有效的云环境。这一概念在应用于数据中心的计算、存储和网络以及其他资源时被称为软件定义计算。这将允许轻松地重新配置和调整物理资源,以提供商定的 QoS 指标。在这种情况下,配置和操作基础设施的复杂性得到缓解。

3.5　数据库技术

数据库是存放数据的仓库。它的存储空间很大,可以存放百万条、千万条甚至上亿条数据。但是数据库并不是随意地将数据进行存放,是有一定的规则的,否则查询的效率会很低。当今世界是一个充满数据的互联网世界,充斥着大量的数据。这个互联网世界就是数据世界。数据的来源有很多,如出行记录、消费记录、浏览的网页、发送的消息等。除了文本类型的数据,图像、音乐、声音都是数据。数据库是一个按数据结构存储和管理数据的计算机软件系统。数据库的概念实际包括两层意思:

(1) 数据库是一个实体,它是能够合理保管数据的"仓库",用户在该"仓库"中存放要管理的事务数据,"数据"和"库"两个概念结合成为数据库。

(2) 数据库是数据管理的新方法和技术,它能更合适地组织数据、更方便地维护数据、更严密地控制数据和更有效地利用数据。数据库作为最重要的基础软件,是确保计算机系统稳定运行的基石。

3.5.1　关系型数据库

关系型数据库是指采用关系模型组织数据的数据库,其以行和列的形式存储数据,以便于用户理解,关系型数据库这一系列的行和列被称为表,一组表组成了数据库。用户通过查询来检索数据库中的数据,而查询是一个用于限定数据库中某些区域的执行代码。关系模型可以简单理解为二维表格模型,而一个关系型数据库就是由二维表及其之间的关系组成的一个数据组织。常见的关系型数据库包括 Oracle、Microsoft SQL Server、MySQL、PostgreSQL、DB2、Microsoft Access、SQLite、Teradata、MariaDB(MySQL 的一个分支)和SAP 等。

关系型数据库是一种基于关系模型的数据库,关系模型折射现实世界中的实体关系,将现实世界中各种实体及实体之间的关系通过关系模型表达出来。例如,人是一个实体,人与人之间有关系,这种实体和关系间的对应就可以表达为一个关系模型。现实世界中我们可以定义很多实体,一个人是一个实体,一辆车、一栋房子都可以表达成一个实体。实体是一系列属性的集合,人作为一个实体,有姓名、年龄、性别等基本属性,人还可以有职业、爱好等附加属性,这些属性的集合构成人这个实体。与此同时,一个属性也可以单独成为一个实体。例如,性别就可以成为一个单独的实体,这个实体里的属性包括两种,男和女。人这个

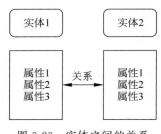

图 3-23 实体之间的关系

实体和性别这个实体之间存在一个关系,一个人只能有一种性别,所以人和性别这两个实体之间的关系是一对一的。职业也可以构成一个实体,职业属性包括工程师、建筑师、画家等很多种,人作为实体与职业这个实体的关系是一对多的,也就是说一个人可以拥有多个职业,是建筑师的同时也可能是画家。将这种现实世界中的实体和关系通过关系模型表达出来就可以形成一种数据存储关系,通过这种方式表达的数据库就叫作关系型数据库。两个实体关系之间的联系如图 3-23 所示。

1. 关系型数据库的特点

(1) 表格式存储方式:传统的关系型数据库采用表格的储存方式,数据以行和列的方式进行存储,读取和查询都十分方便。

(2) 结构化存储:关系型数据库按照结构化的方法存储数据,每个数据表都必须事先定义好各个字段(也就是先定义好表的结构),再根据表的结构存入数据,这样做的好处就是由于数据的形式和内容在存入数据之前就已经定义好了,整个数据表的可靠性和稳定性都较高,但带来的问题就是一旦存入数据,如果需要修改数据表的结构就十分困难。

(3) 存储规范:关系型数据库为了避免重复、规范化数据以及充分利用存储空间,把数据按照最小关系表的形式进行存储,这样数据管理就可以变得很清晰、一目了然,当然这主要是一张数据表的情况。如果是多张表,情况就不一样了,由于数据涉及多张数据表,数据表之间存在复杂关系,随着数据表数量的增加,数据管理会越来越复杂。

(4) 纵向扩展方式:由于关系型数据库将数据存储在数据表中,数据操作的瓶颈出现在多张数据表操作中,而且数据表越多,这个问题越严重,如果要缓解这个问题,只能提高处理能力,也就是选择速度更快、性能更高的计算机,这样的方法虽然具备一定的拓展空间,但这样的拓展空间一定是非常有限的,也就是关系型数据库只具备纵向扩展能力。

(5) 结构化查询方式:关系型数据库采用 SQL 对数据库进行查询,SQL 早已获得了各个数据库厂商的支持,成为数据库行业的标准,它能够支持数据库的 CRUD(增加、查询、更新、删除)操作,具有非常强大的功能,SQL 可以采用类似索引的方法加快查询操作。

(6) 规范化:在数据库设计开发过程中,开发人员通常会面对同时需要对一个或者多个数据实体(包括数组、列表和嵌套数据)进行操作,这样在关系型数据库中,一个数据实体一般首先要分割成多个部分,然后再对分割的部分进行规范化,规范化后再分别存入多张关系型数据表中,这是一个复杂的过程。随着软件技术的发展,相当多的软件开发平台都提供一些简单的解决方法,例如,可以利用 ORM 层(也就是对象关系映射)将数据库中的对象模型映射到基于 SQL 的关系型数据库中去,以及进行不同类型系统数据之间的转换。

(7) 事务性:关系型数据库强调 ACID(原子性(atomicity)、一致性(consistency)、隔离

性(isolation)、持久性(durability))规则,可以满足对事务性要求较高或者需要进行复杂数据查询的数据操作,而且可以充分满足数据库操作的高性能和操作稳定性的要求。并且关系型数据库十分强调数据的强一致性,对于事务的操作有很好的支持。关系型数据库可以控制事务原子性细粒度,并且一旦操作有误或者有需要,可以马上回滚事务。

(8) 低读写性能:关系型数据库十分强调数据的一致性,并为此降低读写性能付出巨大代价,虽然关系型数据库存储数据和处理数据的可靠性不错,但一旦面对海量数据的处理,效率就会变得很差,特别是遇到高并发读写时,性能就会下降的非常厉害。

(9) 付费式授权方式:常见的关系型数据库均不能免费试用,除了 MySQL 外,大多数的关系型数据库如果要使用都需要支付一笔价格高昂的费用,即使是免费的 MySQL 性能也受到诸多限制。

2. 关系型数据库的基本元素

(1) 关系:可以理解为一张二维表,每个关系都具有一个关系名,就是通常说的表名。

(2) 元组:可以理解为二维表中的一行,在数据库中经常被称为记录。

(3) 属性:可以理解为二维表中的一列,在数据库中经常被称为字段。

(4) 域:属性的取值范围,也就是数据库中某一列的取值限制。

(5) 关键字:一组可以唯一标识元组的属性。数据库中常称为主键,由一个或多个列组成。

(6) 关系模式:指对关系的描述,其格式为:关系名(属性 1,属性 2,…,属性 N)。在数据库中通常称为表结构。

3. E-R 模型

E-R 模型即实体-联系模型,E-R 模型的提出基于这样一种认识,数据库总是存储现实世界中有意义的数据,而现实世界是由一组实体和实体的联系组组成,E-R 模型可以成功描述数据库所存储的数据。设计 E-R 模型能够更有效和更好地模拟现实世界。

1) E-R 模型的基本要素

(1) 实体:实体是 E-R 模型的基本对象,是现实世界中各种事物的抽象,凡是可以相互区别,并可以被识别的事物概念等均可认为是实体。在一个单位中,具有共性的一类实体可以划分为一个实体集,如学生李明、黄颖等都是实体,为了便于描述,可以定义学生这样的一个实体集,所有学生都是这个集合的成员。

(2) 属性:每个实体都具有各种特征,称其为实体的属性,如学生有学号、姓名、年龄等属性。实体的属性值是数据库存储的主要数据。能唯一标识实体的属性或属性组称为实体键,如一个实体有多个键存在,则可从中选取一个作为主键。

(3) 联系:实体间会存在各种关系,如人与人之间可能存在领导与雇员关系等,实体间的关系被抽象为联系。

2) 实体联系的类型

(1) 一对一联系。对于实体集 A 和实体集 B 来说,如果对于 A 中的每一个实体 a,B 中至多有一个实体 b 与之有联系,而反过来也是如此,则称实体集 A 与实体集 B 存在一对一联系。例如,一个部门有一个经理,而每个经理只在一个部门任职,则部门与经理的联系是一对一的。

（2）一对多联系。对于实体集 A 和实体集 B 来说,如果对于 A 中的每一个实体 a,B 中有 N 个实体 b 与之有联系,而对实体 B 中每一个实体 b,A 中至多有一个与之有联系,则称实体集 A 与实体集 B 存在一对多联系。例如,某校一个班级可以有多个学生,但一个学生只能有一个班级。

（3）多对多联系。对于实体集 A 和实体集 B 来说,如果对于 A 中的每一个实体 a,B 中有 N 个实体 b 与之有联系,而对实体 B 中每一个实体 b,A 中有 M 个与之有联系,则称实体集 A 与实体集 B 存在多对多联系。

E-R 图实例如图 3-24 所示。

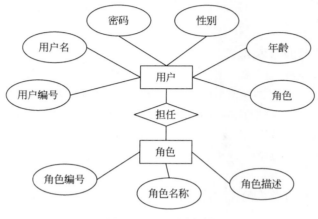

图 3-24　E-R 图实例

在关系模型中,一张二维表格(行,列)对应一个表格,二维表中的每行代表一个实体,每个实体的列代表该实体属性。E-R 图最终需要转换为关系模型才有意义。

关系型数据库的缺点包括:

（1）网站用户的并发性非常高,往往达到每秒上万次读写请求,对于传统关系型数据库来说,硬盘 I/O 是一个很大的瓶颈。

（2）网站每天产生的数据量是巨大的,对于关系型数据库来说,在一张包含海量数据的表中查询,效率非常低。

（3）在基于 Web 的结构中,数据库是最难进行横向扩展的,当一个应用系统的用户量和访问量与日俱增时,数据库却没有办法像 Web server 和 App server 那样简单地通过添加更多的硬件和服务节点来扩展性能和负载能力。当需要对数据库系统进行升级和扩展时,往往需要停机维护和数据迁移。

（4）性能欠佳:在关系型数据库中,导致性能欠佳的最主要原因是多表的关联查询,以及复杂的数据分析类型的复杂 SQL 报表查询。为了保证数据库的 ACID 特性,必须尽量按照其要求的范式进行设计,关系型数据库中的表都是存储一个格式化的数据结构。

3.5.2　非关系型数据库

NoSQL 泛指非关系型的数据库。随着互联网 Web2.0 网站的兴起,传统的关系数据库在处理 Web2.0 网站,特别是超大规模和高并发的 SNS 类型的 Web2.0 纯动态网站已经显得力不从心,出现了很多难以克服的问题,而非关系型的数据库则由于其本身的特点得到了迅速发展。NoSQL 数据库的产生就是为了解决大规模数据集合多重数据种类带来的挑战,特别是大数据应用难题。

NoSQL 数据库运用非关系式的方法解决传统数据库无法解决的问题,而并非要取代现在广泛应用的传统关系式数据。NoSQL 遵守 CAP 原则和 BASE 思想。CAP 原则,是指在分布式系统中,只可以同时满足 consistency(一致性)、availability(可用性)、partition tolerance(分区容错性)其中的两种要求,不能三种兼顾,因此,不同的 NoSQL 数据库会根据自身的开发目的选择满足哪些要求,比如,MongoDB 满足 CP 要求。BASE 是基本可用性(basically available)、软状态(soft state)、最终一致性(eventually consistent)三个术语的缩写,基本可用性是指在分布式系统出现故障时,允许系统部分失去可用性,保证核心部分的可用性;软状态是指允许系统不同节点同步有延时;最终一致性指系统所有数据在最后能达到一致状态的性能。大部分 NoSQL 数据库都遵循 BASE 思想,舍去高一致性得到可用性和可靠性。

1. 非关系型数据库分类

(1)键-值(Key-Value)存储数据库。这一类数据库主要会使用到一个哈希表,这个表中有一个特定的键和一个指针指向特定的数据。Key-Value 模型对于 IT 系统来说,优势在于简单、易部署。但是如果数据库管理员(database administrator,DBA)只对部分值进行查询或更新时,Key-Value 就显得效率低下,如 Tokyo Cabinet/Tyrant、Redis、Voldemort、Oracle BDB。

(2)列存储数据库。这部分数据库通常是用来应对分布式存储的海量数据。键仍然存在,但是它们的特点是指向多个列。这些列是由列家族来安排的,如 Cassandra、HBase、Riak。

(3)文档型数据库。文档型数据库的灵感是来自 Lotus Notes 办公软件,而且它同第一种键-值存储类似。该类型的数据模型是版本化的文档、半结构化的文档以特定的格式存储,比如 JSON。文档型数据库可以看作键-值数据库的升级版,允许之间嵌套键-值,在处理网页等复杂数据时,文档型数据库比传统键-值数据库的查询效率更高,如 CouchDB、MongoDB。国内也有文档型数据库 SequoiaDB 已经开源。

(4)图形(Graph)数据库。图形数据库同其他行列以及刚性结构的 SQL 数据库不同,它是使用灵活的图形模型,并且能够扩展到多个服务器上。NoSQL 数据库没有标准的查询语言,因此进行数据库查询需要制定数据模型。许多 NoSQL 数据库都有 REST 式的数据接口或者查询 API,如 Neo4J、InfoGrid、Infinite Graph。

2. 体系架构

NoSQL 框架体系分为四层,由下至上分为数据持久层(data persistence)、数据分布层(data distribution model)、数据逻辑模型层(data logical model)、接口层(interface),层次之间相辅相成,协调工作。

数据持久层定义了数据的存储形式,主要包括基于内存、基于硬盘、内存和硬盘接口、订制可拔插四种形式。基于内存形式的数据存取速度最快,但可能会造成数据丢失。基于硬盘的数据存储可能保存很久,但存取速度较基于内存形式的慢。内存和硬盘相结合的形式,结合了前两种形式的优点,既保证了速度,又保证了数据不丢失。订制可拔插则保证了数据存取具有较高的灵活性。

数据分布层定义了数据是如何分布的，相对于关系型数据库，NoSQL 可选的机制比较多，主要有三种形式：一是 CAP 支持，可用于水平扩展；二是多数据中心支持，可以保证在横跨多数据中心是也能够平稳运行；三是动态部署支持，可以在运行着的集群中动态地添加或删除节点。

数据逻辑模型层表述了数据的逻辑表现形式，与关系型数据库相比，NoSQL 在逻辑表现形式上相当灵活，主要有四种形式：一是键-值模型，这种模型在表现形式上比较单一，但却有很强的扩展性；二是列式模型，这种模型相比于键-值模型能够支持较为复杂的数据，但扩展性相对较差；三是文档模型，这种模型对于复杂数据的支持和扩展都有很大优势；四是图模型，这种模型的使用场景不多，通常是基于图数据结构的数据定制的。

接口层为上层应用提供了方便的数据调用接口，提供的选择远多于关系型数据库。接口层提供了五种选择：Rest、Thrift、Map/Reduce、Get/Put、特定语言 API，使得应用程序和数据库的交互更加方便。

NoSQL 分层架构并不代表每个产品在每一层只有一种选择。相反，这种分层设计提供了很大的灵活性和兼容性，每种数据库在不同层面可以支持多种特性。

3. 典型非关系型数据库

（1）高速响应的键-值数据库 Memcached

Memcached，是 Live Journal 旗下的 Danga Interactive 公司开发的一款软件，适用于需要频繁访问、共享数据的分布式系统。Memcached 中 mem 代表 memory（内存），cached 代表缓存，它是高性能分布式内存缓存服务器，通过缓存服务器查询结果减少数据库访问次数，有效提高了动态 Web 的响应速度，同时它也是一个高性能开源分布式内存对象缓存系统，Memcached 数据库的加载均在内存中进行，在动态中减少数据库负载提升性能。Memcached 利用网络连接方式完成服务，可在高并发条件下迅速响应操作需求。Memcached 将数据保存到内存当中，虽然数据写入、读出非常快，但是当 Memcached 停止工作时，如操作超出内存容量等情况时，数据容易丢失。

（2）高存储量的列存储数据库 HBase

HBase，即 Hadoop Database，是一个高性能、面向对象、分布式、面向列的开源数据库。在 HBase 中主要有以下两个主要概念：Row key 和 Column Family，Row key 用于检索数据，Column Family 是指列族且必须在 HBase 表使用前定义。HBase 表可以存储上千万个行、支持列的独立搜索并且 null 列不占据存储空间。HBase 有以下物理模型：Region、HLog、Store、客户端更新操作流程、Hmaster。当 HBase 中数据达到一定程度，数据库将对数据水平切割并存储到多台服务器中，不同用户来访时，会根据访问数据的不同将用户分配至相应的服务器中，有效提高了数据库访问性能。HBase 的数据和日志均存储在 Hadoop 分布式文件存储系统中，即使在应用过程中服务器停止服务，数据、日志均不会丢失。但是，HBase 只能按照 Row key 查询，并且当 master 停止工作时，整个系统会停止。

（3）灵活、可扩展的文档型数据库 MongoDB

MongoDB 来源于 humongous 英文单词中间部分，意为巨大的，可以看出 MongoDB 的主要目的是在于处理包含"大量"的操作，比如大量数据的存储、大量数据的写入等。MongoDB 将传统关系型数据库中"行"替换成"文档"，它可以运行在 Windows、Linux、OSX

等系统上，MongoDB还提供了多种编程语言支持，如 Java、PHP、C♯等。

在 MongoDB 中，一个数据库由一个或多个集合组成，一个集合则由一个或以上的文档组成，其中集合可以看作传统关系型数据库中的数据表。以文档存储可以在单独的记录中表示复杂的关系，存储文档内嵌对象以及数组等面向对象的数据类型。MongoDB 中，文档以二进制的 JSON 格式存储，即 BSON 格式，支持二进制数据或大型数据的存储，轻巧、高效、灵活。MongoDB 也支持在多个服务器中自动分片技术，在一群节点中按水平比例分割文档集，使负载均衡，使其拥有更高的读取速度，也可以避免程序员考虑扩展问题。同时，MongoDB 提供了主从式和副本集两种复制方式，在副本集中，所有节点都是彼此的备份节点，没有单点故障，可用于备份、故障修复、读扩展等。

（4）高性能的图引擎 Neo4j

Neo4j 是基于 Java 的高性能的图形数据库，对比传统关系型数据库，Neo4j 将数据从数据表转移存储到图中。一个图包含节点和关系两种数据类型，节点通过关系相连形成关系型网络结构。Neo4j 具备健壮数据库的所有特性，是高性能的图引擎，在图中，节点可以任意增加、删除、修改，适用于半结构化数据存储，解决其浪费内存问题。Neo4j，根据深度遍历接口，可以以相同的速度遍历边和节点，解决了拥有大量连接的传统 RDBMS 在查询时出现的性能衰退问题。

非关系型数据库包含一些共同特征：

（1）易扩展。NoSQL 数据库种类繁多，但是一个共同的特点都是去掉关系数据库的关系型特性。数据之间无关系，这样就非常容易扩展。无形之间，在架构的层面上带来了可扩展的能力。

（2）大数据量、高性能。NoSQL 数据库都具有非常高的读写性能，尤其在大数据量下，同样表现优秀。这得益于它的无关系性，数据库的结构简单。一般 MySQL 使用 Query Cache。NoSQL 的 Cache 是记录级的，是一种细粒度的 Cache，所以 NoSQL 在这个层面上来说性能就要高很多。

（3）灵活的数据模型。NoSQL 无须事先为要存储的数据建立字段，随时可以存储自定义的数据格式。而在关系数据库里，增删字段是一件非常麻烦的事情。如果是非常大数据量的表，增加字段简直就是一个噩梦。这点在大数据量的 Web 2.0 时代尤其明显。

（4）高可用。NoSQL 在不太影响性能的情况，就可以方便地实现高可用的架构，如 Cassandra、HBase 模型，通过复制模型也能实现高可用。

3.5.3 数据仓库

数据仓库，英文名称为 data warehouse，可简写为 DW 或 DWH。数据仓库，是为企业所有级别的决策制定过程提供所有类型数据支持的战略集合。它是单个数据存储，出于分析性报告和决策支持目的而创建。为需要业务智能的企业提供指导业务流程改进、监视时间、成本、质量以及控制。

美国著名信息工程学家 W. H. Inmon 把数据仓库定义为：数据仓库是一个面向主题的、集成的、稳定的、包含历史数据的数据集合，它用于支持管理中的决策制定过程。即数据仓库是将普通的操作型数据通过集成提取，进而提供分析型数据的一种信息技术。数据仓库的目的是充分利用已有的数据资源，帮助用户更好地理解信息，从新的角度看待它们，以便获得更好的洞察力,发现模式和趋势,从中挖掘出信息和知识,更好地进行辅助决策。数据仓库的通用结构如图 3-25 所示。

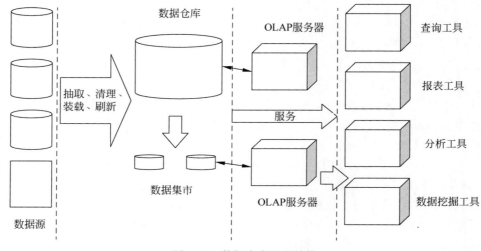

图 3-25　数据仓库通用结构

1. 数据仓库的特点

(1)效率足够高。数据仓库的分析数据一般分为日、周、月、季、年等,可以看出,日为周期的数据要求的效率最高,要求 24 小时甚至 12 小时内,客户能看到昨天的数据分析。由于有的企业每日的数据量很大,设计不好的数据仓库经常会出问题,延迟 1～3 日才能给出数据,显然不行的。

(2)数据质量。数据仓库所提供的各种信息,肯定要准确的数据,但由于数据仓库流程通常分为多个步骤,包括数据清洗、装载、查询、展现等,复杂的架构会有更多层次,那么数据源有脏数据或者代码不严谨,都可以导致数据失真,客户看到错误的信息就可能导致分析出错误的决策,造成损失,而不是效益。

(3)扩展性。之所以有的大型数据仓库系统架构设计复杂,是因为考虑到了未来 3～5年的扩展性,这样的话,未来不用太快花钱去重建数据仓库系统,就能很稳定的运行。主要体现在数据建模的合理性,数据仓库方案中多出一些中间层,使海量数据流有足够的缓冲,不至于数据量大很多,就运行不起来了。

从上面的介绍中可以看出,数据仓库技术可以将企业多年积累的数据唤醒,不仅为企业管理好这些海量数据,而且挖掘数据潜在的价值,从而成为通信企业运营维护系统的亮点之一。

广义地说,基于数据仓库的决策支持系统由三个部件组成:数据仓库技术、联机分析处理技术和数据挖掘技术。其中数据仓库技术是系统的核心,在下一节中,将介绍现代数据仓库的主要技术讨论在通信运营维护系统中如何使用这些技术为运营维护带来帮助。

(4)面向主题。操作型数据库的数据组织面向事务处理任务,各个业务系统之间各自分离,而数据仓库中的数据是按照一定的主题域进行组织的。主题是与传统数据库的面向应用相对应的,是一个抽象概念,是在较高层次上将企业信息系统中的数据综合、归类并进行分析利用的抽象。每一个主题对应一个宏观的分析领域。数据仓库排除对决策无用的数据,提供特定主题的简明视图。

2. 数据仓库关键技术

（1）确定数据粒度

数据粒度是指数据仓库中保存数据的细化或综合程度。数据仓库中包含大量数据表，这些数据表中的数据以什么粒度来存储，会对信息系统的多方面产生影响。在做数据仓库设计时，设计者确定以数据的什么层次作为粒度的划分标准，将直接影响到数据仓库中数据的存储量及查询质量，并进一步影响到系统是否能满足最终用户的分析需求。一般情况下，根据粒度将数据仓库中的数据划分为：详细数据、轻度总结、高度总结三级或更多级。划分原则是：细化程度越高，粒度越小；细化程度越低，粒度越大。确定数据粒度是数据仓库设计的基础，当数据粒度合理确定后，设计和实现的其他问题就会变得非常容易。相反，如果没有合理地确定粒度，后续工作就会很难进行下去。

提出确定适当的粒度水平，首先要对数据的记录数和数据仓库的磁盘空间进行估算，接着考虑粒度的大小。通常利用经验选择粒度水平，先创建部分数据仓库让用户使用，当用户产生新的需求后，再对粒度进行调整，最终建立整个数据仓库的粒度水平和存储方式。

（2）查询优化

不论是数据库还是数据仓库，索引建立的好坏直接影响访问效率，索引查找是优化查询响应时间的重要方法，因而为提高数据仓库的处理能力，必须系统地使用索引技术。位图索引可以突破 B 树索引的一些限制，提高查询处理和索引存取的效率。传统的 B 树索引并不能很有效地改善查询速度，对于只有少量的离散值来说使用 B 树索引不是很好，更好的方法是利用位图索引。

（3）数据仓库的维护

在大型数据仓库特别是在全球范围的大型跨国业的数据仓库设计和实现中，存在许多问题。大型数库中存储着海量数据，一般到达 TB 级，所以联机分析处理（online analytical processing，OLAP）服务器灵活、快速进行查询是最关键的问题，因此大型数据仓库要支持高数据立方体计算技术、一定的索引优化策略和查询优化，另外大型数据仓库中数据的生命周期也很长，这给数据的更新、维护提出了较高的要求。一般，数据仓库的刷新维护是在夜间进行的，但对跨国公司来说，实际上没有真正时间对数据仓库进行刷新和维护，刷新时限短且不宜延长。在刷新中一旦发生故障，会严重影响企业的商业和动作。

在数据仓库的增量式更新中，一般采用的是关系变化差（值差）策略，利用值差进行增量式更新的关键是如何得到值差。数据仓库自维护的关键是如何从局部抽取数据以及抽取得到的数据再转换为全局实化视图。

（4）数据集成

数据集成是一个逻辑的分解过程，其具体实现对不同的数据仓库产品来说是不同的。在集成过程中，通常需要考虑以下问题：①模式匹配。对于和时间相关的数据，自动采集数据的时间戳较密；而人工录入数据的时间戳较稀；事务处理的数据时间是非等间隔的；而数据恢复的时间戳是历史的。这些不同模式的匹配有元数据加以说明就避免数据集成带来的模式匹配错误。②数据冗余。在一次更新中，可能会有一个日志文件中的多个属性同时对结果产生影响，而对同一个结果有影响的属性之间比较容易产生关联，那些可以由其他属性推导得出的属性，即可认为是冗余属性。③数据值冲突。在多个数据源中，表示同一实体的属性值可能不同，如数据类型、数量单位或编码等方面，这就需要进行规范化的统一。

3.5.4 数据湖

数据湖(data lake)是一个以原始格式存储数据的存储库或系统。它按原样存储数据，而无须事先对数据进行结构化处理。一个数据湖可以存储结构化数据(如关系型数据库中的表)、半结构化数据(如 CSV、日志、XML、JSON)、非结构化数据(如电子邮件、文档、PDF)和二进制数据(如图形、音频、视频)。

但是随着大数据技术的融合发展，数据湖不断演变，汇集了各种技术，包括数据仓库、实时和高速数据流技术、数据挖掘、深度学习、分布式存储和其他技术。逐渐发展成为一个可以存储所有结构化和非结构化任意规模数据，并可以运行不同类型的大数据工具，对数据进行大数据处理、实时分析和机器学习等操作的统一数据管理平台。结合目前开源的数据湖平台和组件，数据湖的基本参考架构如图 3-26 所示。

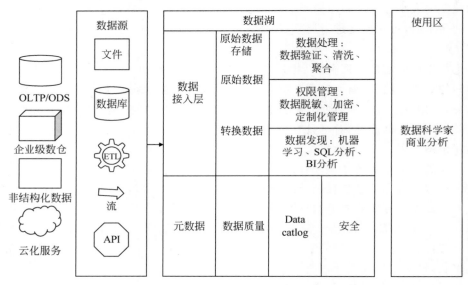

图 3-26　数据湖的基本架构

1. 数据湖的特点

(1) 数据集成能力(数据接入)。①接入不同数据源，包括数据库中的表(关系型或者非关系型)、各种格式的文件(csv、json、文档等)、数据流、ETL 工具(Kafka、Logstash、DataX等)转换后的数据、应用 API 获取的数据(如日志等)。②自动生成元数据信息，确保进入数据湖的数据都有元数据。③提供统一的接入方式，如统一的 API 或者接口。

(2) 数据存储。数据湖存储的数据量巨大且来源多样，数据湖应该支持异构和多样的存储，如 HDFS、HBase、Hive 等。

(3) 数据搜索。数据湖中拥有海量的数据，对于用户来说，明确知道数据湖中数据的位置，快速查找到数据，是一个非常重要的功能。

(4) 数据治理。①自动提取元数据信息，并统一存储。②对元数据进行标签和分类，建立统一的数据目录。③建立数据血缘，梳理上下游的脉络关系，有助于数据问题定位分析、数据变更影响范围评估、数据价值评估。④跟踪数据时间旅行，提供不同版本的数据，便于进行数据回溯和分析。

（5）数据质量。①对于接入的数据质量管控，提供数据字段校验、数据完整性分析等功能。②监控数据处理任务，避免未执行完成任务生成不完备数据。

（6）安全管控。①对数据的使用权限进行监管。②对敏感数据进行脱敏和加密。

（7）自助数据发现。提供一系列数据分析工具，便于用户对数据湖的数据进行自助数据发现，包括联合分析、交互式大数据 SQL 分析、机器学习、BI 分析等。

2. 数据湖与数据仓库的区别

数据仓库是一种具有正式架构的成熟、安全的技术。它们存储经过全面处理的结构化数据，以便完成数据治理流程。数据仓库将数据组合为一种聚合、摘要形式，以在企业范围内使用，并在执行数据写入操作时写入元数据和模式定义。数据仓库通常拥有固定的配置，它们是高度结构化的，因此不太灵活和敏捷。数据仓库成本与在存储前处理所有数据相关，而且大容量存储的费用相对较高。

相较而言，数据湖是较新的技术，拥有不断演变的架构。数据湖存储任何形式（包括结构化和非结构化）和任何格式（包括文本、音频、视频和图像）的原始数据。根据定义，数据湖不会接受数据治理，但专家们都认为良好的数据管理对预防数据湖转变为数据沼泽不可或缺。数据湖在数据读取期间创建模式。与数据仓库相比，数据湖缺乏结构性，而且更灵活，它们还提供了更高的敏捷性。在检索数据之前无须执行任何处理，而且数据湖特意使用了便宜的存储。

数据仓库中保存的都是结构化处理后的数据，而数据湖中可以保存原始数据也可以保存结构化处理后的数据，保证用户能获取到各个阶段的数据。因为数据的价值跟不同的业务和用户强相关，有可能对于 A 用户没有意义的数据，但是对于 B 用户来说意义巨大，所以都需要保存在数据湖中。数据湖能够支持各种用户使用，包括数据科学家这类专业的数据人员。

3. 数据湖的优势

（1）轻松地收集和摄入数据：企业中的所有数据源都可以送入数据湖中。因此，数据湖成为了存储在企业内部服务器或云服务器中的结构化和非结构化数据的无缝访问点。通过数据分析工具可以轻松地获得整个无孤岛的数据集合。此外，数据湖可以用多种文件格式存储多种格式的数据，比如文本、音频、视频和图像。这种灵活性简化了旧有数据存储的集成。

（2）支持实时数据源：数据湖支持对实时和高速数据流执行 ETL 功能，这有助于将来自 IoT 设备的传感器数据与其他数据源一起融合到数据湖中。

（3）更快地准备数据：分析师和数据科学家不需要花时间直接访问多个来源，可以更轻松地搜索、查找和访问数据，这加速了数据准备和重用流程。数据湖还会跟踪和确认数据血统，这有助于确保数据值得信任，还会快速生成可用于数据驱动的决策的 BI。

（4）更好的可扩展性和敏捷性：数据湖可以利用分布式文件系统存储数据，因此具有很高的扩展能力。开源技术的使用还降低了存储成本。数据湖的结构没那么严格，因此天生具有更高的灵活性，从而提高了敏捷性。数据科学家可以在数据湖内创建沙箱来开发和测试新的分析模型。

（5）具有人工智能的高级分析：访问原始数据，创建沙箱的能力，以及重新配置的灵活性，这些使得数据湖成为了一个快速开发和使用高级分析模型的强大平台。数据湖非常适合使用机器学习和深度学习来执行各种任务，比如数据挖掘和数据分析，以及提取非结构化数据。

第4章

智慧勘察关键技术

4.1 岩土数字化建模技术

随着对"数字地球""数字城市"的研究与应用逐步深入,对地质信息管理、处理和应用的需求也越来越大。这些地质信息非常繁杂,包含地质单元、区域地质构造、岩石结构与组成、地下水资源和矿产资源等方面,如何将蕴含大量专业知识的地质信息通过恰当的方式展现出来,更方便在各类开发活动、社会经济和科学技术等方面得到应用,必须重视相关信息的数字化建模。

数字化建模是将各类离散化的表述通过计算机技术进行创造、分析、修改和优化,最终通过二维或者三维的方式更简洁地表达出来的过程。

4.1.1 地质建模技术

1. 二维地质建模技术

在三维建模技术出现以前,地质研究普遍采用平面图、剖面图及表格形式等二维地质资料来表达地下空间信息。

(1)平面图模型

平面图是在基础地图上以一致的地图投影和参考坐标系,依次叠加大比例尺的基础地质图和基础地形图,最后叠上地质勘察专题对象的图层,综合表现区域基础地质、地形地貌特征,以及地质勘察场区、剖面线、勘探孔等专题要素的分布等特征。

(2)剖面图模型

地质勘察剖面图是根据剖面线上所有勘探孔的分层特征及原位试验数据,生成的垂直断面图件,它可直观地显示出场区某一方向上地层、构造、矿体变化和矿床成矿规律分析等。地质勘察剖面图模型在布局容器上将剖面线上的勘探孔相关属性,在特定位置创建图形化布局元素,包括水平比例尺、剖面图模板、剖面线、地层连线等元素。

地质现象与规律的形成往往经历了长期的地质演变,通常是不同时期内多种地质演变事件共同造成的结果,具有多时空尺度的特性,因此针对地质现象与规律的研究往往具有差别性、复杂性、未知性与不确定性等特点。二维地质图往往不能直观精准地表达地下空间信息内涵,缺乏对复杂地质现象进行解释和动态处理以及时空分析能力,不利于地质研究成果的有效应用。

2．三维地质建模技术

地质现象本质上是三维的，需要借助三维地质建模和可视化，才可能更加直观地分析并解决真实的地质问题。三维地质模型的建立是开展地质应用的基础，它突破了二维数据处理技术受到的限制，可以准确描述二维和三维勘探数据，并增强解释力。在"数字地球"研究不断深入以及"地球空间信息科学"蓬勃发展的背景下，研究三维地质建模方法、开发实用的三维地质建模软件系统、建立反映实际地质情况的三维地质模型，不但能够满足实际的工程需求，还可以进一步推动地球科学的发展。

三维地质建模的概念由 Simon W. Houlding 于 1993 年提出，是指在原始的地质勘探数据的基础上，利用专家知识和经验对地质现象进行解译、修改，以适当的数据结构建立地质特征的数学模型，通过对实际地质实体对象的几何形态、拓扑信息（地质对象间的关系）和物性三个方面的计算机模拟，由这些对象的各种信息综合形成的一个复杂整体三维模型的过程。

三维地质建模研究在国外始于 20 世纪 80 年代中后期，随着 GIS 在满足 2D 编图方面取得相当大的进展，人们逐渐将注意力转至不同应用领域构建 3D 地学编图与建模系统。我国三维地质建模研究始于 20 世纪 80 年代末，随着国内地质研究对于三维建模技术需求的不断增长，同时计算机技术与 GIS 技术的飞速发展，三维建模研究成果不断涌现，商业化的 3D 建模系统开始出现，3D 地学建模的应用随之开始。20 世纪 90 年代后，中国地质大学、中国矿业大学、北京科技大学、武汉大学、中国科学研究院武汉岩土力学所、北京大学、中国石油大学、南京大学等单位的研究人员围绕三维地质建模进行了广泛的研究，自主开发或二次开发了一系列三维地质建模实验系统或应用系统，具备了不同程度和适应不同条件的三维建模和可视化功能。

目前三维地质建模一般应用于三个领域：①在油田勘察中应用比较多，通过地震、物探及少量钻探，取得三维地质资料，探求油气的埋藏条件，估算储量；②用于城市 GIS 的一部分，查询相关数据、直观演示地质条件；③在具体工程上的应用，主要是一种三维展示，将一个电厂或变电站这样的工程场地进行三维地质建模，不仅用于地下地层信息的展示，同时与工程紧密结合，为工程设计服务，是三维地质模型在工程地质上的应用方向。

地质模型所要表征的信息多种多样，根据地质对象的分类方法，地质对象不仅包含纯粹的空间几何信息，还包含相关的空间属性信息。因此，地质建模要在同一模型系统中同时包含空间几何形态信息和空间属性信息。

3．三维地质建模构建

（1）基于不同数据源建模方法

1）基于钻孔的层状地质体建模

钻孔数据的获取成本较高，在一定的研究区域内往往只能获得有限数目的钻孔资料，因此需要最大限度地利用这些数据，尽可能多地加入专家的经验与解释，构建相对精确的地层模型。另外，从钻孔资料揭示出来的地层分层参数只在该钻孔范围内有效，各个钻孔之间并无相应的关联参数。但可以利用多种方法来计算、估计各个钻孔之间的参数，例如，工程地质剖面图是各类工程勘察试验和专家经验解释结果的综合，能够较好地反映研究区典型和特殊的地质现象，直观地表现地层的分布与构造特征。将已有的工程地质剖面图蕴涵的信息加入三维地层模型之中，或者在建模过程中根据相邻钻孔数据绘制一系列新的剖面图，然后将这些剖面图与钻孔数据结合在一起进行建模,这种方法能够最大限度地利用钻孔数据。

具体建模流程是:①选择钻孔,提取钻孔数据;②分析建模区地层分布规律,获取标准化地层;③建模区域整体地层编号;④对钻孔地层层面进行编号;⑤定义"主 TIN",即以钻孔孔口坐标为基准,结合建模区域边界条件,采用标准的三角网加密算法加密后生成的一个三角网;⑥相邻钻孔剖面编辑;⑦对地层层面高程进行插值;⑧地层层面相交处理;⑨调整地层高程。

2)基于平面地质图的复杂构造交互建模

平面地质图包含地层埋深、地质构造及其相互之间的关系等重要地质信息,在平面上综合反映地层与地层、地层与地质构造之间的关系、地层面的延伸趋势。因此,利用平面地质图数据进行三维建模是一种比较理想的建模方式。基于平面地质图的复杂构造交互建模步骤是:①地质图预处理;②线框模型构建;③断层面构建;④地层面的构建;⑤地质体的构建。

3)基于剖面图的交互建模

①钻孔剖面图生成:钻孔剖面图的生成规则是先连大层,再连小层,最后做地层尖灭的顺序来生成钻孔剖面图。②剖面图交互式编辑:对于已生成的钻孔剖面图或已有的实测剖面,可以使用交互式剖面编辑器来修改剖面数据,修改后的结果可以直接参与三维地质结构建模。

(2)基于多源数据融合的建模方法

在地理信息系统和空间数据库中,由于数据采集方式和数据存储模型不同,即使表示同一组客观实体,不同单位所采用的数据格式和精度也有不同。空间数据多源性的表现主要有以下几方面:多语义性、多时空性和多尺度、获取手段丰富性、存储格式多源性、分布式特征和空间拓扑特征等。

在虚拟环境领域,三维场景的数据融合主要包括空间位置融合、属性融合和拓扑关系融合三个部分。其中,空间位置融合指不同模型之间的空间位置配准,属性融合指纹理与模型的融合,拓扑关系融合指能够正确表达地形模型与地物模型、不同地物模型之间的语义关系。虚拟环境的多源数据融合建模,就是以多源数据为基础,通过对不同对象的空间位置、属性和拓扑关系进行融合建模,构建能统一表现地形和地物的一体化模型的过程。它能消除由数据结构和组织方式的差异造成的模型间的不匹配现象,以提高模型的显示效果和精度。

1)多源数据融合流程

多源数据集成主要包括:面向源集成(source-oriented integration)和面向对象集成(object-oriented integration)。主要流程如图 4-1 所示,面向源和面向对象集成之后,需要在虚拟地质场景中实现三维可视化显示,并进行数据一致性检测,如果检测结果不满足要求,需要转入面向源集成或面向对象集成重新操作。

2)面向源集成

面向源集成在三维空间提供一个可视化通道,其目标是将不同来源的各种数据进行融合,使得各种地质数据格式都能够在统一坐标系中实现存储、处理、显示和使用。面向源集成技术主要分为两步:①数字化各种地质数据:利用现有的各种软件系统和设备对各种来源的原始地质数据进行预处理,以获得一系列 2D、2.5D、3D 以及属性数据。②转换数字化

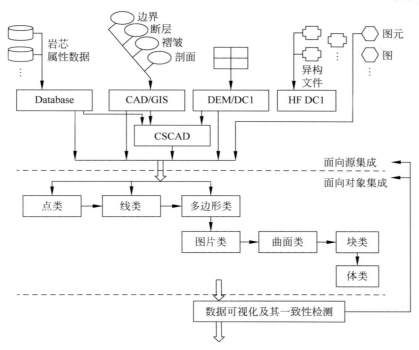

图 4-1　多源数据集成主要流程

的数据；设计一系列转换工具（data conversion interface，DCI），将各种异构的数字化地质数据转换到统一的三维坐标系中，并保持数据的完整性和一致性，完成一种系统的集成。

3）面向对象集成

面向对象集成主要是实现从地质数据抽象出来的各种几何对象的集成，如岩芯数据以点或线对象存取，从地震剖面中提取的点、线及多边形对象等，集成技术能够将各种几何对象融合到三维建模系统中，并保证所有数据的一致性，同时减少数据冗余。

表达对象为三维几何形状的几何建模技术被称为"实体建模"技术，其核心技术是关于空间对象的三维表示方法，描述空间实体的几何形状及其相互关系，主要的表示方法有：①以约束线构成的线框表示法（W-rep）；②以面形成对象的边界表示法（B-rep）；③基于体元聚类或单元分解的体元表示法（V-rep）；④混合表达模型（H-rep）。线框表示法一般作为三维建模的骨架模型，需要与其他建模方法集成，而边界表示法和体元表示法是目前地学计算机模拟研究和应用的主流。

（3）适于数值模拟的建模方法

适于数值模拟的三维地质建模的关键是要保证不同界面之间的无缝连接，即要求不同界面在相交处几何连续、拓扑相容。用 B-Rep 表示三维地质模型，先构建模型线框架再重构模型。具体步骤是：①模拟模型中的各类界面形成原始界面集；②通过界面求交与界线求交构建模型的线框架，并形成所有原始界面的界线轮廓；③根据界面的交切状况，编辑所有原始界面的界线轮廓，删除多余部分；④以编辑后的界线轮廓为约束，重新剖分与插值所有界面；⑤利用块体搜索技术搜索块体，并根据岩体质量分级将块体进行归类，形成三维工程地质模型。

（4）基于内部约束机制的建模方法

基于内部约束机制的建模方法是以探寻模型内部约束机制的复杂构造建模方法。复杂构造建模理论以反映褶皱形态、断层形态和断层位移之间定量关系的断层相关褶皱理论最为成熟，其分析方法对于上地壳、低温和非变质条件下的脆性构造变形的建模具有最普遍和最有效的约束。规范的技术流程不仅有助于降低构造建模的多解性，也是合理认识构造和解释构造的有效手段。构造模型可以在剖面、二维和三维空间建立，剖面建模主要用于确定构造解释方案，在此基础上建立的二维面模型和三维体模型则能更直观地描述构造，尤其在体模型内填充地层的力学参数后建立的介质模型，已非常接近真实的地质体。通过面模型和介质模型的恢复计算，可获得二维和三维空间的恢复应变场，既提供了构造变形机理研究所必需的参数，也可用于油气储集体构造裂缝发育方位、发育密度和发育强度的预测。

4. 三维模型可视化

三维空间信息可视化是三维地质建模与可视化的基本功能，其目的是全面利用三维可视化地质模型，从各个侧面、角度来观察、获取不同尺度（微观和宏观）的信息，重新认识在计算机上所建立起来的地质对象，直至整个复杂地质系统的发生、发展和形成过程，预测未来的演化方向，同时也能充分挖掘建模后的各种信息。

三维空间信息查询分为可视化查询和非可视化查询两种方式，两种查询方式的输出都可以是可视化的图表或文字。一般而言，非可视化查询的对象是数据，可视化查询的对象是空间信息可视化平台中对应的具体三维对象，即可视化查询需要在空间信息可视化系统平台上进行。

非可视化查询包括各种数据统计，以及统计结果的表格、图形表示（直方图、饼图、方向图、交会图等）。

可视化查询包括各类地质体的三维结构和属性查询，包括空间位置、面积、体积、固有特性等各种地质属性的查询、统计和计算等工作，并将查询结果以表格、图形、剖面、切片等的形式表示出来。在三维可视化查询中，还可以实现各种地质体任意方位旋转观察、任意形式三维切片、连井剖面、地球物理数据体与地质体的综合显示等。

如须对三维地质模型全方位进行了解，需要对实现模型进行复位、放大、缩小、任意轴旋转、更新、平移、返回上级窗口等操作。此外，还可对三维地质模型进行可视化分析：①三维查询：可在任意状态下拾取三维场景中的钻孔、钻孔土层、模型地层、桩基，查询相应的钻孔、地层及桩基信息，查询结果与二维查询中的相同。②三维切割：切割方式包括平面切割、水平剖切、折面垂直剖切及组合剖切。其中组合切割方式可以对已经进行了切割的模型进行二次切割，通过平面切割、折面剖切等多种切割方式的灵活组合，可满足基坑开挖等一些特殊切割要求。③立体剖面栅状图：针对三维地质模型生成任意路径立体剖面图。④体积、面积量算：计算地质单元体积或开挖体积及指定地质单元或任意区域的面积。⑤三维模型分解：针对三维地质模型的揭层显示或爆炸式显示。⑥三维交互定位：可仿真定位点在三维空间中的实时移动，实时获取定位点处的三维坐标及地层属性。

4.1.2　岩土工程数值模拟技术

1. 数值模拟技术概念

数值模拟又称为计算机模拟,是一种依靠电子计算机的模拟技术。数值模拟主要结合有限元或有限容积的概念,通过数值计算和图像显示的方法,达到对工程问题和物理问题乃至自然界各类问题研究的目的。数值分析已成为土木、水利、采矿等工程领域专业技术人员和研究人员进行岩土工程问题分析的重要手段。随着计算机技术的不断发展,数值模拟方法在岩土工程问题的分析处理中展现出越来越显著的能力和广阔的应用前景。

岩土工程发展早期,由于力学理论与计算机技术的限制,人们只能根据实际岩土工程从中抽象出非常简单的力学模型,用材料力学或弹性力学的解析近似分析岩体或土体中的应力状态与变形方式。因传统理论研究方法对于表征为非连续性、非均质性的岩土体而言,通过一定条件的假设求解的结果与实际工程表现相差甚远,存在一定的局限性,而通过现场原位试验往往耗资巨大,且受技术条件、外部环境等因素所限,也不一定能得到与实际相吻合的结果。岩土工程数值模拟是对岩土工程活动和自然环境变化过程中岩土体及工程结构的力学行为进行数值模拟的一种手段。岩土工程数值模拟通过数值计算和计算机图形学技术,将数值法用于求解非连续性、复杂边界条件、岩土体时空效应等复杂岩土工程问题,一定程度上弥补了传统岩土力学在此领域的空白。

数值模拟在岩土工程中的应用非常广泛,其不仅可以模拟地下岩土体的复杂结构特征,也能呈现岩土工程与环境的相互影响,预测工程风险。通过岩土工程数值模拟取代高成本的原位试验和理论研究,可为工程建设提供快速响应、经济合理的结论和建议,因此岩土工程数值模拟是一套行之有效的解决方案。

2. 主要数值模拟方法及应用领域

数值模拟是一种定量分析方法,主要用于研究岩土工程活动对附近环境的影响以及岩体-支护结构力学行为的模拟,目前常用的方法是有限元法、有限差分法、颗粒离散元法、流形元法等。

（1）有限元法

有限元法是在20世纪六七十年代发展起来的一种新的数值分析方法,它使许多复杂的问题得以解决,计算速度快、效率高,在实际工程中应用很广泛。在岩土工程中,合理应用有限元分析法可以有效判断工程失稳数据、安全系统。有限元法的基本思想是先把一个连续的实体拆分成数目有限的小块,这些小块称为单元,一般这些单元的形状都是比较规则的,让这些单元只在有限的节点上保持联系,结构所受的一些外部荷载转化为只作用在节点上的力,边界约束变为节点约束,然后通过一些力学方法,计算出每个节点上的力和位移,进而推算出每个单元直至整个结构上的力和位移的大小。简单来说,有限元法就是把一个复杂的结构先划分为多个简单的单元,然后通过单元之间的相互联系推算出这个复杂结构的最终解。其实这种方法得到的解并不是真实解,而是一个近似解,因为在不断转化的过程中必然会作出一些假设,产生一些误差,但是最终解的精度还是满足工程要求的。

有限元分析法分为强度折减法和增量加载法。①强度折减法。岩土工程建设期间,需要应用莫尔-库仑材料,应用有限元计算法,促使岩土抗剪强度下降,从而达到破坏状态。根据有限元计算结果,可以确保程序获得破坏滑动面和强度贮备安全系数。②增量加载法。在工程建设中,岩土破坏属于渐进式,可以改变早期线弹性状态,呈现塑性流动状态、极限破坏状态。通过增量加载法,可以计算地基承载力。持续增加荷载,岩土体逐渐过渡至塑性状态,之后到达破坏状态,此为有限元增量加载法。

有限元法的计算分析受边坡形状和材料均质性的影响可忽略不计,且能够综合考虑变形之间的本构关系以及静力许可条件,在稳定、变形和应力计算时属于一种比较理想的方法,为处理稳定问题提供了有效的技术手段与可靠的保障,并逐渐得到广泛的应用。另外,对滑坡体的稳定性采用上述方法通常不考虑随机性因素的影响,因此具有一定的局限性、片面性,Morgenstern 等提出不确定性特征发生在滑坡空间特性、土质材料参数及计算分析的全过程理论。近十多年来,对于有限元法,国内外一些专家开展了大量研究并取得了理想的研究成果,骆飞等研究认为在满足可靠度的条件下采用 Bootstrap 法可减小安全系数的随机性,从而提高模拟结果的准确性;Tamimi 等利用蒙特卡罗法和 Barton 公式模拟估算岩质边坡的可靠度;有学者认为,安全系数和失效概率之间存在不确定的作用关系,相对于安全系数小的边坡,具有较大安全系数的边坡的失效概率并不一定较低,利用确定性方法通常难以解决此类问题;另外,空间变异性、相关系数与影响边坡失效概率的因素间存在相关性。

(2) 有限差分法(FLAC 法)

在岩土工程中,研究对象大部分位于地下,岩石内部不便于观察与测量,因而存在许多不确定的因素。为了克服有限元等数值分析方法不能求解岩土大变形问题的缺陷,根据显式有限差分原理,提出了 FLAC 数值分析方法。有限差分法以最小势能原理,通过解方程的方式进行求解,FLAC 程序通过建立模型对岩体结构进行模拟来形象直观地显现出岩层的物理变化,如模拟地质材料的大变形、失稳、动力、流变、支护、建造及开挖等问题,同时还可以模拟渗流场和温度场对岩土工程的影响,通过转化岩体结构变化的表现形式,以此来方便人们掌握岩体的活动规律,能够较好地解决复杂的岩土工程问题。该方法较有限元方法能更好地考虑岩土体的不连续性和大变形特征。

黄润秋和许强介绍了有限差分法的基本原理和在分析岩质边坡中的优势,应用该方法分析了某水电站工程引水洞的进水口天然岩质边坡的变形机制,以及不同条件下开挖边坡的破坏变形特性,并对该水电工程边坡的锚索加固方案进行了数值分析。寇晓东等应用 FLAC3D 分析了三峡船闸高边坡开挖过程中的应力变形机制。刘春玲等利用有限差分法对岩质边坡进行了动力分析,探讨了利用 FLAC3D 进行边坡动力分析时如何设置边界条件、合成、输入以及转化动力时程等。

(3) 颗粒离散元法

颗粒离散元法是由 Cundall(1971)首先提出,并应用于岩土体稳定性分析的一种数值分析方法。它是一种动态的数值分析方法,可以用来模拟边坡岩体的非均质、不连续和大变形等特点,因而,该方法已成为目前较为流行的一种岩土体稳定性分析数值方法。离散单元法可分为动态松弛法和静态松弛法,目前大多使用动态松弛法。动态松弛法用解决动力学问题的方法去求解非线性静力学问题,用显式中心差分法近似对运动方程进行积分计算,并假设块体在运动时将动能转化成热能耗散掉,把人工黏性阻尼引入计算,使系统达到平衡状态、运动趋于稳定。

Wang 等、贺续文等采用离散单元法软件 PFC2D 中的 parallel-bond 胶结模型,通过降低胶结接触点的强度,模拟了含密集节理的岩质边坡的滑动过程,分析了滑动机制。Utili 等通过假设风化只会降低土体的黏聚力,将风化因素引入现有的边坡极限平衡分析方法中,得到风化作用下边坡的滑动特性,并给出了影响边坡滑动的主要强度参数,在此基础上,基于莫尔-库仑准则,提出了一个新的胶结接触模型并导入了离散单元法软件 PFC2D 模拟了风化作用下岩质边坡的滑动特性,与理论分析结果进行了对比分析。Nishimura 等探讨了采用重力增加法研究岩质边坡的可行性,并利用离散单元法软件 PFC2D 模拟了完全均质的岩质边坡的滑动过程,分析了岩质边坡的滑动机制。为了重现汶川地震中东河口边坡的滑坡过程,Li 等通过离散单元法中的墙和胶结颗粒建立了边坡模型,着重分析了岩体的滑动距离及其影响范围。Scholtes 和 Donze 针对极限分析方法过于简化的缺点,通过观察岩质边坡的失稳机理,即节理面的滑动和岩块的破坏,选用离散单元法软件 PFC3D,首先通过室内试验验证了三维模型的可行性,并获取了相应的微观胶结参数,在此基础上,生成了一个岩质边坡的分析模型,通过强度折减法致使边坡失稳,分析了相应的滑动机制,并表明了该方法的优越性。Jiang 和 Murakami 通过二维的离散单元法模拟了强度降低诱发的边坡快速滑动全过程。结果表明,坡面上的土颗粒沿着坡面向下移动,坡脚处的土颗粒速度接近水平方向,整个滑坡过程中,随着时间的增加,土颗粒的滑动速度先增大并到达峰值,后慢慢减小直到为 0,另外,滑动之后的坡面角均小于土颗粒材料的峰值和残余内摩擦角,但坡面均通过初始坡面的中心。杨庆华等应用二维离散单元法程序,探讨了松散堆积体在地震诱发作用下的崩塌过程与规律,将大小和方向都随时间变化的地震惯性力视为不随时间变化的静力荷载施加在斜坡体上,通过改变数值模型底坡的角度模拟了不同的地震作用力,然后采用各种稳定性计算方法计算出斜坡在地震作用下的安全系数。石崇等采用二维颗粒离散单元法模拟分析了地震作用下陡岩的崩塌灾害过程。块体离散单元法是由 Cundall 于 1971 年首先提出,后经 Voegele 和 Fairhurst、Lorig 和 Brady、Brady 和 Brown 的发展,并应用于分析离散和非连续体问题。王泳嘉阐述了块体离散单元的理论基础,并将该方法应用于分析岩质边坡的稳定性。雷远见和王水林将块体离散单元法与强度折减法相结合,分析了多结构面的岩质边坡的稳定性,并给出了相应的滑动机制。赵红亮等采用离散元程序 UDEC 模拟了岩质边坡在自然条件下和雾化降雨条件下的稳定性,并通过强度折减法分析了岩质边坡的滑动机制。Lin 等采用 UDEC 软件分析了路堑岩质边坡在地震荷载条件下的稳定性,并给出相应的滑动机理。

（4）流形元法

流形元法是石氏继创立块体理论和 DDA 法之后,首创的一种新的现代数值分析方法。它以拓扑流形元为基础,应用有限覆盖技术,吸收有限元法与 DDA 法各自的优点,通过在分析域内各物理覆盖上建立一般覆盖函数,并加权求和形成总体位移函数,从而把连续和非连续变形的力学问题统一到流形方法之中。利用该法不仅可以计算不连续体的大变形、块体接触和运动,也可以像有限元那样提供单元应力和应变的计算结果,并且可有效地计算连续体的小变形到不连续体大变形的发展过程。但由于网格的连接与单元划分的限制,流形元法在开裂计算方面仍存在一定困难,目前应用主要集中在连续与非连续问题的求解和裂纹扩展的模拟。

王芝银等利用流形元法研究了岩石的大变形问题,建立了大变形分析流形元方法的计算公式,完成了计算机程序,模拟了具有节理和裂隙的简单边坡工程,验证了流形元法在岩质边坡分析中的有效性。朱以文等将增量流形元方法推广到岩石大变形问题分析,基于总体拉格朗日列式,建立了大变形分析的增量流形元的计算公式,模拟了有节理和裂隙的岩石大变形问题,表明了该方法的有效性。张国新等通过加入多裂隙扩展的跟踪模拟功能,改善了数值流形元法,使之既能够模拟块体系统的离散特性,又可以模拟完整岩体的拉裂与剪断,最后通过模拟龙滩水电站左岸高边坡倾倒破坏验证了该方法的可行性。Ning 等基于莫尔-库仑准则,提出了一个岩石断裂算法并导入流形元法,通过模拟下盘边坡的滑动过程,分析了边坡的滑动机理。

3. 数值模拟技术的合理应用

岩土工程在特殊地段或特殊条件下采用数值模拟,的确具有其他方法所不可比拟的优势,它的出现大大丰富了岩土工程问题的处理手段、方法。但岩土工程又是一门实践性很强、采用概念设计理念的学科,精确的计算在岩土工程中历来都是参考或其中的一个重要依据,正确的理论、合理的试验、实践检验的经验是构建岩土工程理论和设计的基础。因此,基于岩土工程条件的非连续性和各向异性、数值模拟的模型边界条件、参数选用的模糊性等特点,要求岩土工程的数值模拟必须遵循理论为导向、经验是关键的处置原则。

工程师在接触某个实际工程时,先要对该工程所涉及的工程条件和性质有一个详细的了解,在此基础上结合力学的基本概念和工程实际经验,综合采用工程类比法、经验法选择合适的数值分析法进行分析计算。在分析计算过程中,要因地制宜,具体情况具体分析,尽量让问题简单化。

对于本构模型的选择,先要对模型有一个透彻的认识,模型应该是实际情况的简化,而不是简简单单的模仿,模型必须根据具体情况进行设计或选择;建立模型要考虑的重点方面应是模型所必须回答的问题,而不是系统的细节。最好是能同时建立几个简单的模型,每个部分反映所要解决问题的某一方面,再进行组合求解,而不是只建立一个大型的复杂模型。模型建立的目的,不能单纯地追求模型的准确性和广泛适用性。首先应在大方向上把握住模型,获取对模型的信任,然后在实际应用过程中边用边改进。在本构方程的寻求上,一方面应继续加大介质特性的研究,以便建立新的实用性更好的本构模型。另一方面,基于当前种类繁多但实用性却普遍偏低的本构方程,可考虑运用耦合的方法,寻求建立适用性广泛的复合模型。如果能在结合积累大量的工程经验的基础上,多建立几个工程实用的本构模型,就能够扩大工程中数值分析的应用范围,从而让以往只能用于定性分析的数值分析计算逐步发展到定量分析。

在材料的力学参数确定方面,由于介质结构分布的复杂性和难以预测性,目前,只有进行大规模的实地检测,然后反演分析所确定的力学参数,才能有较大可能令人信服。但如果某个工程要通过实地检测来确定工程材料的力学参数,要投入的时间和经费将会以指数级增加。因此,在数值模拟计算中相关材料力学参数的测定方面,进一步研发可靠性更高、可方便运用于实地测量的工具是解决问题的关键。

在工程实践中,合理的数值模拟对解决工程难题具有独特的能力,但如果没有认真的现场踏勘、分析岩土体性质,缺乏相关试验资料,仅凭搜集到的、可靠性未经验证的资料,甚至依据假想的结论,想当然地设置数值模拟的参数及本构模型,最终的可靠度也是可以想象的。一旦数值模拟脱离实际,就会沦为任意修改参数的"数字游戏",就会成为"皇帝的新衣",甚至得出完全相反或错误的结论。完全违背基本的岩土工程理念的数值模拟,无论外表如何华丽,都将会在"实践是检验真理的唯一标准"的见证下显露原形。

岩土工程师在具有丰富岩土工程理论知识的同时,加强相关试验能力的培养,加强严谨科学态度和对科学的敬畏的培养,重视第一手资料的获取和分析,遵循实事求是的工作要求,切忌哗众取宠,在岩土工程中正确应用数值模拟才是正道。

4.2 智能数字化采集技术

近年来随着计算机技术的广泛应用,国内勘测设备制造企业和软件开发企业紧密结合勘察设计单位的需求,针对岩土工程勘测的各个环节研发了外业数据采集、室内土工试验数据采集和勘测数据处理软件,这些设备和软件提高了整个勘察设计行业装备和应用新技术的水平,为岩土工程勘测工作提供了极大的便利,也促使岩土工程勘测工作逐步形成了以数据库为核心,通过标准化、信息化途径向一体化产业体系方向转变的趋势。岩土工程专业的信息化建设是实现岩土专业从粗放型勘测到精细化勘测的关键环节,而外业数据智能化采集技术则是实现岩土工程专业信息化建设的核心之一。

众所周知,勘测外业数据采集是岩土工程项目的基础,更是直接决定勘测项目成败的关键。外业数据采集在勘测项目中占用时间长、消耗成本高、工作环境差,且面临复杂的工作环境。如何能够通过信息化的手段和完善的组织管理方式,将现有的人力物力配置到最优,已经成为岩土工程勘测项目中面临的核心问题。

4.2.1 人工外业数据采集

基于人工的外业数据采集属于非数字化、非智能化的外业数据采集手段。在传统电力岩土勘测系统研发过程中,手工录入的数据采集方式是制约工作效率的主要问题之一。虽然在实现方案上已经进行了各种优化,但并不是最佳解决方案。

岩土工程勘测外业的野外手簿记录是沿袭了地质领域的一贯做法,"纸质手簿、铅笔记录"成为行业的约定俗成,这种现状在今天的信息时代已经显得落后而低效。大量实践证明观念认同上的落后是导致这个问题迟迟得不到解决的主要根源。测绘专业从纸质手簿到电子手簿再到 GPS 实时数据采集,数据记录方式早在多年前已完成了革命性的转变,生产实践中并没有产生由记录手段的革新导致数据失真或丢失的灾难性后果,因此,岩土专业在信息化采集的道路上不能因噎废食。

地质野外手簿经过多年工程实践已形成了一套相对固定的表格式手簿体系,这为手簿的电子化提供了标准化的数据结构雏形。在进行电力岩土勘测系统"项目策划"模块开发中,项目的详细策划方案是指导外业采集的依据性文件,受此情况启发,外业数据采集系统可直接从已有的电力岩土勘测系统中获取测试任务,并通过任务信息提示,指导现场勘测作业,同时实现数据采集、存储、查询与传输,形成钻孔描述记录、钻孔班报、土样标签、送样单等数据表格。

4.2.2 基于全站仪的半智能化外业数据采集

工程勘察过程中,测绘仪器的使用在地形图测绘、勘探孔放样收孔、检测监测等方面是必不可少的。全站仪,即全站型电子测距仪(electronic total station),是一种集光、机、电为一体的高技术测量仪器,是集水平角、垂直角、距离(斜距、平距)、高差测量功能于一体的测绘仪器系统。与光学经纬仪比较,电子经纬仪将光学度盘换为光电扫描度盘,将人工光学测微读数代之以自动记录和显示读数,使测角操作简单化,且可避免读数误差的产生。因其一次安置仪器就可完成该测站上全部测量工作,所以称为全站仪。其广泛用于地上大型建筑和地下隧道施工等精密工程测量或变形监测领域。基于全站仪的勘测数据外业收集方式主要包含以下三种模式。

1. 全站仪配合笔记本制图,或者是联合 CE(掌上通)制图

这种方法人员需要 1~2 名司尺员、1~2 名计算机使用人员或 CE 使用人员、1 名观测员,一共需要 3~5 人。应用这种测绘方法进行外业采集可以利用笔记本电脑或 CE 在野外直接制图,测绘结果较好,质量较高,同时节省人力,加之笔记本电脑和 CE 易掌握,应用较为灵活,所以工作人员在携带时的劳动强度相对较小,也便于帮助馆镜人员进行立镜者站跑的指挥。但是其缺点也比较明显,主要为笔记本电脑或 CE 的保护措施较少,极易造成损坏,而野外供电成为主要问题,反应较慢、屏显过小,只利于小面积测量。

2. 全站仪内存采集散点

这种测绘方式需要人员共有 3~5 名,分别为 1~2 名司尺员、1 名观测员、1~2 名拉皮尺和草图绘制员,必要时还需要 1 名督促员。这种方式属于传统的应用方法,应用时间较长,相比较目前数字化的测绘技术来看,这种方式在现场较为整洁时利于司尺员进行司尺。可以不用依照顺序,跑全地物地貌即可。对测绘人员的要求相对不高,观测人员依照测量目标进行测量即可。但是这种测绘方式利于现场较为整洁时进行,一旦现场过于混乱则难以准确进行测量。如果现场混乱,那么就很容易出现系列的问题,包括记录错误、同现场的标注不一致、备注不全等情况。究其原因主要是图纸编号不详细、放线班缺乏沟通以及同技术部委托出现错误等问题。只要出现这些错误,那么就会造成后期的内业处理出现问题,或者难以利用相关数据进行制图。由于这种外业的草图多是人工手绘,所以在进行内业处理时为了确保准确性和美观性,内业人员需要更多的时间进行后期整理,这样就会造成耗时较长,而其准确性也有待考察。一般情况下采用这种外业测量方法收集数据后需要内业人员耗时 5 天左右才能整理成图。

3. 全站仪 E500 联合内存采集

这种外业收集方式主要是应用编码方式建立相应的连线关系,最后直接成图。这种方法需要 2~3 名操作人员,分别为 1 名观测人员、1~2 名司尺人员。操作系统的观测人员需要细致审图,及时检查图上的错误之处,操作简单,人员较少,同时成图效率也较高,收集完资料往往仅需半小时左右的时间。但是这种测量方法需要对基线进行及时整理和复核,需要相关观测人员进行繁琐的后续整理,要连线采点,如此才能最大限度保障制图的准确性,必要时需要进行现场的二次巡查。

如今,信息化时代已然到来,只有更为快捷的测绘方法才能满足工程测绘需要,基于全站仪的数字化外业数据采集方法能够在一定程度上有效节省人工,还能够减少勘测时间,其勘测效率相比人工外业数据采集更高,勘测数据的精密性也有所提升。但是该勘测体系相对仍然不够完善,在移动互联网快速发展的今天,基于全站仪的外业数据采集方式并不能利用移动互联网的红利实现外业数据采集和内业数据处理的联动,仍然属于离线的数据采集方式,因此属于半智能化外业数据采集方式,只有借助移动互联网实现外业数据采集和内业数据整理的远程协同,才能进一步提升综合的勘测效率和作业效率,实现勘测数据采集的完全数字化和智能化。

4.2.3　基于移动互联网的智能化外业数据采集

移动互联网的兴起将智能移动终端设备带入人们生活的各个方面,推动了勘测数据外业工作向着"平板化"的方向迈进。同时,许多 GIS 厂商通过在统一的系统平台上向公众提供开放式的通用软件服务,使得用户拥有了更多的选择空间与设备自定义的自由。这使得勘测作业人员能够通过基本的培训并掌握新的工作方式来从以往繁重的劳动中解脱出来,极大地提高了外业采集及其内业处理工作的效率。此外,智能移动终端设备系统平台的标准化使得非专业的开发人员也能够通过学习掌握数据的二次开发技术,极大地降低了数据外业采集和内业处理的难度,作业单位可以根据自己的需求来定制适合自身需要的勘测应用程序。鉴于以上情况,作为勘测生产单位必须积极应对这种外部环境的变化,认识到社会经济的快速发展、信息化建设的稳步推进对基础数据勘测提出的更高要求,重视新技术的开发,不断提高生产效率,形成属于自己的核心研发能力。

从电力岩土工程勘测工作的实际需求出发,采集软件的功能设计可参照作业流程进行组织,岩土信息采集的一般流程如图 4-2 所示。同时还须结合线路终勘定位内业整治的实际要求,编制相应的数据处理程序,可实现外业采集和内业整理的高效统一,大大降低主勘人员劳动强度,缩短成品提交周期,更好、更快地为设计做好服务。

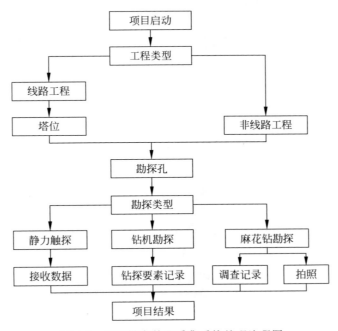

图 4-2　工程勘察外业采集系统处理流程图

1. 关键技术及其特点

（1）ArcGIS Runtime SDKs

ArcGIS Runtime SDKs 是 ESRI 公司发布的一套适用于各种平台、可用作各种原生应用程序开发的工具集合。基于 ArcGIS Online 以及 ArcGIS Server 的测绘数据外业采集系统能够在离线环境下为移动终端、嵌入式设备以及桌面环境提供从简单的地图显示到复杂的导航甚至是高级 GIS 分析功能。不仅如此，ArcGIS Runtime SDKs 还可以用于构建平台原生应用程序，实现与 ArcGIS Server 的无缝对接和对 ArcGIS Online 的集成工作，并且在实现大量丰富的 GIS 功能的同时仍能保持移动设备的流畅使用体验。

（2）ArcGIS Server

ArcGIS Server 是基于 SOA 的 GIS 服务器，可用于企业级服务的部署，并能向使用者提供便捷的资源访问权，允许包括移动端、桌面端、Web 端在内的各种客户端利用其进行 GIS 资源的创建与开发。空间可视化与空间分析以及实时数据处理分析是 ArcGIS 的核心功能，开发者还可以用于进行如空间数据管理、测绘数据在线编辑以及地图核心内容管理等其他工作。

ArcGIS Server 集成了 ArcSDE 技术，可以向用户提供数十种不同类型的服务，如地图服务、搜索服务、几何服务、空间数据服务、地理编码服务、工作流程管理服务等，具有系统伸缩性强、跨平台优势明显、版本与非版本化编辑功能强、数据业内处理效率高等优点，是一个提供高级 GIS 功能、可集中管理的 GIS。

（3）基于 ArcGIS Runtime SDK/Server 技术的数据外业采集特点

ArcGIS Runtime SDK 与 ArcGIS Server 技术的应用能够使高性能的地图制图成为可能，并极大地提升 GIS 的处理能力。其主要具有以下几个特点：①该系统能够利用底图数据和多种矢量数据格式在离线模式下工作，并能参照各种常见的测绘空间来进行数据展示；②支持外业环境下对空间数据的离线编辑，并可在设备联网后与服务端进行同步编辑工作；③利用设备的 GPS 功能来运行完整的地理信息处理任务，拥有后台高速的几何处理和空间分析功能，并能够在离线模式下进行地理空间编码和相应的解析工作；④能够智能提示现实要素信息，支持离线状态下的位置搜索，并能够通过交互或 SQL 查询的方式对要读取的信息进行读取。

2. 主要模块设计

根据对具体工作的需求分析结果，基于模块化、层次化的设计原则，可将勘测外业数据采集系统总体构架分为三个大的层次，各个层次中又包括若干个子模块。处于基础地位的数据访问层应包括数据加载模块、日志模块以及服务连接模块，其主要职能是获取并加载勘测外业数据，对应用程序的运行状态进行相关数据统计等。服务层是连接外业数据与内业处理的核心地带，一般包括图层管理模块、定位模块以及数据采集模块等，其主要职能是基于数据访问层或移动终端数据共享系统接口向上层提供组织和管理数据内容的服务。应用层主要负责勘测数据的查询与浏览，故应该相应设置查询和浏览模块，其主要职能是实现用户之间的信息交互。

（1）数据访问层

服务连接模块主要负责对部署在 ArcGIS Server 上的要素进行访问，根据一定的条件对矢量数据进行缓存、记录,并将相应数据备份且生成支持后续离线编辑的 geodatabase 文件。待勘测外业工作结束后再通过对文件的读取来实现外业数据在地理数据库中的对要素内容和要素服务的同步编辑。

（2）数据采集模块

向系统发起 Intent 请求是数据采集模块主要实现的功能,不论是利用系统组件还是借助于第三方开发的应用程序来实现对实景信息的收集,也不论收集到的实景信息是以图片、视频或是音频形式存在的,该模块职责就在于将这些勘测数据信息生成相关的文件并将其生成的路径返回给调用的模块。同时,在加入作业场景为环境变量的基础上,调用系统 API 获取移动设备的姿态数据等各种传感器数据,并写入系统日志。

（3）定位模块

定位模块的设计是为了更好地向调用方返回附带时间有效性标记的不同精度定位坐标数据。定位模块又可以根据应用场景的不同而被分为两种方式:基于网络的定位和基于 GPS 功能的定位。在实际中由于 GPS 定位经常受到信号强度和质量的影响而存在一定程度的不稳定性,所以出于对意外情况的考虑,应避免过长的响应时间,并选择更加稳定可靠的网络定位。

（4）数据加载模块

数据加载模块主要是为系统提供一个便于操作的可视化界面,并能够真实有效地反映用户交互的结果并在其基础上识别上传文件的数据类型,检查数据的完整程度,使得用户能够自由快捷地获取目标文件。与此同时,数据加载模块在判别调用的数据类型后进行数据的装载,将系统中的可用实例交付给地图控件,如果相关数据存在残损状况,则通过用户交互界面给出提示信息。

（5）图层管理模块

图层管理模块主要是为了实现控制图层的可见性,并便于对图层进行有效的加载、冻结以及调整等操作。通过与数据加载模块的接口,图层管理模块能够获取调用数据引用的实例,读取其空间参照信息并将图层添加到地图空间中显示,并提供图层的显示与隐藏、拖放调整顺序以及锁定与解锁操作。

3. 外业数据采集的实现与应用

（1）工作流程

基于 ArcGIS Runtime SDK 与 ArcGIS Server 技术的外业采集与内业处理系统的工作流程可以分为三个阶段:数据准备阶段、外业工作阶段与内业处理阶段。在数据准备阶段,通过制作地图文档、部署 ArcGIS Server、发布地图文档以及创建企业级地理数据库这四个步骤来实现对要素服务的创建。创建完成后,相应的勘测工作人员就可以在移动端的应用程序中找到对应要素服务的连接,并能够下载要素数据,生成可离线使用的地理数据库文件,为外业工作的开始做出充分的准备。在外业工作阶段,作业人员主要是通过调用浏览查询模块来查找数据,并在离线环境下能够对调用数据采集模块进行编辑,将实景信息数据采集下来并以各种格式写入属性字段中。外业工作结束后,在内业环境下重新连接要素服务,调用服务连接模块将外业中进行的修改编辑操作同步到企业级地理数据库中,随后即可在 ArcMap 中加载数据进行后续的内业处理工作。

（2）矢量编辑

矢量编辑是勘测外业作业过程中主要的需求之一。在传统的纸质调绘方法以及部分电子调绘系统中一般采用标注的方法来对修改加以记录，并在内业中跟进后续工作。基于ArcGIS Runtime SDK 方案的本系统能够支持移动终端在离线环境下对要素的几何信息进行直接的编辑修改。主要操作类型包括新建、修改、分割、删除与合并等，并且具有操作过度集约化的特点，所有不同类型的操作均可以通过系统中地图控件上的 Single Tap 进行调用实现。

（3）数据同步

系统的同步功能对数据的同步存储提出了要求，数据的离线使用和同步功能的实现有赖于数据集存档功能的启用和全局 ID 的添加。具体而言，存档是为了更好地记录、管理以及分析数据的更迭，以便于操作者能够对地理数据库中所有数据和数据子集的更改有全面清晰的认识。全局 ID 则用于在地理数据库中或跨地理数据库唯一地识别要素。

外业数据的采集集成是未来岩土工程勘测行业软硬件发展的必然趋势，手持的 GPS、PDA 等移动办公设备大多采用 Windows CE 或 Windows Mobile 操作系统，具备良好的二次开发基础，外业采集系统甚至可集成于 WM 系统手机平台上，更适合现场人员携带。

外业集成数据采集系统基于移动办公设备（手持 GPS）和配套软件，实现野外岩土信息的电子采集，不仅可以从根本上消除由个人习惯及其他因素引起的记录内容不全、字迹模糊不清、描述不准及存档混乱等现象，而且可以减少地质编录人员的重复劳动，同时还有利于岩土和钻探作业成果的电子化归档与查询。更重要的是，可通过多种任务分解下达，解决岩土信息传递不及时、不准确问题，野外岩土记录信息可以直接导入现有的岩土勘测信息化系统，减少数据采集环节工作量，能有效提高内业资料整理效率，促进勘测外业管理的规范化，进一步提升岩土工程勘察的质量与进度，促进行业的进步。

4.2.4　全数字外业数据采集编码方案

目前在数字化测图中，外业数据采集主要采用的是编码成图法。即用勘测仪器采集与坐标有关的信息的同时，进行该点地物属性的采集，并将地物的坐标信息与属性信息建立一定的关系（地物的属性用具有一定规则的编码表示），内业数据处理时，依据坐标数据与编码数据结合自动生成地物符号。

目前数字化测图最具有代表性的编码方法有两种。一种是相对编码与绝对编码相结合的方法。这种编码方便易记，且使用灵活，但这种编码由字母和数字混合组成，而现在的主流全站仪由于面板大小的限制，一般只有数字键，如想输入字母需要进行数字与字母间转换，且常是一个数字键代表 3 个字母键，这样字母的输入较为繁琐，影响工作进度。另一种是全数字编码方法。这种编码方式解决了数字与字母间转换输入繁琐的问题，而且使用这种编码，属性输入编码平均长度为 3～4 个字节，编码相对较长。

1. 全数字外业数据采集编码的设计

用全数字表示的地物编码不像使用多种字符进行编码那样形象具体，需要专门地进行记忆区分，为了减少这类工作量，对地图要表示的地物要素进行分类，分析处理，进行规划，从而减少编码的数量。现在很多勘测软件把地物的表示分为三类：点符号、线符号、面符号,据此对地物符号进行分类分析。

（1）点符号

其特点是仅在一个定位点上画一个固定形状和尺寸不依比例尺而变化的符号,这类符号大多朝向图幅的正北方向。外业测量时只需采集定位点。例井、路标等这类地物需要一个符号对应一个属性编码表示。还有一些符号具有一定的方向性,例如门墩、水笼子,这类符号外业需要采集两个点的坐标,内业根据采集的两点坐标进行旋转编辑处理。还有一些符号是相互关联的,大多在管线类,如高压电塔,电杆箭头的指向与相连的电杆方向有关,应该放到线形符号中处理,但这类地物符号较少,有可能一天仅碰到一个这样的符号。所以将这类符号也放到独立地物符号处理。外业测量后,内业根据符号再进行连线旋转处理。

（2）线符号

线符号需用线形表示,它至少要两个点进行连接才能表示出来。这要求外业所赋予坐标点的编码能够判断出哪些点需要连接。所以编码比较复杂,不仅每种地物都要有各自的属性码,还要表示出符号的连、断,这通过连接码表示。另外有些线形符号是有向的,这类符号绘制时,从线段不同的端点开始就会生成表示不同意义符号的线状符号,如陡坎、围墙等。对于常用的陡坎可通过将陡坎分为左、右坎两个属性来区分方向。而对于围墙、栏杆等在内业可以明显分辨并编辑的符号,外业数据采集时不再区分方向,而是在内业进行处理。而对于不常见的又有方向性的线形通过加连向码来区分表示。

线符号还有需要用双线绘制的,如各种道路,这类符号通过外业采集一条边线或中线,然后采集路宽来进行。

（3）面符号

这类地物的表示一般用一些线形作为界限,中间配置单个或多个独立的符号表示地物种类。所以这类地物就不再分配独立的编码,而是在外业用线性符号采集地物的边界,用独立符号采集地物的种类。然后内业进行编辑成图。

2. 全数字编码的规则

通过组合编码进行外业数据采集时。组合编码由属性码、同类地物区分码、连接码、连向码四部分组成。属性码表示不同地物的分类;同类地物区分码标示在同时测几个相同的地物时以示区分;连接码标示同一线形地物连接或断开;连向码标示线形按采集顺序连接,还是反序连接,但在外业数据采集时根据需要,部分编码可以省略。编码的具体规则如下:

（1）属性码的确定

对于独立的地物符号,一个点即可表示一个独立地物,不与其他点发生联系,外业数据采集时,仅需要输入属性编码即可。不需要同类地物区分码、连接码和连向码,所以编码定义没有太多的要求,仅须赋予它们一定的数字,并与线形地物进行区分即可。

对于线形地物,因涉及线形的连接、断开,线形的连接方向,同时测两个同样地物的区分等,外业数据采集编码就应当具有属性码、同类地物区分码、连接码、连向码。对地物的属性编码可以使用分段表示的方法,独立地物的属性码第一位可以作为特殊数字进行区分。根据岩土工程勘测的一般经验,常用的线形类型仅50多个,为了保证线形属性有两位数字(以防与加连接符后的属性码混淆),可以从10开始定义线形地物,这样就是将10～69划为线形地物；为了表示独立地物，可以把 7、8、9 看作特殊数字，以首数字为 7、8、9 来与线形地物以示区分。70～99 这 30 个编码为独立地物，如果 30 个不足以表示独立地物，增加编码应为 701、801、901 等以 7、8、9 开头的编码（这些还可以根据自己的工作需求进行分段，如果线形较多，可以将独立地物的第一个数字仅用 9）。

（2）连接码的确定

对于线形地物的连接符，可以使用"0"作为连接符，在地物属性码后加"0"表示一个线形地物的开始，上一个同类线形地物的结束。如果紧跟测同一地物则编码保持不变，即编码仍为属性码加"0"。如果中间插测了其他地物，仍需连接原线形地物，则用原地物的属性码作为编码表示相连。接连测同一种地物需要断开时，属性码后加"0"与不加"0"交替使用表示。

（3）同类地物区分码的确定

同时交叉测量同一地物时，需要使用同类地物区分码。由于外业同时测 6 个以上同一地物的概率很小，而且同时测同一地物太多时容易混淆。方案设计用 1、2、3、4、5、6 作同类地物区分码，即在属性码后面加同类地物区分码作为编码，以示区分。将同类地物区分码相同的地物进行连线。采集同类地物的第一个地物时，同类地物区分码省略。即当同类地物的个数仅有一个时，同类地物区分码也省略。

（4）连向码的确定

对于连接方向不同，所产生的符号不同的地物需使用连向码。根据经验，同时测量同类地物，且都需要反向连接的概率很低，因此可以将 7、8、9 三个数字作为连向码，同时又作为同类地物反向连接的区分码。如果地物需要反向连接，则在属性码后面加 7、8 或 9，否则连向码省略。如两个以上的同类地物要反向连接，则分别加 7、8 或 9，以示区分（7、8、9 既是连向码，又是同类地物区分码）。

此种编码方案，充分利用了外业采集数据的顺序。内业数据处理时，首先将所有同类线形地物的编码汇聚到一起，然后判定连、断。如果相邻两个编码都有起始符"0"，则判断两个编码的采集顺序是否相邻，如相邻则连线，否则断开。如果相邻两个编码前一个有起始符，后一个没有，同样判断两个编码的采集顺序，如果相邻则断开，否则进行连线。

用全数字编码实现岩土工程勘测中外业数据采集时的协同作业，非常适合基于移动互联网的数字化和智能化系统使用。采用这种编码方案在野外进行外业数据采集时，编码一般只有 2 位，且充分利用了仪器的默认属性。所以在外业数据采集时，编码输入简洁、迅速，很大限度减轻了外业作业的工作量，提高了外业数据采集的工作效率。

随着智能化电子设备与移动终端平台操作系统的不断发展，各种新型的开发技术不断涌现。一些操作系统的跨平台特点为勘测数据的外业采集以及内业处理带来了极大的便利，也为移动 GIS 的发展带来了机遇与挑战。在这种新形势下，相关单位需要认识到数据网络化进程对推进对基础数据勘测提出的更高要求，重视新技术的开发，不断提高生产效率，形成属于自己的核心研发成果。岩土工程勘测方案的设计、数据的采集处理和知识的沉淀利用是岩土工程勘测全过程信息化的关键组成部分。勘测全过程信息化"三步走方案"中第一步是基础，第二步和第三步属于延伸应用，方案完成后，不仅可以实现勘测作业全过程严格受控，而且将从根本上解决岩土勘测过程中的信息孤岛和信息失控问题。

4.2.5　新型测绘技术

测绘技术的发展经历了模拟测绘、数字化测绘和信息化测绘发展阶段。随着物联网、大数据、移动互联网等空间技术和信息通信技术的不断进步,测绘技术也逐渐由靠人工进行内、外业采集的传统测绘,发展到今天的使用卫星导航定位、无人机、物联网、大数据等先进技术手段的智能化测绘。

数字孪生城市的构建需要新型智能测绘技术的强力支撑,在城市时空大数据管理、地理监测、高精度实体测绘等方面提出快速测绘和精准采集的高要求,基于实景三维的新型智能测绘技术构建的 CIM 是数字孪生城市运行的主要载体。实景三维测绘是利用倾斜摄影、全景拍摄和激光雷达(LiDAR)等技术,通过多视角图像匹配、多数据融合来真实展示现实三维世界的新技术。其中倾斜摄影测量因其数据获取容易、建模快速、纹理真实,已成为实景三维构建最常用的方式。基于"城市实景三维"动态可视化的实现,其核心技术构成包括高精密测量及数采设备、领先且主流的测绘方法、快速激光三维建模技术和高效数据处理技术等。

(1) 高精密测量及数采装备:包括多视角航摄仪系统、适合直升机和无人机平台的测绘级航摄仪、全谱段多模态成像光谱仪、高光谱遥感系统、机载双频激光雷达设备等。

(2) 领先且主流的测绘方法:目前主要是倾斜摄影技术和三维激光扫描技术。

倾斜摄影技术突破了以往三维建模正射影像只能从垂直角度拍摄的局限,通过在同一飞行平台上搭载多台传感器,同时从 1 个垂直、4 个倾斜等 5 个不同的角度采集影像,同时辅助带坐标姿态信息的室外影像和 LiDAR 数据获取,改变不具备空间信息的传统影像拍摄的现状,并实现与倾斜摄影影像等多源数据的融合。三维激光扫描技术可大面积高分辨率获取被测物体表面的三维坐标、反射率和纹理等密集点云数据,快速复建出被测物体的三维模型及线、面、体等各种图件数据。

(3) 快速三维激光建模技术:主要指依托倾斜摄影测量遥感数据成果,结合摄影测量学、计算机图形学算法,通过自动化处理流程手段,获取三维点云、三维模型、真正射影像(TDOM)、数字表面模型(DSM)等测绘成果的模型构建技术,如激光三维点云建模技术。

(4) 高效数据处理技术:指利用机器学习或深度学习算法以及 SLAM 算法对测绘地理大数据进行自动识别、数据挖掘和三维重建,快速提取地物特征、发现隐藏在大数据中的知识和还原地物模型,结合充实各地理实体的社会经济属性,形成多源异构且多时态空间数据的多源数据融合技术。利用移动互联网和智能手机终端采集的大量实时动态非标地理信息数据和专业的测绘地理信息数据进行匹配,提高地图生产效率的移动互联及动态众包数据更新技术。

基于新型测绘技术,可一次性获取大面积的城市建筑物及地形模型,大大降低了测绘工作经济成本和时间代价,支持城市数字孪生体模型的高精度和快速构建。基于新型测绘技术获取的城市实景三维数据是数字孪生城市空间地理框架建设的基础数据,更是数字孪生城市时空信息模型空间基础设施建设的重要内容。利用这种可量测、真实、实体化管理的三维数据构建的城市信息模型,在数字孪生城市管理、规划、地质灾害、安全保障、城市形象展示等方面发挥至关重要的作用,为政府基于数据的治理决策提供技术支撑,为公众提供数字智能化服务。例如利用城市实景三维数据,在城市公共安全与应急反恐等方面,可使指挥决策者看到比正射影像更多的环境信息,可看到事发地建筑物侧面的紧急出口,可以进行准确量算,比如计算通视距离、设计制高点和狙击方案等。这些事发地周围的详细信息,在城市安防应急行动中关乎人员及财产的安全,有时甚至能起到决定性作用。

4.3　多源异构数据协同管理技术

电力勘测设计系统中处理着大量工程勘测数据实体对象,包括图形数据与属性数据,他们是电力设计的依据,是勘测数据的合理可靠关系着电力工程方案的可行性、基础设计的经济性和工程施工的安全性,对工程设计起到举足轻重的作用。目前各勘测单位在全国范围内积累了大量勘测资料,具有很高的重复利用价值,如何很好地利用好这一资料优势,挖掘数据的深层次应用,发挥数据的整合利用价值,是急需关注和解决的问题。随着地理信息系统的发展和广泛应用,地理数据日益丰富。地理数据采集方式和应用软件的不同,它们的格式及结构也各不同,导致了多源性地理数据的产生。

4.3.1　多源数据分类

针对勘测数据特点,可把勘测数据分为点状要素、线状要素与面状要素,它们是具有相同空间参考系的要素集合,由几何网络与对象组成。按专业分可分为测量数据、岩土地质数据、物探数据、水文数据等,其组织架构如图 4-3 所示。

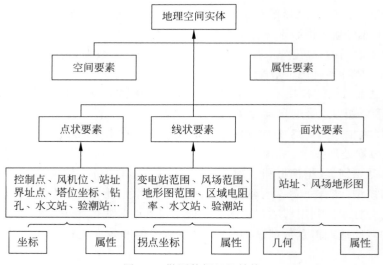

图 4-3　勘测数据组织结构

1. 测量数据

测量数据主要包括线路工程入库数据、变电工程入库数据、发电工程入库数据、控制点数据、基础地理信息数据等。主要涉及点状要素(控制点、风机位、站址界址点、塔位坐标)、线状要素(变电站范围、风场范围、线路路径等)、面状要素(地形图、影像图等),具体数据类型如表 4-1 所示。

表 4-1　测量数据类型

项 目 类 型	入 库 数 据
线路工程	• 控制点成果表 • 定线、定位成果表(里程,高程格式) • 定线、定位坐标成果表
变电工程	• 南方 CASS 格式地形图数据文件 • 成品 CAD 格式地形图数据文件 • 成品 CAD 格式控制点索引及分幅图
发电工程	• 南方 CASS 格式地形图数据文件 • 成品 CAD 格式地形图数据文件 • 成品 CAD 格式控制点索引及分幅图
控制点	包括国家控制点、地方控制点、CORS、GPS、水准点等的点号、点名、等级、X、Y、H、经度、纬度、点之记、保存现状、路径简图。三角点、水准点用国家标准图式符号表示
基础地理信息	• 1∶100 万中华人民共和国地图 • 1∶5 万数字线划地图 DLG(含等高线) • 高分辨率遥感影像数据 • 已有航片数据,带有坐标文件

2. 岩土数据

在勘测过程中以钻孔作为主输入项目,每一个钻孔内容包括地层、现场测试、水位、土工试验等。通过建立钻孔数据的数据库,并实现与岩土专业现应用软件(理正软件)的应用接口。通过钻孔位置坐标的检索,获取其勘探点属性(包括勘探点性质、坐标、深度等信息)。具体数据类型如表 4-2 所示。

表 4-2　地质数据类型

项 目 类 型	入 库 数 据
区域地质资料	地质构造、地层概况、地震安全性评价、水文地质条件等
不良地质作用	岩溶、滑坡、危岩和崩塌、泥石流、采空区、地面沉降、活动断裂等
特殊岩土	湿陷性土、软土、混合土、填土、膨胀岩土、盐渍土、风化岩和残积土、污染土等
地下水	水位埋深、水位变幅、补径排条件、渗透系数、降排水方法、渗透系数、环境类型、腐蚀性评价等
场地和地基的地震效应	地震烈度、地震动峰值加速度、等效剪切波速、场地土类型、建筑场地类别等
地震液化评价	液化指数、液化等级、处理措施等
冻土深度	冻土深度值

3. 物探数据

变电站、电厂、线路、光伏和风电都会开展电阻率测量与大地导电率测量工作。根据以往经验,土壤电阻率都是测量地面以下 30m 深度范围内的土壤电阻率值。大地导电率都是测量地面以下 200m 左右的大地导电率值。根据以往工程数据归纳总结,形成物探导电率、电阻率数据库,以点要素存储数据,可通过位置检索,获取测点(土壤电阻率值、参考地层数据等)的物探数据。

4. 水文气象数据

水文气象数据主要包括水文站概况信息（站名、站号、站点类型、建站年代、坐标、海拔高度、地理位置、积水面积、所属河流水系、年值、月值、日值、时值等）、潮位站概况信息（站名、站号、建站年代、坐标、海拔高度、地理位置、站点高程、高程采用基面、各类特征潮位等）、水库概况信息（水库名称、所在河系、流域面积、设计标准、校核标准、最大库容、各重现期下泄流量、水位库容曲线等），数据形式以点状要素为主，形成水文气象的基础资料查询利用，通过位置检索，获取不同类型的基础站点（水文站、潮位站、水库、气象站等）等水文资料记录和气象资料记录。

4.3.2 多源数据特点

近年来，随着勘测行业应用领域的越来越广泛，其所产生的勘测数据也在日益丰富。但是，不同勘测数据采集方式和应用软件的不同，这些勘测数据的格式及结构也不同，导致了多源勘测数据的产生。目前，随着地理信息系统的进一步发展、网络技术的广泛应用以及勘测数据的数量、复杂性和多样性的增加，多源勘测数据的共享和集成已成为必然趋势。

勘测外业数据的多源性主要表现在以下几方面。

（1）多语义性

勘测外业数据中包含了丰富的地理信息，地理信息指地理系统中的各种信息，地理系统研究对象的多种类性决定了地理信息的多语义性。对于同一个地理信息单元（实体），其几何特征虽一致，但却对应着多种语义，既有地理位置、气候、土壤等自然地理特征，也有行政区界限、人口等社会经济信息。一个岩土勘测工程会因解决问题侧重点的不同而存在语义分异的问题。

（2）多时空性和多尺度

岩土勘测数据具有很强的时空特性，一个岩土信息化系统中的数据源既有同一时间不同空间的数据系列，也有同一空间不同时间的数据序列。不仅如此，岩土信息化系统还会根据系统需要而采用不同尺度对地理空间进行表达，不同的观察尺度具有不同的比例尺和精度。勘测外业数据集成包括不同时空和不同尺度数据源的集成。

（3）获取手段多样性

获取勘测外业数据的方法有多种，包括人工的和基于各种自动化系统的，不同手段获得的数据的存储格式及提取和处理手段都各不相同。

（4）存储格式多源性

勘测外业数据不仅表达空间实体（真实体或者虚拟实体）的位置和几何形状，同时也记录空间实体对应的属性。这就决定了勘测外业数据源包括图形数据和属性数据两部分。图形数据又分为栅格和矢量两种格式。传统的数据存储系统一般将属性数据放在关系数据库中，而将图形数据存放在专门的图形文件中。不同的外业数据采集软件一般采取了不同的文件存储格式。

（5）分布式特征

数据分布式特征是指空间数据存储、更新或使用物理空间上不在一处的操作，可以通过计算机网络基于地学规律、地理特征和过程的相关性在逻辑上联系到一起。

（6）空间拓扑特征

空间数据不仅表达地理特征和过程在各种坐标体系的空间位置，并且数据的空间特性之间也有拓扑关系，拓扑关系表现在数据空间特征的面积、连接性、邻接性、连通性、长度等方面。

4.3.3 多源数据组织与管理

随着各种外业数据采集技术的广泛应用，相关部门采集和存储了大量空间数据，这些数据在应用方面主要有如下特征：①数据量大且多源，从 GB 级到 TB 级不等，且涉及不同的专题；②元数据标准多样，数据统一集成管理难以实现；③使用人员广泛，数据获取困难。通过对空间数据特征分析发现，多源空间数据的特点导致数据不能得到有效的管理和组织，限制了其在实际应用中发挥最大作用的能力。对多源空间数据进行统一组织和管理，是解决由数据管理带来的应用困难问题的出发点。为此，多源空间数据管理系统的建立对于解决大数据量空间数据的应用问题具有重要意义。

针对多源空间数据的组织和管理，需要对元数据、空间数据检索统一规划。多源数据的组织与管理主要包含以下流程：①基于地质信息元数据标准的元数据扩展；②基于 XML 解决多源空间数据的元数据交换的问题；③利用单机多 SDE 数据存储技术解决多源数据定位及共享问题；④最后通过建立空间索引数据库，在单机多 SDE 的基础上，解决空间数据快速检索的问题。上述多源数据的组织与管理思路在空间矢量数据和遥感数据上均是适用的。

1. 基于地质信息元数据标准的元数据扩展

统一标准是能够规范地采集元数据和提供元数据信息服务的基础。在地学领域，目前存在多种不同空间元数据标准，在多源数据组织与管理中除了要满足符合通用标准的空间元数据管理需要，还要满足相关数据应用部门的特殊需求。在多源数据管理系统开发过程中，要求将空间元数据与空间数据库及所属项目进行关联，并设计符合系统特殊要求的规范化的元数据信息内容，扩展后的元数据标准对空间矢量数据及遥感数据均可进行描述，如图 4-4 所示。

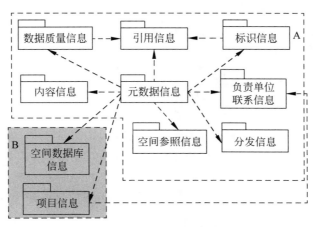

图 4-4　多地质信息元数据标准的扩展示意

通过对地质信息元数据标准的扩展,可为解决多源空间数据的元数据交换问题提供基础。

2. 基于 XML 的空间元数据交换

基于 XML 的空间元数据交换主要用于实现在空间数据管理系统中,对空间元数据进行数据交换。同时采用 XML 作为交换媒介,不以数据结构为前提,具有很强的平台无关性和可扩展性。

尽管数据交换功能较常规功能而言具有一定优势,但同样存在生产效率低、维护成本高昂的问题。为了解决以上问题,采用模型驱动架构(model driven architecture,MDA)相关理论,对空间元数据交换流程进行设计,并根据空间元数据的特点,在应用 MDA 的同时对其进行一定的扩展,从而产生模型-平台-数据源无关模型(data source independent model,DSIM)、数据源相关模型(data source specific model,DSSM)。

从数据转移的角度来看,空间元数据从源应用到目标应用需要经过源应用、数据源无关模型和目标应用 3 个状态。空间元数据在三者之间的转移可划分为 3 个业务流程:数据提取、数据处理和数据装载。数据提取和数据处理协作完成数据自源应用到数据源无关模型之间的传递,数据装载完成数据自数据源无关模型到目标应用的传递,流程如图 4-5 所示。

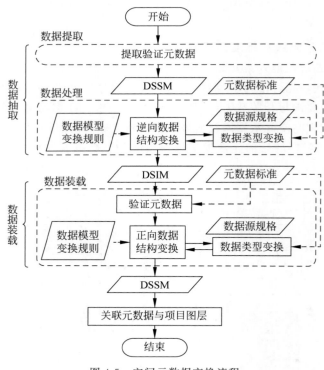

图 4-5 空间元数据交换流程

3. 基于单机多 SDE 的空间数据共享

ArcSDE 是能够在多种关系数据库中管理空间数据并提供访问接口的空间数据引擎。

针对资源与环境遥感数据多源的特点,在一个数据库服务器中建立多个SDE服务来定位不同来源、不同专题的大数据量空间矢量数据及遥感数据,达到多源空间数据共享的目的,如图4-6所示。

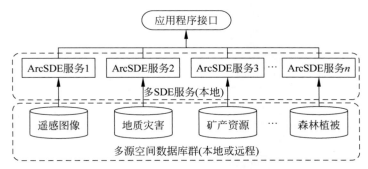

图 4-6　多 SDE 空间数据共享

如图 4-6 所示,单机多 SDE 的集成方式是在本地一个数据库服务器中建立多个 SDE 的空间数据库服务,即通过在一个数据库服务器中建立多个 SDE 服务和数据库实例来形成单机多 SDE 的空间数据库模式。这种模式将区域分散、数据量大的空间数据集中到一起进行定位共享,增强空间数据库间的数据共享能力,提高数据访问的效率。同时,又从逻辑上将每个数据库分开,使每个数据库可以灵活地设计各自的逻辑结构,实现特别的业务模型或工作流程。

在此模式下,虽然用户能够检索到所需的数据,但会花费大量时间,无法快速检索数据,索引数据库的建立则可帮助解决这一问题。

4. 基于空间索引数据库的空间数据检索

使用索引可快速访问数据库中的特定信息,本系统索引数据库是针对多源空间数据库中的数据建立的索引,如图 4-7 所示。

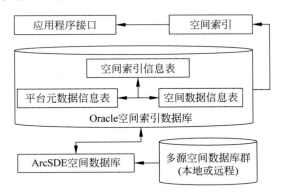

图 4-7　空间索引数据库存储结构

数据组织形式是通过收集、制作平台数据库空间数据的地理范围、属性定义,建立数据库内部关联引用元数据信息、空间数据条目,实现包括空间索引属性数据和空间数据库基本信息的空间索引基础数据库的集中管理和空间数据库间属性数据-空间数据-元数据关联的数据检索功能,保证实体数据与检索数据的一致性,为平台的数据应用服务接口提供合理有效的数据支持,解决用户快速检索定位数据的问题。基于空间索引数据库,本系统将采用基于空间对象 MBR(最小外包矩形)的空间索引方法在空间数据库中对空间数据建立索引。空间数据的检索模块采用的方法如图 4-8 所示,将实现空间数据的粗略检索和精确检索。

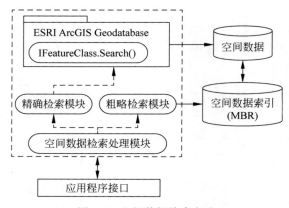

图 4-8   空间数据检索方法

4.3.4   多源数据融合技术

多源数据融合技术简而言之是一种数据处理技术,其只是通过对于数据的整理与整合将不同来源的数据融为一个整体,使得数据分析人员对于研究对象的信息有一个全面的掌握。多源数据融合技术的这一工作模式与岩土工程勘测工作完美契合,在岩土工程勘测工作中,勘测人员会对矿产地的地质、水文等一系列要素进行勘测,而后期的数据量也是十分庞大,这也就需要多源数据融合技术对其进行整合。而随着多源数据融合技术的应用,越来越多的勘测技术被引入岩土工程勘测工作中,其优势也可以得到发挥,增加了岩土工程勘测工作的数据全面性。多源数据融合技术在岩土工程勘测工作中的应用不仅仅只是应用于数据处理这一领域,还要与勘测技术进行结合才能更好地助力勘测工作的进行。多源数据的融合流程如图 4-9 所示。

多源数据和多维数据都是数据融合的处理对象,根据不同的分类标准可以把数据划分为多源数据和多维数据,多源数据是按照数据的来源进行划分,多维数据的划分标准是数据的属性,多来源也可以看作多维度的一种维度,从这个意义上说,多维数据的含义高于多源数据。一般来说,多源数据和多维数据之间没有绝对的关系,单来源的数据按照不同的性质可以划分出多个维度,同一性质的数据按照不同的来源也可以划分为多个来源,且各种来源的数据大多涉及多维度处理问题,所以在处理数据时,对数据是多源还是多维的判断通常不是绝对的。

受外界环境或传感器性能等的影响,各系统获得的数据存在冗余或不准确的问题,数据融合方法通过对不同形式的数据进行处理,可有效获得准确信息。目前运用较多的方法是神经网络(BP 神经网络、卷积神经网络、深度学习)、D-S 证据理论、卡尔曼(Kalman)滤波、支持向量机、遗传算法、信息熵、自适应加权、层次分析法、小波变换、粒子群算法、聚类、蚁群算法等。

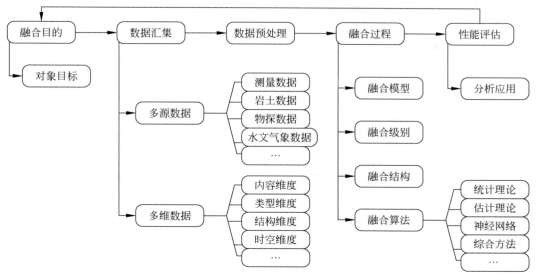

图 4-9　多源异构数据融合流程

1. 基于神经网络的数据融合

心理学家麦克库洛克（Mc-Culloch）和数学家皮茨（Pitts）于 1943 年提出神经网络概念和 M-P 模型，自此拉开神经网络研究的序幕。神经网络是模仿人脑进行信息处理的算法，具有强大的自学习、自适应、非线性匹配和信息处理能力，并且随着算法的改进，在浅层神经网络的基础上，深度神经网络被提出并不断发展。

（1）BP 神经网络

BP 神经网络（back propagation neural network）即反向传播神经网络，属于浅层神经网络的一种，通常由一个输入层、一个隐藏层和一个输出层组成，多层的网络体系结构使得信息的输出更加准确。如有学者设计了一款危险化学品仓库巡逻机器人，在对收集的泄露危险化学品浓度、仓库内环境温度和湿度数据进行拉依达去噪、归一化后利用 BP 神经网络进行融合输出，大幅提高了机器人报警的准确性和可靠性。由于外界环境的复杂性以及 BP 神经网络自身的缺陷，越来越多的学者借助优化算法，如改进蚁群算法、改进粒子群算法、启发萤火虫算法、改进烟花算法等设计 BP 神经网络数据融合算法，优化了 BP 神经网络的拓扑结构、权值和阈值，有效地减少了冗余数据传输，提高了融合精度和收敛速度，改善了数据融合算法的性能。

（2）深度学习

深度学习是由浅层神经网络发展而来，是深度神经网络的统称，卷积神经网络、循环神经网络是深度学习中重要的算法结构。不同于浅层神经网络，深度神经网络拥有多个隐藏层，且较低层的隐藏层输出可以作为较高层隐藏层的输入。深度学习具有更强的特征表示能力，不少学者将其运用到了数据融合算法中。以卷积神经网络模型为核心的无线传感器网络数据融合算法，可以有效提高数据采集精度；一种基于深度神经决策森林的数据融合方法，可以有效提取多维数据的关键特征，解决体域网中多传感器数据采集过程中数据冗余大、特征信息模糊的问题。总体来说，与传统数据融合算法相比，深度学习可以有效改善高噪声、多维度、大规模、结构复杂数据的融合效果。

2. 基于统计理论的数据融合

（1）D-S 证据理论

D-S 证据理论于 1967 年由登普斯特（Dempster）提出，后又经谢弗（Shafer）完善推广，是一种不确定性推理的方法，能够高效处理复杂和不确定信息，在数据融合领域发挥着重要作用。有学者从维修性数据源中挖掘样本量和分布特征等信息构建证据，采用 D-S 证据理论合成证据作为权重，建立了维修性多源数据融合模型；还有学者针对海量数据节点产生和传输中的不确定性，提出在物联网节点加权的基础上用 D-S 证据理论对数据进行融合。D-S 证据理论可以很好地表达和处理不确定信息，然而在挖掘多源数据特征合成证据构建数据融合模型时，需要特别注意冲突数据的融合问题，注重考虑合成规则的适用性、运算量的适中性以及融合结果的正确性等。

（2）支持向量机理论

支持向量机是瓦普尼克（Vapnik）于 20 世纪 90 年代提出的一种算法，以统计学习理论为基础，从线性可分的情况下寻找最优分类面发展而来，主要用来进行分类和回归分析，在数据融合中有着一定的运用。实际应用中可以使用支持向量机为学习机来预测多传感器信任度，从而使得多传感器数据融合算法具有更高的预测精度和收敛速度；基于多任务支持向量机的多源健康数据融合方法，可以有效融合具有不同数据源个数的多源数据，且该方法具有较好的分类性能与结构稀疏性。总之，支持向量机分类和回归分析的精确度较高，提高了数据融合算法的性能。

3. 基于估计理论的数据融合

估计理论方法可以分为线性估计技术与非线性估计技术，为复杂的数据融合过程提供了强大的方法支撑。其中，线性估计技术包括卡尔曼滤波、小波变换、最小二乘等，经典的非线性估计技术有扩展卡尔曼滤波（EKF）和无迹卡尔曼滤波（UKF）等。

（1）线性估计技术

卡尔曼滤波方法是卡尔曼于 1960 年提出，是一种对信息系统当前的状态进行最优估计的算法，一些学者用其帮助解决数据融合系统中信息误差的估计问题。如可以利用卡尔曼滤波算法对农业大棚环境参数进行数据级的融合处理，去除数据采集中噪声的影响，使得测量结果更加稳定、融合精度更高；也可以采用卡尔曼滤波算法，设计融合陀螺仪、加速度计和磁强计等多种传感器信息的机器人姿态测量系统，实现对机器人实时姿态的精确测量。卡尔曼滤波算法具有较强的容错能力，但也存在系统参数数量影响计算效率、不能处理非线性问题、对状态空间模型的精准度依赖较高的不足，要想进一步提高融合精度，需不断优化和改进卡尔曼滤波算法。

（2）非线性估计技术

卡尔曼滤波算法无法对非线性系统状态进行估计，为解决这一问题，有学者提出了扩展卡尔曼滤波算法，该算法一经提出便得到了广泛应用。如为获取准确、可靠的航向和姿态信息实现非线性系统的自主导航，可以采用扩展卡尔曼滤波算法进行姿态角和航偏角估计。然而，对非线性强度高的系统状态估计时，扩展卡尔曼滤波算法存在较大误差，于是精度更高、收敛性更好的无迹卡尔曼滤波算法被提出，并被一些学者应用于数据融合中，一些学者设计了基于无迹卡尔曼滤波的多传感器最优数据融合方法,用于处理非线性特征明显的组合导航系统的数据融合问题。总体来说,扩展卡尔曼滤波和无迹卡尔曼滤波是适用于非线性系统状态估计的近似估计方法,近年来在数据融合领域得到了学者的大量关注与研究。

4. 基于综合方法的数据融合

为了提高数据融合方法的性能,增强其适用性,数据融合方法呈现出不断改进且朝着综合方向发展的特点,具体表现为将几种常见的融合方法结合起来。如为提高数据融合结果的速度和精确度,有学者将长短时记忆网络、BP神经网络和模糊推理与卡尔曼滤波相结合;或将粗糙集理论与支持向量机相结合。此外,为提高数据融合的可信度,还有学者将卡尔曼滤波原理和基于多层感知机的神经网络预测法应用到误差协方差估计中。可见,各种数据融合方法取长补短,发挥各自的特点与优势,得到了优于单一方法的融合结果。

4.4　知识库与数据字典构建技术

随着城市化建设的加快,对岩土工程勘察的需求量不断加大,各种类型的勘察数据也在激增,在不同行业各类勘察信息系统在实际工程勘察中能够起到积极的促进作用,知识库与数据字典作为各类勘察信息系统重要支撑技术得到进一步发展。因此,本节主要针对知识库与数据字典的应用进行介绍。

4.4.1　知识库

1. 知识

知识是人类对客观世界的认识,一般来说,知识是先由底层数据经过一系列加工,如分类、归纳、综合等处理过程而得到的上层信息,这种信息再经过解释、比较、推理得到我们所获取的知识。知识有显性知识和隐性知识之分,显性知识指可编码化知识,可以用文字和数字表达,易于以硬性数据、科学公式、编码程序或普适原理的形式传播和共享;隐性知识是指难以规范化和编码化的知识,由形象、概念、信念和知觉组成,具有高度专有性,并且是在不断演变的。隐性知识需要人们的相互交流,需要通过对知识库的挖掘,对分散的知识进行集成,才能创造新的知识。

2. 知识库

知识库是按一定要求存储在计算机中相互关联的某种事实、知识的集合,是经过分类和组织、程序化的知识集合,是技术整合中实现知识共享的基础。它不同于普通数据库,是在普通数据库的基础上,有针对性、目的性地从中抽取知识点,按一定的知识体系进行整序和分析而组织起来的数据库,是有特色的、专业化的,是面向用户的知识服务系统。以上是从知识存储的角度来定义知识库,而从知识使用的角度来看,知识库是由知识和知识处理机构组成,知识库形成一个知识域,该知识域中除了事实、规则和概念之外还包含各种推理、归纳、演绎等知识处理方法。从以上知识库的定义可知,知识库系统的实现涉及两个关键的问题:知识的表达方式和知识的推理机制。

知识的表达方式是知识库首先要解决的问题,它应当用计算机可以"理解"的方式对知识进行表示,同时以一种用户能够理解的方式将处理结果告知用户。知识库包含的知识种类很多、知识存量也很大,因此,知识表达方式一般采用多种角度进行综合描述,即不仅用文字信息描述,还从图像、声音等多角度揭示数字化的知识信息。

知识推理机制是推理机利用知识库中已有的知识进行启发式查询和推理,计算机直接将推理后得出的结论反馈用户,而用户往往看不到推理的过程。知识推理机制一般由调度器、执行器和一致性协调器三部分组成。调度器控制整个推理流程,使得推理可以按照一定的流程进行下去;执行器执行调度器所选定的命令,并且负责读取知识库中的知识和全局黑板中的信息;一致性协调器保持推理中间结果的一致性。

3. 知识库的组织

对知识库的编辑(包括搜索、查询、修改等)和推理,在整个知识库的应用过程中所占的时间比例很大。所以,合理地选择知识库组织方法,对提高系统的运作效率将起到重要作用。传统的用于组织数据库或各种文件的方法主要有:①顺序文件;②各种索引文件;③各种树型结构文件;④各种 Hash 文件;⑤数据字典的应用等。尽管这些文件组织方式都有各自的优点,但如果直接用于知识库组织也有不足之处。为此,我国学者郭茂祖提出了一种使得推理效率高且对知识库的其他编辑操作也相当方便的"顺序存储,动态组织"的知识库组织策略。所谓的"顺序存储,动态组织"的知识库组织策略是指将每条规则作为一条记录按规则号的顺序存放在知识库中,而推理之前按照目标结论对知识库进行动态分类,从而提高推理效率的组织策略。按照这种组织策略,对知识库的推理在动态分类的基础上进行,而在对知识库进行其他操作时则直接针对知识库进行,使得推理效率高且对知识库的其他操作也相当方便。

在知识库的组织过程中使用较多的知识集成的工具是知识结构图,即定义相关的知识以及将这些知识和信息结构化,为知识共享提供必要的条件。

4. 知识库中的知识动态获取

知识库中的大量知识包括事实和规则,一般的浅层知识只表示客观事物的表象及其与结论之间的关系,但并不反映事物的本质。而涉及领域原理与模型等方面的深层知识反映了事物的本质、因果关系的内涵等方面,对于技术整合中较复杂的问题,借助于深层知识来提高问题求解的能力和灵敏度。传统上的知识获取是由知识工程师和专家、用户的多次交互完成的,他们之间的交流管道存在障碍,专家能够有效地解决问题,但要其整理出知识是有一定难度的,尤其是他们拥有的只可意会、难以言传的经验知识。而且由于主客观因素,知识库难免出现矛盾、蕴涵、冗余和循环等问题,影响了系统的推理能力。因此,有必要在知识库的构建中设计一种知识动态获取技术。所谓动态获取技术,是指通过一些典型的数据和相关知识,采用启发式方法得出一般性和特殊性的知识和知识点,以便达到动态构建知识库和动态添加、修改知识库中的知识,同时对于知识库内部的校验进行动态测试以保证知识库消除冗余和矛盾。

5. 知识库的维护

知识库在开始建立时,由于知识较少、内容简单、规模不大,用人工方法就能对知识库进行维护,对其中的事实和规则逐条检验就能保证知识库的真实性和一致性。但随着技术整合中创造的新知识不断加入到知识库中,使得知识库的规模越来越大,内容越来越复杂,知识库中各知识单元之间的相互影响和相互联系也变得越来越复杂,在这种情况下,知识库的维护就显得更为重要。面对复杂、规模庞大的知识库,人工维护的方法显示出很多弊端,已不能适应需求。知识库人工维护方法的主要弊端有:①由于各种客观因素的影响,常会发生输入不完全或输入有错误等现象;②人的智力和思考范围有限,导致知识的不一致性,从而造成知识库结构不良;③要求修改知识库的人员必须了解这个系统,掌握大量的专业知识;④系统开发、维护周期长,人力消耗大。

鉴于上述原因,需要在知识库中开发知识维护模块,以便自动检查知识库中的知识,确保知识的一致性和完整性。模块中可以采用以下方式对知识库进行维护:①自组织的知识整理,对用同一关键词检索出来的一批知识,它们在知识库界面上的排列顺序按被检索次数的多少进行;②自动提示冗余知识,即在输入知识时,输入者对具有相同关键词内容的知识进行识别,避免冗余知识的输入,同时,增量知识与存量知识进行比较,若出现相同知识,自动进行删除;③自动清除无关知识,模块可采用关键词匹配、字数检查和语法检查等方法对与知识库无关的知识进行自动识别和清除。

4.4.2　数据字典

数据字典是访问数据库的接口。数据字典是构建数据库过程中不可缺少的组成部分,能够对数据库进行有效管理,对优化数据库结构有重要作用。数据字典能够在数据库设计阶段、实现阶段、运行阶段起着重要作用,能够在不同阶段管理各种数据库信息。数据字典是各类数据描述的集合,能进行详细的数据收集和数据分析。通常包含 5 个部分:数据项、数据结构、数据流、数据存储以及处理过程。

1. 数据项

数据项是数据的最小组成单位,若干个数据项可以组成一个数据结构。

数据项的描述如下:数据项={数据项名称,数据项说明,数据类型,数据项长度,数据项取值范围,数据项取值含义,数据项之间的逻辑关系},其中“数据项取值范围”“数据项之间的逻辑关系”是限制数据项的约束条件,是检验数据功能的依据。

2. 数据结构

数据结构主要表现了数据之间的逻辑关系。数据结构既能够由几个数据项构成,也能够由几个数据结构构成,也可以由数据项和数据结构共同构成。

数据结构的描述如下:数据结构={数据结构名称,数据结构说明,数据结构组成}。

3. 数据流

数据流描述了数据结构在数据库系统内传输的轨迹。

数据流的描述如下:数据流描述={数据流名称,数据流说明,数据流源,数据流去向,数据流组成,数据流平均流量,数据流峰值流量}。

4. 数据存储

数据存储描述了数据结构保存的位置。

数据存储的描述如下:数据存储描述={数据存储名称,数据存储说明,数据存储编号,数据存储组成,数据存储方式}。

5. 处理过程

处理过程描述了数据字典中对数据进行处理的过程性说明。

处理过程的描述如下：处理过程描述＝｛处理过程名称,处理过程说明,处理过程输入,处理过程输出,处理过程说明｝。

4.5　地学信息可视化与虚拟现实技术

4.5.1　地学信息可视化

地学信息可视化主要采用 CAD 和 GIS 进行。因此,本节针对 CAD 和 GIS 进行相关分析。

1. 地学信息可视化 CAD/GIS 制图现状分析

（1）工程制图

当前,电力工程主要以二维图纸体现勘测设计成果,工程制图是其主要工作。工程制图既可基于 CAD 平台,也可基于 GIS 平台,但 CAD 平台应用占主流。工程制图侧重图纸符号化表达,并且实际制图过程中存在大量图形编辑工作,而 CAD 在这方面具有明显优势。GIS 平台注重空间数据分析及管理,数据规则性及约束性较强,但在工程制图表达方面不及CAD 灵活多样。勘测设计各专业主要以 CAD 数据进行图纸资料交接,即使勘测专业应用GIS 平台,其 GIS 成果目前也难以直接提供给设计专业使用,需要转换成 CAD 格式。CAD平台贯穿了从前期图纸绘制到后期图纸出版几乎整个工程设计生产流程。

（2）外部数据交换

政府规划部门早期主要应用 CAD 平台,电力工程设计与规划对接可以直接使用 CAD格式数据。但随着地理信息系统的快速发展,国土、林业等部门目前已经全面应用 GIS 平台进行规划管理。目前电力工程与规划相关报批需提供国家 2000 坐标系的 GIS 格式数据,包括发变电工程的占地范围以及输电线路工程通道与塔基占地范围。绝大部分规划部门已不再接收 CAD 格式报批图纸数据。与此同时,电力工程收集与购买的资料中 GIS 格式数据越来越多,譬如测绘部门提供的 GIS 数字线划图、林业部门提供的 GIS 生态红线图等。由于设计人员使用 CAD 平台,难以直接处理此类 GIS 格式数据,通常需要将其转换为CAD 数据。但是,转换之后属性信息丢失,面状要素表达不完整,影响设计判断。

（3）内部数据管理

电力工程勘测设计通常以单个工程为主体进行数据管理,勘测数据主要采用文档式存储,分散于各个工程之中。勘测工程制图以满足图式要求及表达设计意图为主要任务,并未考虑空间数据建库的需求。传统 CAD 勘测制图成果难以转换为 GIS 标准数据以用于空间分析与数据共享。CAD 平台对于大规模空间数据处理及展现有着诸多局限,海量空间数据管理必须借助 GIS 技术。各勘测设计单位建立自己的 GIS 空间数据库势在必行。如何将GIS 数据管理、共享与 CAD 工程制图有效结合将成为 GIS 数据在电力工程设计中深入应用的关键因素。

（4）数字化设计

输变电工程数字化设计随着国网公司的强势推进已经逐渐落地。数字化设计的开展对勘测数据提出了更高要求。数字化智能设计需要具备高程信息、属性信息、拓扑信息的单体化数据满足空间分析要求。譬如输电线路工程中若要自动统计房屋拆迁和林木砍伐数据,就需要具有完整调查属性的房屋分布图、林木分布图。非单体化三维表面模型虽然可以直观呈现地形地貌,但目前还无法完全满足空间分析需求。传统 CAD 勘测制图重符号轻属性、无拓扑约束,难以直接用于空间分析,与电力工程数字化设计的要求还存在较大差距。

2. 地学信息可视化 CAD/GIS 制图需求及难点分析

（1）CAD/GIS 数据对比分析

CAD 和 GIS 之间有大量的技术重叠,两者的根本区别在于使用目的不同,从而导致功能和数据等方面的区别。从使用目的来看,CAD 主要偏向于制图和表达,GIS 的核心功能是空间分析。GIS 比 CAD 数据属性更为丰富,空间对象之间的拓扑关系更强,能够处理更大规模的数据。虽然很多 GIS 软件都可以接收 CAD 的数据格式,但是在数据转换过程中存在较多数据丢失、数据变形等问题。

CAD 与 GIS 由于应用目的不同在技术层面上存在诸多不一致,主要体现在以下几个方面:

1）坐标系表达不一致:GIS 数据坐标系定义包含完整的参数信息,通常存储于空间数据文件或其关联文件,GIS 软件可自动读取。CAD 地形图坐标系通常标注在图纸上,而非写入图纸数据之中,且坐标系注记内容只包含惯用名称及中央子午线,没有完整的坐标系参数。这就意味着必须通过人工判读才能确定 CAD 图纸坐标系。此外,因工程设计需要,CAD 图形可能采用独立坐标系,无法采用标准地理坐标系进行定义。这些应用习惯给 CAD 数据坐标系自动化转换处理带来麻烦。

2）图形符号表达不一致:GIS 数字线划图数据并不包含符号信息,而是通过 GIS 软件调用相应符号库进行符号化显示,符号与空间数据分离,具有动态、完整特性。对于 CAD 地形图,其地物直接利用 CAD 符号表示。根据地形图图式要求,部分地物很难用单个线形或块符号表达,必须借助辅助线或块补充示意。因此 CAD 地形图存在大量离散型、组合型符号。这些辅助符号对象并非空间地物,却与地物对象同等存在于 CAD 图形中。符号不完整不仅使得地物对象难以编辑,且干扰后续数据格式交换。

3）属性表达不一致:GIS 数据每个要素几何对象与属性记录显性对应关联,属性结构与内容可以设置明确的约束条件。CAD 对象属性信息通常通过注记对象表达,而非直接写入对象。注记受图面限制内容有限,通常只包含主要信息,难以标注所有属性。注记与对应地物对象通过位置相邻或包含关系隐性关联,需要根据读图习惯人工确认,难以完全自动化判别。

4）要素语义表达不一致:GIS 要素几何类型包括点、线、面、多点、多线、多面。CAD 中并没有真正符合 GIS 意义的面对象,面状要素通常采用闭合多段线表示,但其难以完整表达带洞面要素和多面要素。CAD 地形图习惯采用封闭区域标注地貌符号以示意地貌范围,这种图面表达方式无法与 GIS 对应,必须人工编辑构面。

5）图形拓扑约束不同:GIS 数据可以通过拓扑检查、编辑,保证要素空间关系满足用户要求的拓扑规则。GIS 要素对象本身也有拓扑约束以保证要素几何有效性。CAD 作为通用工程制图平台并不具备空间拓扑机制,图形绘制无明显约束。这就导致 CAD 地形图存在很多拓扑问题,譬如面不闭合、线重叠、同类面状地物相交、连通路网不相邻等。

6）影像处理模式不同:GIS 具备处理大规模地理影像功能,通过金字塔模式快速显示大范围高分辨率数据,包括各类网络地图。CAD 平台中,影像只是一个外部参照对象,作为参考底图按坐标显示在对应位置。CAD 对于栅格数据没有金字塔机制,无法加载显示大影像数据。对于大规模高分辨率地理影像通常只能分块加载显示,以避免内存超限引起软件卡顿或异常。

（2）CAD/GIS 一体化制图关键需求

CAD 和 GIS 在数据功能方面的差异使得 CAD/GIS 一体化制图具有较大难度。CAD 与 GIS 集成存在很多关键问题需要解决，主要包括：增加 CAD 图纸测绘坐标系定义机制，便于程序自动、完整获取相关参数，实现坐标系转换功能；建立新型 CAD 符号表达方法，保持符号对象完整性；引入 GIS 属性机制，实现 CAD 要素对象存储、查询属性数据；统一要素语义表达，依据 GIS 要素语义绘制 CAD 图形；CAD 对象增加 GIS 拓扑约束，实现拓扑检查与编辑；增强 CAD 影像处理功能，实现各类地理影像快速显示与基本处理；解决 GIS 与 CAD 矢量数据带属性交换。

电力工程除了地形图，还有多种采用线路坐标表达的断面图和分布图，包括架空线路平断面图、地下管线平断面图、工程地质剖面图、塔基断面图、房屋分布图、河床纵横断面图等。线路坐标平断面图和平面直角坐标路径图的空间数据本质上是一致的，是因工程设计需要而出现的一种空间数据表达方式。基于平面图提取数据直接绘制平断面图的关键在于要素自动化识别和转换设计文件格式。

4.5.2　虚拟现实技术

1. 虚拟现实技术概述

虚拟现实（virtual reality，VR）技术是由美国 VPL 公司创建人杰伦·拉尼尔（Jaron Lanier）在 20 世纪 80 年代初提出的，但在 20 世纪末才兴起的综合性信息技术。作为一项尖端科技，虚拟现实技术融合了数字图像处理、计算机图形学、多媒体技术、计算机仿真技术、传感器技术、显示技术和网络并行处理等多个信息技术分支，是一种由计算机生成的高技术模拟系统，从而大大推进了计算机技术的发展。虚拟现实技术生成的视觉环境是立体的、音效是立体的、人机交互是和谐友好的，改变了人与计算机之间枯燥、生硬和被动地通过鼠标、键盘进行交互的现状。因此，目前虚拟现实技术已经成为计算机相关领域中继多媒体技术、网络技术及人工智能之后备受人们关注及研究、开发与应用的热点，也是目前发展最快的一项多学科综合技术。

2. 虚拟现实系统的组成

根据虚拟现实技术的基本概念及相关特征可知，虚拟现实技术是融合计算机图形学、智能接口技术、传感器技术和网络技术等综合性技术。虚拟现实系统应具备与用户交互、实时反映所交互的结果等功能。所以，一般的虚拟现实系统主要由专业图形处理计算机、应用软件系统、输入设备、输出设备和数据库来组成，如图 4-10 所示。

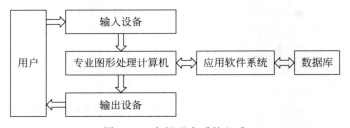

图 4-10　虚拟现实系统组成

（1）专业图形处理计算机

计算机在虚拟现实系统中处于核心地位，是系统的心脏，是虚拟现实的引擎，主要负责从输入设备中读取数据、访问与任务相关的数据库，执行任务要求的实时计算，从而实时更新虚拟世界的状态，并把结果反馈给输出显示设备。由于虚拟世界是一个复杂的场景，系统很难预测所有用户的动作，也就很难在内存中存储所有的相应状态，所以虚拟世界需要实时绘制和删除，以至于大大增加计算量，这对计算机的配置提出了极高的要求。

（2）应用软件系统

虚拟现实的应用软件系统是实现虚拟现实技术应用的关键，提供了工具包和场景图，主要完成虚拟世界中对象的几何模型、物理模型、行为模型的建立和管理，三维立体声的生成、三维场景的实时绘制，虚拟世界数据库的建立与管理等。目前这方面国外的软件较成熟，如 MultiGen Creator、VEGA、EON Studio 和 Virtool 等。国内也有一些比较好用的软件，例如中视典公司的 VRP 软件等。

（3）数据库

数据库用来存放整个虚拟世界中所有对象模型的相关信息。在虚拟世界中，场景需要实时绘制，大量的虚拟对象需要保存、调用和更新，所以需要数据库对对象模型进行分类管理。

（4）输入设备

输入设备是虚拟现实系统的输入接口，其功能是检测用户的输入信号，并通过传感器输入计算机。基于不同功能和目的，输入设备除了包括传统的鼠标、键盘外，还包括用于手姿输入的数据手套、身体姿态的数据衣、语音交互的麦克风等，以解决多个感觉通道的交互。

（5）输出设备

输出设备是虚拟现实系统的输出接口，是对输入的反馈，其功能是由计算机生成的信息通过传感器传给输出设备，输出设备以不同的感觉通道（视觉、听觉、触觉）反馈给用户。输出设备除了包括屏幕外，还包括声音反馈的立体声耳机、力反馈的数据手套以及大屏幕立体显示系统等。

4.5.3 基于虚拟现实技术的电力岩土工程勘测

基于虚拟现实技术的电力岩土工程勘测是指在虚拟环境中建立电力岩土工程中各对象的三维 CAD 模型和有限元模型（虚拟模型），形成基于计算机的具有一定功能的仿真系统，对系统中的模型进行参数化设计和动态分析，并根据动态分析结果，在人机交互的可视化环境中对方案进行修改。

沉浸感和交互性是虚拟现实系统最关键的两个特点，这两个特点充分反映了电力岩土工程方案设计在人机关系上的基本特征，它们充分反映了设计者的主导作用：从过去只能在计算结束后查看计算结果，到能沉浸到虚拟现实环境中参与整个计算过程；由过去的经验、静态和类比设计转向动态优化设计。在虚拟现实环境中进行岩土工程方案的分析和设计时，设计者能对可视化的虚拟模型进行适时修改，从而优化设计方案。

基于虚拟现实的岩土工程方案设计方法的实现过程为：在三维可视化虚拟环境中，设计人员可利用 CAD 设计软件（如 Solid-edge、UGⅡ、Pro/Engineering 等）建立对象结构实体模型，并将模型的几何信息输入有限元分析软件（如 ANSYS 等）中，建立三维可视化的有限元模型，然后对有限元模型进行计算分析。有限元模型数据和分析结果数据分别存入相应的数据库中,并转化成图形数据文件,表达为图形或图像的形式,使设计人员能沉浸在三维可视化的虚拟环境中观察模型的模拟和计算,并实时对模拟过程进行修改,直到获得满意的方案。最后将最优设计方案的结果存入数据库,为绘制施工图提供可靠依据。优化设计过程主要由计算机完成,并能充分利用设计人员的经验,而不是像传统的设计方案的优选仅依赖于人的经验或仅采用一些优化算法。可参考如图 4-11 所示的设计流程。

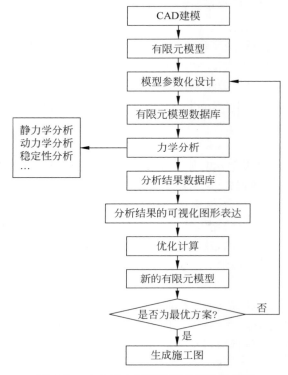

图 4-11　电力岩土工程动态虚拟设计流程

在输变电工程规划中倾斜摄影、三维地物模型、激光点云地物模型、电网设备设施的三维设计的 BIM/GIM、各类标记图元与无人机航拍视频图像等多源数据融合,构建可研可视化数字孪生场景并通过虚拟现实技术,对数字化可研设计过程的数据内容进行全方位展示,提升可研设计过程关键点表达效果,部分融合效果图如图 4-12 所示。

图 4-12　电力勘测中的虚拟现实应用效果图

4.6 勘察数据安全技术

近年来,工程勘察设计企业在信息化强国战略和可持续发展方针的指导下,大力推进信息化建设,勘察设计过程中形成的各类文档、图纸、模型及其他电子数据等成为信息存储的主要方式,也是企业内、外部之间进行信息交换的重要载体。对于以知识成果数据作为企业重要核心资产的勘察设计企业,保护电子文档的安全问题必将越来越受到重视。同时,工程勘察设计企业的人员构成、业务流程和数据的流转都十分复杂,尤其是工程勘察行业的内外业交互特殊性,相关的地理信息、专业数据及研究成果,一旦在传输中被截取、泄露,就会造成不良后果,打造内网、外网数据安全体系势在必行。

为探讨网络传输中数据安全及加密技术,采用理论结合实践的方法,立足目前智慧勘察网络传输面临的安全隐患,分析数据安全技术和加密技术的应用要点,采取科学先进的数据安全技术和加密技术,能够有效保障勘察数据网络传输数据的安全性。

4.6.1 数据脱敏技术

1. 概念

数据脱敏(data masking),顾名思义是屏蔽敏感数据,是在不影响数据分析结果准确性的前提下,对某些敏感信息通过脱敏规则进行数据变形,实现隐私数据的可靠保护。业界常见的脱敏规则有替换、重排、加密、截断、掩码,用户也可以根据期望的脱敏算法自定义脱敏规则。通过数据脱敏技术,可按照网络传输敏感信息内容进行合理转变,只有通过授权的管理人员或者用户,才能知道数据的真实值,从而降低重要数据在网络传输中面临的风险。数据脱敏可在不降低网络环境安全性的基础上,保障原数据传输、使用、共享的安全性,是大数据环境下最直接、最有效的数据保护方法。

良好的数据脱敏实施,需要遵循以下两个原则:①尽可能地为脱敏后的应用,保留脱敏前的有意义信息;②最大限度地防止黑客进行破解。

具体效果上,数据脱敏技术主要是去标识化和匿名化。

去标识化:是指通过对个人信息的技术处理,使得在不借助额外信息的情况下,无法识别个人信息主体。

匿名化:是指通过对个人信息的技术处理,使得个人信息主体无法被识别或关联,且处理后的信息不能被还原的过程。

通过数据脱敏技术,针对不同类别的数据,采取不同的脱敏方式,按照数据使用的目标,制定符合数据网络传输安全的脱敏原则,实现跨工具、跨环境的安全访问。

2. 常见的脱敏场景

数据脱敏是保障网络传输数据安全的技术,企业内部常见的数据脱敏场景主要包括静态脱敏、动态脱敏、应用系统脱敏等。

(1)静态(数据文件)脱敏

静态脱敏是数据的"搬移并仿真替换",是将数据抽取进行脱敏处理后,下发给下游环节,随意取用和读写的,脱敏后的数据与生产环境相隔离,满足业务需求的同时保障生产数据库的安全。适用于批量进行脱敏数据。

（2）动态（数据库）脱敏

动态脱敏是指在访问敏感数据的同时实时进行脱敏处理，可以为不同角色、不同权限、不同数据类型执行不同的脱敏方案，从而确保返回的数据可用而安全。动态脱敏主要指的是数据库脱敏。具体而言，指的是比如研发人员的开发调试、DBA日常数据管理、运维人员基础运维等。

（3）应用系统脱敏

应用系统脱敏主要指的是前端页面的敏感数据脱敏，以及数据类型接口API的透出数据脱敏。按照设计保护规划和脱敏策略，对智慧勘察软件网络传输数据中的敏感信息进行自动变形，以保障敏感数据。

（4）数据报告及数据产品脱敏

这类场景主要包括内部的数据监控类产品或者看板、对外服务的数据类产品、基于数据分析的报告，比如业务汇报、项目复盘。

3. 常用的脱敏技术方法

1）统计技术

统计技术是一种对数据集进行去标识化的常用方法，主要包括数据抽样和数据聚合两种技术。数据抽样是通过选取数据集中有代表性的子集来对原始数据集进行分析和评估的，它是提升去标识化技术有效性的重要方法；数据聚合作为一系列统计技术（如求和、计数、平均、最大值与最小值）的集合，应用于微数据中的属性时，产生的结果能够代表原始数据集中的所有记录。

2）密码技术

密码技术是去标识化或提升去标识化技术有效性的常用方法，采用不同类型的加密算法能达到不同的脱敏效果。确定性加密是一种非随机对称加密，常见于对ID类数据进行处理，可在必要时对密文进行解密还原为原ID，但需要对密钥进行妥善保护；不可逆加密是通过散列（Hash）函数对数据进行处理，常见于对ID类数据进行处理，不可以直接解密，需保存映射关系，同时因为Hash函数特性，会存在数据碰撞的问题，用法简单，不用担心密钥保护；同态加密是用密文同态算法进行数据保护，其特点是密文运算的结果解密之后和明文运算相同，因此常见于对数值类字段进行处理，但性能原因，目前未大范围使用。

3）抑制技术

抑制技术即对不满足隐私保护的数据项删除或屏蔽，不进行发布。主要包括：

屏蔽：是指对属性值进行屏蔽，是一种最常见的脱敏方式，如对手机号、身份证进行打*号处理，或对于地址采取截断的方式；

局部抑制：是指删除特定的属性值（列）的处理方式，删除非必要的数据字段；

记录抑制：是指删除特定的记录（行）的处理方式，删除非必要的数据记录。

4）假名化技术

假名化技术是一种使用假名替换直接标识（或其他敏感标识符）的去标识化技术。假名化技术为每一个人的信息主体创建唯一的标识符，以取代原来的直接标识或敏感标识符。可以独立生成随机值对原始ID进行对应，并保存映射关系表，同时对映射关系表的访问进行严格控制；同样可以采用加密的方式生产假名，但需为妥善保存解密密钥。该技术广泛使用在数据使用方数量多且相互独立的情况,比如开放平台场景的 openid,同样一个用户,不同开发者获取的 openid 不同。

5)泛化技术

泛化技术是指一种降低数据集中所选属性粒度的去标识化技术,对数据进行更概括、抽象的描述。泛化技术实现简单,能保护记录及数据的真实性,常见于数据产品或数据报告中。

取整:涉及为所选的属性选定一个取整基数,比如向上或向下取证,产出结果为 100、500、1k、10k。

顶层与底层编码技术:使用表示顶层(或底层)的阈值替换高于(或低于)该阈值的值,产出结果为"高于 X"或"低于 X"。

6)随机化技术

随机化技术作为一种去标识化技术类别,指通过随机化修改属性的值,使得随机化处理后的值区别于原来的真实值。该过程降低了攻击者从同一数据记录中根据其他属性值推导出某一属性值的能力,但会影响结果数据的真实性,常见于生产测试数据。

智慧勘察平台开发过程中,考虑到用户体系除勘察单位本身外,还有设计单位、监理单位、业主单位、施工图审查机构等,为保证勘察数据在智慧勘察平台中不同用户的获取,脱敏技术往往根据应用场景进行组合应用。

4.6.2 数据加密技术

数据加密(data encryption)技术是指将一个信息经过加密钥匙及加密函数转换,变成无意义的密文,而接收方则将此密文经过解密函数、解密钥匙还原成明文。在数据加密技术中,有两个非常关键的要素:一个是密钥,可将之理解为一种参数,是实现明文与密文转换的工具;另一个是算法,不同的加密方式,算法各不相同。

一个简单的数据加密案例就是密码的传输:许多安全防护体系是基于密码的,密码的泄露在某种意义上来讲意味着其安全体系的全面崩溃,数据加密的基本过程就是对原来为明文的文件或数据按某种算法进行处理,使其成为不可读的一段代码,通常称为"密文",使其只能在输入相应的密钥之后才能显示出本来内容,通过这样的途径来达到保护数据不被非法窃取、阅读的目的。该过程的逆过程为解密,即将该编码信息转化为其原来数据的过程。

数据加密技术是最基本的安全技术,被誉为信息安全的核心,最初主要用于保证数据在存储和传输过程中的保密性。它通过变换和置换等各种方法将被保护信息置换成密文,然后再进行信息的存储或传输,即使加密信息在存储或者传输过程为非授权人员所获得,也可以保证这些信息不为其认知,从而达到保护信息的目的。该方法的保密性直接取决于所采用的密码算法和密钥长度。

根据密钥类型不同可以将现代密码技术分为两类:对称加密算法(私钥密码体系)和非对称加密算法(公钥密码体系)。在对称加密算法中,数据加密和解密采用的都是同一个密钥,因而其安全性依赖于所持有密钥的安全性。对称加密算法的主要优点是加密和解密速度快、加密强度高且算法公开,但其最大的缺点是实现密钥的秘密分发困难,在大量用户的情况下密钥管理复杂,而且无法完成身份认证等功能,不便于应用在网络开放的环境中。

数据加密技术在智慧勘察系统中的应用就是防止有用或私有化信息在网络上被拦截和窃取。数据加密技术是保障网络传输中数据安全的重中之重,随着科学技术的飞速发展,出现了很多网络传输中的数据加密技术,其中应用最广泛的加密技术有四种:对称加密 DES 算法、非对称加密 RSA 算法、不可逆加密 Hash 算法、量子加密技术。

1. 对称加密 DES 算法

DES 算法是对称加密的主要算法,该算法又被称为美国数据加密标准,是由美国国际商业机器公司(IBM)于 1972 年研发。在该算法中,可按照 64 位对明文进行分组,密钥的长度也是 64 位,但其中 8 位的用途是校验,实际上有效的密钥仅为 56 位。该算法经过 16 次迭代后,通过密钥对明文进行加密,进而获得 64 位密文。数据在网络中传输之前,先通过密钥进行加密处理,在数据接收时再进行解密,就能得到原始数据,但整个传输过程中,数据依然处于加密状态,无法显示数据的真实情况。在应用 DES 数据加密时,数据发送和接收方,要提前制定密钥,在接收时如果没有对应的密钥,就无法提取相应的数据。因此,DES 数据加密技术,对密钥有较高的要求,并且密钥需要定期更新,提升密钥的安全等级,以保障网络数据传输的安全性。

从应用机制上来看,DES 数据加密技术是一种密码机制,安全性相对比较低,加密效率也比较有限,需要有专业的密钥技术解决方案。对于一般性的电子文档或数据进行网络传输数据加密时,为保障敏感数据的安全性,需要用到数字签名技术,并对网络中传输的数据进行对比审核,形成动态化密钥,在使用时密钥可自动生产,同时联合应用并行处理模式,可有效处理传统 DES 加密技术存在的弊端,实现原始数据和加密数据之间的快速转换。

2. 非对称加密 RSA 算法

RSA 算法是目前网络传输中常用的非对称密钥算法,RSA 是 1977 年由罗纳德·李维斯特(Ronald Rivest)、阿迪·萨莫尔(Adi Shamir)和伦纳德·阿德曼(Leonard Adleman)提出的。在具体应用中只需要一对密钥,其中一个密钥对数据传输文件进行加密处理,另一个密钥则负责解密。网络数据传输中应用 RSA 算法加密技术的流程如下:

第一步,生成密钥。密钥有公钥和私钥之分,各自对应两个数据,公钥为 n 和 e,私钥作为 n 和 d。其中 n 是同一个 n,所以,RSA 的密钥涉及 3 个数据,包括 n、e、d,都是很大的正整数。

第二步,密钥发布。生成密钥之后,公钥就会被公布出来,任何人都可以获得并使用公钥,但私钥的特定点,掌握在允许解读加密信息人手中。

第三步,加密。

第四步,解密。

3. 不可逆加密 Hash 算法

数据传输加密技术的目的是对传输中的数据流加密,以防止通信线路上的窃听、泄露、篡改和破坏。数据传输的完整性通常通过数字签名的方式来实现,即数据的发送方在发送数据的同时利用单向的不可逆加密算法 Hash 函数或者其他信息文摘算法计算出所传输数据的消息文摘,并将该消息文摘作为数字签名随数据一同发送。接收方在收到数据的同时也收到该数据的数字签名,接收方使用相同的算法计算出接收到的数据的数字签名,并将该数字签名和接收到的数字签名进行比较,若二者相同,则说明数据在传输过程中未被修改,数据完整性得到了保证。

Hash 算法也称为消息摘要或单向转换,是一种不可逆加密算法,称它为单向转换是因为双方必须在通信的两个端头处各自执行 Hash 函数计算;使用 Hash 函数很容易从消息计算出消息摘要,但其逆向反演过程以目前计算机的运算能力几乎不可实现。

Hash 散列本身就是所谓加密检查,通信双方必须各自执行函数计算来验证消息。举例来说,发送方首先使用 Hash 算法计算消息检查和,然后将计算结果 A 封装进数据包中一起发送;接收方再对所接收的消息执行 Hash 算法计算得出结果 B,并将 B 与 A 进行比较。如果消息在传输中遭篡改致使 B 与 A 不一致,接收方丢弃该数据包。

有两种最常用的 Hash 函数:

- MD5(消息摘要 5):MD5 对 MD4 作了改进,计算速度比 MD4 稍慢,但安全性能得到进一步改善。MD5 在计算中使用了 64 个 32 位常数,最终生成一个 128 位的完整性检查和。
- SHA 安全 Hash 算法:其算法以 MD5 为原型。SHA 在计算中使用了 79 个 32 位常数,最终产生一个 160 位完整性检查和。SHA 检查和长度比 MD5 更长,因此安全性也更高。

4. 量子加密技术

量子加密技术是目前网络传输中比较新颖先进的加密技术,主要是以量子物理学和密码学为基础发展而来的一种新型网络数据传输加密技术。量子加密技术的核心是不确定性原理。在一个相同的时间内,同时对粒子的特点进行检测分析,掌握粒子的运行轨迹和位置。通过量子加密技术可有效提升密钥的安全性,并对数据接收方和发送方的行为举止进行检测。量子力学主要表现形式是量子纠缠,简而言之,就是通过一个量子的特征,可计算出两个量子的特征,在数据加密中,可对加密的密码进行计算,再利用不确定性原理,选择密钥,以保障网络传输中数据的安全性。

4.6.3 身份认证与访问控制技术

身份认证要求参与安全通信的双方在进行安全通信前,必须互相鉴别对方的身份。保护数据不仅仅是要让数据正确、长久地存在,更重要的是,要让不该看到数据的人看不到。这方面,就必须依靠身份认证技术来给数据加上一把锁。数据存在的价值就是需要被合理访问,所以,建立信息安全体系的目的应该是保证系统中的数据只能被有权限的人访问,未经授权的人则无法访问到数据。如果没有有效的身份认证手段,访问者的身份就很容易被伪造,使得未经授权的人仿冒有权限人的身份,这样,任何安全防范体系就都形同虚设,所有安全投入就被无情地浪费了。

在智慧勘察系统中,身份认证技术要能够密切结合勘察的业务流程,阻止对重要资源的非法访问。身份认证技术可以用于解决访问者的物理身份和数字身份的一致性问题,给其他安全技术提供权限管理的依据。所以说,身份认证是整个信息安全体系的基础。

由于网上的通信双方互不见面,必须在交易时(交换敏感信息时)确认对方的真实身份;身份认证指的是用户身份的确认技术,它是网络安全的第一道防线,也是最重要的一道防线。

　　在公共网络上的认证,从安全角度分两类:一类是请求认证者的秘密信息(例如:口令)在网上传送的口令认证方式,另一类是使用不对称加密算法,而不需要在网上传送秘密信息的认证方式,这类认证方式中包括数字签名认证方式。

　　对于智慧勘察系统具体应用场景而言,"零信任"突出体现在身份管理、异常溯源以及全链路追踪等方面。借助身份认证系统来对智慧勘察系统内部用户、基础设施以及访问主体实施全面身份化。与此同时,还能够借助访问代理支持软件对边界技术予以定义,终端授权验证以前不会对 TCP 端口进行开放,从而更好地隐藏网络,当用户与终端通过验证之后对其赋予相应的权限,非授权用户或者没有通过验证的终端对其不可见,从而保障智慧勘察系统内部数据安全。现阶段在"零信任"原则的基础上进一步衍生出云化安全框架,能够促进网络与安全技术的深度结合,把安全管控技术与计算能力整合起来为用户带来更加强大的安全保护。

　　在智慧勘察系统与外部用户进行临时配对授权时,采用了项目二维码扫描授权方式进行,可在项目执行过程中通过 APP 扫描 Web 后台生成的二维码完成项目用户权限授权。这个过程中用到了图像数字水印及二维码技术。

　　二维码是用某种特定的几何图形按一定规律在平面(二维方向上)分布的黑白相间的图形记录数据符号信息的;在代码编制上巧妙地利用构成计算机内部逻辑基础的"0""1"比特流的概念,使用若干个与二进制相对应的几何形体来表示文字数值信息,通过图像输入设备或光电扫描设备自动识读以实现信息自动处理;二维码能够在横向和纵向两个方位同时表达信息,因此能在很小的面积内表达大量信息。

　　作为一种全新的信息存储、传递和识别技术,二维码具有可靠性高、保密防伪性强、信息容量大、制作成本低、可表示汉字及图像等多种信息的优点,在智慧勘察系统中可应用于多种场景,比如项目绑定,土样送样单、土工试验任务单编制,编录记录移交等。

4.6.4　基于通信协议的数据保密

1. HTTP 原理

(1) HTTP 协议与网络参考模型

　　为了将计算机网络中庞大而复杂的问题划分为可管理的小问题,国际标准化组织(ISO)定义了 OSI 七层网络参考模型,TCP/IP 协议定义了 TCP/IP 四层网络参考模型,以及 TCP/IP 五层网络参考模型,这是两者的结合。OSI 七层参考模型将网络自下而上分为物理层、数据链路层、网络层、传输层、会话层、表示层和应用层;TCP/IP 四层参考模型将网络自下而上分为应用层、传输层、网络层和链路层;TCP/IP 五层参考模型将网络自下而上分为应用层、传输层、网络层、数据链路层和物理层。这三种模型虽然划分的层次不同,但其本质都是通过分层架构的方式来简化复杂的问题,处理错误,只是 OSI 七层网络参考模型划分得更细,更有学习和研究价值;TCP/IP 协议是互联网的官方网络协议,所以 TCP/IP 四层网络参考模型更有意义。

　　网络协议是在计算机网络中相互通信的对等实体之间交换信息时必须遵循的规则集合。在计算机网络结构中处于同一层次的信息单元为对等实体,因此网络协议必须处于这些层次之一,否则就会变成鸡生蛋、蛋生鸡的局面。在分层网络中,每一层都建立在其下层之上,它为上层提供某种服务,但它对上层屏蔽了实现这种服务的细节。因此,HTTP 协议作为一个应用层协议,使用了由传输层协议提供的服务。理论上,它可以选择 TCP、UDP 或其他传输层协议,但从第一个版本开始它就选择了 TCP 协议提供的服务。同样,传输层协议使用网络层协议提供的服务,而网络层协议则使用链接层协议提供的服务。像其他应用层协议一样,HTTP 数据包在应用层向下发送,经过层层封装,然后在接收端的应用层解码。发送方首先在应用层将用户数据封装成 HTTP 数据包,然后在传输层被 TCP 协议封装,接着在网络层被 IP 协议封装,最后在链路层被以太网协议封装,最后才发送数据。接收端收到数据包后,首先在链路层对其进行解码,得到 IP 数据包,然后在网络层得到 TCP 数据包,再在传输层得到 HTTP 数据包,最后在应用层得到数据。

(2) HTTP 协议与传输层协议

UDP 是一个面向数据、不可靠、无序的传输协议,它根本不建立连接;它在发送每个数据包时都有自己的 IP 地址和收件人的 IP 地址,并且不关心数据包是否出错或到达目的地。另一方面,TCP 是一个面向连接、可靠、有序的传输协议,它维持一个链接并在该链接上传输数据,有一系列内部算法来保证传输数据的可靠性和有序性,如超时重传、错误重传、流量控制、阻塞控制、慢速热启动、避免拥堵和快速恢复。相比之下,UDP 的速度相对较快,但可靠性较差;TCP 的速度不如 UDP,但可靠性较高;UDP 的内部原理简单,但使用时需要考虑很多问题;TCP 的内部原理复杂,但使用起来比较简单。因此,UDP 通常用于实时性要求高但可靠性较低的应用,如视频聊天,要求屏幕延迟低,偶尔丢包也不影响整体功能;而 TCP 通常用于可靠性要求高但实时性较低的应用,如在线支付。在计算机网络带宽小、速度低、稳定性差、丢包率高的早期,再加上网页数量少,选择 TCP 协议为 HTTP 提供传输层服务是很自然的,因此 HTTP 协议继承了 TCP 协议的许多特性。为了确保可靠性,除了上述算法外,TCP 协议还有著名的"三次握手"和"四次波浪",用于建立和断开连接。在 HTTP/1.1 之前,浏览器需要为每个 HTTP 请求建立一个 TCP 连接,而服务器则在响应完成后主动关闭连接,这样做的开销极大。通常情况下,一个网页的渲染需要浏览器发出多个请求,从服务器上获取资源,这对浏览器和服务器来说都需要很大的开销,而且极大地影响了 HTTP 请求的速度。

HTTP/1.1 管道允许维持 TCP 连接,允许在同一个 TCP 连接上发出多个 HTTP 请求,这就避免了重复建立和断开连接,从而提高了性能。然而,这可能会导致队列头的阻塞。当服务器传递给浏览器的一个数据包在传输过程中意外丢失时,所有随后到达该 TCP 连接的数据包都会被阻挡在接收缓存中,直到之前丢失的数据包被成功重传,然后缓存中的数据包才能有序地移交给浏览器。无论是 HTTP/1.0 还是 HTTP/1.1,在 TCP 中的表现都不理想。

2. HTTP 协议的主要特点

HTTP 协议主要包括以下 5 个特点。

(1) 支持"客户/服务器"模式。

(2) 简单而快速:当客户端向服务器请求服务时,只传输请求方法和路径。常用的请求方法是 GET、HEAD 和 POST,每一种方法都指定了客户端和服务器之间不同的联系类型。HTTP 协议的简单性使得 HTTP 服务器程序很小,因此通信速度也很快。

(3) 灵活性:HTTP 允许传输任何类型的数据。传输的类型由"内容类型"标记。

(4) 无连接性。无连接意味着将处理限制在每个连接中的一个请求。在服务器处理完客户的请求并收到客户的回复后,连接就会断开。使用这种方法可以节省传输时间。

(5)无状态。HTTP 协议是一个无状态协议。无状态意味着该协议没有用于事务处理的内存。缺乏状态意味着,如果后续处理需要之前的信息,它必须重新传输,这可能导致每个连接传输的数据量更大。它不知道这两个请求是来自同一个客户端。为了解决这个问题,网络应用引入了 cookie 机制来维持状态。另一方面,当服务器不需要之前的信息时,它的响应速度会更快。

3. HTTP 协议的不足

HTTP 最初的目的是成为一个小型、分布式的超媒体信息系统,它的设计在很大程度上是为了找到一个简单、实用的解决方案,而不是为了建立一个复杂、完美的协议。HTTP/0.9 和 HTTP/1.0 只是在原来的基础上进行修补,但其基本的无连接性和无状态性却没有改变。HTTP 的无状态性使得它不可能保留客户机-服务器交互的大部分历史,而历史状态数据的缺乏意味着如果后续处理需要以前的信息,就必须重新传输,这会导致每个连接所传输的数据量增加,造成浪费。HTTP/1.0 也没有考虑到多级传输代理和缓存机制。这可以归纳为两个方面:①HTTP 协议对交易处理、网络交易和网络安全的支持不足;②HTTP 协议的运行机制加剧了网络传输带宽的不足。

4. HTTP 协议的安全优势

HTTPS 协议是在 HTTP 基础上加上 TLS/SSL 协议构建的网络协议,可以进行加密传输和身份认证,主要通过数字证书、加密算法、非对称密钥等技术完成互联网数据传输的加密,实现互联网传输的安全保护。其设计目标主要有 3 个方面。①数据保密性:保证数据内容在传输过程中不被第三方查看。就像快递员送包裹一样,经过封装,别人无法知道里面的内容。②数据完整性:及时发现被第三方篡改的传输内容。就像快递员不知道包裹里有什么,但他可能会在中途丢弃包裹一样,数据完整性意味着如果包裹被丢弃,我们可以轻易发现并拒绝它。③身份验证安全:确保数据到达用户想要的目的地。就像我们在寄送包裹时,虽然是封装好的未送达的包裹,但我们必须确保包裹不会被送到错误的地方,通过验证身份来确保包裹被送到正确的地方。

如果使用 HTTP 作为传输,则由安全套接字层(secure socket layer,SSL)实现提供安全。SSL 广泛用于互联网中,以便向客户端证明服务的身份,并且随后向通道提供保密性(加密)。SSL 的工作方式可以通过一个典型方案得到最好的说明,在本示例中,该方案为银行的网站。该网站允许客户使用用户名和密码登录。在经过身份验证之后,用户可以执行事务,例如查看账户余额、支付账单以及将钱从一个账户转到其他账户。

当用户第一次访问该网站时,SSL 机制启动一系列与用户客户端(在此情况下为 Internet Explorer)的协商,称为"握手"。SSL 首先向客户证明银行网站的身份。这一步骤是必需的,因为客户首先必须知道他们正在与真实网站进行通信,而不是与一个试图引诱他们键入自己的用户名和密码的诈骗网站进行通信。SSL 通过使用由受信任的颁发机构(例如 VeriSign)提供的 SSL 证书来执行此身份验证。其逻辑如下:VeriSign 担保该银行网站的身份是真实的。Internet Explorer 信任 VeriSign,因此也信任该网站。如果您希望向 VeriSign 进行核实,可以通过单击 VeriSign 徽标执行此操作。这将显示一份含有到期日期以及接受方(银行网站)的真实性声明。

　　若要启动一个安全会话,客户端向服务器发送一个等效于"你好"的项,连同一个它可以用来签名、生成 Hash 以及进行加密和解密的加密算法列表。作为响应,该网站发送回一个确认以及它对算法套件之一的选择。在该初次握手期间,双方都发送和接收 Nonce。"Nonce"是一段随机生成的数据,该数据与站点的公钥一起使用以创建 Hash。"Hash"是使用某种标准算法从两个数得到的一个新数。客户端和网站还需要交换消息以协商要使用的 Hash 算法。Hash 是唯一的,并且仅在客户端和网站之间的会话中使用,以便对消息进行加密和解密。客户端和服务都具有原始 Nonce 和证书的公钥,所以通信两端可以生成同一个 Hash。因此,客户端可以通过以下方式验证服务所发送的 Hash:(a)使用商定的算法根据数据计算 Hash;并(b)将计算出的 Hash 与服务所发送的 Hash 进行比较。如果二者匹配,则客户端可以确信该 Hash 未遭篡改。客户端随后可以将此 Hash 用作密钥,以便对同时包含另一个新 Hash 的消息进行加密。服务可以使用此 Hash 对消息进行解密,并重新获得倒数第二个 Hash。这样,通信双方就都获知累积的信息(Nonce、公钥和其他数据),并且可以创建最后一个 Hash(也称主密钥)。这个最终的密钥使用倒数第二个 Hash 加密后发送。然后,使用主密钥对会话其余部分的消息进行加密和解密。客户端和服务都使用同一密钥,因此该密钥又称为"会话密钥"。

　　会话密钥还被描述为对称密钥,或"共享秘密"。具有对称密钥很重要,因为它减少了事务双方所需执行的计算量。如果每个消息都要求对 Nonce 和 Hash 进行新的交换,那么性能将会下降。因此,SSL 的最终目标是使用允许消息在通信双方之间自由流动的对称密钥,同时具有更高程度的安全和效率。因为协议可能因网站而异,所以前面的描述只是所发生过程的简化版本。还有一种可能,就是客户端和网站都在握手期间生成在算法上相结合的 Nonce,以增加数据交换过程的复杂性,从而为该过程提供更多的保护。

4.6.5　隔离技术

1. 网络隔离技术原理

　　网络隔离技术的核心是物理隔离,利用特殊的硬件和安全协议,确保两个互不相干的网络能够在可信的网络环境中进行互动、共享数据和信息。一般来说,网络隔离技术由三部分组成:内网处理单元、外网处理单元和专用隔离交换单元,其中内网处理单元和外网处理单元都有独立的网络接口和网络地址,分别连接到内网和外网,而专用隔离交换单元则由硬件电路控制,在内网和外网之间高速切换。网络隔离技术的基本原理是通过特殊的物理硬件和安全协议在内网和外网之间建立安全隔离网络墙,使两个系统在空间上进行物理隔离,同时在数据交换过程中过滤病毒和恶意代码等信息,保证数据和信息在可信的网络环境中进行交换和共享,同时通过严格的身份认证机制,保证用户能够获得所需的数据信息。

　　网络隔离技术的关键点在于如何有效控制网络通信中的数据信息,即通过特殊的硬件和安全协议来完成内外网之间的数据交换,同时利用访问控制、身份认证、加密签名等安全机制来实现交换数据的保密性、完整性、可用性和可控性,因此如何最大限度地提高不同网络之间的数据交换速度,以及能够透明地支持交互数据的安全性将是未来网络隔离技术发展的趋势。

2. 网络隔离技术安全要点

　　(1) 要有自身的高度安全。隔离产品必须保证自身的高度安全,在理论和实践上至少要比防火墙高一个级别。在技术实现上，除了加强和优化操作系统或采用像防火墙一样的安全操作系统外，关键在于将外部网络接口和内部网络接口与一套操作系统分开。换句话说，至少要使用两个主机系统，一个控制外部网络接口，另一个控制内部网络接口，然后两个主机系统之间通过不可路由的协议进行数据交换，这样即使黑客闯入外部网络系统，也无法控制内部网络系统，达到较高的安全水平。

（2）保证网络之间的隔离。保证网络间隔离的关键是网络数据包不能被路由到对方的网络，无论中间采用什么转换方式，只要一方的网络数据包最终能进入对方的网络，就不能称为隔离，即不能达到隔离的效果。显然，单纯在网络间转发数据包并允许建立端到端连接的防火墙是没有隔离效果的。此外，简单地将网络数据包转换为文本，交换到另一个网络，然后再将文本转换为网络数据包的产品也不能实现隔离。

（3）保证网络间只交换应用数据。既然要实现网络隔离，就必须实现对基于网络协议的攻击的完全防护，即不允许网络层的攻击包到达被保护的网络，所以必须进行协议分析，完成对应用层数据的提取，再进行数据交换，这样就把 TearDrop、Land、Smurf 和 SYN Flood 等网络攻击包，完全阻挡在可信网络之外，从而大大增强了可信网络的安全性。

（4）严格控制和检查网络间的访问。作为一套高安全性网络的安全设备，必须保证每一次数据交换都是可信的、可控的，严格防止非法渠道的出现，以保证信息数据的安全性和访问的可审计性。因此，必须采取一定的技术手段来保证每一次数据交换过程的可信性和内容的可控性，这可以通过基于会话的认证技术和内容分析控制引擎等技术来实现。

（5）在坚持隔离的前提下，保证网络畅通和应用透明。隔离的产品会部署在各种复杂的网络环境中，往往是数据交换的关键点，所以产品要有较高的处理性能，不能成为网络交换的"瓶颈"，要有良好的稳定性；不能有间断性，要有较强的适应性，能够透明地接入网络，并透明地支持多种应用。

3. 局域网数据隔离技术

局域网数据隔离技术一般采用物理隔离技术。物理隔离是使两个网络在物理连线上完全隔离，且没有任何公用的存储信息，保证计算机的数据在网际间不被重用。

网络安全隔离卡是一个硬件插件卡，设置在计算机的最低物理部分，在物理上将计算机分成两个独立的部分，每个部分都有自己的"独立"硬盘。一侧与 IDE 硬盘相连，另一侧通过 IDE 总线与主板相连。计算机的硬盘被分为两个物理区域：安全区域（受信任的网络）和公共区域（不受信任的网络）。网络安全隔离卡起到了分接开关的作用，因此在任何时候，计算机只能连接到一个数据分区和相应的网络。因此，计算机被分为安全模式和公共模式，在某一时刻只能在一种模式下工作；当两种模式切换时，所有的临时数据被完全删除。①安全模式。主机只能通过安全区与受信任的网络互连，当它与不受信任的网络断开时，公共区被关闭。②公共模式。主机只能通过公共区与不可信网络互连，这时它与可信网络断开了连接，并且安全区被关闭。安全区和公共区之间不允许直接交换数据，但数据可以通过专门设置的中间功能区，或通过设置的安全通道，从公共区传输到安全区（不可逆）。

网络安全隔离卡仍然存在缺陷和风险：①错误连接的风险。网络安全隔离卡有网卡接口、内网接口和外网接口，要求隔离卡的网卡接口连接到网卡，内网接口连接到内网，外网接口连接到外网；实际应用中经常出现连接错误，造成信息泄露。②网络安全隔离卡故障。安全隔离卡中的继电器属于主电路元件，虽然具有一定的耐久性，但安全隔离卡的工作状态属于长时间通电状态,容易造成元件烧毁,从而造成安全隔离卡故障。③如果安全隔离卡的控制或驱动设计不严格,存在被第三方程序篡改的可能。

4. 云服务数据隔离技术

由于云计算对资源的充分高效利用能大幅降低计算成本,从而大大增强了计算灵活性。云计算概念从 2008 年被提出开始已经得到越来越广泛的应用,越来越多的企业组织机构开始把计算平台向云迁移。在这个过程中人们最关注的无疑是云的安全问题,尤其是在云的多租户环境中,大量用户共享同样的基础设施和网络,如何在这种环境下保证用户数据的安全和隐私,是一个比较严峻的问题。

恶意用户可以相对比较容易地攻击其他使用同一平台的用户,特别是目前的云服务建立门槛已经很低,一些新手程序员可以通过 GoogleApp 等建立自己的云服务,其代码的安全性通常没有得到良好的审查。目前,阻止这些攻击还没有良好的解决办法,即便部署了数据防泄露系统,也无法阻止云服务上的敏感信息泄露。技术手段的缺乏使得黑客和恶意的内部人员的攻击日益增加、数据合规性的监管增强、云计算时代大型数据中心安全管理日益复杂,如何控制、保护和监视高价值的业务数据,成为所有数据提供商和用户面对的重要问题。

在云计算环境中,大量用户的敏感数据被存储在同一个存储资源池中。如果没有有效的数据隔离机制,其他用户或恶意攻击者就有可能访问用户的敏感数据,甚至修改和删除这些数据。因此,有必要建立有效的数据隔离机制。

云数据隔离的常见方法是首先对数据进行分类和标记,然后根据数据的安全级别和标记,保证数据的安全。基于数据的安全级别和标签,可以建立访问控制策略,防止未经授权的用户查看和修改其他用户的数据。数据隔离涵盖了用户应用数据隔离、数据库隔离、虚拟机隔离等。

第5章

智慧勘察顶层设计

随着信息化技术的高速发展,计算机技术、网络通信技术、CAD 技术、BIM 技术、人工智能技术已通过专业软件的定制开发深入应用到工程勘察设计流程工作中。工程勘察行业在信息化技术发展的推动下,从传统的"纸笔"模式逐步走向信息化、智能化工作模式。

从工程勘察的核心作业过程分析,工程勘察通常将外业钻探所得芯样,由编录人员在现场对各岩土层进行识别,并将钻探所见的岩土名称、性状特征、湿度、沉积特征等描述信息记录至编录表中,然后再人工录入计算机勘察软件,划分岩土层序,统计分析并生成各类成果图件。这一传统的作业过程中,记录及转录等人工输入环节需要耗费大量人力,效率较低且容易产生数据错漏等问题,工作效率问题日益凸显。随着行业竞争加剧,现场编录人员素质也呈现逐年下降趋势,工程勘察经验和知识水平相对较低的劳务人员大量涌入工程勘察市场,直接导致了工程勘察质量呈现不同程度下滑;部分勘察单位在市场竞争中长期采用低价竞争的手段,项目实施中千方百计节约成本,现场作业层面的资料造假屡见不鲜,这种不健康的行业生态也从一定程度上制约了工程勘察行业的健康发展。

作为工程勘察行业从业人员,在提出智慧勘察理念时,如何充分利用信息化技术作为提高工程勘察的流程效率及质量水平的手段,构建完善的工程智慧勘察顶层设计,是智慧勘察体系建立的首要任务。

5.1　顶层设计的概念与原则

5.1.1　顶层设计的基本概念

"顶层设计"源于自然科学或大型工程技术领域的一种设计理念。它是一种从最高端向最低端、从一般到特殊展开系统推进的设计方法,需要统筹考虑项目各层次和各要素,追根溯源,统揽全局,对各要素进行系统配置和组合,制订实施路径和策略,在最高层次上寻求问题的解决之道。

顶层设计是针对某一具体的设计对象,运用系统论的方式,自高端开始的总体构想和战略设计,注重规划设计与实际需求的紧密结合,强调设计对象定位上的准确、结构上的优化、功能上的协调、资源上的整合,是一种将复杂对象简单化、具体化、程式化的设计方法。它不仅需要从系统和全局高度,对设计对象的结构、功能、层次、标准进行统筹考虑和明确界定,而且十分强调从理想到现实的技术化、精确化建构,是铺展在意图与实践之间的"蓝图"。

顶层设计理念提出后,其应用范围很快超出了工程设计领域,并在西方国家广泛应用于信息科学、军事学、社会学、教育学等领域,成为在众多领域制定发展战略的一种重要思维方式。

顶层设计的主要特征如下。

(1) 顶层决定性。顶层设计是自高端向低端展开的设计方法,核心理念与目标都源自顶层,因此顶层决定底层,高端决定低端,顶层定位关键在于确定整个设计的核心理念以及由核心理念衍生的顶层目标,层层下推至最基础的实施层面;顶层设计考虑一整套完整的解决各层次问题、调动各层次资源的方法,围绕全局目标,有序、渐进地落实和推进,最终产生顶层设计所预期的整体效应。

(2) 整体关联性。顶层设计强调设计对象内部要素之间围绕核心理念和顶层目标所形成的关联、匹配与有机衔接;顶层设计是自高端开始的"自上而下"的设计,但这种"上"并不是凭空建构,而是源于并高于实践,是对实践经验和感性认识的理性提升。它能够成功的关键就在于通过缜密的理性思维,在理想与实现、可能性与现实性之间绘制了一张精确的、可控的"蓝图",并通过实践使之得到完美实现。

(3) 实际可操作性。顶层设计确定的"蓝图"绘就以后,如果没有准确到位的执行,必然只是海市蜃楼,顶层设计的基本要求是表述简洁明确、成果具备实践可行性。因此,顶层设计需要考虑实际可操作性,在执行过程中要强调执行力,注重细节和各环节之间的互动与衔接,确保顶层设计落地。

5.1.2　顶层设计的基本原则

从项目勘察设计经验出发,要完成某一项系统复杂的勘察设计项目,需要从全局视角出发,对项目的各个层次、要素进行统筹考虑,根据项目推进的不同设计阶段,逐步细化项目方案,最终从蓝图转变为实体。要构建一个满足工程勘察全过程需求的智慧勘察顶层设计,需要遵从以下原则。

(1) 统分结合,分层设计。智慧勘察体系涉及的勘察业务种类繁多,业务过程需求复杂,模块间数据交互需求多样,单凭一个总体设计框架难以做实,且对后续的信息系统开发没有实质性帮助,因此可以通过设定若干设计层级,将原本一个难以理清的问题分解到不同需求层面去细化。顶层设计层次的分解,也是一个任务分解的过程,便于形成一个内在统一的体系。

(2) 着眼现状,注重规划。对现状的梳理是做实顶层设计的前提,智慧勘察的顶层设计,应依托于工程勘察领域的信息化和数字化现状,围绕关键现状进行分析和统筹规划,才能梳理需求、确定优先级,制定出切实可行的可以依照操作的实施方案。

(3) 重视架构,标准加持。智慧勘察体系的顶层设计应该有清晰的蓝图和明确的架构,应该对架构给予尽可能详尽的描述,同时要对其内部逻辑关系作清晰的梳理和划分。标准化是信息化和数字化的前提,在顶层设计的整个过程中加强标准化成果的应用。标准化成果的应用包含两方面的含义:一方面充分利用已有的标准,通过利用标准搭建规范的业务框架;另一方面在应用中对已有标准提出新的需求,以实施和操作需求反过来思考对标准的需求。显然,标准加持的顶层设计更具有可行性和可操作性。

(4) 对标分析,不断改进。顶层设计需要在规划过程中进行标杆对比,借助于标杆管理的理论和方法,发现问题、分析问题和解决问题。标杆法是通过标杆对比,找出差距,寻找不断改进的途径。比较理想的方法是与竞争者比较,即使用竞争标杆来确认竞争者中最佳实务者,判断其取得最佳实务的因素,以资借鉴,建立起相应的赶超目标。

(5)围绕业务,制定战略。智慧勘察体系作为公司的业务板块之一,在顶层设计中要与企业业务战略相融合,围绕企业主营业务发展的业务战略需求,制定与业务战略相匹配、相融合的智慧勘察架构蓝图,使智慧勘察规划成为企业战略的组成部分,支持企业数字化转型发展战略的实施;要与企业的运营战略相融合,通过智慧勘察建设优化企业的运营流程,提高企业的运营效率;要与企业的科技战略相融合,通过智慧勘察提高企业的科研能力,达到提高业务效率的目标。

5.1.3　顶层设计的基本过程

顶层设计是基于系统论的工作流程设计方法,智慧勘察顶层设计的本质内涵是站在全局高度,着眼于从根本上、总体上解决工程勘察全过程信息化问题,有计划、有步骤地进行工程勘察业务全过程的规划和设计,按照统一、规范和有序的原则,在智慧勘察体系建立、软件产品设计和项目执行过程中加以落实。

智慧勘察体系的顶层设计过程包括需求分析、总体设计、架构设计和实施路径设计四个重要步骤,其中架构设计有四个重点:①业务架构的梳理和整合;②系统架构的设计;③物理部署架构的设计;④数据架构的设计。其中业务架构是整个顶层设计的前提,系统架构、物理部署和数据架构是IT架构的主要内容,也是落实业务架构的基本条件。

智慧勘察顶层设计的基本过程如图5-1所示。

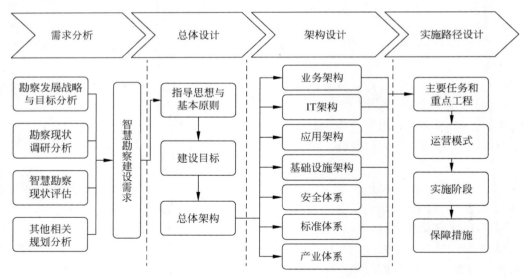

图 5-1　智慧勘察顶层设计基本过程

(1)需求分析:通过勘察发展战略与目标分析、勘察现状调研分析、智慧勘察现状评估、其他相关规划分析等方面的工作,梳理出企业对智慧勘察的建设需求;

(2)总体设计:在需求分析的基础上,确定智慧勘察建设的指导思想、基本原则、建设目标等内容,识别智慧勘察重点建设任务,提出智慧勘察建设总体架构;

（3）架构设计：依据智慧勘察建设需求和目标，从业务、数据、应用、基础设施、安全、标准、产业七个维度和各维度之间关系出发，对业务架构、数据架构、应用架构、基础设施架构、安全体系、标准体系及产业体系进行设计；

（4）实施路径设计：在前期阶段成果的基础上，依据智慧勘察重点建设任务，提出智慧勘察建设重点工程，明确工程属性、目标任务、实施周期、成本效益、研发资金、阶段建设目标等，提出实施阶段计划和风险保障措施，确保智慧勘察建设顺利推进。

5.2 顶层设计的流程与方法

5.2.1 智慧勘察体系设计

智慧勘察体系从本质需求上包含勘察手段多元化、数据采集标准化、质量管控信息化、算法实现智能化、成果提交数字化。要从岩土工程勘察作业流程出发，全面梳理岩土工程勘察任务接受、方案策划、现场作业、内业整理、提交成品、最终资料归档、资料再利用和全过程质量监管的整个过程中产生的各类数据，依托现有的软件、技术和成果，通过智能终端采集、智能算法处理、智能平台管控，把整个工程勘察设计过程有机地联系起来，在计划、实施、检查和提交四个重要环节中体现需求与响应的闭合，方可达到勘察智能化的目的。智慧勘察架构设计如图 5-2 所示。

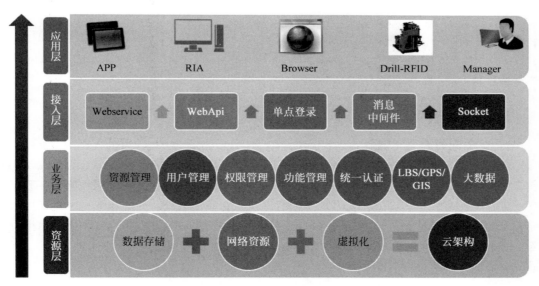

图 5-2 智慧勘察架构设计

智慧勘察资源层通过云架构来提供整合资源、提高效率、远程协同和实时交互的服务。云架构由数据存储、网络资源以及虚拟化三部分构成。

智慧勘察业务层主要处理工程勘察全过程业务应用的需求。业务层主要包括资源管理、用户管理、权限管理、功能管理、统一认证、LBS/GPS/GIS 以及大数据业务。

智慧勘察接入层（服务层）通过 Webservice、WebApi、单点登录、消息中间件和 Socket 为前端应用提供交互数据的接口。

　　智慧勘察的应用层通过 APP、RIA、Browser、Drill-RFID 以 及 Manager 实现工程勘察全业务信息采集、浏览、处理。

　　综合门户架构、应用架构、数据架构、技术基础设施架构、IT 治理架构,参考国内外勘察公司智慧勘察的架构设计,结合智慧城市通用架构设计,设计的智慧勘察总体架构蓝图如图 5-3 所示。

图 5-3　智慧勘察体系架构理念

　　智慧勘察总体架构可以概况为五个层级、三个明确要求:①五个层级:数据资源层、服务提供层、业务应用层、网络传输层和智能感知层;②三个明确要求:夯实基础、集成业务和数据增值。

5.2.2　业务流程梳理与需求

1. 业务管理内容与流程

　　工程勘察业务指通过工程钻探、土工试验、工程测量、工程物探等技术手段,完成各项目初步可行性研究、可行性研究、初步设计、施工图设计阶段的工程勘察及相关服务;工程勘察业务包括所有岩土体、基桩、复合地基的荷载试验和检测项目及相关服务。因此工程勘察业务管理范围包括从接受任务、外业勘察、现场试验和检测、成品编制,到成品交付后相关服务全过程的质量、职业健康安全和环境管理的要求和途径,并履行对测量标志交付、实物产品的标识和可追溯性等管理职责。

　　勘察业务综合管理的主要内容是全面完成勘察项目的资源管理、安全管理、质量管理、进度管理、供方管理和绩效考核管理,协助相关部门进行勘察项目的营销管理。

　　勘察业务技术管理是保证勘察工作从接受任务、成品输出到相关服务全过程处于受控状态的重要手段,应使勘察过程中的策划、输入、输出、评审、验证、确认、更改、采购、监视和勘察设备控制的过程处于受控状态,以确保满足三标体系规定的要求。具体要求如下。

　　(1) 在对勘察任务书进行评审的基础上进行勘察策划,以保证工程项目确定的质量、职业健康安全和环境目标符合企业三标体系文件要求,所进行的各项资源配置、技术方案的制定及实施、危险源和环境因素辨识控制、各级评审和审批、现场作业、成品编制和校审等过程均处于受控状态；

（2）对于顾客直接委托的勘察项目，应按《顾客满意测量和监控管理规定》进行控制；

（3）《勘察大纲》是勘察策划的输出，是实现工程勘察项目的质量、职业健康安全和环境管理目标的指导性文件，应将质量、职业健康安全和环境管理目标转化为具体的作业过程，以实现作业过程的可操作性，并进行连续控制；

（4）当需要委托部分工作（包括采购产品和勘察劳务）由勘察供方完成时，应选择合格供方，提出采购申请和技术要求，实施中应对供方施加 QHSE[①] 方面的影响和控制，确保外部委托（简称外委）工作质量；

（5）勘察现场作业和成品编制是确保勘察成品质量的重要环节，必须保证质量过程处于受控状态，从而达到全面提高勘察成品质量并符合国家有关技术标准要求，使顾客满意；

（6）勘察现场作业中的危险源、环境因素辨识、分析与控制措施是确保勘察过程符合职业健康安全和环境要求的重要环节，必须保证职业健康安全和环境管理处于受控状态，从而全面实现职业健康安全和环境保护的目标，最大限度地降低勘察过程中的职业健康安全风险，减少对环境的影响。

工程勘察过程控制的基本流程如图 5-4 所示。

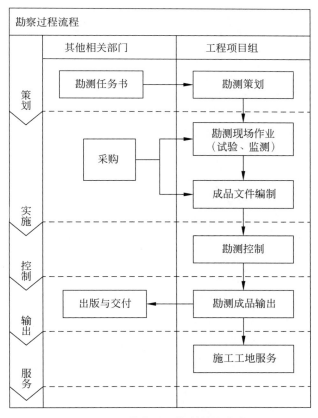

图 5-4　工程勘察过程控制的基本流程

---

① QHSE：质量（quality）、健康（health）、安全（safety）和环境（environment）。

　　智慧勘察顶层设计过程中应充分考虑信息化解决方案与各项过程要求相适应,实现勘察信息化和标准化的相互促进与融合。

2. 信息化需求梳理

　　信息化是指培育、发展以智能化工具为代表的新的生产力并使之造福于社会的历史过程。信息化代表了一种信息技术被高度应用、信息资源被高度共享,从而使得人的智能潜力以及社会物质资源潜力被充分发挥,个人行为、组织决策和社会运行趋于合理化的理想状态。

　　我们所谈及的岩土专业的信息化是在传统的专业领域,利用计算机技术与管理手段,对岩土工程勘察整个过程进行全方位、全流程、网络化、智能化管理,形成较为完善的岩土专业一体化信息系统。岩土专业信息化包含勘察手段、作业过程和成果应用三个层次的信息化。要从岩土工程勘察作业流程出发,全面梳理从岩土工程勘察任务接受、方案策划、现场作业、内业整理、提交成品到最终资料归档和资料再利用整个过程中产生的各类数据,依托现有设备和软件,通过补充开发相应软件,把整个勘察设计过程有机地联系起来,在计划、实施、检查和提交四个重要环节中体现需求与响应的闭合,方可达到全过程信息化的目的。

　　(1) 勘察手段:智慧勘察解决方案必须能覆盖目前常见的勘察手段(钻探、静力触探、土工试验、探槽等),各勘察手段会产生不同的勘察数据,在信息化需求中首先要明确的就是基于专业分析角度的数据分类、采集、传递和存储。工程实践表明,岩土工程勘察策划工作的成败,往往直接影响到整个工程最终成品的质量优劣。一个好的勘察策划,必然会经历多次修改和优化,勘探点类型、坐标、孔深等信息的调整也会比较频繁,因此好的软件应该能方便地实现这些信息的调整。

　　(2) 作业过程:一般情况下,完整的岩土工程勘察工作流程应该是接受任务→开展岩土工程勘察策划→岩土工程勘察外业实施→内业资料整编→成品提交。智慧勘察体系需结合这种工作流程,在软件功能的设计上加以实现。岩土工程外业勘察过程中,软件必须能用简单、友好的界面实现原始数据的录入,为下一步工作创造条件。岩土工程内业资料整编过程则包括岩土工程中必需的各种图件绘制、参数统计计算等,为岩土工程勘察报告的提交创造条件。资料整编阶段的制图功能主要为读取现场作业及资料整理时形成的数据文件绘制勘察成品所需的有关图件,包含绘制"勘探点平面布置图""勘探点一览表""工程地质剖面图""地质柱状图""静力触探综合图""动力触探综合图""岩土试验成果总表"等功能模块。

　　(3) 成果应用:软件在绘制有关图件时同时形成岩土试验成果分层汇总信息及原位测试成果分层汇总等数据文件,供岩土参数数理统计及有关分析计算使用。软件功能的实现除在图件形式、内容上符合有关规程、规范的规定外,还应满足自动化、智能化、可定制化和美观化的需求。

　　信息化需求征集过程中还需要关注以下几方面的内容:

　　(1) 易用性:智慧勘察解决方案在进行顶层设计时,软件的易用性是首要考虑的因素,一个使用起来复杂度高的软件产品大概率不会被工程技术人员接受,也就没有长久的生命力。

（2）容错性：信息化过程中对数据的合法性检查和逻辑控制必须结合应用场景和专业特点进行，尤其是在满足规程规范的角度，应注重细节控制，及时提示用户更正数据文件中的错误。

（3）兼容性：软件的编制虽然主要服务于主营业务板块工程勘察的需要，但同时提供外部的配置文件及绘图时对图件形式、内容的选择，可满足主营业务之外的其他项目的需要。

（4）智慧化：智慧勘察解决方案其中一个重要的需求就是通过对制图数据进行分析，实现智能化、自动化的绘制图件，例如：对于图件上可能出现的重叠部分采取背景遮盖或智能避让的措施，使图件更整洁美观；软件通过对地层结构的智能分析，在绘制剖面图时能自动处理地层缺失、尖灭及透镜体等复杂的地层情况，各种图件生成后仅须少量的手工编辑工作，能大大提高工作效率。

3. 卡诺模型（KANO 模型）

卡诺模型（图 5-5）是对用户需求分类和优先排序的有用工具，以分析用户需求对用户满意的影响为基础，体现了产品性能和用户满意之间的非线性关系。在卡诺模型中，将产品和服务的质量特性分为五种类型：①必备属性；②期望属性；③魅力属性；④无差异属性；⑤反向属性。

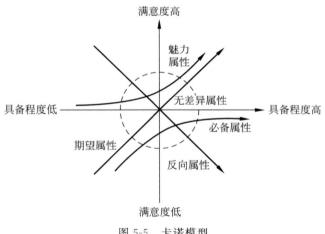

图 5-5　卡诺模型

必备属性：指用户设想中的基础需求，当优化此需求，用户满意度不会提升，当不提供此需求，用户满意度会大幅降低；

期望属性：指用户设想中的高级需求，当提供此需求，用户满意度会提升，当不提供此需求，用户满意度会降低；

魅力属性：指超过用户设想的需求，如果不提供此需求，用户满意度不会降低，但当提供此需求，用户满意度会有很大提升；

无差异属性：一般指软件系统中通用的管理功能，无论提供或不提供此需求，用户满意度都不会有改变，用户根本不在意；

反向属性：一般指开发人员理解偏差导致的需求，用户根本都没有此需求，提供后用户满意度反而会下降。

卡诺问卷对每个质量特性都由正向和负向两个问题构成,分别测量用户在面对存在或不存在某项质量特性时的反应。

卡诺评价结果分类对照如图 5-6 所示。

产品/服务需求		负向(如果 * 产品 * 不具备 * 功能 * ,您的评价是)				
	量表	我很喜欢	它理应如此	无所谓	勉强接受	我很不喜欢
正向(如果 * 产品 * 具备 * 功能 * ,您的评价是)	我很喜欢	Q	A	A	A	O
	它理应如此	R	I	I	I	M
	无所谓	R	I	I	I	M
	勉强接受	R	I	I	I	M
	我很不喜欢	R	R	R	R	Q

A:魅力属性

O:期望属性

M:必备属性

I:无差异属性

R:反向属性

Q:可疑结果(通常不会出现,除非问题本身有问题或用户理解错误)

图 5-6　卡诺评价结果分类对照

除了对卡诺属性归属的探讨,还可以通过对功能属性归类的百分比,计算出 Better-Worse 系数,表示某功能可以增加满意或者消除很不喜欢的影响程度。

增加后的满意系数 Better/SI=(A+O)/(A+O+M+I)。

消除后的不满意系数 Worse/DSI=-1×(O+M)/(A+O+M+I)。

Better,可以被解读为增加后的满意系数。Better 的数值通常为正,代表如果提供某种功能属性的话,用户满意度会提升;正值越大,即越接近 1,表示对用户满意上的影响越大,用户满意度提升的影响效果越强,上升的也就更快。

Worse,则可以被叫作消除后的不满意系数。其数值通常为负,代表如果不提供某种功能属性的话,用户的满意度会降低;值越负向,即越接近-1,表示对用户不满意上的影响最大,满意度降低的影响效果越强,下降的越快。

因此,根据 Better-Worse 系数,对系数绝对分值较高的功能/服务需求应当优先实施。

Better-Worse 系数分析四分位图如图 5-7 所示。根据 Better-Worse 系数值,将散点图划分为 4 个象限。

第一象限:Better 系数值高,Worse 系数绝对值也很高。落入这一象限的属性,称为期望属性,这是质量的竞争性属性,应尽力去满足用户的期望型需求。提供用户喜爱的额外服务或产品功能,使其产品和服务优于竞争对手并有所不同,引导用户加强对本产品的良好印象。

第二象限:Better 系数值高,Worse 系数绝对值低。落入这一象限的属性,称为魅力属性。

第三象限:Better 系数值低,Worse 系数绝对值也低。落入这一象限的属性,称为无差异属性,这些功能点是用户并不在意的功能。

第四象限:Better 系数值低,Worse 系数绝对值高。落入这一象限的属性,称为必备属性;说明落入此象限的功能是最基本的功能,这些需求是用户认为我们有义务做到的事情。

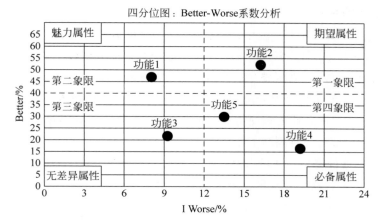

图 5-7　Better-Worse 系数分析四分位图

同类型功能之间,建议优先考虑 Better 系数较高,Worse 系数较低的。

在软件开发时,功能优先级的排序一般是:必备属性＞期望属性＞魅力属性＞无差异属性。

5.2.3　业务分层与业务架构

1. 分层技术的概念

软件开发过程中的分层技术是指软件开发过程中,为了实现“高内聚,低耦合”,采用“分而治之”的思想,将系统的整个业务应用划分为表示层、业务逻辑层和数据访问层等多个概念层,概念层与概念层之间地位平等且存在一定的联系,通过分层把问题划分开来逐一解决,易于控制、延展和分配资源,最终实现系统的开发、维护、部署和扩展。

在分层技术中,业务逻辑层无疑是系统架构中体现核心价值的部分。它的关注点主要集中在业务规则的制定、业务流程的实现等与业务需求有关的系统设计。它处于数据访问层与表示层中间,起到了数据交换中承上启下的作用。由于层是一种弱耦合结构,层与层之间的依赖是向下的,底层对于上层而言是“无知、无感”的,改变上层的设计对于其调用的底层而言没有任何影响。如果在分层设计时,遵循了面向接口设计的思想,那么这种向下的依赖也应该是一种弱依赖关系。因而在不改变接口定义的前提下,理想的分层式架构,应该是一个支持可抽取、可替换的“抽屉”式架构。正因如此,业务逻辑层的设计对一个支持可扩展的架构尤为关键,因为它扮演了两个不同的角色。对于数据访问层而言,它是调用者;对于表示层而言,它却是被调用者。依赖与被依赖的关系都表现在业务逻辑层上,如何实现依赖关系的解耦,可以从系统架构角度统一考虑。

从上述工程勘察业务流程而言,工程勘察全过程信息化所需处理的业务场景多、复杂度高,对于复杂的专业系统开发而言,可结合软件开发各层面所面临的具体需求,通过选择适宜的分层技术,来提升软件开发的质量,丰富软件系统的专业化、个性化功能,满足技术人员的专业需求。

2. 分层技术的特点

（1）独立性。在软件开发过程中，会出现某一概念层运行异常的情况，难以实现对异常概念层的处理与完善，进而影响到整个软件系统的运行。而分层技术的有效运用，可以将异常概念层的影响降至最低，确保整个软件系统的正常运行。

（2）稳定性。如果在软件开发过程中能够很好地应用分层技术，可以保障软件开发的工作质量，而且也能够使软件系统保持相对的稳定，最重要的是分层技术的应用可以尽可能地缩短软件开发的周期，从而提高工作效率。

（3）拓展性。软件开发技术随着社会的发展以及需求的变化，一直在不断更新和完善，并且实现升级与拓展。软件开发可以借助分层技术实现软件功能的拓展，根据不同功能分区情况，应用分层技术，促使软件功能升级，从而实现不同应用场景的不同需求。

3. 智慧勘察中的业务分层与业务架构

从工程勘察信息化研发角度出发，参与项目的各角色不同，视角差异导致各方对项目推进过程中数据的产生、加工和后期复用存在巨大差异，因此在需求调研中，业务调研是整个需求调研的核心。在这一过程中不是简单地把勘察业务流程梳理清楚就万事大吉，而是要通过当前勘察业务流程的梳理，找到业务痛点，辨析各角色需求差异，最终在功能实现过程中更好地对业务进行优化和调整。

智慧勘察中的业务分层和业务架构主要可以从以下两个维度进行考虑。

（1）从技术管理维度上，业务分层主要区分公司、专业部和项目组三个层次、不同角色的业务需求。在开发过程中要进行广泛的需求调研和观摩，区分角色岗位定义、工作内容、业务工作的输入与输出、关键节点与耗时分析、处理频次、影响效率的关键因素和不同角色对系统开发的期望。在处理业务分层和需求调研中不仅仅要听相关人员的诉说，还需要实地了解他们究竟是如何操作的，这一点对于系统开发至关重要。同时，业务分层中要区分业务需求和偏离业务目标的个人需求，把握聚焦原则。

（2）从技术应用维度上，业务分层主要区分作业过程的业务需求和数据接口需求。智慧勘察的核心用户是技术人员，因此，从技术应用维度的业务分层是后续系统架构设计的关键所在。技术人员角色的调研往往和具体业务相关，核心点是关注每个角色在业务中的任务，所在业务节点，输入和输出都有什么，然后才是该角色对于系统操作使用上的期望；在业务需求分层过程中，要学会从技术人员工作过程、共性的工作习惯、工作流程和业务特征分解中找到分层界限，把看似密不可分的业务过程，切分成彼此独立但有联系的业务模块，在单个业务模块中，进行详细的需求分析、数据分析，理顺业务模块间的数据流转关系，基本上就可以把业务分层和业务架构有机整合起来。系统接口是技术应用维度最后一个关卡，要在业务分层中搞清楚我们系统和其他系统的关系、对接系统是否涉及二次开发、输入输出接口方式以及影响系统对接的关键因素。

5.2.4 业务架构与IT架构

业务架构就是业务流程的组织逻辑及其层次结构。智慧勘察业务架构从公司管理、专业管理和项目管理三个层次上需求各不相同,通过项目实施过程可以有机整合在一起。智慧勘察体系业务架构实质上要求研发团队要有明晰的数据思维,能基于项目实施过程,把不同层次上的需求通过软件功能予以响应。

一般来说,业务架构决定了 IT 架构,IT 架构支持业务运营,因此,构建企业架构的目标是使业务架构与 IT 架构保持一致,从而得出从业务到 IT 的综合解决方案。所有的 IT 架构都需要从业务架构中衍生出来,这样业务和 IT 之间就不会出现脱节,才能真正满足企业的业务需求。

业务架构与 IT 架构对齐示意图如图 5-8 所示。

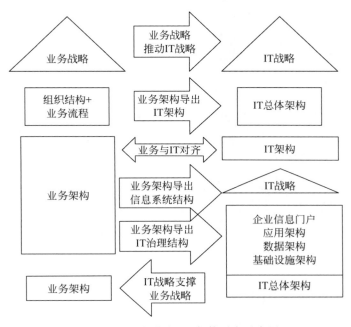

图 5-8 业务架构与 IT 架构对齐示意图

智慧勘察 IT 架构主要包含服务器与网络核心模块、数据存储模块、办公客户端模块、隔离网络模块、局域网边缘模块以及管理辅助模块等部分。其中服务器与网络核心模块是整个 IT 架构的中心部分,负责所有子模块的交互、数据的交换以及客户端的接入等;数据存储模块包括存储网络模块、数据备份模块、异地模块等(图 5-9),主要负责数据管理,包括数据存储、数据的本地和远程备份、云平台管理等功能;办公客户端模块即勘察信息系统,为各级用户提供勘察功能操作、信息交互和数据管理等接口;隔离网络模块与客户端模块类似,不同的是隔离网络模块与核心网络进行了隔离,不与核心网络进行交互,主要负责提供具有保密属性等信息的操作;局域网边缘模块即电力岩土勘察工程中的外业部分,通过智能终端等移动平台将外业勘察数据等信息上传至核心网络区域,从而相关负责人员可以对外业过程进行远程办公和管理;管理辅助模块(图 5-9)提供一些辅助性的管理工具,包括网络地址管理、系统漏洞管理、防毒杀毒等安全管理措施。

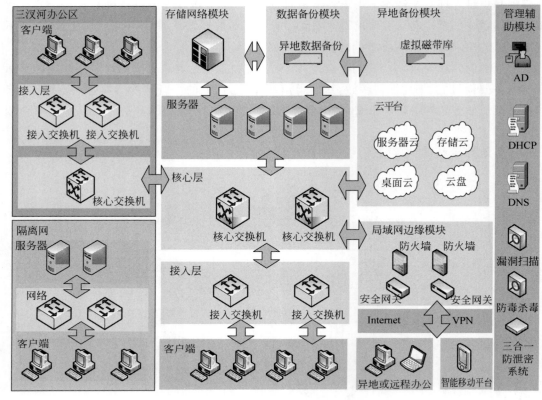

图 5-9　IT 治理的总体框架

5.3　智慧勘察架构设计

5.3.1　了解 C/S 和 B/S

1. C/S 结构

客户机/服务器(Client/Server,C/S)结构如图 5-10 所示,是基于资源不对等,且为实现共享而提出来的一种体系结构,是 20 世纪 90 年代成熟起来的技术。客户机/服务器结构将应用一分为二,服务器(后台)负责数据管理,客户机(前台)完成与用户的交互任务。通过它可以充分利用两端硬件环境的优势,将任务合理分配到 Client 端和 Server 端来实现,降低了系统的开销。客户/服务器应用模式的特点是大多基于"胖客户机"结构下的两层结构应用软件。服务器通常采用高性能的 PC、工作站或小型机,并采用大型数据库系统,如 Oracle、Sybase、Informix 或 SQL Server,客户端安装专用的客户端软件。

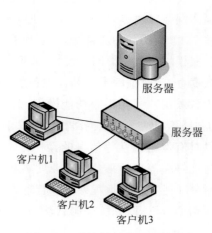

图 5-10　传统的两层 C/S 结构

（1）C/S结构的优势

C/S模型具有强大的数据操作和事务处理能力，且开发模型简单，易于理解和接受。系统的客户应用程序和服务器构件分别运行在不同的计算机上，易于扩充和压缩。

在C/S结构中，各功能构件充分隔离，客户应用程序的开发集中于数据的查询浏览，而数据库服务器的开发则集中于数据的管理，分工具体，且利于系统的安全性。由于客户端与服务器直接相连，所以实时性较好。

C/S结构能充分发挥客户端PC的处理能力，很多工作可以在客户端处理后再提交给服务器。对应的优点就是客户端响应速度快，而且应用服务器运行数据负荷较轻。

（2）C/S结构的劣势

在C/S结构中，表现层和事务层都放在客户端，而数据逻辑层和数据存储层则置于服务器端。这种组织安排带来诸多限制：①C/S结构维护和升级成本非常高。C/S结构的软件需要针对不同的操作系统开发不同版本的软件，已经很难适应百台计算机以上局域网用户同时使用，而且代价高、效率低。②C/S组织结构不支持Internet，只适用于局域网，而随着互联网的飞速发展，移动办公和分布式办公越来越普及，很显然C/S结构无法满足这些需求。

另外，除了传统的二层C/S结构，还存在三层次客户机/服务器（C/S）结构。三层次客户机/服务器（C/S）结构是在常规客户机/服务器（C/S）结构上提出的，系统在客户机和数据库服务器间添加一个应用服务器。值得注意的是，三层C/S结构各层间的通信效率若不高，即使分配给各层的硬件能力很强，作为整体来说，也达不到所要求的性能。此外，设计时必须慎重考虑三层间的通信方法、通信频度及数据量，这和提高各层的独立性一样，是三层C/S结构的关键问题。

2. B/S结构

在当前Internet/Intranet领域，浏览器/服务器（Browser/Server，B/S）结构是当前非常流行的客户机/服务器结构，如图5-11所示，主要是利用不断成熟的WWW浏览器技术，结合浏览器的多种脚本语言，用通用浏览器就实现了原来需要复杂的专用软件才能实现的强大功能，并节约了开发成本，是一种全新的软件体系结构。B/S结构是一种典型的三层结构模式：表示层、功能层和数据层。表示层为浏览器，浏览器仅承担网页信息的浏览功能，以超文本格式实现信息的浏览和输入，没有任何业务处理能力；功能层由服务器承担业务处理逻辑和页面的存储管理，接收客户浏览器的任务请求，并根据任务请求类

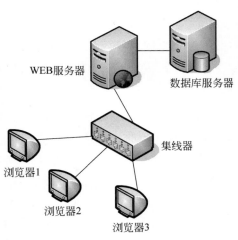

图5-11　B/S结构

型执行相应的事务处理程序；数据层由数据库服务器承担数据处理逻辑，其任务是接收服务器对数据库服务器提出的数据操作的请求，由数据库服务器完成数据的查询、修改、统计、更新等工作，并把对数据的处理结果提交给服务器。

（1）B/S结构的优势

B/S结构操作使用简单。B/S最大的优点就是可以在任何地方进行操作而不用安装任何专门的软件，只要有一台能上网的计算机就能使用，客户端零维护。系统扩展非常容易，只要能上网，再由系统管理员分配一个用户名和密码，就可以使用了。

B/S结构维护和升级方式简单。B/S结构的软件只需要管理服务器就行了，所有的客户端只是浏览器，根本不需要做任何维护。无论用户规模有多大，有多少分支机构都不会增加任何维护升级的工作量，所有操作只需要针对服务器进行。如果是异地，只需要把服务器连接专网即可，实现远程维护、升级和共享。

B/S结构成本降低，选择更多。B/S结构可以支持任何操作系统和浏览器，对系统性能和配置要求相对较低，既可以节省成本，对用户而言，对操作系统和浏览器又有更多的选择。

（2）B/S结构的劣势

B/S模式也存在不足，表现在服务器负担过重，尤其是在业务逻辑复杂和处理量大的情况下，服务器的处理能力成为影响系统效率的关键因素。另外，服务器也成为系统的"瓶颈"。具体表现在：

由于浏览器只是为了进行WEB浏览而设计的，当应用于WEB系统时，许多功能不能实现或实现起来比较困难。比如，通过浏览器进行大量的数据输入，或进行报表的应答都是比较困难和不便的。

复杂的应用构造困难。虽然可以用Active X、Java等技术开发较为复杂的应用，但是相对于发展已非常成熟的一系列应用工具来说，这些技术开发复杂，并没有完全成熟的技术供其使用。

HTTP可靠性低，有可能造成应用故障，特别是对于管理者来说，采用浏览器方式进行系统维护是非常不安全和不方便的。

WEB服务器成为数据库的唯一客户端，所有对数据库的连接都通过该服务器实现。WEB服务器要同时处理与客户请求和数据库的连接，当访问量大时，服务器端负载过重。

由于业务逻辑和数据访问程序一般由Java Script、VB-Script等嵌入式小程序实现，分散在各个页面里，难以实现共享，给升级和维护也带来了不便。

3. C/S结构和B/S结构的比较与分析

（1）硬件环境的比较

C/S结构建立在局域网的基础上，局域网之间通过专门服务器提供连接和数据交换服务。在C/S结构中，客户机和服务器都需要处理数据任务，这就对客户机的硬件提出了较高要求。B/S结构建立在广域网之上，不必配备专门的网络硬件环境。虽然对客户端的硬件要求不是很高，只需要运行操作系统和浏览器，但服务器端需要处理大量实时数据，这就对服务器端的硬件提出了较高要求。总体来讲，B/S结构相对C/S结构能大大降低成本。

（2）系统维护、升级的比较

C/S结构中的每一个客户机都必须安装和配置相关软件，如操作系统、客户端软件等。当客户端软件需要维护、升级，即使只是增加或删除某一功能，也需要逐一将C/S结构中所有的客户端软件卸载并重新安装。如果不进行升级，可能会碰到客户端软件版本不一致而无法工作的情况。B/S结构中每一个客户端只需通过浏览器便可进行各种信息的处理,而不需要安装客户端软件,维护、升级等几乎所有的工作都在服务器端进行,如果系统需要升级,只需要将升级程序安装在服务器端即可。

（3）系统安全的比较

C/S结构采取点对点的结构模式,数据的处理是基于安全性较高的网络协议之上。另外,C/S结构一般面向相对固定的用户群,它可以对权限进行多层次校验,对信息安全的控制能力很强,安全性可以得到很好的保障。B/S结构采取一点对多点、多点对多点的开放式结构模式,其安全性只能靠数据服务器上的管理密码的数据库来保证,况且网络安全技术尚未成熟,须不断发现、修补各种安全漏洞。

（4）用户接口的比较

C/S结构多是建立在Windows平台上,表现方法有限,对程序员普遍要求较高。B/S结构是建立在浏览器上,有更加丰富和生动的表现方式与用户交流。

（5）处理上的比较

C/S结构建立在局域网上,处理面向在相同区域比较固定的用户群,满足对安全要求高的需求,与操作系统相关。B/S结构建立在广域网上,处理面向分散地域的不同用户群,与操作系统关系较少。另外,B/S结构的处理模式与C/S的处理模式相比,简化了客户端,只需要安装操作系统、浏览器即可。

（6）软件重用的比较

C/S结构软件可从不可避免的整体性考虑,构件的重用性不如在B/S结构要求下构建的重用性好。B/S结构软件对应的是多重结构,要求构建相对独立的功能,能够相对较好地重用。

（7）系统速度的比较

C/S结构在逻辑结构上比B/S结构少一层,对于相同任务,C/S结构完成的速度总比B/S结构快,使得C/S结构更利于处理大量数据。另外,客户端实现与服务器的直接相连,没有中间环节,因此响应速度快。

（8）交互性与信息流的比较

C/S结构的交互性很强,在C/S结构中,客户机有完整的客户端软件,能处理大量、实时数据流,响应速度快。B/S结构虽然可以提供一定的交互能力,但交互能力很有限。C/S结构的信息流单一,而B/S结构可处理如B-B、B-C、B-G等信息并具有流向的变化。

5.3.2 主流软件架构模式

软件架构模式是由软件架构师通过持续实践,进而总结出的、过往已验证的优秀设计架构。它们往往能够被重复使用到其他项目或领域之中。更具体地说,架构模式是需要在实践中反复发掘的一组设计决策。它具有明确定义的属性,以及一套可以被重复使用与描述的架构。开发软件架构可以被看作是针对模式进行选择、定制和组合的一整套过程。而软件架构师的任务就是要决定:如何实例化模式,如何使其与特定的上下文以及问题的约束相适应。Mark Richards在其著作——《软件架构模式》中主要介绍了5种软件架构模式,分别是微内核、微服务、分层架构、基于事件（事件驱动）和基于空间。

1. 微内核模式

微内核模式也称为插件架构模式。它通常是在软件团队创建具有可互换性组件（interchangeable components）的系统时被使用到。

该模式主要适用于那些必须能够适应不断变化需求的软件系统。微内核模式能够从扩展功能以及特定于客户的部件中，分离出最小的功能核心。作为一种套接字（socket），它能够插入到各种扩展之中，并协调其相互之间的协作关系。

业界通常认为微内核架构模式是一种可被用于实施基于产品的应用程序的自然模式。微内核架构模式允许用户将其他应用程序的功能作为插件，添加到核心的应用程序上，进而提供可扩展性以及功能上的分离（隔离）。

微内核模式通常由两种类型的架构组件所组成：核心系统和各种插件模块。架构设计中需要将应用程序的逻辑，在各个独立的插件模块和基础核心系统之间进行划分，以提供基于应用功能和自定义处理逻辑的可扩展性、灵活性和隔离性。在传统概念上，微内核模式的核心系统仅包含那些系统运行所需的最少功能。

优势：具有极大的灵活性和扩展性。在某些现实场景中，允许应用程序在运行的时候被添加插件。具有良好的可移植性，易于部署。能够快速响应不断变化的环境。插件模块既可以单独测试，又可以由核心系统来轻松地进行模拟，以演示或原型化某项特定功能，进而达到对核心系统的尽少改动，甚至不做修改。

适合性：适用于那些需要从不同来源获取数据，并在转换数据之后写入不同目标的应用程序、工作流程类应用程序、任务与作业计划类应用程序。

2. 微服务模式

若将应用程序作为一组微服务进行编写时，实际上是在编写可以协同工作的多个微型应用程序。每个微服务都有自己的"职责"，团队可以独立于其他微服务进行开发。他们之间唯一的依赖便是沟通。当微服务进行通信时，必须确保它们之间发送的消息能够向后兼容。

优势：可以单独编写、维护和部署每一个微服务。可以灵活地仅扩展那些需要的微服务。应用程序的各个部分较小，并且与其他部分的耦合较宽松，因此可以轻松地进行重写。新的团队成员很容易快速上手。能够使得应用程序易于被理解和修改。通过提供良好的可维护性和可测试性，以实现快速且频繁的开发和部署。团队无须与其他团队协调，便可独立部署其服务。

适合性：适合带有小型组件的站点、有明确边界的企业级数据中心、快速发展的新业务和 Web 应用、具有遍布全球的开发团队。

3. 分层架构模式

最常见的架构模式当属分层架构模式。它是我们用来设计大多数软件的传统方法，同样具有一定的独立性。分层架构模式是一种多层模式，每个层面上都有多个组件。这就意味着所有的组件虽然是互联的，但是彼此之间并不依赖。在应用程序中，分层架构模式的每一层都有特定的角色和职责。例如，表示层将负责处理所有用户界面和浏览器之间的通信逻辑,而业务层将负责执行与请求相关的特定业务规则。分层架构模式的主要特点在于各个组件各司其职、相互分离。也就是说,某个特定层面上的组件,仅处理与该层有关的逻辑。

优势:在该架构中,组件只属于某个特定层面,而其他层面可以被模拟出来,因此该模式具有良好的易测试性。该模式实现起来并不太复杂,而且大多数公司都能够通过逐层分离的功能集来开发应用程序,因此它非常易于被开发,当然也就成为大多数业务应用的自然选择。具有可维护性,易于分配单独的"角色"。方便对不同层面进行单独更新与增强。

适合性:适用于标准化的业务线应用程序,且在功能上不限于CRUD(增删改查)操作,需要快速构建的新应用,团队中有并不了解其他架构或经验不足的开发人员,那些需要具有严格的可维护性和可测试性的应用。

4. 基于事件(事件驱动)的模式

这是用于开发具有高度可扩展性系统的最常见分布式异步架构。该架构由那些可用于监听事件,并能够异步处理事件的组件所组成。事件驱动类架构构建出一个能够接收所有数据的中央单元。该单元可以被委托给那些具有处理特定类型能力的单独模块。

优势:容易适应复杂且混乱的环境。可被轻松扩展。当出现新的事件类型时,能够方便进行扩展。

劣势:软件结构复杂,开发与维护成本较高。

适合性:适用于具有异步数据流的异步系统及各种用户界面。

5. 基于空间的模式

基于空间的架构模式被专门设计为解决那些可扩展性和并发性的问题。对于那些具有不定因素和不可测并发用户数的应用来说,它同样也是一种非常实用的架构模式。该模式通过消除对中央数据库的约束,以及使用可复制的内存中数据格(data grids)来实现良好的可扩展性。此外,基于空间的架构可以通过在多个服务器之间进行拆分处理与存储,以避免高负载下的功能性崩溃。

优势:能够快速响应不断变化的环境。尽管该架构通常无法实现解耦和分布式,但它是动态的。那些基于云端的复杂工具,能够将应用程序轻松"推送"到服务器处,以简化部署。可以通过内存中的数据访问,以及该模式中内置的缓存机制来达到高性能。由于较小甚至并不依赖于集中式数据库,所以该模式具有非常好的可扩展性。

适合性:适用于具有大体量数据的场景,例如:点击流(click streams)和用户日志,低价值数据的偶尔丢失并不会造成严重后果的场景。

5.3.3 智慧勘察软件架构选择

根据智慧勘察体系构建需求,该项目主要分为内业处理、外业采集和项目预算三个主要部分。根据体系构建和需求紧迫性,可以考虑分为工程勘察集成应用系统、地质编录与采集系统和工程预算管理系统。

软件架构是一系列相关的抽象模式,是系统架构师对系统各个方面进行利弊权衡的结果,是总体设计的体现。架构选择的好坏直接决定了项目的成败,在一个项目中,好的架构风格往往能减少开发测试的难度、提高系统的稳定性,使项目开发达到事半功倍的效果。错误的架构风格会增加项目的复杂性,降低系统的性能,增加测试的难度,给项目带来很大的风险。在进行架构选择的时候,应充分考虑影响架构选择的因素,比如项目中参与的技术人员、管理人员、程序员、测试人员和当前的技术环境等。

1. 整体架构的选择

在智慧勘察系统整体架构选择上,主要考虑的因素包括整个系统的可用性、性能及可扩展性,因此系统可以采用面向服务的架构(SOA)风格。

SOA 是一种应用技术,应用的业务逻辑被组织成模型(服务),访问接口、服务成为一个黑盒。在 SOA 中,架构师会尝试由单个实体来提供一系列特定的任务,该实体接收服务请求并返回处理结果,或返回因尝试失败而导致的错误。这些服务,以及规定它们应如何组合来构成一个完整应用程序的指导原则,由此构成了一个 SOA。在 SOA 下,数据和业务逻辑融合成模型化的业务组件,且具有文档接口,这种明确的设计和简单的方式有助于开发和进一步扩展,一个 SOA 应用可以很容易地与异构的、外部的遗留系统、外部的应用集成在一起。

在可扩展性方面:通过将一个大系统拆分为不同功能的模块,而模块的构建采用了面向服务进行封装,这符合软件工程"高内聚、低耦合"的思想,使得一个模块只专注于一种服务。如果用户增加了新的需求,由于将系统各个功能拆分为各个子服务,我们只需要修改或者更换相应的子服务即可。比如该项目是捕获并分析 http 流量,若我们要进一步捕获并分析 ftp 流量,只需要修改流量捕获服务的规则及替换新的流量分析服务就能达到目标,而其他服务不需要做任何修改。

在系统的性能方面:考虑到木桶理论,经过对各个子服务分别进行性能测试,找出整体系统的性能瓶颈。针对存在性能瓶颈的子服务,增加服务器数量,提高服务器配置。针对不存在性能瓶颈的服务,通过将多个服务部署在同一台机器上更好地节约了资源。通过采用这样的策略,在相同服务器资源的情况下,系统性能达到最大化。在该项目中,我们将流量分析服务部署在多个高性能服务器,将消息队列服务部署在普通服务器。事实证明该项目整体架构采用面向服务的架构风格是十分正确的。下面将进一步讨论各子服务架构风格的选择。

2. 各子系统的架构选择

工程勘察集成应用系统、三维辅助设计系统作为业务系统,采用三层 C/S 结构。允许合理划分三层结构的功能,使之在逻辑上保持相对独立性,从而使整个系统的逻辑结构更为清晰,能提高系统和软件的可维护性和可扩展性。允许更灵活有效地选用相应的平台和硬件系统,使之在处理负荷能力上与处理特性上分别适用于结构清晰的三层,并且这些平台和各个组成部分可以具有良好的可升级性和开放性。三层 C/S 结构中,应用的各层可以并行开发,各层也可以选择各自最适合的开发语言。使之能并行而且高效地进行开发,达到较高的性能价格比,对每一层处理逻辑的开发和维护会更容易些。允许充分利用应用层有效地隔离开表示层与数据层,未授权的用户难以绕过功能层而利用数据库工具或黑客手段非法访问数据层,这就为严格的安全管理奠定了坚实的基础,整个系统的管理层次也更加合理和可以控制。系统管理简单,可支持异种数据库,有很高的可用性。

工程勘察预算子系统需要审批和流程控制,所以采用 B/S 结构、MVC 设计模式,MVC 架构是当今很流行的一种设计模式。M 表示模式层,V 表示视图层,C 表示控制层。模式层完成业务模型与数据模型管理;视图层主要完成用户界面的管理;控制层主要负责接收客户端请求,并将相应的请求转发到对应的业务逻辑进行处理。采用 MVC 架构可以很容易解决客户端用户并发连接数增多以及事务处理量增加的问题。随着业务量的增加,后续可以考虑按照 MVC 分层将请求处理和事务处理分布在多个不同服务器上进行均衡负载处理。同时,由于采用了 MVC 三层架构,各个应用系统以及模块之间相互独立,模块接口开放、明确,任何一个应用模块的损坏和更换均不能影响其他模块的使用。

输电线路集成协同平台采用微服务架构。通过对业务分析后,将服务进行进一步拆解,使得服务独立部署。增加了系统的可扩展性,服务部署更加简单。针对各个服务出现的问题,便于轻易地重写服务或者删除无用的服务。

根据智慧勘察系统的运行情况和技术人员的使用反馈,验证了当初架构选择的正确性。当然软件工程"没有银弹",任何架构都会带来一定的负面作用,对于面向服务的架构,如果盲目地对系统进行拆分,整体维护成本会上升。过多的服务及分布式部署,需要更大的运维投入,且需要批量化脚本部署及维护,增加了系统的维护成本。

5.3.4　智慧勘察应用层

1. 项目管理组织

勘察领域组织层级各不相同,为了系统的统一性,我们把业务层进行统一。项目管理组织结构如图 5-12 所示。

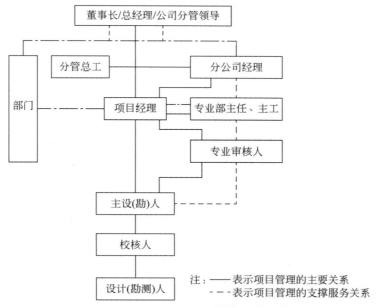

图 5-12　项目管理组织结构

2．功能开发

（1）按业务过程进行功能设计

智慧勘察关键技术包含勘察手段、作业过程和成果应用三个层次的信息化。也就是说，要从岩土工程勘察作业流程出发，全面梳理岩土工程勘察任务接受、方案策划、现场作业、内业整理、提交成品到最终资料归档和资料再利用的整个过程中产生的各类数据，依托现有设备和软件，通过补充开发相应软件，把整个勘察设计过程有机地联系起来，在计划（Plan）、实施（Do）、检查（Check）和处理（Act）四个重要环节中体现需求与响应的闭合，方可达到全过程信息化的目的。智慧勘察业务分析图如图 5-13 所示。

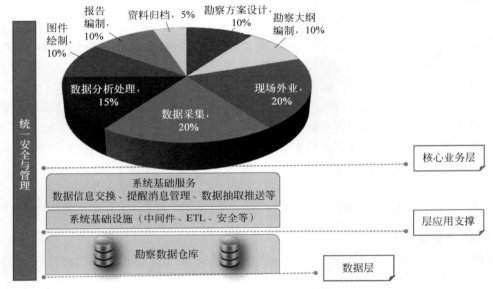

图 5-13　智慧勘察业务分析

（2）专业数据和质量数据同步采集

在各业务系统建设过程中，坚持从一线获得需求和设计灵感，比如输电线路工程由于其工作的特殊性，单兵作战特征明显，某些复杂的工程项目现场信息不能及时与专家资源形成有效对接，在线路工程实施过程中，如何更好地感知环境，从宏观上了解自身所处位置，从而更全面地把握影响线路工程的岩土工程问题，需要通过软硬件的支持，加强协同设计。数据流程过程（图 5-14）融入了各种可能的情况，力争将各种场景下的应用需求都进行覆盖。在数据采集设计过程中，除满足专业评价需求外，还根据勘察质量管控的维度，采集专业数据的时空属性数据，为现场作业质量管控增加可追溯的技术手段。

（3）专业协同

针对输电线路勘察专业数据分类特征与业务流程标准化体系，提出专业数据管理技术与业务协同方案，如图 5-15 所示。对输电线路勘察外业协同问题进行充分研究，搭建数据远程控制中心，实现远程数据实时传输和多人协同交互功能，并通过记录作业人员的 GPS 轨迹数据，方便地实现输电线路勘察外业质量监控功能。系统开发中引入工作流机制，实现业务过程和数据流程控制相匹配，并支持多任务协同设计。这种做法极大地提高了质量管理过程与设计过程的融合程度。

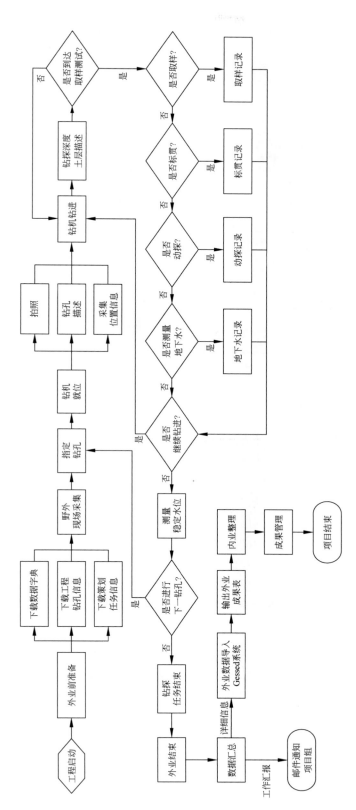

图 5-14　智慧勘察数据分析

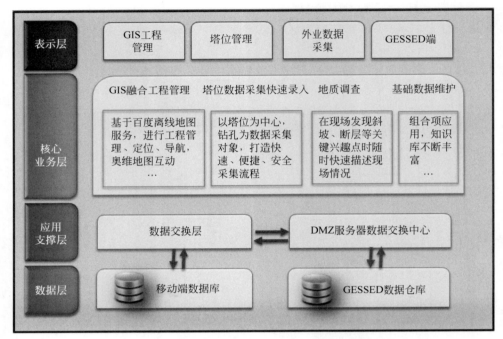

图 5-15　智慧勘察输电线路协同设计平台系统架构

5.3.5　智慧勘察服务层

对智慧勘察软件用户而言,接触的是软件的表现层(UI 界面),每一个功能界面后面,可能会有多种数据表现接口,可能是每一个支持的平台,例如,移动应用、Web 应用、桌面应用,或者是其他软件平台;也可能是后端应用,传入数据或者是获取数据等。服务层是在表现层和业务逻辑层之间。这个中间层只是实现应用的用例类集合。服务层作为用户界面和中间层提供了一个统一的契约,中间层因此可以专注于实现应用逻辑。应用逻辑是业务逻辑的一部分,其设计直接源于需求中的用例。若没有服务层,则需要从表现层直接调用到应用程序服务中,这样就造成了一个颗粒度极细的远程接口,从而导致过多的交互,使得软件效能下降。服务和面向服务的出现,使得整个解决方案更有价值、更加成功,与表现层相比,服务层提供了松散的耦合、可重用性的商定协议以及跨平台的部署。

1.　服务接入

服务接入层主要在服务实现的基础上进行服务化的封装和定义,以标准的接口技术协议向其他层和外部应用提供服务调用,同时对外屏蔽了服务实现的技术细节,实现服务实现层与业务功能层之间的松耦合。

服务接入层应具备以下能力:

(1) 服务远程调用:支持系统外部的应用程序和软件通过标准技术协议的方式远程调用服务;

(2) 服务封装:对服务进行封装,向外界屏蔽服务的技术细节,实现服务调用与服务实现技术无关;

　　（3）服务合约化描述：向外界提供服务的标准化描述信息，包括服务名称、服务功能、服务交互数据模型、应用约束等；

　　（4）服务可发现：主动向外界发布服务新增、变更等消息，使外部系统能够感知和发现服务的变化；

　　（5）服务运行信息监控：向服务质量层实时转发所有服务的运行调用数据，包括服务响应时间、交互数据量、身份认证信息等。

　　服务接入层是屏蔽服务实现技术与业务需求的关键元素，使得智慧勘察相关应用能够真正实现"高内聚、松耦合"的架构模式。其他层与服务实现层之间须进行有效的隔离，必须通过服务接入层访问服务实现层的功能。

2. 服务实现

　　服务实现层以服务的形式对外提供业务功能的访问，其封装了服务的功能实现逻辑，包括所有操作和存取业务数据的功能、业务处理逻辑和算法以及通用的工具算法等。

　　服务是 SOA 中最基本的术语，其目的是专注于抽象业务方面的问题，一个服务的实质是业务功能，SOA 的目标是对业务规则、功能抽象，在此之上构建大型分布式系统，这为应用系统设计和开发都描绘了一个清晰的结构。虽然系统内部是技术性的，但外部的接口必须设计成业务人员能够理解，在外部看来技术的细节已被屏蔽。服务是自足的，其粒度必须保证业务功能独立健壮，支持业务过程合成层中任意业务编排需要，即使流程有异常错误的情况，服务也必须保护业务数据的完整性和有效性。

3. 服务集成

　　智慧勘察应用系统根据建立的 SOA 技术架构服务接入层，可以选择服务实现层的服务，通过界面配置数据交互模型，以标准的接口技术协议，发布为 WebService 接口，注册到集成层的企业信息集成平台，供其他应用系统调用，实现各应用系统间的交互。

　　智慧勘察各应用系统平台可以通过各自系统的服务接入层，查询、管理各应用系统的服务，并根据业务需求，将各应用系统的服务，开通给不同的应用系统调用，或者根据业务需要，将多个服务组合成新的服务，以供支撑新的业务。

　　在服务运行过程中，各应用系统的服务接入层会对各自服务实现层的服务进行监控，并将监控信息以 WebService 方式提供给集成平台，方便集成平台对集成服务的分析与优化，并可以在服务异常时快速定位错误。

5.3.6　智慧勘察传输层

1. 基于 Socket 的数据通信

　　Socket 是通信的基石，是支持 TCP/IP 协议的网络通信的基本操作单元。它是网络通信过程中端点的抽象表示，包含进行网络通信必需的五种信息：连接使用的协议、本地主机的 IP 地址、本地进程的协议端口、服务端主机的 IP 地址、服务端进程的协议端口。

　　应用层通过传输层进行数据通信时，TCP 会遇到同时为多个应用程序进程提供并发服务的问题。多个 TCP 连接或多个应用程序进程可能需要通过同一个 TCP 协议端口传输数据。为了区别不同的应用程序进程和连接，许多计算机操作系统为应用程序与 TCP/IP 协议交互提供了套接字（Socket）接口。应用层可以和传输层通过 Socket 接口，区分来自不同应用程序进程或网络连接的通信，实现数据传输的并发服务。

　　建立 Socket 连接至少需要一对套接字，其中一个运行于客户端，称为 ClientSocket，另一个运行于服务器端，称为 ServerSocket。套接字之间的连接过程分为三个步骤：服务器监听、客户端请求、连接确认。

　　服务器监听：服务器端套接字并不定位具体的客户端套接字，而是处于等待连接的状态，实时监控网络状态，等待客户端的连接请求。

　　客户端请求：指客户端的套接字提出连接请求，要连接的目标是服务器端的套接字。为此，客户端的套接字必须首先描述它要连接的服务器的套接字，指出服务器端套接字的地址和端口号，然后就向服务器端套接字提出连接请求。

　　连接确认：当服务器端套接字监听到或者说接收到客户端套接字的连接请求时，就响应客户端套接字的请求，建立一个新的线程，把服务器端套接字的描述发给客户端，一旦客户端确认了此描述，双方就正式建立连接。而服务器端套接字继续处于监听状态，继续接收其他客户端套接字的连接请求。

　　Socket 服务端与客户端通信如图 5-16 所示。

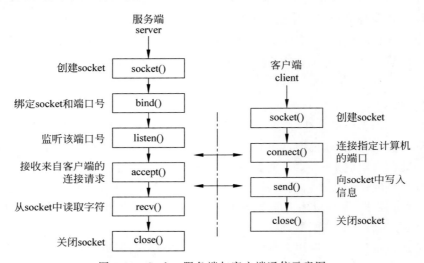

图 5-16　Socket 服务端与客户端通信示意图

　　由于通常情况下 Socket 连接就是 TCP 连接，因此 Socket 连接一旦建立，通信双方即可开始相互发送数据内容，直到双方连接断开。但在实际网络应用中，客户端到服务器之间的通信往往需要穿越多个中间节点，例如路由器、网关、防火墙等，大部分防火墙默认会关闭长时间处于非活跃状态的连接而导致 Socket 连接断连，因此需要通过轮询告诉网络，该连接处于活跃状态。而 HTTP 连接使用的是"请求—响应"的方式，不仅在请求时需要先建立连接，而且需要客户端向服务器发出请求后，服务器端才能回复数据。

　　很多情况下，需要服务器端主动向客户端推送数据，保持客户端与服务器数据的实时与同步。此时若双方建立的是 Socket 连接，服务器就可以直接将数据传送给客户端；若双方建立的是 HTTP 连接，则服务器需要等到客户端发送一次请求后才能将数据传回给客户端，因此，客户端定时向服务器端发送连接请求，不仅可以保持在线，同时也是在"询问"服务器是否有新的数据，如果有就将数据传给客户端。

2. DMZ 的设置

（1）什么是 DMZ：DMZ 是英文"demilitarized zone"的缩写，中文名称为"隔离区"，也称"非军事化区"。它是为了解决安装防火墙后外部网络不能访问内部网络服务器的问题，而设立的一个非安全系统与安全系统之间的缓冲区，这个缓冲区位于企业内部网络和外部网络之间的小网络区域内，在这个小网络区域内可以放置一些必须公开的服务器设施，如企业 Web 服务器和 FTP 服务器等。此外，通过这样一个 DMZ，更加有效地保护了内部网络，因为这种网络部署，比起一般的防火墙方案，对攻击者而言又多了一道关卡。

DMZ 防火墙方案为要保护的内部网络增加了一道安全防线，通常认为是非常安全的。同时它提供了一个区域放置公共服务器，从而又能有效地避免一些互联应用需要公开，而与内部安全策略相矛盾的情况发生。在 DMZ 中通常包括堡垒主机、Modem 池，以及所有的公共服务器，智慧勘察系统后台数据需要放在内部网络中。

（2）为何需要 DMZ：在智慧勘察系统研发过程中，由于勘察策划数据和外业采集数据需要进行数据交互，必须要求主机对外提供服务，同时又要有效地保护内部网络的安全，将这些需要对外开放的主机与内部的众多网络设备分隔开来。将需要保护的 Web 应用程序服务器和数据库系统放在内网中，把没有包含敏感数据、担当代理数据访问职责的主机放置于 DMZ 中，这样就为应用系统安全提供了保障。DMZ 使包含重要数据的内部系统免于直接暴露给外部网络而受到攻击，攻击者即使初步入侵成功，还要面临 DMZ 设置的新的障碍。

（3）DMZ 服务配置：DMZ 提供的服务是经过了地址转换（network address translation，NAT）和受安全规则限制的，以达到隐蔽真实地址、控制访问的功能。首先要根据将要提供的服务和安全策略建立一个清晰的网络拓扑，确定 DMZ 区应用服务器的 IP 和端口号以及数据流向。DMZ 区服务器与内网区、外网区的通信是经过网络地址转换实现的。网络地址转换用于将一个地址域（如专用 Intranet）映射到另一个地址域（如 Internet），以达到隐藏专用网络的目的。DMZ 区服务器对内服务时映射成内网地址，对外服务时映射成外网地址。采用静态映射配置网络地址转换时，服务用 IP 和真实 IP 要一一映射，源地址转换和目的地址转换都必须要有。安全规则集是安全策略的技术实现，一个可靠、高效的安全规则集是实现一个成功、安全的防火墙非常关键的一步。在建立规则集时必须注意规则次序，因为防火墙大多以顺序方式检查信息包，同样的规则，以不同的次序放置，可能会完全改变防火墙的运转情况。如果信息包经过每一条规则而没有发现匹配，这个信息包便会被拒绝。一般来说，通常的顺序是，较特殊的规则在前，较普通的规则在后，防止在找到一个特殊规则之前一个普通规则便被匹配，避免防火墙被配置错误。

IT 架构拓扑结构如图 5-17 所示。

3. 基于云计算的数据传输

随着信息技术的日益更新，云计算的出现，对智慧勘察数据传输层的设计提供了更大的便利。云计算是一种基于共享基础架构的计算模式，关键技术是对服务器、数据存储等计算资源的虚拟化应用。云计算有 IaaS（基础设施即服务）、PaaS（平台即服务）、SaaS（软件即服务）3 个层次，每个层次负责提供不同的服务。

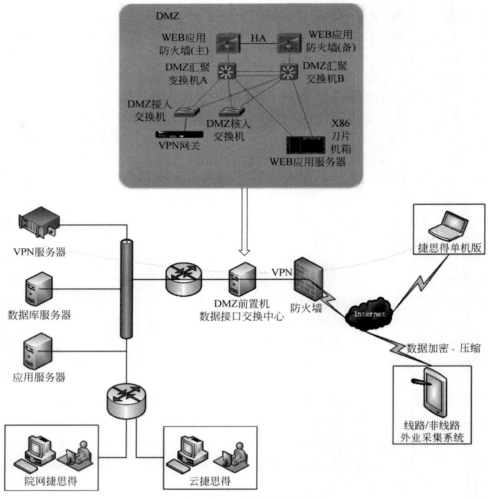

图 5-17　IT 架构拓扑结构

注：捷思得是江苏院开发的一款软件，院网捷思得为江苏院内网使用的软件，云捷思得为云环境中使用。

软件即服务（software-as-a-service，SaaS）的解释就是"云软件"。这种模式是通过互联网来提供软件服务。SaaS 提供商在自己的服务器上对所有的应用软件进行统一安装和部署，每个企业租户需要根据自己对软件的实际需求情况，利用互联网来向 SaaS 提供商租用所需要的软件模块，根据企业租用的模块和时间来计算所需要的费用。租用成功后，企业可以通过网络来进行软件服务的获取。用户无须进行软件的购买，只需要租用软件，就可以实现企业的日常管理和运营，用户也不需要关心软件的日常管理和维护，这些工作都是交给 SaaS 提供商来负责。这样既让用户节省了购买、管理和维护软件的开支，又给用户带来了很大的方便。

SaaS 与传统软件服务最大的区别在于两点：①采用云服务，客户不需要自己部署服务器；②网上下载即装即用，无须专门部署安装。基于以上两点，相校于传统模式，SaaS 拥有明显的优势：①使用成本极低，再小的公司也用得起；②快速部署应用，使用效率高；③后续维护、更新升级不产生额外费用。

　　从目前掌握的工程勘察行业对软件的需求和投入意愿,智慧勘察软件未来以 SaaS 方式出现将有可能成为潮流,基于 SaaS 平台的数据传输方案一般通过 SSL 认证,采用 HTTPS 协议来实现客户端浏览器和 SaaS 平台服务器之间的通信。用户通过互联网使用 SSL 访问服务器。服务器首先生成一个证书请求文件发送到证书颁发机构(CA),CA 颁发证书后,把证书导入 keystore 文件中,然后配置 Tomcat 服务器使它支持 SSL,这样就可以使用 https 的方式访问站点,客户浏览器和服务器之间传输的数据会被加密,浏览器和服务器之间就可以进行安全通信。HTTPS 安全传输设计如图 5-18 所示。

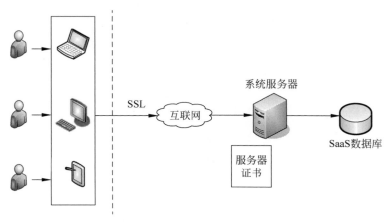

图 5-18　HTTPS 安全传输设计

　　智慧勘察利用云计算技术与资源整合关键共享技术,并实现以下目标:

　　(1) 优化企业云计算与资源整合的共享方法,实现对分散独立的存储、计算资源统一调度。

　　(2) 专业知识库与业务平台相适应,并基于专业知识库支持设计了符合工程勘察行业的作业过程的合理性评价准则与模型。

　　(3) 强大的后台自动评估体系通过云计算实现智慧勘察的相关评估。

　　智慧勘察传输层建设的总体架构蓝图如图 5-19 所示。

图 5-19　智慧勘察传输层总体规划蓝图

5.3.7 智慧勘察数据层

1. 数据层架构的总体组成

任何软件从根本上来说都是对数据的处理,核心问题包括数据从哪里来、如何组织、怎么展示、如何存储等。而对于任何企业,数据的组织和管理则是信息化建设的最基础工作。从软件分层架构上,数据层是软件架构中的最底层,负责数据的管理。数据是由业务产生的,没有业务就没有数据。因此,搞清楚数据的业务分布是数据架构设计的前提,数据的业务分布决定了数据的物理分布,通过业务架构可以得出数据的业务分布和物理分布架构,如图 5-20 所示。

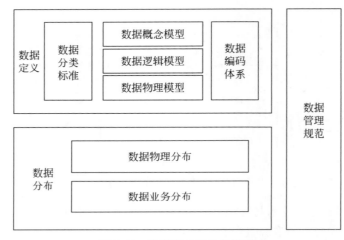

图 5-20 数据架构的总体构成

2. 工程勘察数据的分类标准与编码体系

工程勘察的业务数据主要包括通用数据、专业数据和成果数据三大类。智慧勘察数据基础分类标准如表 5-1 所示。

表 5-1 智慧勘察数据基础分类标准

序号	分类	亚类	描　述	数据类型
1	通用数据	项目管理	项目基本信息、进度要求、项目成本、工程名称、工程概况、建筑结构设计条件等	结构化数据、非结构化数据
2		技术管理	勘察合同、任务书、勘察大纲等	
3		人力资源管理	项目组成员信息、外委人员信息等	
4		其他管理	与勘察过程相关的其他通用数据	
5	专业数据	地理信息数据	坐标系、高程系、场地周边环境条件、地形地物、场地类别、场地抗震指标	结构化数据
6		工程钻探数据	钻孔基本信息[钻孔编号、钻孔坐标(m)、开工时间、竣工时间、钻探人员、孔口高程(m)]	
7			钻孔地质信息[岩土体分层、钻孔地下水位(m)、地层描述、回次属性]	

续表

序号	分类	亚类	描述	数据类型
8	专业数据	标准地层数据	地层编号、岩性名称、典型描述(颜色、密实度、稠度、湿度、风化程度)、岩土物理力学指标、桩基设计参数建议值、地基承载力特征值、抗震设计参数	结构化数据
9		工程物探数据	物探方法、试验编号、试验点坐标(m)试验点深度(m)、特征指标(电阻率、波速等与试验方法相关的指标)、反演结论	
10		水文地质数据	通用信息:试验类型、试验过程数据、试验参数、试验结论	
11			抽水试验:涌水量、水位降深、含水层性质、厚度、影响半径、渗透系数、导水系数、压力传导系数、给水度等	
12			压水试验:压入耗水量、各压力段值、试验水头、透水率等	
13			注水(渗水)试验:注入流量、试验水头、性状系数、渗透系数	
14			连通试验:试验方法、指示剂类型、时间、含量	
15			地下水示踪试验:地下水流向、流速、弥散系数	
16		原位测试数据	通用信息:试验编号、试验点坐标(m)试验点深度(m)	
17			孔内原位测试数据:标贯击数、圆锥动力触探(轻型、重型、超重型)击数	
18			静力触探试验数据:单桥静探比贯入阻力、双桥静探锥尖阻力、双桥静探侧壁摩阻力、双桥静探摩阻比、双桥静探孔隙水压力	
19			波速试验数据:分层纵波波速、分层横波波速	
20			十字板试验数据:十字板剪切强度	
21			扁铲试验数据:侧胀模型、侧压力系数、基床系数	
22			旁压试验数据:旁压模量	
23		室内试验数据	通用信息:取样编号、取样顶深度、取样底深度	
24			土工试验物理性质指标:含水率、可塑性、密度、透水性等	
25			土工试验力学性质指标:压缩性、抗剪强度、侧压力系数、泊松比、灵敏度等	
26			岩石试验物理性质指标:密度、孔隙率、吸水率、饱和系数 岩石试验力学性质指标:抗压强度、抗剪强度、抗拉强度、抗弯强度、弹性模量	
27	成果数据	水、土腐蚀性评价	分析位置信息:编号、取样点坐标(m)、取样点深度(m)	非结构化数据为主
28			腐蚀环境信息	
29			腐蚀指标数据、腐蚀类型、腐蚀等级	
30		地基基础方案	天然地基方案	
31			桩基方案	
32			地基处理方案	
33		技术建议	基坑支护建议	
34			地下水控制建议	
35			基坑开挖建议	
36			施工监测建议	

3. 智慧勘察数据的采集

智慧勘察采集数据按数据功能类型分为项目基本信息、专业数据、影像数据、单位人员数据和监管数据。

1）项目基本信息

项目基本信息包含：项目名称、类型、建设规模、工程地点、勘察阶段、勘察合同（委托书）、勘察任务书、勘察大纲等。其中项目名称、编号、类型、建设规模、工程地点采用文本信息方式录入，勘察合同（或委托书）、勘察任务书、勘察大纲采用附件方式录入。项目基本信息应在项目策划阶段完成采集。勘察大纲的采集应包含以下内容：

（1）勘察大纲文本总说明；

（2）计划的勘探点平面布置图、勘探点坐标；

（3）计划的勘察工作量统计表；

（4）计划的各单孔任务、室内试验项目、原位测试项目等；

（5）其他过程质量管控文件。

2）专业数据

专业数据采集应根据各类型电力工程特点，以及对岩土勘察原始数据的要求，有针对性地进行采集。

地质调查数据的采集应包含以下内容：

（1）发电厂、变电站、换流站等场地类工程应调查采集历史地形地貌、现状地形地貌、环境、不良地质作用、矿产和文物压覆情况等；

（2）架空输电线路、风机位、通信塔等点状工程应调查采集地形地貌、附近沟塘距离和深度、地下暗埋管线、山地坡度、植被、不良地质作用和地质灾害发育情况等；

（3）地质调查点的坐标。

勘探数据的采集应包含以下内容：

（1）勘探设备信息：勘探设备的名称、类型、型号、出产日期、有效期；

（2）勘探孔信息：勘探孔的编号、类型、终孔深度、钻进工艺、孔位坐标（终孔后的收孔坐标）、孔口高程等。

编录数据的采集应包含以下内容：

（1）地质编录信息：岩土名称、岩性描述、钻探要素（回次、钻具长、机上余尺、采取率）、地下水位等；

（2）钻孔开孔时间和终孔时间。

取样数据的采集应包含以下内容：

（1）样品基本信息：取样编号、取样深度、取样长度、取样类型、野外定名等；

（2）样品编号宜采用取样孔编号-顺序号的形式，并确保在勘察全过程中编号唯一。

原位测试数据：静力触探试验、标准贯入试验、动力触探试验、十字板剪切试验、旁压试验等孔内原位测试和现场原体试验数据、测试时间等。

物探数据：测试方法、测线（点）布置、原始特征指标、测试时间、天气等。

室内试验数据的采集应包含以下内容：

（1）样品交接与验收记录、试验项目表、开样记录、试验过程与数据记录、试验时间、试验数据、试验条件、特征指标、结果曲线等；

（2）试验设备满足自动化采集要求的，宜设置接口关联采集软件与数据库；对于暂时不便进行自动采集的试验项目，可人工录入数据；

（3）试验结果中样品编号应与取样编号一致。

3）影像数据

影像数据包括以视频、照片形式采集的数据有地形地貌、不良地质作用和地质灾害、地层露头、勘探作业情况、岩芯等，以录音形式采集的数据有调查访问谈话记录、现场语音描述等。

勘探作业照片类型包含：测量放样照片、开孔照片、终孔照片、岩芯照片、取样照片、原位测试照片、波速照片等。

岩芯照片中岩芯应按深度顺序摆放整齐，并按回次填写标签、标明孔号，宜从上向下分段拍摄岩芯照片，并提供岩芯全景照片。

照片应在不影响照片内容处添加水印，水印内容应包含勘探孔编号、拍摄时间等。

影像数据采集需通过指令驱动智能终端自带摄像头拍照或录像，不宜通过导入既有影像的方式录入。

4）单位人员数据

单位类型：建管单位、勘察单位、劳务分包单位、土工试验单位、测试单位等有关单位的其他信息。

各单位数据：单位全称、法人信息、联系人、单位社会统一信用代码、资质证书及编号等数据。

人员信息采集以工程项目为单位，人员类型包括：单位联系人、项目负责人、审核人、校核人、报告编写人、机长、编录员、钻工、试验员、测试员等。

各人员数据：岗位、姓名、身份证号、联系方式、电子签名、加入时间等。

录入的单位及人员名单应事先在监管系统中进行备案，备案通过后方可进行数据采集。数据采集人员应进行身份鉴别，记录信息中均应附带其电子签名。

5）监管数据

监管数据采集贯穿项目开展的整个过程，应通过信息化监管手段，留存各类采集信息的关键图像、采集人员、采集时间、采集地点和行动轨迹等，做到原始数据可追溯。项目策划阶段，勘察单位应进行项目信息、单位信息、人员信息的备案，备案通过后信息严禁更改，且与项目执行单位、人员信息一致。

采集人员监管数据主要为登录账号，人员与账号对应，人员与岗位应与备案时一致，无特殊情况严禁随意更换。

采集地点监管数据：塔位坐标、勘探点坐标、采集点坐标等。

采集时间监管数据：各数据采集录入的时间、修改时间、工程进度等。

行动轨迹监管数据：采集终端在地图上的移动轨迹、采集路线等。

智慧勘察采集数据区分其重要性等级如表5-2所示。

表 5-2　采集数据重要性等级

序号	数据名称	字段类型	重要性等级	约束条件	说明
1	勘察项目名称	字符型	1级	必填	
2	勘察项目编号	字符型	1级	必填	
3	勘察单位名称	字符型	1级	必填	
4	勘察单位统一社会信用代码	字符型	1级	必填	
5	勘察单位项目负责人姓名	字符型	1级	必填	
6	勘察单位项目负责人身份证号	字符型	1级	必填	
7	勘察单位联系电话	字符型	1级	必填	
8	项目所在省(自治区、直辖市)	字符型	1级	必填	
9	项目所在市(州、盟)	字符型	1级	必填	
10	项目所在县(区、市、旗)	字符型	1级	必填	
11	项目详细地址	字符型	2级	选填	
12	项目坐标	数组型	2级	选填	二维数组,两个元素,第一个为 x 坐标,第二个为 y 坐标
13	勘察任务书(委托书)	字符型	1级	必填	上传扫描件,该字段只存储附件路径
14	勘察大纲	字符型	1级	必填	上传扫描件,该字段只存储附件路径

智慧勘察采集数据按数据层次结构分类应符合表 5-3 所示的规定。

表 5-3　智慧勘察数据采集系统数据结构

一级分类		二级分类		三级分类		四级分类	
分类名称	分类编码	分类名称	分类编码	分类名称	分类编码	分类名称	分类编码
项目基本信息	Basic Data (BD)	项目属性	-A		-0	名称、编号、类型、建设规模、工程地点	-顺序编号
		项目文件	-B		-0	勘察合同(或委托书)、勘察任务书	-顺序编号
专业数据	Professional Data(PD)	勘察大纲	-C		-0	大纲文本、勘探点平面布置图、勘探点坐标、工作量统计表、单孔任务、室内试验项目、原位测试项目、其他过程质量管控文件	-顺序编号
		地质调查数据	-A		-0	地形地貌、地下暗埋管线、山地坡度、植被、不良地质作用和地质灾害发育情况等	-顺序编号
		勘探数据	-B	勘探设备信息		勘探设备的名称、类型、型号、出产日期、有效期	-顺序编号
				勘探孔信息	-2	勘探孔的编号、类型、终孔深度、钻进工艺、孔位、坐标(终孔后的收孔坐标)、孔口高程等	-顺序编号

一级分类	二级分类		三级分类		四级分类	
专业数据 Professional Data(PD)	编录数据	-C	地质编录信息	-1	岩土名称、岩性描述、钻探要素（回次、钻具长、机上余尺、采取率）、地下水位等	-顺序编号
			时间	-2	钻孔开孔和终孔时间	-顺序编号
	取样数据	-D		-0	取样编号、取样深度、取样长度、取样类型、野外定名等	-顺序编号
	原位测试数据	-E	测试数据	-1	静力触探试验、标准贯入试验、动力触探试验、十字板剪切试验、旁压试验等孔内原位测试和现场原体试验数据	-顺序编号
			测试时间	-2	作业起始时间	-顺序编号
	物探数据	-F	测试数据	-1	测试方法、测线（点）布置、原始特征指标、天气等	-顺序编号
			测试时间	-2	作业起始时间	-顺序编号
	室内试验数据	-G		-0	样品交接与验收记录、试验项目麦、开样记录、试验过程与数据记录、试验时间、试验数据、试验条件、特征指标、结果曲线等数据	-顺序编号
影像数据 Digital data (DD)	调查视频	-A		-0	地形地貌、不良地质作用和地质灾害、地层露头、勘探作业情况等	-顺序编号
	勘探作业照片	-B		-0	测量放样照片、开孔照片、终孔照片、岩芯照片、取样照片、原位测试照片、波速照片等	-顺序编号
	调查访问录音	-C		-0	调查访问谈话记录、现场语音描述等	-顺序编号
单位人员信息 Company and Staff information (CD)	参与单位信息	-A	建管单位、勘察单位、劳务分包单位、土工试验单位、测试单位等	-1	单位全称、法人信息、联系人、单位社会统一信用代码、资质证书及编号等	-顺序编号
	工程组人员信息	-B	单位联系人、项目负责人、审核人、校核人、报告编写人、机长、编录员、钻工、试验员、测试员等	-2	岗位、姓名、身份证号、联系方式、电子签名、加入时间等	-顺序编号

续表

一 级 分 类	二 级 分 类		三 级 分 类		四 级 分 类	
监管数据	Regulatory Data（RD）					
	关键图像	-A		-0	各作业过程照片	-顺序编号
	采集人员	-B		-0	登录账号	-顺序编号
	采集时间	-C		-0	采集录入的时间、修改时间、工程进度等	-顺序编号
	采集地点	-D		-0	塔位坐标、勘探点坐标、采集点坐标等	-顺序编号
	行动轨迹	-E		-0	采集终端在地图上的移动轨迹、采集路线等	-顺序编号

　　智慧勘察采集数据信息编码采用与数据结构一致的编码方式：一级分类编码—二级分类编码—三级分类编码—四级分类编码，相关规定如表 5-4 所示。

表 5-4　项目基本信息编码

序号	数 据 名 称	字段编码	字段类型	字段长度	说　　明
1	名称	BD-A-0-1	字符型		
2	编号	BD-A-0-2	字符型		
3	类型	BD-A-0-3	字符型		
4	建设规模	BD-A-0-4	字符型		
5	工程地点	BD-A-0-5	字符型		
6	勘察合同（或委托书）	BD-B-0-1	字符型		PDF 附件形式
7	勘察任务书	BD-B-0-2	字符型		PDF 附件形式
8	大纲文本	BD-C-0-1	字符型		PDF 附件形式
9	勘探点平面布置图	BD-C-0-2	字符型		PDF 附件形式
10	勘探点坐标	BD-C-0-3	字符型		
11	工作量统计表	BD-C-0-4	字符型		PDF 附件形式
12	单孔任务	BD-C-0-5	字符型		PDF 附件形式
13	室内试验项目	BD-C-0-6	字符型		PDF 附件形式
14	原位测试项目	BD-C-0-7	字符型		PDF 附件形式
15	其他过程质量管控文件	BD-C-0-8	字符型		PDF 附件形式

　　地质调查数据编码如表 5-5 所示。

表 5-5　地质调查数据编码

序号	数 据 名 称	字段编码	字段类型	字段长度	说　　明
1	地形地貌	PD-A-0-1	字符型		
2	地下暗埋管线	PD-A-0-2	字符型		
3	山地坡度	PD-A-0-3	字符型		
4	植被	PD-A-0-4	字符型		
5	不良地质作用发育情况	PD-A-0-5	字符型		
6	地质灾害发育情况	PD-A-0-6	字符型		
⋮	⋮	⋮	⋮	⋮	⋮

勘探数据编码如表 5-6 所示。

表 5-6 勘探数据编码

序号	数 据 名 称	字段编码	字段类型	字段长度	说 明
1	勘探设备名称	PD-B-1-1	字符型		
2	勘探设备类型	PD-B-1-2	字符型		
3	勘探设备型号	PD-B-1-3	字符型		
4	勘探设备出产日期	PD-B-1-4	日期型		
5	勘探设备有效期	PD-B-1-5	日期型		
6	勘探孔编号	PD-B-2-1	字符型		
7	勘探孔类型	PD-B-2-2	字符型		
8	勘探孔深度	PD-B-2-3	数字型		
9	钻进工艺	PD-B-2-4	字符型		
10	孔位坐标(终孔后的收孔坐标)	PD-B-2-5	数字型		
11	孔口高程	PD-B-2-6	数字型		
⋮	⋮	⋮	⋮		⋮

编录数据编码如表 5-7 所示。

表 5-7 编录数据编码

序号	数 据 名 称	字段编码	字段类型	字段长度	说 明
1	岩土名称	PD-C-1-1	字符型		
2	岩性描述	PD-C-1-2	字符型		
3	钻进回次	PD-C-1-3	字符型		
4	钻具长	PD-C-1-4	数字型		
5	机上余尺	PD-C-1-5	数字型		
6	采取率	PD-C-1-6	数字型		
7	地下水位	PD-C-1-7	数字型		
8	开孔时间	PD-C-2-1	日期型		
9	终孔时间	PD-C-2-2	日期型		
⋮	⋮	⋮	⋮		⋮

取样数据编码如表 5-8 所示。

表 5-8 取样数据编码

序号	数 据 名 称	字段编码	字段类型	字段长度	说 明
1	取样编号	PD-D-0-1	字符型		
2	取样深度	PD-D-0-2	数字型		
3	取样长度	PD-D-0-3	数字型		
4	取样类型	PD-D-0-4	字符型		
5	野外定名	PD-D-0-5	字符型		
⋮	⋮	⋮	⋮		⋮

原位测试数据编码如表 5-9 所示。

表 5-9　原位测试数据编码

序号	数据名称	字段编码	字段类型	字段长度	说　明
1	原位测试类型	PD-E-1-1	字符型		
2	原位测试编号	PD-E-1-2	字符型		
3	原位测试坐标	PD-E-1-3	字符型		
4	原位测试设备	PD-E-1-4	字符型		
5	原位测试试验数据	PD-E-1-5	数字型		
6	作业起始时间	PD-E-2-1	日期型		
⋮	⋮	⋮	⋮		⋮

物探数据编码如表 5-10 所示。

表 5-10　物探数据编码

序号	数据名称	字段编码	字段类型	字段长度	说　明
1	物探方法	PD-F-1-1	字符型		
2	物探测线（点）布置	PD-F-1-2	字符型		
3	物探设备	PD-F-1-3	字符型		
4	物探原始数据	PD-F-1-4	数字型		
5	天气	PD-F-1-5	字符型		
6	作业起始时间	PD-F-2-1	日期型		
⋮	⋮	⋮	⋮		⋮

室内试验数据编码如表 5-11 所示。

表 5-11　室内试验数据编码

序号	数据名称	字段编码	字段类型	字段长度	说　明
1	样品交接与验收记录	PD-G-0-1	字符型		PDF 附件形式
2	试验项目表	PD-G-0-2	字符型		PDF 附件形式
3	开样记录	PD-G-0-3	字符型		PDF 附件形式
4	试验过程数据	PD-G-0-4	数字型		
5	试验结果数据	PD-G-0-5	数字型		
6	试验结果曲线	PD-G-0-6	数字型		
7	试验时间	PD-G-0-7	日期型		
8	试验条件	PD-G-0-8	字符型		
⋮	⋮	⋮	⋮		⋮

影像数据编码如表 5-12 所示。

表 5-12　影像数据编码

序号	数据名称	字段编码	字段类型	字段长度	说　明
1	地形地貌调查视频	DD-A-0-1	字符型		视频
2	不良地质作用调查视频	DD-A-0-2	字符型		视频
3	地质灾害调查视频	DD-A-0-3	字符型		视频

续表

序号	数 据 名 称	字段编码	字段类型	字段长度	说　明
4	地层露头调查视频	DD-A-0-4	字符型		视频
5	勘探作业情况视频	DD-A-0-5	字符型		视频
6	勘探作业测量放样照片	DD-B-0-1	字符型		图片
7	勘探作业开孔照片	DD-B-0-2	字符型		图片
8	勘探作业终孔照片	DD-B-0-3	字符型		图片
9	勘探作业岩芯照片	DD-B-0-4	字符型		图片
10	勘探作业取样照片	DD-B-0-5	字符型		图片
11	勘探作业原位测试照片	DD-B-0-6	字符型		图片
12	勘探作业波速照片	DD-B-0-7	字符型		图片
13	调查访问谈话录音	DD-C-0-1	字符型		音频
14	现场语音描述录音	DD-C-0-2	字符型		音频
⋮	⋮	⋮	⋮		⋮

单位信息编码如表 5-13 所示。

表 5-13　单位信息编码

序号	数 据 名 称	字段编码	字段类型	字段长度	说　明
1	单位类型	CD-A-1-1	字符型		
2	单位全称	CD-A-1-2	字符型		
3	法人信息	CD-A-1-3	字符型		
4	联系人	CD-A-1-4	字符型		
5	联系电话	CD-A-1-5	字符型		
6	单位社会统一信用代码	CD-A-1-6	字符型		
7	资质证书扫描件	CD-A-1-7	字符型		JPG 附件形式
8	资质证书编号	CD-A-1-8	字符型		
⋮	⋮	⋮	⋮		⋮

人员信息编码如表 5-14 所示。

表 5-14　人员信息编码

序号	数 据 名 称	字段编码	字段类型	字段长度	说　明
1	岗位	CD-B-1-1	字符型		
2	姓名	CD-B-1-2	字符型		
3	性别	CD-B-1-3	字符型		
4	身份证号	CD-B-1-4	字符型		
5	联系电话	CD-B-1-5	字符型		
6	照片	CD-B-1-6	字符型		JPG 附件形式
7	电子签名	CD-B-1-7	字符型		JPG 附件形式
8	加入时间	CD-B-1-8	日期型		
⋮	⋮	⋮	⋮		⋮

监管数据编码如表 5-15 所示。

表 5-15   监管数据编码

序号	数 据 名 称	字段编码	字段类型	字段长度	说　　明
1	作业过程照片	RD-A-0-1	字符型		图片
2	登录账号	RD-B-0-1	字符型		
3	采集录入时间	RD-C-0-1	日期型		
4	采集修改时间	RD-C-0-2	日期型		
5	工程进度	RD-C-0-3	字符型		
6	塔位坐标	RD-D-0-1	字符型		
7	勘探点坐标	RD-D-0-2	字符型		
8	采集点坐标	RD-D-0-3	字符型		
9	采集终端移动轨迹	RD-E-0-1	字符型		专业格式
10	采集路线	RD-E-0-2	字符型		专业格式
⋮	⋮	⋮	⋮	⋮	⋮

5.3.8   智慧勘察感知层

根据工程勘察业务范围的划分,目前在物联网技术条件下的感知层,主要表现在工程勘察的现场荷载试验、监测业务等范围内。因此,智慧勘察感知层的设备主要包括:

1. 结构监测类传感器

结构型传感器是以结构(如形状、尺寸等)为基础,利用某些物理规律来感受敏感,并将其转换为电信号来实现测量。例如电容式压力传感器,必须有按规定参数设计制成的电容式敏感元件,当被测压力作用在电容式敏感元件的动极板上时,引起电容间隙的变化导致电容值的变化,从而实现对压力的测量。又如谐振式压力传感器,必须设计制作一个合适的感受被测压力的谐振敏感元件,当被测压力变化时,改变谐振敏感结构的等效刚度,导致谐振敏感元件的固有频率发生变化,从而实现对压力的测量。

2. 环境气象类传感器

环境领域涉及的待监测指标众多,除较为常规的温度、湿度、气压等,还包括水体各类物质浓度、大气颗粒物浓度、大气中各类气体浓度、光照强度、各类辐射强度、噪声强度等,随着科技的发展,指标数量还会持续增加。环境监测和传感器涉及自然科学的各个方面,是非常综合性的领域。

在众多气象要素中,观测基本六要素的传感器已经实现国产化,其中部分传感器需要进口。能见度传感器已经有产品出现,国内厂家(如洛阳卓航)已经能够自主生产能见度仪,但是受设备可靠性、成本等因素的限制,还没有实现业务化;云、降水现象传感器正在研制过程中,受云图识别理论和相关仪器发展的限制,尚未出现成熟的产品。

(1)基本六要素传感器

社会需求的不断增加和观测标准的不断提高对气象要素观测提出了新的要求,观测项目不断增加,更多的新技术和新方法应用到气象观测领域中。

温度方面,随着不同观测要求的出现,地面温度、土壤温度和水面温度等也逐渐成为自动气象站的观测项目,这对温度传感器的精度和稳定性提出了更高的要求。

湿度方面,存在的主要问题是湿度传感器难以在全温度量程范围内达到同样的测量准确度,在低温低湿条件下湿度传感器性能变差,响应迟缓,这是世界范围内大气探测的主要难题之一,亟待突破。

气压方面,由于振筒气压仪和硅压阻气压传感器发展比较成熟,符合自动气象站的观测要求,目前对气压传感器的相关研究较少。

风速、风向方面,传统风向标和风杯的机械结构决定了其系统误差不可避免,且易受恶劣环境影响,而超声波风速仪、横风传感器等固态测风传感器的出现,不仅解决了机械摩擦问题,提高了测量准确度,而且环境适应性大大提高,在恶劣环境下仍可正常工作,成为风速、风向测量的主要发展方向。

降水量方面,自动气象站主要是利用翻斗式雨量计对降水量进行观测和记录,观测项目单一,其他传感器,如光学雨量计、超声波测雪仪、冻雨传感器等,均只能对降水现象中的一个项目进行测量,应用有限。当前的趋势是发展能够对降水量、降水类型和强度等多要素进行测量的技术。

(2) 蒸发、辐射、日照传感器

除了基本六要素的测量外,部分自动气象站还承担了蒸发、辐射和日照的观测业务。测量蒸发用的传感器主要是浮子式数字水面蒸发传感器和超声波蒸发传感器,测量日照时间用的传感器主要是双金属片日照传感器和旋转式日照传感器,此类传感器多为进口,国内相关产品较少。

辐射的测量项目较多,根据国际气象组织(World Meteorological Organization,WMO)标准,包括总辐射、散射辐射、直接辐射、反射辐射、净全辐射和分光谱辐射等。相应的传感器也较多,有总辐射表、反射辐射表、散射辐射表、直接辐射表、净全辐射表、长波辐射表、紫外辐射表等。CAWS600-B 型自动气象站中就装备有总辐射表(TBQ-2-B)、直接辐射表(FBS-2-B)和净辐射表(FNP-1)。

(3) 测云传感器

云的观测项目包括云的量、状、高,目前能够进行业务观测的只有云高。目前云底高测量仪器主要是激光测云仪。受云图识别理论和相关仪器发展的限制,尚不能对云量和云状进行观测。

目前国内外发展的趋势是利用可见光电荷耦合器件(charge-coupled device,CCD)和红外辐射方式对云进行测量。可见光 CCD 可以获得白天云的分布图,典型的仪器有美国 Yankee 环境系统公司研制出的一种全天空成像仪(Total Sky Imager,TSI),已经从 TS-440 型发展到了 TS-880 型,能识别云量,初步分析云状。红外辐射方式又分为单元式和面阵列式,一般选择在红外窗区 $8\sim14\mu m$ 波段,这种方式可实现云的昼夜连续测量,且昼夜测量准确度一致,能实现云量、云状和云底高的全要素测量。两种红外测量方式都有成品,如法国研制的一种称为 Nephelo 的红外云分析仪就是采用了单元式,而我国研制的红外测云仪则采用了面阵列式。相较而言,单元式测量法的天空分辨率较低,获得全天云分布信息扫描时间较长。目前,面阵列式测云仪即将进入业务推广使用。

(4) 能见度传感器

与测云传感器相比,能见度传感器的种类较多,应用比较广泛。这主要归功于能见度理论的成熟和光学测量技术的发展。

传统的能见度测量方法主要包括两种。①消光系数法,其测量准确度较高,但需要一定长度的基线,费用较高,影响大范围推广使用,通常用于对能见度测量要求较高的场合(如机场)。②散射系数法,其在不同的天气条件下观测结果差别较大,但费用较低。两种方法都有成熟产品,如 VAISALA 公司生产的 FD12 型透射式能见度仪和我国洛阳卓航测控设备有限责任公司生产的 XDNO1 型前向散射能见度仪。除此之外,摄像法测量能见度逐渐显现出其独特的优势,它的原理是采用数字摄像机模拟人眼直接摄取选定目标物的图像,通过计算机对获取的图像进行分析处理,从而获取能见度的数值。该方法完全仿照人工目测能见度的方式测量能见度,避免了人的主观性,比传统的透射式、散射式能见度仪更具客观性,因而具有广阔的应用前景。在中国香港等地区,摄像技术不仅已经投入能见度的业务使用,而且在监测天气现象等方面发挥重要作用。

(5)天气现象传感器

天气现象包括降水现象、雾现象、风沙现象、雷电现象和地面冻结现象等九类,天气现象涉及的气象要素和条件复杂多变,对其进行观测所涉及的技术也相当复杂,因此实现所有类型天气现象的自动观测是不现实的。目前此类仪器较少,最为成熟的是对降水现象传感器,由于成本、可维护性等因素的限制,降水现象传感器在自动气象站装备较少。

目前使用最广泛的是芬兰 VAISALA 公司的 PWD12 和 PWD22 系列天气现象传感器,该仪器能够对能见度以及引起能见度变化的天气现象、降水类型、降水量和降水强度等进行探测。除此之外,英国的 BiralVPF-730 和 PwS100 天气现象传感器,德国的 OTT Parsivel 雨滴谱仪和 Thies Clima 激光降水监测仪,美国 OSI 公司生产的 WIVIS、OWI,加拿大 GENEQ 公司生产的 TPI-885 降水现象传感器等,均能够对降水现象和其他现象进行测量。这些仪器所采用的技术主要是光学技术,利用降水粒子对不同波段光的散射、衰减、吸收等特性来实现对降水类型、强度和降水量的探测。降水现象涉及多种气象要素,因此使用多种传感器对降水现象进行综合探测也是有效手段之一。国内有关机构也正在进行这方面进行研究,但成熟的产品还没有出现。

(6)雷电传感器

对于雷电现象的观测,我国《地面气象观测规范》中规定观测的项目包括雷电发生的方向和时间。然而这只是定性观测,随着雷电研究的不断深入以及实际需求的不断增加,大气静电场强度、雷电强度、雷电位置和雷电极性等量化指标也成为当前雷电观测业务中的重要项目。目前对电场强度、雷电过程和发生位置的探测主要利用大气电场仪和闪电定位仪,当前广泛应用的仪器有 Vaisala 的 LPATS 系列和 LS 系列闪电定位仪,美国 GAI 公司的 IMPACT 闪电定位仪和 LDAR 系列闪电探测仪,以及中科院空间中心研制的 DNDY 型地面电场仪和 ADTD 闪电定位仪等。此外,多个大气电场仪和闪电定位仪联合组成观测网,还可以实现对雷电的预警,为社会和军事活动提供服务和保障。

3. 土壤监测类传感器

土壤是一个十分复杂的体系,农业生产、环境监测中常常会涉及各种性状的监测。习惯上,土壤性状可分为物理性状、化学性状和生物学性状,相应地,土壤检测传感器也大致可分为物理、化学、生物三类。物理类传感器能感知被测对象的物理参数的变化,如温度传感器、湿度传感器、压力传感器等;化学类传感器能感知被测对象元素离子的变化,如 pH 电极;

生物类传感器主要基于生物电化学理论,能感知生物信息的变化,如酶传感器等。由于土壤物理性状比较适合用物理方法测定,所以一直以来土壤传感器研究中最为关注的是物理性状的检测,其中,土壤湿度(水分)和温度的监测最受人们的重视,相应的技术较为成熟;化学性状的传感器研究也已有一定的进展,关注较多的主要为土壤酸碱度、氧化还原电位和盐分,土壤养分和有机质等的传感器技术的研究较为薄弱;生物学传感器在土壤检测上应用的研究至今仍非常欠缺。

土壤水分检测的传感器技术研究是所有土壤性状研究中报道最多的,也是最为成熟的。按照测量原理,可分为时域反射型仪器(time domain reflectometry,TDR)、时域传输型仪器(time domain transmission,TDT)、频域反射型仪器(frequency domain reflectometry,FDR)、中子水分仪器(neutron moisture meter)、负压仪器(tension meter)、电阻仪器(resister instrument)等类型。TDR 技术是基于土壤中水和其他介质介电常数之间的差异来测定土壤中的水分,具有快速、便捷和能连续观测土壤含水量的优点。TDT 技术也是基于土壤介电常数的差异性来测定土壤含水率的,但其主要考虑了电磁波在介质中的单程传播特点,通过检测电磁波单向传输后的信号来达到检测的目的。FDR 技术的原理是插入土壤中的电极与土壤之间可形成电容,通过在某个频率上测定相对电容(介电常数)的方法,可测量土壤水分含量。频域法比时域法结构更简单,测量更为方便。中子仪应用历史已久,由高能放射性中子源和热中子探测器构成,在土壤中快中子可迅速被水中的氢原子等介质减速为慢中子,并在探测器周围形成密度与水分含量相关的慢中子"云球",探测器根据慢中子产生电脉冲来测定土壤含水量。电阻法常用多孔介质块石膏电阻块测量土壤水分,因灵敏度低,当前应用较少。

温度传感器主要利用对温度较敏感的电阻器件或半导体器件来进行非电量-电量转换,实现土壤温度的连续测量,分为接触式和非接触式两大类。接触式温度传感器的检测部分与被测对象有良好的接触,又称温度计;非接触式的敏感元件与被测对象互不接触。温度传感器主要有热电偶传感器、热敏电阻传感器、电阻温度检测器、IC 温度传感器,其中 IC 温度传感器又包括模拟输出和数字输出两种类型。热电偶传感器是由两种不同导体或半导体组合而成,热电势是由接触电势和温差电势合成的,与两种导体或半导体的性质及在接触点的温度有关。热敏电阻是敏感元件的一类,其电阻值会随着温度的变化而改变,可指示温度的变化。电阻温度检测器是以电阻随温度的上升而改变电阻值的原理来进行温度测量的。模拟温度传感器是一类电压输出型温度传感器;数字式温度传感器采用硅工艺生产的数字式温度传感器,后者具有与温度相关的良好输出特性。此外,土壤紧实度的传感器技术研究也较早,其主要基于压力计原理来测定土壤紧实度,最后以电信息的方式表达结果。土壤紧实度传感器在生产中已有较为广泛的应用。

土壤盐分传感器是把接入的被测溶液的电导值转换成与之对应的线性电压信号,以供计算机数据采集或仪器读数,其主要部件是石墨电极和进行温度补偿用的热敏电阻,将这种盐分传感器埋入土壤后,可直接测定土壤溶液中的可溶盐离子(电导率)。当前,常用的土壤盐分传感器采用高精度模拟电路与数字算法电路相结合。

pH 传感器是用来检测被测物中氢离子浓度并转换成相应的可用输出信号的传感器,通常由化学部分与信号传输部分构成。目前土壤 pH 传感器多不支持在线检测,因其持续使用时间一般不超过 30min,否则会损害金属电极表面。

与 pH 传感器相似,氧化还原电位传感器技术较为成熟,其主要由测量电极(测量氧化还原电位的铂金电极)和参考电极(围绕在测量电极的周围)组成。近年来,多数产品已发展为 pH 与氧化还原组合传感器,实现同时检测 pH 与氧化还原电位。

过去几十年,离子敏感器件也有一定的发展,其由离子选择膜(敏感膜)和转换器两部分组成,敏感膜用于识别离子的种类和浓度,转换器则将敏感膜感知的信息转换为电信号。离子敏场效应管在绝缘栅上制作一层敏感膜,不同的敏感膜所检测的离子种类也不同,从而具有离子选择性。在实际测量时,含有各种离子的溶液与敏感膜直接接触,在待测溶液和敏感膜的交界处将产生一定的界面电位,其强度与溶液中离子的活度有关。该类技术可用于钾、硝氮、氨氮、磷、钙、镁、氯等离子的检测。但由于土壤溶液中存在许多离子,相互之间存在干扰,其检测的灵敏度还有待完善。目前,离子传感器技术比较适合含水量较高的水田和沼泽地,旱地土壤中离子的测定还存在一定的技术问题。

近年来,随着社会各界对农田土壤重金属污染的重视,有关土壤重金属检测的传感器技术也有了一定的发展,涉及的方法包括激光诱导击穿光谱法、X 射线荧光光谱法、酶抑制法、免疫分析法和生物传感器等。其中,激光诱导击穿光谱技术是基于物质等离子体发光来探测物质成分的分析方法;X 射线荧光光谱技术在重金属快速监测中具有明显优势,但其具有较强的电离性,相关工作人员必须预先配备防护设备,以避免受到 X 射线的伤害。目前,光谱检测技术尚不能实现现场土壤重金属的快速检测。土壤重金属的酶抑制法、免疫分析法、生物传感器等技术尚在探索之中。

4. 液体监测类传感器

液体传感器技术能够检测水体中的各种污染物。随着工业化进程的加快,经济社会快速发展,同时也引发了严重的环境污染。近几年,水体污染物类型持续增多,污染程度不断加深,做好水体污染物的检测工作,具有重要意义。从目前来看,水环境污染的主要污染物有两种:有机物污染和无机物污染。这些污染物绝大多数是人类生产生活中产生的,污染物排放超出环境承受能力,引起水体污染。液体传感器技术在水环境检测中的应用主要体现在以下两个方面。

（1）重金属离子检测

随着工业化进程不断加快,我国冶金、采光等行业迅速发展,在社会生产力提高的同时,也带来了严重的环境污染问题,水环境污染中重金属污染问题尤其突出,比较常见的重金属污染物有铅、汞等,这些污染物对人体危害巨大,且无法完全去除,一旦进入水体,将会引起严重后果。Buige 等发明了液体传感器技术,将其应用到水环境检测中能够及时发现水体中的重金属物质,同时检测重金属含量。

（2）农药残留物检测

农药广泛应用于农业生产中,在预防病虫害方面发挥着极其重要的作用,但不合理的使用使环境受到了污染。农药中有多种有害化学成分,发生残留后,会通过富集集中到人体,对人体产生严重影响。我国是农业大国,农药用量十分巨大,因而农药残留物检测工作尤为重要。液体传感器技术通过钴-苯二甲蓝染料同三嗪类除草剂的化学反应,检测水体中是否存在农药。

5.4　案例企业智慧勘察实施路径

5.4.1　案例企业信息化战略实施步骤

2008 年,案例企业江苏院岩土专业启动信息化研发工作,以专业生产需求、项目管理需求和专业能力提升为核心,构建了江苏院岩土专业信息化发展的顶层设计方案。

基础任务:围绕核心业务,搭建专业工作平台,完成数据的结构化;

扩展任务:以项目管理和专业能力提升为核心,关注专业全过程信息化及专业间的数据交互,完成软件功能及数据的集成化;

深化任务:以专业三维功能研发为核心,实现数据的可视化。

为此,将岩土工程勘察全过程信息化顶层设计落实为专业信息化建设的"三步走方案",其实施过程如图 5-21 所示。

图 5-21　智慧勘察全过程信息化战略实施

第一步,围绕各专业核心业务,搭建专业工作平台和数据仓库,实现全流程数据采集、分析与处理,在数据层面完成业务数据的结构化,能实现基于此数据库和通用 AutoCAD 平台下的数值分析、图形处理。

第二步,以项目管理和专业能力提升为核心,关注专业全过程信息化及专业间的数据交互,完成软件功能及数据的集成化。针对辅助设计软件录入信息需求和现场作业需求,开发基于移动智能设备的外业数据采集系统,取代传统的纸质记录,勘察策划方案同时又指导现场外业数据的有序采集,形成内业整理软件所需数据,并将计划与实施过程中的差异客观地进行记录,便于分析方案的实施情况,能有效形成质量管理的闭环。

第三步,以专业三维功能研发为核心,基于大数据和可视化技术,进行数据挖掘和展示,实现数据的可视化并为勘察质量管理提供分析平台。引进 GIS 平台,以勘察数据库为基础资料来源,通过地理信息平台,实现勘察成果的集成和积累,并基于 GIS 强大的空间分析功能,通过三维 GIS 平台的真三维建模功能,为勘察数据的深度利用、三维地质建模及其综合应用提供手段,填补勘察专业三维辅助设计手段的空白。

三步走战略全面整合了近期、中期和远期目标,形成了高效务实的基于全过程信息化的勘察质量管理顶层设计。根据搜集的智能化勘察应用场景和需求分析,结合可用的智能化算法,在数据层、业务逻辑层和表示层充分体现智能化需求,统一规划一体化业务平台建设。

5.4.2　智慧勘察关键攻关方向

1. 构建过程控制的智慧勘察信息化体系

针对电力工程勘察行业信息化程度低、商业软件匮乏的现状,构建满足电力勘察设计行业的专业信息化体系。针对电力工程勘察设计的全过程实施,研发基于标准化设计流程的岩土工程勘察全流程信息化解决方案。重点补齐电力工程勘察过程中的信息化短板,从勘察方案设计、成本预算、外业采集、数据入库、勘察分层、数据统计、成果输出、图形自动绘制和数字化移交等需求,将常规的岩土工程勘察全部工作纳入智慧勘察系统管理,着力打造平台级专业支撑体系。

2. 搭建智慧勘察协作机制与专业平台

针对电力工程勘察过程中各类专业数据分类特征与业务流程标准化体系,研究智慧勘察协作机制,并通过专业数据管理技术与业务协同方案,研究专业工作平台搭建方案。重点研究电力工程勘察过程中存在的内外业工作特点,充分论证专业内部数据协同、专业间数据协同和不同时序获取的数据协同等问题,确立数据远程控制中心搭建的技术方案,引入工作流机制,实现业务过程和数据流程控制相匹配的可能性,以实现远程数据实时交互和多人协同、多任务协同设计功能的目标,并通过记录作业人员的 GPS 轨迹数据,实现勘察外业行为监控功能。

3. 大数据融合与挖掘

针对具有高地理属性的海量勘察数据,运用大数据存储、整理、提炼和相关分析等技术,结合业务计算模型,提供面向综合决策、分析预警、数据挖掘与增值服务应用场景的功能支持。在专业平台建设中优化计算模型,运用多种创新架构提高工作效率、用户体验和质量管控水平。在底层技术路径上,重点研究基于 AUTOCAD 二次开发技术,采用数据字典和实体扩展数据在图形中保存数据的技术,实现勘察方案策划的全过程 CAD 化和数据共享。在大数据应用研究上,针对现有的海量数据资源和电力勘察设计企业对数据归属的敏感特性,研究大数据平台构建的关键技术、私有化部署技术和大数据分析技术,通过大数据分析平台,用数据支持决策,激活现有数据资产价值。

4. 研发基于互联网的多元信息采集技术

针对电力工程勘察劳务外委存在质量隐患的问题,智慧勘察将常规勘察过程进行了全流程分解。针对存在的关键和薄弱环节,重点研究工程勘察外业质量管控的核心问题,提出基于采集数据的时空属性校验和实时控制体系的工程地质编录信息化解决方案,该方案为工程勘察行业的外业数据电子化采集提供了现实标准。研究基于安卓及网络的地质编录采集系统及管控方法等创新方法,迅速发现并锁定现场资料造假行为,广泛应用于电力工程勘察外业质量管控,同时进一步扩展多元信息采集与展示应用范围,为政府和行业监管部门提供基于云服务的监管手段。基于百度地图等互联网应用开发可视化专业采集系统,专业知识库在关键业务环节对设计过程提供帮助,并对勘察外业采集的标准化提供智能支持,研究基于专业知识库的作业过程合理性评价准则。针对输变电工程智慧管控的各项管理需求和数据传递、共享等应用场景,探讨区块链技术、量子加密技术等在输变电工程勘察数据采集、存储、共享方面的应用。

5.5 智慧勘察标准体系设计

针对智慧勘察本质要求,制定与工程勘察过程相适应的信息采集标准,全面分析和解构工程勘察业务所设计的岩土勘察信息的结构化和标准化,为工程勘察资料数字化采集、处理、传输、交换、提供等提供技术标准,规范岩土勘察外业采集行为,实现工程勘察全过程质量管理,并最终为实现数字化勘察奠定基础。

5.5.1 数据采集标准

1. 数据采集基础

(1)智慧勘察系统构成

智慧勘察系统应由智能终端、PC 端以及服务器(云端)三部分架构组成。智能终端服务于电力工程通用的勘察外业采集,主要功能包括但不限于:任务下载、专业数据采集、数据交互、照片拍摄、影像拍摄、轨迹数据采集、信息汇报等。PC 端服务于电力工程通用的勘察内业处理,主要功能包括但不限于:项目策划、数据统计分析、岩土工程评价、图件出版、文字报告出版、资料归档等。服务器(云端)采用基于微服务架构的大数据技术,服务于勘察项目管理、数据存储与展示、统计分析等,主要解决管理用户和项目实施用户相关的数据交互与展示,包括但不限于:平台用户管理、功能授权管理、项目立项、项目归并、任务下发、项目实施备案、数据上传、数据展示与分析、资料管理与共享、轨迹分析、项目动态管理等。

(2)采集系统总体要求

采集系统主体结构应采用可视化的人机交互界面,通过系统菜单或功能按钮直接对程序发送操作指令。采集系统应与 PC 端后处理系统存在完整的数据接口,确保数据传输的完整性、准确性。采集系统应具备多人员协同、内外业协同的功能。

运行环境要求。操作系统:Android 4 以上;硬件配置:1GB LPDDR2/4GB EMCP,高亮支持强光工作,电容屏,自带高像素摄像头。

勘察单位可自主选择采集系统服务供应商或自主开发,其具备的基础功能应符合本标准的规定。

2. 数据采集内容

(1)一般规定

智慧勘察数据采集应针对电力工程岩土勘察的专业特点,采集数据能全面、准确、客观地反映勘察过程和工程地质条件,满足电力工程岩土勘察业务需求和质量管控要求。勘察数据应通过智能采集终端在现场完成采集,采集成果需满足制定的合理性评价标准后,经项目负责人审核、提交。

采集数据的质量评价应符合下列规定:确立明确的质量管理目标,规范数据采集管理流程,通过对数据采集主要过程进行监控、分析和评价,采取必要的改进措施,确保采集数据的质量。

数据采集质量管理评价应作为勘察质量评价的一部分。采集数据质量评价应符合完整性、准确性、合理性、客观性和可追溯性的质量要求和细则说明。智慧勘察数据采集宜提供岩土描述的标准化知识库,对常见岩土的描述进行规定,便于采集信息的管理。

（2）数据分类

智慧勘察采集数据按数据功能类型分为项目基本信息、专业数据、影像数据、单位人员数据和监管数据。项目基本信息包含项目名称、类型、规模、地点、勘察阶段、合同（委托书）、任务书、勘察大纲等；专业数据包含地质调查数据、勘探数据、编录数据、取样数据、原位测试数据、物探数据、室内试验数据等；影像数据包含调查视频、勘探作业照片、调查访问录音等；单位人员数据包含各参与单位和工程组人员的基本信息等；监管数据包含各类采集信息的关键图像、采集时间、采集地点和行动轨迹等。

（3）项目基本信息采集

项目基本信息应包括项目名称、编号、类型、建设规模、工程地点、勘察合同（或委托书）、勘察任务书以及勘察大纲等信息,其中项目名称、编号、类型、建设规模、工程地点采用文本信息方式录入,勘察合同（或委托书）、勘察任务书、勘察大纲采用附件方式录入。

项目基本信息应在项目策划阶段完成采集。勘察大纲的采集应包含以下内容：勘察大纲文本总说明；计划的勘探点平面布置图、勘探点坐标；计划的勘察工作量统计表；计划的各单孔任务、室内试验项目、原位测试项目等；其他过程质量管控文件。

（4）专业数据采集

专业数据采集应根据各类型电力工程的特点,以及对岩土勘察原始数据的要求,有针对性地进行采集。

地质调查数据的采集应包含以下内容：发电厂、变电站、换流站等场地类工程应调查采集历史地形地貌、现状地形地貌、环境、不良地质作用、矿产和文物压覆情况等；架空输电线路、风机位、通信塔等点状工程应调查采集地形地貌、附近沟塘距离和深度、地下暗埋管线、山地坡度、植被、不良地质作用和地质灾害发育情况等；地质调查点的坐标。

勘探数据的采集应包含以下内容,勘探设备信息：勘探设备的名称、类型、型号、出产日期、有效期；勘探孔信息：勘探孔的编号、类型、终孔深度、钻进工艺、孔位坐标（终孔后的收孔坐标）、孔口高程等。编录数据的采集应包含以下内容,地质编录信息：岩土名称、岩性描述、钻探要素（回次、钻具长、机上余尺、采取率）、地下水位等；钻孔开孔和终孔时间。

取样数据的采集应包含以下内容,样品基本信息：取样编号、取样深度、取样长度、取样类型、野外定名等；样品编号宜采用取样孔编号-顺序号的形式,并确保在勘察全过程中编号唯一。

原位测试数据：静力触探试验、标准贯入试验、动力触探试验、十字板剪切试验、旁压试验等孔内原位测试和现场原体试验数据、测试时间等。

物探数据：测试方法、测线（点）布置、原始特征指标、测试时间、天气等。

室内试验数据的采集应包含以下内容：样品交接与验收记录、试验项目表、开样记录、试验过程与数据记录、试验时间、试验数据、试验条件、特征指标、结果曲线等数据；试验设备满足自动化采集要求的,宜设置接口关联采集软件与数据库；对于暂时不便进行自动采集的试验项目,可人工录入数据；试验结果中样品编号应与取样编号一致。

（5）影像数据采集

以视频、照片形式采集的数据包括地形地貌、不良地质作用和地质灾害、地层露头、勘探作业情况、岩芯等。以录音形式采集的数据包括调查访问谈话记录、现场语音描述等。勘探作业照片类型包含：测量放样照片、开孔照片、终孔照片、岩芯照片、取样照片、原位测试照片、波速照片等。岩芯照片中岩芯应按深度顺序摆放整齐，并按回次填写标签、标明孔号，宜从上向下分段拍摄岩芯照片，并提供岩芯全景照片。照片应在不影响照片内容处添加水印，水印内容应包含勘探孔编号、拍摄时间等。影像数据采集需通过指令驱动智能终端自带摄像头拍照或录像，不宜通过导入既有影像的方式录入。

（6）单位、人员数据采集

单位类型包括建管单位、勘察单位、劳务分包单位、土工试验单位、测试单位等有关单位的其他信息。各单位数据包括单位全称、法人信息、联系人、单位社会统一信用代码、资质证书及编号等数据。人员信息采集以工程项目为单位，人员类型包括单位联系人、项目负责人、审核人、校核人、报告编写人、机长、编录员、钻工、试验员、测试员等。各人员数据包括岗位、姓名、身份证号、联系方式、电子签名、加入时间等。录入的单位及人员名单应事先在监管系统中进行备案，备案通过后方可进行数据采集。数据采集人员应进行身份鉴别，记录信息中均应附带其电子签名。

（7）监管数据采集

监管数据采集贯穿项目开展的整个过程，应通过信息化监管手段，留存各类采集信息的关键图像、采集人员、采集时间、采集地点和行动轨迹等，做到原始数据可追溯。项目策划阶段，勘察单位应进行项目信息、单位信息、人员信息的备案，备案通过后信息严禁更改，且与项目执行单位、人员信息一致。采集人员监管数据主要为登录账号，人员与账号对应，人员与岗位应与备案时一致，无特殊情况严禁随意更换。采集地点监管数据包含塔位坐标、勘探点坐标、采集点坐标等。采集时间监管数据包含各数据采集录入的时间、修改时间、工程进度等。行动轨迹监管数据包含采集终端在地图上的移动轨迹、采集路线等。

3．数据采集流程

（1）一般规定

智慧勘察数据采集应按照接收勘察任务、项目策划、任务下发、外业采集、数据回传、数据存档的标准化采集流程开展。

（2）项目策划

项目策划阶段应对勘察方案进行详细设计，策划大纲内容符合以下要求：勘探点平面位置（WGS84坐标）、勘探孔类型、勘探孔深度。钻孔单孔任务设计包含取样深度、取样类型、原位测试深度等。

项目策划方案完成后需进行评审，修改通过后方可发布。智能采集终端根据任务分配下载任务，多人员协同时宜允许不同采集人员下载同一采集任务，并分别上传采集数据进行归并。

（3）终端采集

外业采集过程中宜根据单孔任务设计指南完成数据采集和录入，也可参考单孔任务设计根据实际情况稍作调整。外业采集过程中应实时反馈采集数据，与策划方案差别较大时，项目负责人应在PC端及时调整单孔任务设计并重新发布。应设置相应的报错提示、操作指南辅助采集系统操作，确保采集流程通顺。

（4）数据检查与回传

所有采集端数据回传后宜汇总至项目负责人，经项目负责人审核通过后录入数据库。

采集数据入库前应对其结构规范性、完整性与一致性进行检查。数据结构规范性：检查遗漏或冗余的字段，关键字段的标识是否正确等；数据完整性与一致性：检查关键字段的内容是否唯一、是否有空值，一般字段内容为空值是否合理，字段内容与其逻辑值域是否一致等。

智能采集终端应提供高效智能的传输方式将采集数据回传至数据库，供 PC 端实时调用。数据回传应设置数据进入服务器的准入机制，对回传数据进行合规性、完整性检查，并形成入库日志。

（5）数据存储

数据存储方式可根据服务器类型存储于服务器终端或云端服务器中，在写入和读出时应确保数据结构不发生变化。采集数据存储于智能终端而未入库时，宜设置备份。入库数据应设置访问权限，通过权属单位授权的方式进行访问。

4．数据交换与信息服务

（1）一般规定

规定智慧勘察数据采集的交换和信息服务基本要求。

（2）数据交换

数据交换可采用在线实时传输方式，智能采集终端通过外网接口，与服务器实现实时数据交换和通信。数据交换应支持智能终端与 PC 端的双向通信，可实现内外业协同。数据交换基于移动通信技术，可采用 4G 以上移动网络、WiFi 网络中的一种或两种兼备的通信方式。

（3）信息服务

信息服务应以计算机和现代信息技术为手段，以数据库为基础，建立信息管理系统为使用者提供大数据分析功能，辅助关键决策。

（4）信息安全

数据管理方应保证入库数据的安全，除另有约定外，数据管理方未经授权不得擅自使用、修改或向第三方转移数据等。数据下载及回传时应采用特定格式，依据不同信息的重要程度合理进行加密处理，确保重要数据信息不会被破坏和窃取。

采集系统的登录安全机制应设置账号、密码的登录方式，宜增加人脸识别或短信验证码等双认证机制。智慧勘察数据采集系统受版权保护，在系统启动、各功能调用前需验证注册码。

5.5.2 三维建模标准

1．建模数据准备

（1）数据收集

数据收集范围应包括基础数据、勘察数据和设计数据。基础数据宜包括地形数据、地震动参数、区域地质图、区域水文地质图、工程地质剖面图、水系图等矢量和非矢量数据。勘察数据应包括原始数据和成果数据。勘察原始数据宜包括工程地质调查与测绘、工程钻探、工程物探、原位测试、室内试验等各类勘探手段形成的数据。各类勘察原始数据包括的项目应符合《岩土工程勘察规范》（2009 年版）（GB 50021—2001）、《1000kV 架空输电线路勘测规范》(GB 50741—2012)和《330kV～750kV 架空输电线路勘测标准》(GB/T 50548—2018)等现行国家规范，《变电站岩土工程勘测技术规程》(DL/T 5170—2015)、《220kV 及以下架空送电线路勘测技术规程》(DL/T 5076—2008)等现行电力行业标准的规定，并同时满足《输变电工程三维地质建模技术导则》附录 B 的规定。

勘察成果数据宜包括勘探点基本信息一览表、原位测试和室内试验各类统计成果、基于三维地质模型和属性模型形成的统计数据。设计数据宜包括建(构)筑物的空间位置、几何模型、基础埋深、边坡工程等。

（2）数据预处理

数据预处理包括矢量化和非矢量化数据的预处理，各类原始数据应预处理为三维地质建模数据。非矢量化的地形图、区域地质图、地震动参数区划图、工程地质剖面图等图件宜矢量化处理为建模数据。地形数据预处理应包括以下内容：①导入以文本形式表达的离散地形点；②导入 CAD 制图软件形成的等高线；③宜导入数字高程模型数据；④陡崖、水田等以符号化表达的地形信息应处理为高程信息。

勘察原始数据预处理应包括以下内容：①勘察原始数据的粗差剔除、概率统计分析；②工程钻探、工程物探、原位测试、室内试验等各类原始数据的对比分析与处理；③以直方图、饼状图等统计图件展示原位测试数据和室内试验数据；④标准贯入试验、动力触探试验等勘探手段获取的原始数据宜依据工程需要进行修正；⑤基于勘察数据形成地层分层等建模数据。

设计数据预处理应包括以下内容：①导入以坐标等矢量方式表达的设计条件；②导入 CAD 制图软件形成的设计图件；③导入以 IFC 等通用三维模型数据表达的设计条件。

（3）地质属性数据构成和表达方式

地质属性数据应按基于预处理后的勘察原始数据和地层空间分布状态按地质单元或地质体形成。附着地质属性的地质单元或地质体宜与三维地质模型采用相同的网格模型。

地质属性数据可采用数据统计分析图和三维地质属性模型表达，表达应符合以下规定：①数据统计分析图可采用柱状图、饼图、线性回归图、折线图等；②三维地质属性模型表达应包括地质属性分布三维云图、二维等值线图，宜包括空间等值面；③三维地质属性模型的二维、三维图件可采用颜色、透明度、线型、线宽等区分表达地质属性数据。

（4）数据提取融合

勘探点和地层等值线数据提取后形成勘探点和地层等值线要素；剖面数据和地质构造数据提取后生成剖面线、地层分区要素等。将每一类数据提取出来生成相应的点要素和线要素模型后，再将这些要素进行归并处理。

对勘探点要素、剖面要素、平面地质要素等三维地质体要素进行数据融合，形成新的地质点、线等三维地质数据要素。三维地质体要素的融合应符合以下要求：①所有三维地质要素融合为两大地质要素：地质点要素和地质线要素；②每一种地质要素中应该记录它的来源。在进行复杂地质面构网时，利用地层属性条件和空间区域条件，快速搜索输变电工程三维地质建模数据源要素，然后进行点线约束的曲面构网。

输变电工程三维地质模型数据的提取、融合应综合考虑建模单元的范围大小、地形起伏、模型精度等因素，同时结合具体应用确定。数据的提取、融合应便于数据的集成、管理、更新、维护及快速检索、调用、传输、分析与可视化，并应符合下列规定：①应针对各类模型数据的特点设计合适的数据提取、融合方法;②宜采取分区、分类相结合的数据提取、融合方法,并应适应后期扩展和修改需要;③应对输变电工程三维模型进行分区,分区方式可采取与输变电工程三维模型建模单元划分相同的方式,也可根据实际情况进行区域细分或合并;④应对不同类型的三维模型进行分类组织,每一类型的三维模型宜确定为一层;⑤同类型的数据之间建立索引,不同类型的数据之间应建立关联;⑥现状数据和历史数据宜采用相同的提取、融合方法。

地形模型的数据提取、融合应符合下列规定:①宜采取分层和分块相结合的数据提取、融合方式;②按地形模型的建模精度划分方式进行分层,每一细节层次宜确定为一层;③应对每层地形模型进行分块,同一层地形模型宜采用相同大小的分块;建模精度级别越高,地形分块的尺寸越小;④不同层次的地形模型应建立金字塔索引,同一层次的地形分块应建立平面格网索引。

(5)数据一致性检查与处理

应检查各类建模数据坐标系统和高程系统的一致性,不得采用混合坐标系统和高程系统建模。应检查建模范围与勘察范围之间的匹配性。地形数据一致性检查应符合以下规定:①地形等高线与勘探点高程应一致,若不一致应复核后消除;②符号化地形数据与等高线等其他数据应协调一致;③建模地形底图精度应与勘察阶段相适应;④地形突变区域离散三角网应适当加密网格。

勘探数据一致性检查应符合以下规定:①检查地层主层、亚层的分层合理性,地层分层应兼顾工程分层和建模分层;②建模采用的勘探点分层数据应与实际分层数据相一致;③检查地层原位测试成果与土工试验数据之间的协调性;④依据物探数据划分地层应与勘探点揭示地层进行比照检查与调整。基于控制地层延伸、透镜体展布的需要,可增加虚拟钻孔或虚拟增加钻孔深度进行控制性地层建模,虚拟钻孔与虚拟地层一致性检查与处理应符合以下规定:①虚拟钻孔宜根据工程地质剖面地层延伸情况内插于实际勘探点之间;②虚拟地层应根据地层总体延伸趋势增加;③虚拟钻孔和虚拟地层应在数据库内注明,不得与实际勘探点相混淆。

检查属性建模的原位测试和土工试验数据是否按现行国家规范《岩土工程勘察规范》(2009年版)(GB 50021—2001)进行粗差剔除和统计剔除。混合采用不同勘察阶段的勘察数据建模时,应检查不同勘察阶段地层分层原则的一致性,若分层原则不一致,则应按统一原则重新分层。

(6)数据库建立与管理

数据库宜采用关系型数据库,应具备数据库本地部署能力,宜具备云端部署能力。数据库建立应包括数据库设计、配置、数据入库、内容检查、维护管理等过程。数据库管理应包括以下内容:①建模任务有关的项目、阶段、成员、权限信息;②地形图、地震动参数等基础数据、勘察数据、设计数据;③地层时代、地层分层、地层层序等地质数据字典;④地质属性数据;⑤模型产品有关的任务、流程、版本信息。

数据库及其管理宜满足以下要求:①提供岩土、物探、试验等多专业网络协同工作环境;②具备数据库备份、角色设定、权限设置、日志恢复、操作记录以及版本升级等功能;③应具备通用数据交换能力,可以导入与导出以文本、电子表格表示的数据;④应提供数据交换模板文件;⑤应具备以勘探点为基本单位导入其他工程数据库的数据功能;⑥具备云端和本地数据库数据同步功能；⑦应提供数据库配置说明、数据导入导出接口说明；⑧应满足本标准规定的数据收集、预处理、提取、融合、空间属性查询与统计以及三维地质建模的其他需求。

数据库配置与部署应符合以下要求：①数据库服务器运行速度、并发能力、存储容量等应满足输变电工程三维地质建模的工作要求；②应设置数据库管理员和普通用户的访问权限，并建立数据库备份计划和备灾方案；③本地数据库宜采用局域网络，开放网络端口，实现数据共享；④云端数据库布置应提供私有云或公有云选项，云端数据库应具备新需求扩展能力。

2. 建模对象划分与模型命名

（1）建模对象划分与编码

三维地质建模对象的划分应符合下列规定：①建模对象的划分应结构合理、主次分明、标识清晰；②建模对象分类及属性定义规则应符合有关规定；③三维地质模型建模对象的编码规则宜以模型分类代号加序号组合表示；④模型分类代号以模型大类或模型亚类名称拼音首字母表示。

（2）模型命名

三维地质模型及单元的命名应符合下列规定：①命名应正确、合理、简明；②命名规则应具有唯一性、可扩充性、可修改性；③模型命名宜结合建筑所建模型位置、模型功能，选择模型大类、模型亚类中的一种加序号组合命名。

3. 三维建模

（1）主体框架

可根据勘探点密度采用变网格精度建模方式，勘探点附近宜加密网格。应按主要地层建构三维地质模型的主体框架，主体框架宜采用地层建模。主体框架之下的亚层、地层透镜体可采用岩性建模或地层、岩性混合建模。土层和岩层宜采用不同建模方式，可根据工程需要采用统一土层建模方式，若采用土层建模方式，岩体可按风化程度划分地层。挖填方边坡地段，岩层不宜采用土层建模方式。地层空间关系应通过二维剖面连层、三维圈定等方式确定；地层空间关系确定不宜由软件全自动计算确定。勘探点应为精确约束点，三维地质模型的地层结构应与勘探成果一致。地层与地形面、不同地层主层、地层主层与地层亚层、地层主（亚）层与透镜体之间等不得出现交叉与重复。建（构）筑物可采用叠加方式与三维地质模型融合。

（2）单元格划分

常用的单元类型有 GRID 网格、不规则三角网格等。单元划分应考虑不同勘察阶段的关注点不同。单元划分宜按建（构）筑物布置划分，划分区域覆盖整个场地，包含影响场地稳定性的边坡区域，不重叠、不留空白。单元划分宜根据模型规模大小、尺寸及勘探点布置等综合考虑。单元划分有疏密时，要注意疏密间的过渡，一般原则是尺寸突变最少，以免出现畸形或质量较差的单元格。

（3）构建地形模型

地形模型应包括地形点云、地形等高线和地形面等。地形模型数据由几何数据和属性数据组成，应采用与设计相一致的坐标系、高程基准和数据格式。坐标系统宜采用 2000 国家大地坐标系(CGCS 2000),高程宜采用 1985 国家高程基准。几何数据和属性数据宜符合以下要求：①几何数据宜包括离散点、等高线、数字高程模型(digital elevation model, DEM)、数字正射影像图(digital orthophoto map,DOM)；②属性数据可包括地表地貌信息、工程地质测绘信息、勘探点位置信息。

地形模型的建模方法应符合下列规定：①地形模型的边界线应为闭合多边形；②地形模型宜采用 DEM 数据构建三角网,生成地形三维模型,可叠加 DOM 作为纹理来表现；对需要表现局部细节特征时,可利用高程点、等高线、特征点、特征线等数据进行细化；③对地形相对复杂的局部地区,可通过增加地形特征线、特征点,或手工调整的方式进行修改调整；④当有应用需求时,地形模型应进行局部重构,与建筑模型、交通设施模型及其他地物模型等底部无缝衔接。在建模过程中,应根据勘察资料的变化情况,及时对地形面进行局部重构。

（4）构建地质面

地质面的构建可通过单元格,利用地层属性和空间条件进行融合后的地质点和地质线的建模数据源,建立地质面模型,然后将不同单元格内相同属性的地质面进行合并,形成区域内不同地层的地质面模型。

当地质面的几何形态较为简单时,地质面的构建也可首先确定上、下控制面,利用钻孔分层数据,自上而下或自下而上整体确定地质面模型。

在构建过程中,当为封闭地层区的弧段边界或者表达较为复杂的地质现象时,可添加辅助线、尖灭线等信息。对含如断层等特殊地质几何体约束的三维地质体建模,可采用面元模型中的多层 DEM。

地质面简化包括地质面子网细分和地质面简化,应符合以下要求：①地质面子网细分应将其剪断,并去除重复的三角网；②地质面简化是将地质面中冗余的和相似的三角网去除,生成较为精简的三角网曲面,应采用以曲面简化算法为基础的方式简化；③应采用曲面光滑法对地质面进行细分。

（5）构建地物模型

根据现行国家标准《基础地理信息要素分类与代码》(GB/T 13923—2022)、现行行业标准《三维地理信息模型数据产品规范》(CH/T 9015—2012)和《三维地理信息模型数据库规范》(CH/T 9017—2012),结合输变电工程岩土工程特性,《输变电工程三维地质建模技术导则》中的地物建模主要指构建对岩土工程有影响的建筑要素模型、交通要素模型、水系要素模型以及场地要素模型。地物模型的基底轮廓线应与地形图保持一致。

建筑要素模型应能反映建筑主体结构。对于主体包含球面、弧面、折面或多种几何形状的复杂建筑物,应表现建筑物的主体几何特征。建筑要素模型宜具备功能、房屋面积、高度、数量、房屋权属信息等属性。

交通要素模型应包括岩土工程影响范围内的道路、地面上轨道交通、桥梁和道路附属设施等模型。交通要素模型的位置及二维尺度应根据 1∶500、1∶1000、1∶2000 等比例尺地形图或 DOM 确定,高度信息可进行实地测量或根据遥感影像及现场勘查资料进行判读。

水系要素模型应包括岩土工程影响范围内的河流、湖泊、水库等模型。水系要素模型宜具备水系范围、特征水位、坝顶高程等属性。

场地要素模型应包括岩土工程影响范围内的输电塔、变电站模型。场地要素模型宜采用通用模型,建模要求参照现行企业标准《输变电工程三维设计建模软件基本功能规范》(Q/GDW 11811—2018)。

(6) 构建地质体模型

地质体建模应符合下列要求:①应先整体后局部;②应优先确定地层时代分界面、断层面(带)等控制面;③宜按地质年代先新后老、自地表向下的顺序。

地质体模型创建应以地形模型、地质界面模型为基础,采用点、线、面、体图元表示,并应符合下列要求:①地质面的构建可通过单元格,利用地层属性和空间条件进行融合后的地质点和地质线的建模数据源,建立地质面模型,然后将不同单元格内相同属性的地质面进行合并,形成区域内不同地层的地质面模型;②三维地质界面可采用几何图元建模方法和约束建模方法;③地质界面宜以等间距分格、不规则三角网、非均匀有理 B 样条曲面表示,并以颜色、透明度、花纹、渲染区分,可采用趋势成面法、投影成面法、离散光滑插值成面法、断面成面法、约束成面法等建立;④地质实体应以封闭表面或实体表示,并以颜色、透明度、花纹、渲染区分,可采用软件参数法、实体分割法、表面缝合法、表面拉伸法、断面拉伸法、布尔运算法、约束成体法等建立。

地层岩性界面和三维地质体建模前,应先创建地形面、基岩面、模型底面和模型平面范围面,并应符合下列要求:①地形面可按标准要求创建;②基岩面建模应以基岩地表出露界线、钻孔揭露点为基础,可采用投影成面法或离散光滑插值成面法建立,当覆盖层埋深较浅且受地形面起伏影响较大时,可以把地形面设置为约束进行建模;③模型底面宜以勘察范围内最深钻孔孔底为界限,可采用投影成面法或离散光滑插值成面法建立;④宜由模型地表平面范围垂直向下延伸至模型底面。

土体地层界面和实体分层建模时,应先分析其空间分布规律和形态特征,并应符合下列要求:①包括有规律的尖灭界面等近于水平的土体地层界面,宜根据多个钻孔分界点位置,确定地层界面的局部形态和整体延伸趋势,可采用趋势成面法或离散光滑插值法进行建模;②地层界面呈不规则尖灭时,宜采用离散光滑插值成面法建模,或将不规则的地层界面分成多个部分后,可采用投影成面法和拼接成面法组合建模;③地层界面呈透镜体分布时,宜采用离散光滑插值成面法或断面成面法建模。

岩体地层界面和实体分层建模时,应先分析其空间分布规律和形态特征,并应符合下列要求:①岩体地层界面平直时,宜利用一个或多个采集点的位置和产状数据,确定地层界面的局部形态和整体延伸趋势,采用趋势成面法进行建模;②岩体地层界面呈规则弯曲时,宜先确定地层界面近平行的多个弯曲断面线和拉伸轴线,采用断面成面法进行建模;③岩体地层界面不规则弯曲时,宜采用离散光滑插值成面法建模,或将不规则的地层界面分成多个部分后,采用投影成面法和拼接成面法组合建模。地层实体建模应在地层界面完成后进行,宜从确定控制面开始,采用实体分割法逐层分割建模。

地质构造面和实体建模应符合下列要求:①地质构造面应根据空间位置、产状、延伸规模和相互交切关系建模,可采用趋势成面法、约束成面法、投影成面法等建立,当需反映地质构造面相互交切关系时,宜采用裁切处理法进行处理;②第四纪地质构造面不应超出基岩界面,建模时可采用约束成面法将基岩面作为约束条件处理,或采用裁切处理法将超出基岩面的部分批量裁切。

地下水位面建模可根据设计需要,建立不同时期的多个地下水位面。岩体风化层界面和实体建模应符合下列要求：①岩体风化层界面应在基岩面、地层界面和地质构造面建模完成后进行，可采用投影成面法或离散光滑插值成面法，从靠近基岩面的风化界面开始，依序完成基岩体深部的其他风化界面的建模；②风化层实体模型可利用已建立的界面采用实体分割法、表面缝合法建立。

溶洞建模宜符合下列要求：①开口的溶洞模型宜以面表示，可采用球状投影成面法或离散光滑插值成面法生成；②封闭的溶洞模型宜以实体表示，可采用断面拉伸法或离散光滑插值成体法生成。

（7）构建地下水模型

地下水模型的建立范围应与三维地质几何模型相同，并应符合以下要求：①对于含有上层滞水的地下水模型，模型建立的垂向范围应能反映上层滞水的空间分布；②对于含有潜水的地下水模型，模型建立的垂向范围不宜小于模型区钻孔最大深度范围；③对于含有承压水的地下水模型，模型建立的垂向范围宜能反映承压含水层的顶板、底板高程。地下水模型应含有地下水类型、水位测量日期、水位年变化幅度以及腐蚀性等属性数据。

（8）构建地下构筑物模型

地下构筑物模型建构可通过导入设计模型或构建地下构筑物几何轮廓线实现。设计建模软件构建的建（构）筑物基础、桩基础、管道、沟道、基坑、隧道等三维模型宜以工业基础分类（industry foundation class，IFC）等通用交换数据格式导入三维地质模型。地下构筑物模型宜分类或分层管理。三维地质几何模型、三维地质属性模型和设计模型应以模型叠加、透明浏览和剪裁盒剖切等方式协同展示。可根据设计模型与三维地质模型的相对关系提取接触地层的地层埋深、地层属性等数据，统计桩基穿越地层厚度。以管线、沟道、隧道等设计模型的视角可实现三维地质模型漫游。

（9）构建挖填方边坡模型

挖填方边坡模型应在地形面的基础上进行。建模内容包括挖方边坡坡形面、填方边坡坡形面和场地平整面。挖方边坡坡形面应自坡脚起挖线算起，一直延伸露出地形面的坡肩线，包括挖方坡面和马道。填方边坡坡形面应自填方边坡坡肩线算起，一直延伸进入地形面的坡脚线，包括填方坡面和马道。场地平整面由挖方边坡坡脚起挖线和填方边坡坡肩线组成的封闭曲面。挖填方边坡模型中应包含坡比、马道等坡形设计信息。挖填方边坡模型建构可通过导入设计模型或构建边坡几何轮廓线实现。设计建模软件构建的挖填方边坡三维模型宜以 IFC 等通用交换数据格式导入三维地质模型。

（10）构建地质属性模型

使用钻孔或其他属性数据，按照一定的插值或模拟方法对每个离散化区域进行赋值，建立三维地质属性模型。赋值方法宜采用中值法、反距离平方法、多种克里金插值方法、多种随机模拟方法等。

地质属性模型宜采用空间离散网格表达地质体内部空间属性特征，可用颜色、透明度、特征点、等值线、等值面、三维云图等方式展示。地质属性模型宜根据工程地质问题分析要求，按下列步骤建立：①在三维地质几何模型的基础上，选择或截取有关部分，对模型进行简化，构建高精度构造框架；②对三维地质几何模型进行四面体或六面体网格单元划分；③在分析范围内提取勘探、物探、试验、观测等实测数据；④依据数据趋势分析从已有资料获得目标地质信息，通过插值分析计算，为剖分的所有节点或网格单元赋予岩土体的物理力学属性参数。

（11）模型编辑、修改与美化

在三维地质建模过程中，应对模型质量进行随时控制，需要对三维地质模型中不符合要求的部分及时进行编辑与修改，主要内容宜包括地质点编辑、地质线编辑、地质面编辑、地质体编辑等。三维地质模型编辑与修改的步骤宜包括模型静态和动态切面分析、模型修改，在模型成果交付前循环反复进行。

地质点编辑应包括钻孔、剖面、地质图等数据源以及地质点空间位置的添加、删除和修改。地质线编辑应包括平面图地质分界线、剖面线、等值线、断层线和褶皱线等线状要素的新建、删除、线上加点、线上删点、线上移动点、线自动剪断、线手动剪断等。地质面编辑应包括面上加点、面上删点、面上移点、曲面光滑、曲面简化、曲面外推、曲面求交、避让处理等。

地质体编辑应包括地质体的移动、合并、删除、拆分，根据实际情况，宜采用单点编辑、局部替换、删除重建、约束调整的方式进行，并宜符合下列规定：①当模型少数节点位置需要调整时，采用单点编辑方式修改，将需要调整的节点依次修改到正确的位置；②当模型局部范围较多节点位置需要调整时，采用局部替换方式修改，依次进行局部修剪、局部建模、整体拼接操作；③当模型可快速生成或局部替换复杂时，采用删除重建方式修改；④当模型采用建模方法生成时，采用约束调整方式修改，通过调整建模元素、建模方法、建模参数等模型约束实现。

为了突出三维视觉效果，需要对模型进行美化，应准确反映出地质体的实际高程、岩性图案、色彩、亮度以及透明度等关系，岩性图案可参照《电力工程勘测制图标准　第 2 部分：岩土工程》（DL/T 5156.2—2015）执行。模型美化应包括以下内容：①应对三维地质模型四周边界封闭，外框应略小于各地质界面，删除多余部分，保持模型整洁美观；②宜采用航片或照片生成的正射影像对地表进行精确定位贴图；③通过线条加粗、使用醒目色彩等方式，强化地质界线地表出露效果；④三维地质模型纵横显示比例尺可以不同，纵向比例尺可为横向比例尺的 3～5 倍。

（12）模型局部重构

应依据后期地形图测量数据、工程钻探等勘察数据局部重构模型，模型局部重构后应检查重构部分与整体模型的一致性。局部重构困难时应整体重建三维地质模型。可依据工程地质条件、地形条件、建筑物类型等不同按不同精度局部重构模型，地形复杂区域、重要建（构）筑物区域应高精度重构模型。局部重构可采用二维和三维联动建模、几何约束等方法实现。局部重构数据应与数据库同步更新。

（13）协同建模

三维地质体建模需多人共同完成时，宜进行协同建模。协同建模所采用的软件宜保持一致。协同建模宜根据工程布置和勘察区域划分建模区块，同一建模区块宜根据模型类型和模型相关性划分为多个建模分项。协同建模的区块、分项模型完成时，应进行模型总装。

（14）模型检查

三维地质模型检查前应做好建模依据、记录和成果等相关资料的准备工作。三维地质模型应从建模的合规性、合理性、准确性、完整性四个方面进行检查。三维地质建模应检查建模基础数据合规性和建模过程合规性。建模基础数据合规性主要包括建模任务要求、基础数据收集预处理、数据提取和融合、数据构成和表达方式等内容。建模过程合规性主要包括建模过程方法、过程和记录文件、编码和命名、成果检查验收、模型固化发布等内容。

三维地质模型合理性检查主要包括地质线、地质界面和地质体三个层次,可采用三维视图、随机剖切二维剖面和平切图、等值线图等方式,检查二维剖面和三维模型中地质线、地质界面和地质体相对位置关系是否合理,并应符合以下要求:①地质线合理性检查应检查地表迹线、剖面线的形态、延伸、尖灭和相互关系等;②地质界面合理性检查应主要检查各界面空间展布、边界、产状、层序关系、相互制约关系和与地表面及基岩面的相对位置关系等;③地质体合理性检查应主要检查其形态、边界面和相互间关系等。

三维地质模型准确性检查应包括模型精度、模型与基础数据和分析数据的一致性。三维地质模型完整性检查应符合下列规定:①模型范围、建模精度应满足各设计阶段要求;②建模资料应收集齐全,数据处理、入库、检查过程应完整;③模型内容无遗漏,应包括地质线、地质界面和地质体完整属性。模型检查结果应作记录,对检查后不符合要求的模型部分应及时进行模型编辑与修改。

4. 建模输出

模型可输出全面模型与任意一个或多个单一模型。模型可输出地层层面、地下水面及各不同属性的等值线,且等值线图应绘制相应横纵坐标轴,宜辅以不同颜色区分值的大小。模型可输出所有参与建模的数据及其分类统计,并宜注明数据具体名称、数量、来源等。模型输出的二维图纸应满足现行行业标准《电力工程勘测制图标准 第2部分:岩土工程》(DL/T 5156.2—2015)的要求。三维地质模型文件宜采用 DWG、DGN、OBJ、FBX、IFC 等通用文件格式导出,地质数据库电子文件宜以 xml 格式导出。

第6章

智慧勘察典型应用场景与案例分析

应用场景分析是软件设计中常用的一个术语,就是假定产品或者服务流程在其工作范围内的应用实境,并在此实境分析和比较其有利和不利因素,找出合理的操作流程,便于进行软件总体架构设计。

在智慧勘察体系建立过程中,专业软件的研发是关键环节,如何详细地了解需求、规划流程、寻找痛点,应用场景分析是必要手段。本文以智慧勘察体系建立过程中典型的业务场景分析为切入点,按不同的应用场景特征,详细进行相关分析和解读。

6.1 站厂类业务与智慧勘察应用场景

6.1.1 站厂类勘察业务描述

本书定义的站厂类勘察业务一般指房屋与市政工程、地下构筑物、火力发电厂、变电站等固定场地范围内的勘察业务,轨道交通、民航机场、高速铁路和电缆隧道等工程勘察业务亦可归属此类。

其本质特征可以从以下几个方面加以描述:工程勘察工作集中在特定范围内,场地内的岩土工程条件通常用一套标准土层方式进行统一描述;勘察成果需要通过剖面图方式进行表达和展示;业务边界清晰,在上游专业设计方案确定后,基本可根据岩土工程专业规范进行后续的各项工作。

站厂类勘察业务要求查清影响厂(站)址范围内各类建(构)筑物地基基础设计,施工有关的岩土结构、岩土性质、地下水条件等工程地质条件和不良地质作用,人类活动影响,为确定岩土体整治和利用提供依据。

站厂类工程勘察技术方案的制定包括如下内容。

(1)研究勘察任务书或委托要求,了解建厂规划、建(构)筑物特点及设计意图,明确勘察阶段、勘察目的和需要解决的岩土工程问题;

(2)搜集分析已有资料,并应进行现场踏勘调查,对厂址或场地的工程地质条件取得基本认识;

(3)按各勘察阶段工作要求,编制勘察工作方案。

一般情况下,站厂类勘察业务均根据勘察阶段不同,有针对性地开展工程勘察工作,如表6-1所示。

表 6-1　站厂类勘察业务分阶段工作

勘察设计阶段	勘察主要目的	工程勘察要求	勘察成果
初步可行性研究阶段（初可阶段）	对拟选厂址的稳定性和地质条件作出基本评价，评价厂址的适宜性，宜推荐两个或两个以上场地相对稳定、工程地质条件较好的厂址方案	以搜集资料和现场踏勘为主，必要时可进行工程地质调查或测绘、工程遥感、工程物探及适量的勘探工作	初可阶段岩土工程勘察报告
可行性研究阶段（可研阶段）	对各厂址的稳定性作出最终评价，进一步对厂址的场地和工程地质条件作出评价，分析工程建设可能引起的地质环境问题；分析评价地基基础形式，确定地基类型；对厂区总平面布置提出建议，对地基基础方案进行初步论证；推荐工程地质条件较优的厂址	对于复杂场地宜进行工程地质测绘，对中等复杂场地宜进行工程地质测绘或调查，对简单场地宜进行工程地质调查 按场地的复杂程度布置勘探点，勘探点、勘探线间距应能控制场地地质条件的变化；勘探点宜按网状布置，并兼顾总平面布置，勘探网应控制拟建厂区的范围；复杂和中等复杂场地的勘探点应按地质单元布置	可研阶段岩土工程勘察报告；勘探点平面布置图、剖面图、单孔图册
初步设计阶段（初设阶段）	查明厂址的工程地质条件、岩土特性及不同地段的差异，对拟建建筑地段的地基均匀性和稳定性作出评价，推荐适宜的地基方案，并应对其他岩土体整治工程进行方案论证。当采用桩基础或进行地基处理时，初步设计阶段宜同步进行原体试验	复杂场地的厂址应进行比例尺为1∶500～1∶5000的工程地质测绘。控制性勘探孔不应少于勘探点总数的1/4。勘探线应垂直地貌分界线、地质构造线及地层走向，并应考虑建筑坐标的方向；勘探点沿勘探线布置，每一地貌单元应有勘探点，同时在地貌和地层变化处应加密勘探线或勘探点；平原地区的厂址可按方格网布置勘探点；勘探点的布置应结合主要建筑物位置确定，在主要建筑物范围内宜加密勘探点，并应考虑建筑物总平面布置变动的可能性	初设阶段岩土工程勘察报告；勘探点平面布置图、剖面图、单孔图册、专题图册
施工图设计阶段（施设阶段）	根据不同建筑地段的类别、特点、重要性及确定的地基基础方案和不良地质作用防治措施，详细评价各建筑地段的工程地质条件和岩土特性，提供地基基础和不良地质作用整治设计、施工所需的岩土工程资料	勘探点的布置应根据建筑物的类别及建筑场地的复杂程度确定。主要建筑物应按主要柱列线、轴线及基础的周线布置勘探点；其他一般建筑物可按轮廓线布置勘探点。复杂场地的勘探点应适当加密。条件适宜时，宜选择代表性地段布置探井或探槽	施设阶段岩土工程勘察报告；勘探点平面布置图、剖面图、单孔图册、专题图册

对于复杂的工程地质条件或有特殊施工要求的重要建（构）筑物，必要时应进行施工勘察。

6.1.2　站厂类勘察需求分析

从上述分析的站厂类工程勘察业务来看，不同阶段随着勘察目的的不同，勘察手段也有相应的变化,智慧勘察理念所倡导的是全过程信息化处理模式,因此,在核心业务层梳理过程中,根据对技术人员的广泛调研和讨论,对影响工程勘察全过程的核心业务耗时进行了统计分析,以便后续通过软件功能设计来实现效率提升。业务耗时分析如图 6-1 所示。

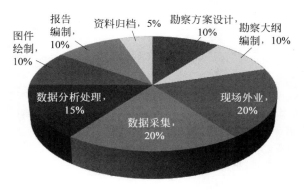

图 6-1　智慧勘察业务耗时分析

不同行业的工程勘察虽然在执行规范上有所差异,但其核心工作流程基本类似,岩土工程勘察内业过程包含上述的勘察大纲编制、数据分析处理、图件绘制、报告编制和资料归档等,工作量和耗时均占到 80% 的比重,因此,梳理内业整理的相关要点、外部信息交互和关键流程,将为软件系统的开发起到非常重要的作用。内业资料整编内容及流程分析如图 6-2 所示。

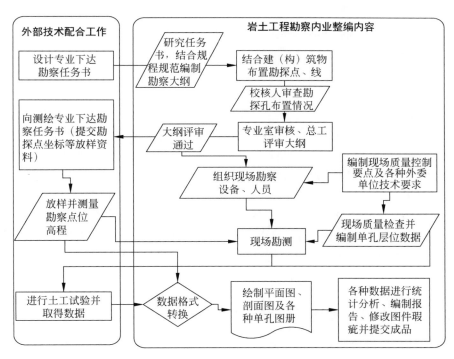

图 6-2　工程勘察内业整编内容与流程示意图

同时,为了更好地梳理工程勘察信息化中的各类需求,项目研发过程中针对工程勘察工作阶段细分,搜集了各阶段的功能需求,供开发人员进行有针对性的详细设计。工程勘察分阶段功能需求如表 6-2 所示。

表 6-2　工程勘察分阶段功能需求

工作阶段细分	功能需求	成果形式
项目启动	指定工程组成员,授予相应权限;配置项目存储空间;下发作业指导书	作业指导书;工程组角色任务单
项目策划	基于 CAD 交互的勘察工作量布置;工作量统计;外委单位指派;大纲编制与评审;单孔任务卡设计;危险源与环境因素识别;QHSE 体系文件编制	勘察大纲及其附件、QHSE 体系文件
数据采集(含外业实施)	以江苏院过程控制为核心,地质编录采集、土工试验数据管理、原位测试数据采集与管理	工程地质编录记录表、土工试验成果表
内业整理	钻孔分层、参数分层统计、地层统计、地基土承载力计算、剖面图及单孔图绘制、场地类别判定、地基土性状评价、湿陷性评价等岩土工程评价所需计算模块	计算书、剖面图与单孔图
成果提交	自动生成岩土工程勘察报告;生成各类统计报表;生成与土建专业设计软件接口数据;勘探点平面布置图、剖面图及单孔图册生成	报告,图纸,数据接口

6.1.3　业务数据流分析

业务数据流程分析就是把数据在现行系统内部的流动情况抽象出来,舍去了具体组织机构、信息载体、处理工作等物理组成,单纯从数据流动过程来考察实际业务的数据处理模式。数据流程分析主要包括对信息的流动、变换、存贮等的分析。其目的是发现和解决数据流动中的问题。

现有的数据流程分析多是通过分层的数据流程图(data flow diagram,DFD)来实现的。具体做法是:按业务流程图理出业务流程顺序,将相应调查过程中所掌握的数据处理过程绘制成一套完整的数据流程图,一边整理绘图,一边核对相应的数据和报表、模型等。图 6-3 对工程勘察从项目启动到结束的整体数据流程进行了分析,便于开发工程师进一步明确业务流程,合理安排数据处理方式和程序功能表达方式。

业务数据分析最重要的高阶思维是要站在足够高的角度来审视数据和问题,才能找到问题的核心。通过分析业务数据流,建立全局数据流转理念,结合应用场景和数据交互需求,确定数据传输的时点和内容,极大地提高了数据利用率。这一点在专业软件开发中至关重要。

6.1.4　岩土工程勘察集成应用系统案例分析

岩土工程勘察集成应用系统是智慧勘察体系中核心的组成部分,其重要性体现在构建了智慧勘察的数据仓库和基本业务平台。本系统针对工程勘察行业信息化、商业软件数据处理效率和现场质量管控等方面存在的缺陷,以工程勘察全流程信息化为宗旨,实现了勘察过程控制文件标准化、数据分析处理图形化、外业数据采集规范化、功能集成化的研发目的,

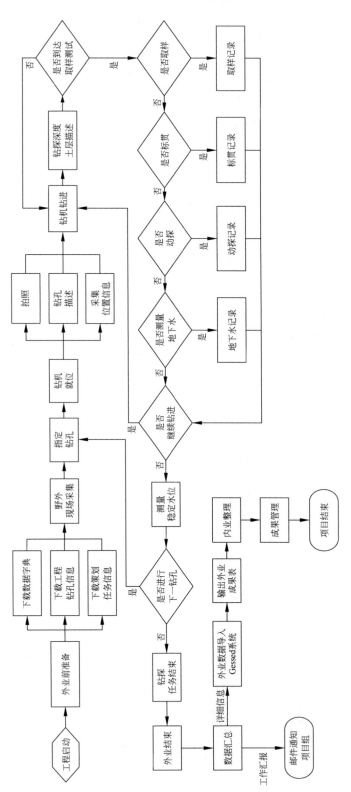

图 6-3　智慧勘察关键业务数据分析

促使岩土工程勘测工作逐步形成了以数据库为核心,通过标准化、信息化途径向一体化产业体系方向转变。项目属于工程地质勘察和计算机技术相结合的交叉研究课题,针对传统行业信息化程度低、现场质量管控难度大,难以满足智慧城市建设对数字化成果移交的新需求,以"互联网＋勘察"为切入点,提供全过程一体化专业信息化平台,内容涵盖数据采集、关键过程监控、证据链生成、专业数据分析处理、产品数字化交付、大数据挖掘等专业服务,最终通过物联网和云平台等技术整合上下游资源,打造"互联网＋勘察"生态圈,最终实现智慧勘察的目的。

1. 软件实现技术及特点

(1) 三层 C/S 结构示意图

三层 C/S 结构示意图如图 6-4 所示。

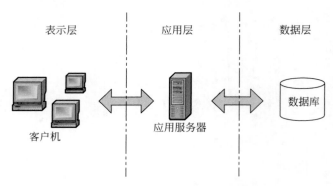

表示层　　　　　　应用层　　　　　　数据层

客户机　　　应用服务器　　　数据库

图 6-4　三层 C/S 结构示意图

表示层是应用的用户接口部分,它担负着用户与应用间的对话功能。它用于检查用户从键盘等输入的数据,显示应用输出的数据。为使用户能直观地进行操作,一般要使用图形用户接口,操作简单、易学易用。在变更用户接口时,只需改写显示控制和数据检查程序,而不影响其他两层。检查的内容也只限于数据的形式和取值的范围,不包括有关业务本身的处理逻辑。

应用层相当于应用的本体,它是将具体的业务处理逻辑编入程序中。例如,在制作勘测计算书时,按照定好的格式配置数据、打印计算书,而处理所需的数据则要从表示层或数据层取得。表示层和应用层之间的数据交往要尽可能简洁。通常,在表示层中包含有确认用户对应用和数据库存取权限的功能以及记录系统处理日志的功能。

数据层负责管理对数据库数据的读写。数据库管理系统必须能迅速执行大量数据的更新和检索。

(2) 三层 C/S 结构特点

允许合理地划分三层结构的功能,使之在逻辑上保持相对独立性,从而使整个系统的逻辑结构更为清晰,能提高系统和软件的可维护性和可扩展性。

允许更灵活有效地选用相应的平台和硬件系统,使之在处理负荷能力上与处理特性上分别适应于结构清晰的三层;并且这些平台和各个组成部分可以具有良好的可升级性和开放性。

在三层 C/S 结构中,应用的各层可以并行开发,各层也可以选择各自最适合的开发语言。使之能并行地而且是高效地进行开发,达到较高的性能价格比;对每一层处理逻辑的开发和维护也会更容易。

允许充分利用应用层有效地隔离开表示层与数据层,未授权的用户难以绕过功能层而利用数据库工具或黑客手段非法地访问数据层,这就为严格的安全管理奠定了坚实的基础;整个系统的管理层次也更加合理和可以控制。

系统管理简单,可支持异种数据库,有很高的可用性。

2. 基本设计概念和处理流程

(1) 基本设计

系统采用三层 C/S 结构,如图 6-5 所示。下面将按三层结构阐述本系统的基本设计思想。

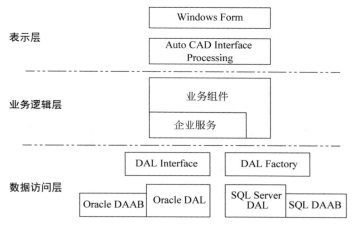

图 6-5　系统架构设计

表示层(presentation layer):指的是开发的 Window Forms、Web Forms、Auto CAD Forms,简单地说就是所有与用户交互的界面。

业务逻辑层(business logic layer):业务逻辑在系统中描述比较抽象,比如说用户需求输出或是打印勘测计算书,而计算书涉及的数据项目很多,要将若干个数据项目结合在一起,提供给表示层输出,这个过程就称为业务逻辑处理。

数据访问层(data access layer):本系统采用多种类型数据库的设计方案,也就是说,系统既可以采用 Oracle 作为数据库管理系统,也可以采用 SQL Server。这项技术的应用依赖于 DAL Interface、DAL Factory 的设计,通过各类数据库 DAAB 的实现,来完成数据的存储操作。

开发工具采用 Microsoft Visual Studio .Net 2005。

(2) 处理流程

系统工程结构及处理流程如图 6-6 所示。

User Interface Project(用户界面工程):该工程主要实现所有系统用户交互界面,处理用户输入、输出数据,提供方便、快捷的可视化操作界面,包括 Window Forms、Web Forms、Auto CAD Forms 等。该工程所有的数据存取操作只能通过 Business Logic Project 实现。

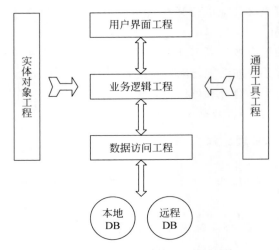

图 6-6　系统工程结构及处理流程

　　Business Logic Project(业务逻辑工程)：该工程处理 User Interface Project 提交的业务请求，涉及数据库操作的内容，将处理转移给 Data Access Project，最后将完成的结果返回给 User Interface Project。

　　Data Access Project(数据访问工程)：该工程处理 Business Logic Project 提交的数据请求，将处理结果返回给 Business Logic Project。数据访问工程专门处理与数据库相关的操作，包括数据的存取。

　　Entity Object Project(实体对象工程)：该工程是管理所有业务、数据对象，用于工程间进行数据交互，可以称为系统内部接口协议。

　　Common Utility Project(通用工具工程)：该工程是管理实用工具类，主要用于处理专门类型数据，比如说字符串的加密、解密，特殊数据类型的转换，单位换算等。它对所有工程有效。

3. 系统功能结构设计

　　根据系统需求分析，"工程勘察集成应用系统"包括工程管理、项目策划、外业数据采集、内业整理、成果管理、后台支持六项内容，系统功能结构设计如图 6-7 所示。

图 6-7　系统功能结构设计

　　(1) 工程管理(project management)：工程管理范畴包括工程项目、大事记、工程进程和工程组 4 个模块，如图 6-8 所示。

　　工程项目(project item)。管理工程基本信息，如工程编号、工程名称等。工程基本信息管理：基本信息包括工程名称、设计阶段(初步可行性研究、可行性研究、初步设计、施工图设计、施工、规划选所、工程选所)、工程编号、卷册编号、主勘人、校核人、审核人、项目经理、主管总工、工程类型(发电、变电、线路、其他)；管理操作包括新建工程、修改工程、删除工程；允许数据带附件(附件内容包括勘

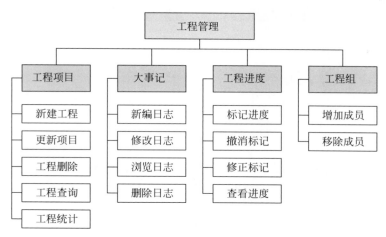

图 6-8　工程管理功能

测任务书及附图、项目采用主要仪器设备合格资料);工程信息查询:提供模糊(不指定关键词)、精确(指定关键词)两种查询方式;工程分类统计:按工程状态、工程管理人员分类统计。

大事记(project log)。记录工程勘测进程中的相关事宜,比如外业时间、重大事件或特殊事件、民工使用记录、对现场检查记录、影像资料等。大事记管理:大事记信息包括内容、作者;允许日志带附件;提供新增、修改与删除操作;大事记查询:提供大事记内容的模糊定位查询。

工程进度(project progress)。给工程预先设定若干状态,采用人工干预的方式设置项目进展情况,提供随时了解工程进度。标记进度:工程进度状态分为工程启动、勘测策划、大纲评审、外业实施、初步分层、分层校核、资料整编、资料校核、成果提交、工程结束;标记进度就是给工程的各状态设置时间点;允许用户撤销或删除标记;进度图:为了更加直观了解工程项目的进度而采用的一种图形化的描述。

工程组(project group)。保存工程实施过程中参与人员的进出情况,以及确定工程的主要责任人,对于工程组不同的角色,系统根据角色进行功能授权,为协同设计做好相应的铺垫。增加成员:新加工程组成员,并指定是否主持工程;移除成员:工程组成员发生变化时,若更换成员或减员就需要做移除操作。

工程管理功能如图 6-9 所示。

(2) 项目策划(project scheme):如图 6-10 所示。

工作卡(work cards)。管理勘测工作卡模板,该卡片是岩土工程勘测设计的提要性文件,每项工程只有一份工作卡,以 Microsoft Word 文档形式表现。允许用户选择不同的模板(模板的维护见后台支持模块)生成;生成之后报告的修改通过 Microsoft Word 来完成;工作卡文档的数据同步(本地与数据库)通过上传与下载来实现主勘人在工程开始之前按当前模板制作本工程的勘测策划工作卡,这部分主要是贯彻 QHSE 体系文件要求,实现业务需求与管理需求的统一。

勘探孔设计(drilling design)。勘探孔设计也称勘测平面设计,利用 AutoCAD 二次开发的 Lisp 制图设计程序来完成,数据通过 Autocad. NET API 开发的接口函数传递到缓存中,应用程序通过读取缓存数据实现设计成果的存储。形成平面图的修改是通过 AutoCAD

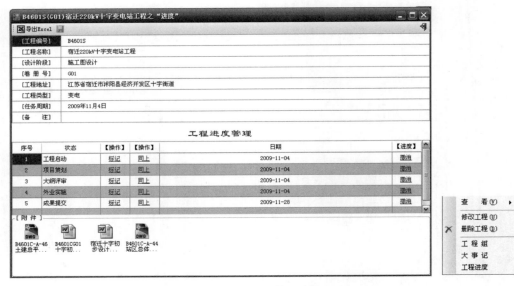

图 6-9　工程管理功能

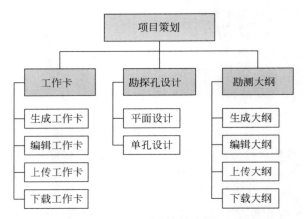

图 6-10　项目策划功能

来完成,图文件与数据库的同步则通过成果管理中图件的上传与下载来实现。对当前工程进行钻孔设计,主要内容包括钻孔平面位置设计和钻孔孔内原位测试设计两个重要内容。

勘测大纲(survey outline)。管理勘测大纲模板,根据需要按当前模板生成工程勘测大纲文档。勘测大纲是工程勘察过程中重要的质量贯彻标准(简称贯标)文件,在版本管理方面存在很多需要改进的地方,本次研发过程中,将勘测大纲的自动生成作为重点功能进行专门设计,主要体现勘测策划过程中以数据驱动业务的特性需求,在完成项目核心策划后,系统提取勘测大纲所需的数据,自动完成大纲及其附件的一键生成。

策划核心功能如图 6-11 所示。

(3) 数据采集(data collection):如图 6-12 所示。

基本数据(base data)。管理钻孔测量及基本属性数据,基础数据按来源可以分为三个部分:①策划产生的钻孔号、钻孔类型、设计深度;②测量提供的纵横坐标及钻孔高程;③外业记录的初见水位、稳定水位、开工日期、竣工日期等,实现策划数据与完成数据的动态管理。

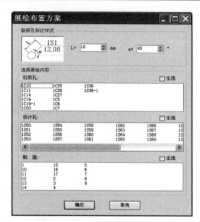

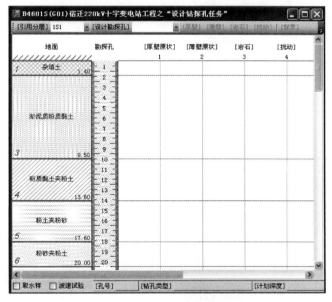

图 6-11 策划核心功能设计

图 6-11（续）

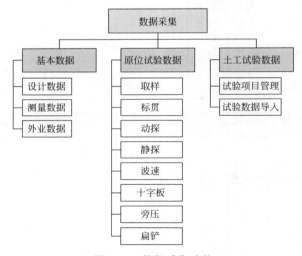

图 6-12　数据采集功能

原位试验数据（in situ test data）。原位试验数据包括静力触探试验数据、十字板剪切试验数据、旁压试验数据等。

原位试验数据按试验方法分为以下几类：

① 取样。数据项目：编号、类型、试验段顶深、取样长度；采集方式：手工录入；取样类型：厚壁原状、薄壁原状、扰动、岩石、水样；长度默认值：厚壁原状（20cm）、薄壁原状（50cm）、扰动（30cm）。

② 标贯。数据项目：试验段顶深、击数、长度、杆长；采集方式：手工录入；长度默认值：30cm；杆长默认值：试验段顶深＋长度＋1m。

③ 动探。数据项目：类型、试验段顶深、击数、长度、杆长；采集方式：手工录入；动探类型：轻型、重型、超重型；长度默认值：10cm；杆长默认值：试验段顶深＋长度＋1m。

④ 静探。数据项目：静探类型不同采集的数据项也不同，单桥静探采集项目有试验点深度、比贯阻力；双桥静探采集项目有试验点深度、锥尖阻力、侧壁阻力；孔压静探采集数据项目有试验点深度、锥尖阻力、侧壁阻力、孔隙水压力；采集方式：自动导入。

⑤ 波速。数据项目：试验点深度、横波波速、纵波波速；采集方式：手工录入。

⑥ 十字板。数据项目：试验点深度、剪切强度、残余剪切强度；采集方式：手工录入。

⑦ 旁压。数据项目：试验点深度、各级压力及对应的扩张体积；采集方式：手工录入。

⑧ 扁铲。数据项目：试验点深度、接触压力、终止压力、中间压力；采集方式：手工录入。

土工试验数据（geo test data）：土工试验数据指的是原位取样按要求做各种试验得到的数据；土工试验类型繁多，试验指标根据需要各工程差异较大；对于土工试验数据的采集需要设计成动态的项目匹配模型以适应各类厂家提供的数据。接收土工试验数据，数据格式有苏电、理正、华宁及通用格式。考虑到土工试验数据在每个项目中都有巨大差异，需要设计动态、可定制方式进行土工试验数据的存储与管理。

试验项目管理：提供 34 种试验类型，允许用户为各类试验定义不同的项目。

试验数据导入：为了操作快捷，允许用户将导入的匹配方案进行存储，以备后用；对于导入后的数据可以进行适当的整理（对于导入的空白数据进行移除），但不允许修改试验数据。

数据采集功能设计如图 6-13 所示。

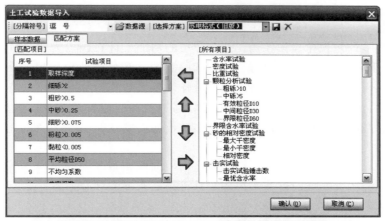

图 6-13　数据采集功能设计

（4）内业整理（inner task disposal）：如图 6-14 所示。

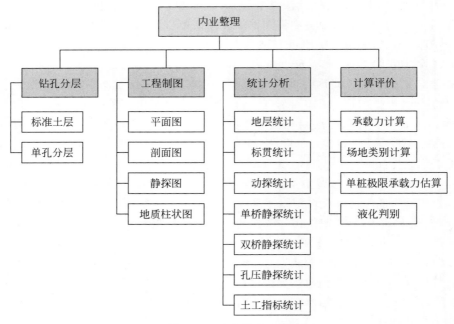

图 6-14　内业整理功能

　　钻孔分层（bored stratified）：建立标准土层，按标准土层对所有钻孔进行自动分层处理，提供分层调整的可视化操作界面。钻孔分层的功能设计在国内大部分软件实现中都是通过技术人员手动录入钻孔分层数据，为后续绘制图件和分析处理作相关准备。这种设计思路完全不符合设计人员的工作流程，且没有体现勘测数据对钻孔分层的支持作用。本次研发过程中，项目组提出了图形化分层理念，将与钻孔分层相关的外业采集数据、土工试验数据通过图板方式集成，在分层过程中通过多源数据集成分析，最终在图板上实现分层数据的自动保存，极大地提高分层效率。

　　工程制图（engineering drawing）：主要包括绘制勘测点平面布置图、剖面图、静力触探综合图、地质柱状图等。工程勘察图件绘制是目前勘察成果二维展示的有效手段，主要是将分层数据通过剖面图、柱状图等形式加以展示，在这一过程中，主要研发的重点在于绘图环境的选择。大部分勘察设计企业均以 AUTOCAD 作为图形工具，因此研发组以 CAD 二次开发为主，重点对剖面图的自动避让规则、土层绘制规则进行重新优化定义，使之能完美呈现最终效果。

　　利用 AutoCAD 提供的 Autocad. NET API 开发接口函数，通过 ADO. NET 与 Autocad. NET API 的 ResultBuffer 实现数据的自由交换。集成应用系统与 CAD 数据交互如图 6-15 所示。

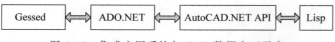

图 6-15　集成应用系统与 CAD 数据交互示意

统计分析（statistical analysis）：提供多种数理统计分析处理模块，如土层埋藏条件统计、土工试验数据指标统计、静力触探试验统计、标贯试验统计等。部分统计结果需要保存，以便制作计算书文档。统计分析是岩土工程师进行分层合理性判断、土层岩土工程性状评价的主要依据，在功能分析过程中，研发组对统计分析功能进行了全面梳理，设计了基于标准土层的统计分析界面，且根据技术人员需要了解原始资料和计算结果对应关系的需求，在功能界面上进行了优化布局，让统计计算过程合理、结果可视、异常追溯，不再是某些商业软件类似黑盒子的表达方式，可以及时对统计数据进行人工干预，获得较为合理的统计分析结果，并且能在计算书中得到最完整、准确的过程信息表达。

计算评价（calculation evaluation）：提供多种计算评价模块，如承载力计算、单桩承载力估算（经验公式见表 6-3）、土层工程特性评价等。数据统计按勘探孔及勘探孔分层进行计算，统计项目包括有效个数、最小值、最大值、平均值、标准差、变异系数、标准值。统计结果按固定格式输出计算书。粗差数据的剔除方法采用戈罗伯斯（Grubbs）检验法。统计结果需要即时生成计算书。计算书样式按实际要求制作成 Excel 模板，系统利用 Microsoft Office 的 ActiveX 开发技术生成 Excel 文档，将处理好的数据直接填入相应的单元格中，保存在系统运行的本地配置的文件夹中。允许多次生成计算书，不覆盖，通过时间字符串作为文件名以示区分。计算评价是岩土工程师最重要的工具箱功能，需要结合采集数据、钻孔分层数据和规程规范进行统一架构，除上述计算外，还包括液化评价计算、黄土湿陷性评价、固结特性评价、腐蚀性评价、场地类别计算、变形模量计算、$e\text{-}p$ 综合曲线，同时考虑到与上游专业的数据接口，还需形成相关数据接口。

内业核心功能界面设计如图 6-16 所示。

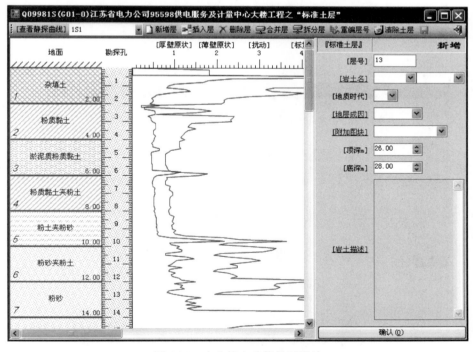

图 6-16　内业核心功能界面设计

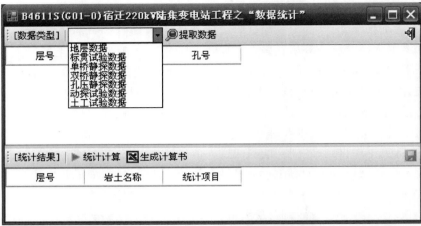

图 6-16(续)

以承载力计算为例,在工程勘察集成应用系统中,根据《工程地质手册》及相关岩土工程勘察地方规范,对承载力计算经验公式进行梳理,并结合经验选定系统默认的计算公式,便于工程师快速实现承载力计算。承载力计算经验公式如表 6-3 所示。

表 6-3 承载力计算经验公式

序号	分类	编号	指标项目		适用
1	标贯	1	$23.3N$	江苏省水利勘测总队	黏性土、粉土
		2	$4.9+35.8N$ （$N=3\sim23$）	冶金部武汉勘察公司	黏性土、粉土
		3	$80+20.2N$ （$3\leqslant N<18$）	武汉市建筑规划设计院等	黏性土
		4	$152.6+17.48N$ （$18\leqslant N<22$）	武汉市建筑规划设计院等	黏性土
		5	$387+5.3N$ （$8\leqslant N<37$）	冶金部长沙勘察公司	黏性土
		6	$72+94N^{1.2}$	铁道部第三勘测设计院	粉土
		7	$N/(0.003\,08N+0.015\,04)$	纺织工业部设计院	粉土
		8	$-212+222N^{0.3}$	铁道部第三勘测设计院	粉、细砂
		9	$105+10N$	纺织工业部设计院	中、细砂
		10	$-803+850N^{0.1}$	铁道部第三勘测设计院	中、粗砂
2	静探	1	$104Ps+26.9$ （$Ps=0.3\sim6$）	武汉联合试验组	黏性土、软土
		2	$83Ps+54.6$ （$Ps=0.3\sim3$）	武汉联合试验组	黏性土、软土
		3	$97Ps+76$ （$Ps=3\sim6$）	武汉联合试验组	黏性土
		4	$183Ps^{0.5}-46$ （$Ps=0.35\sim5$）	铁道部《静探技术规则》	黏性土
		5	$122Ps^{0.416}$ （$Ps\leqslant5$）	交通部一航院	黏性土
		6	$100Ps+25$ （$Ps=0.5\sim2.5$）	交通部三航院	黏性土
		7	$84Ps+25$ （$Ps=0.35\sim5.7$）	江苏省建筑设计院	黏性土
		8	$103Ps+27$ （$Ps=0.15\sim6$）	广东省航运规划设计院	黏性土、软土
		9	$183Ps^{0.5}-70$ （$Ps=0.5\sim6$）	铁道部铁一院	黏性土
		10	$189Ps^{0.5}-44$	铁道部铁二院	黏性土
		11	$50Ps+73$ （$Ps=1.5\sim6$）	建设部综勘院	黏性土
		12	$106Ps^{0.55}$	武汉勘察院	黏性土、软土
		13	$75Ps+38$	同济大学等	黏性土
		14	$344\lg(Ps)-219.8$ （$Ps=0.6\sim7$）	北京市勘察院	黏性土
		15	$17.3Ps+159$ （$Ps=1.5\sim15$）	北京市勘察院	黏性土
		16	$112Ps+5$ （$Ps<0.9$）	铁道部《静探技术规则》	软土
		17	$80.7Ps+49$	连云港规划设计院	软土
		18	$70Ps+37$	同济大学等	软土
		19	$36Ps+44.6$	《工程地质手册》	粉土
		20	$10Ps+150$ （$Ps=2.2\sim16$）	轻工第二设计院	粉土
		21	$55Ps+45$	同济大学等	粉土
		22	$20Ps+59.5$ （$Ps=1\sim15$）	武汉联合试验组	粉、细砂
		23	$66.4Ps^{0.5885}$ （$Ps=0.5\sim20$）	铁道部铁一院	粉、细砂
		24	$19.7Ps+65.6$	湖北电力设计院	粉、细砂
		25	$20Ps+50$ （$Ps>5$）	武汉冶金勘察公司	粉、细砂
		26	$106.5Ps^{0.462}$ （$Ps=1\sim20$）	铁道部铁一院	中、粗砂
		27	$166Ps^{0.5}-103$ （$Ps=1\sim10$）	武汉联合试验组	中、粗砂
		28	$19.8Ps^{0.64}+442$	湖北电力设计院	中、粗砂
		29	$17.3Ps+159$ （$Ps=1.5\sim15$）	北京勘察院	砂土
		30	$140Ps-236$ （$Ps>6$）	广东省航运规划设计院	砂土
		31	$69Ps^{0.63}+14.4$ （$Ps<24$）	铁道部铁三院	砂土
		32	$33.3Ps$ （$Ps<15$）	铁道部铁四院	砂土
		33	$0.196Ps+15$ （$Ps<0.8$）	《工程地质手册》	软土

（5）成果管理（production management）：如图 6-17 所示。

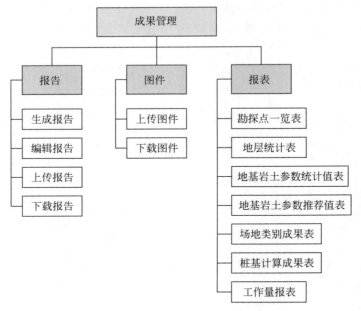

图 6-17　成果管理功能

报告（reports）：管理工程勘测的成果之一，包括分析评价计算书、工程勘测报告。允许用户选择不同的模板生成；生成之后报告的修改通过 Microsoft Word 来完成；报告文档的数据同步（本地与数据库）通过上传与下载来实现。

图件（graphics）：各类工程成品归档图。这里的图件指的是内业整理过程中生成的若干 CAD 图。这些图在整理环节只暂存在本地机器上。图件的修改是通过 AutoCAD 来完成，图文件与数据库的同步则通过上传与下载来实现。

报表（statements）：工作量报表、地层统计表、地基岩土参数统计值表、地基岩土参数推荐值表、场地类别成果表、桩基计算成果表等，这部分功能主要满足工程师项目结束后进行分包结算方面的需求。报表采用即时数据生成。报表样式按实际要求制作成各类 Excel 模板，系统利用 Microsoft Office 的 ActiveX 开发技术生成 Excel 文档，将处理好的数据直接填入相应的单元格中，保存在系统运行的本地配置的文件夹中，并打开生成的 Excel 文档报表。允许多次生成报表，不覆盖，通过时间字符串作为文件名以示区分。

（6）后台支持（background sustain）：如图 6-18 所示。

用户管理（user management）：管理系统使用者的基本信息及登录密码，这是系统用户管理的基础功能。用户基本信息管理：基本信息包括登录名、密码、姓名等，提供用户的新增、删除、修改功能；用户登录身份验证：操作员通过输入登录名与密码，系统进行身份验证，以获得相应的功能与数据授权；用户密码重置：当操作用户丢失密码时，可以通过重置功能清除密码；用户密码修改：新增用户的初始密码为空，操作用户可以通过此功能修改自己的密码；用户角色扮演：为用户设置相应的角色以获得操作权限，包括操作功能点与数据，一个用户允许扮演多角色。

权限分配（pope dom distribute）：对使用者进行操作权限的管理，包括功能模块授权，

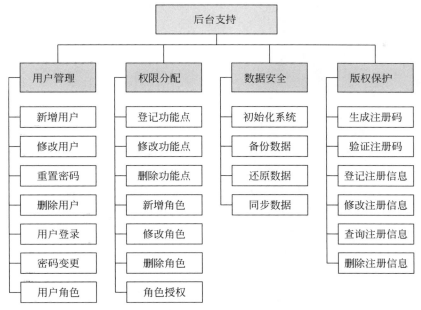

图 6-18 后台管理功能

数据范围授权。功能点管理：功能点的属性数据包括名称、标记、隶属模块等，提供新增、删除、修改功能；角色管理：提供角色新增、删除、修改功能；角色授权：角色授权相当于把部分功能点及数据范围做成一个相对固定的集合，以便于对相同性质的用户进行统一配置权限，这里授权包括功能点与数据范围。

数据安全（data security）：对输入数据及计算产生的数据进行安全管理，由数据备份与数据还原构成。数据备份和还原的应用场景主要是考虑到部分项目需要脱离网络运行，因此，在脱离网络数据库环境下，能顺利登录系统完成项目资料的整理和分析。软件推广后，这一功能还体现在不同单位之间的数据交互更加便利。初始化系统：重建系统数据环境，该功能将使系统数据全部丢失，操作时需要相当慎重，需要多级提示；备份数据：系统数据划分为两大类（项目数据、支持数据），备份数据允许分类进行，或按工程进行，备份的结果允许以固定格式的文件输出；还原数据：还原是备份数据的反过程；同步数据：本地数据与远程数据的刷新过程，它的操作也同样按分类或工程进行。

版权保护（copyright protection）：采用注册码对软件使用权进行保护。该模块由注册码生成、登记和验证三部分构成。生成注册码：注册码的生成规则按相关的机密文档要求实现；验证注册码：验证注册码与生成注册码类似，将输入的注册码与生成码进行匹配验证处理，返回逻辑值（True/False）；管理注册资料：注册资料包括注册码、机器代号、责任人、联系电话等，提供注册资料的新增、删除、修改功能。

4. 数据结构设计

以内业整理模块为例，对数据结构设计说明如下：

（1）数据表结构

数据表结构如图 6-19 所示。

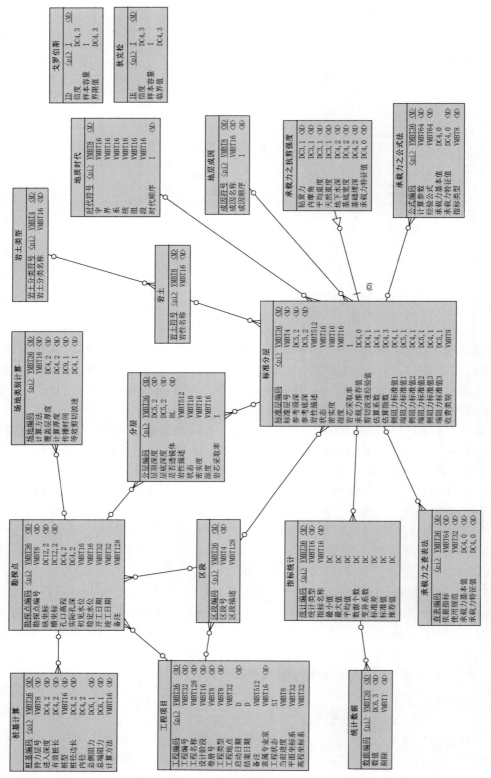

图 6-19 数据表结构

对象清单如表 6-4 所示。

表 6-4　对象清单

序号	实 体 对 象	类 定 义	说　明
1	区段	SectionEntity	
2	标准土层	NormLayerEntity	
3	单孔土层	LayerEntity	
4	地质时代	GeoAgeEntity	
5	地层成因	GeogenicEntity	
6	岩土类型	SockEntity	
7	岩土	SockTypeEntity	
8	指标统计	IndicatorEntity	
9	承载力之查表	CzlcbfEntity	
10	承载力之公式	CzlgsfEntity	
11	承载力之抗剪强度	CzlkjqdEntity	
12	场地类别计算	VenueEntity	
13	戈罗伯斯	GrubbEntity	

（2）数据结构与程序的关系

系统采用实体数据对象作为应用程序与数据库间的传输媒介，数据访问层就是实现将数据库中取出的表结构信息转换成实体对象移交应用程序，而应用程序得到的实体数据对象转换成行列存入数据库。数据结构与程序的关系如图 6-20 所示。

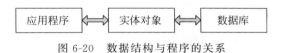

图 6-20　数据结构与程序的关系

5．实现效果与创新点分析

"岩土工程勘察集成应用系统软件"是一个以局域网络平台为支撑、勘察业务信息为基础、岩土工程勘察全过程信息管理与共享为核心内容、项目勘察设计流程管理为主线，实现信息共享、功能集成、模块智能为特色的高度集成化的综合应用系统。在岩土工程勘察工作标准化的基础上，通过业务流程优化、各环节信息以任务为导向共享，实现勘察信息资源的最大共享和高效利用，系统高效可靠、实用先进，达到国内先进水平，为生产、经营管理和工程勘察设计提供现代化手段和决策支持，从而全面提高工作效率和管理水平，提升科技实力和综合竞争力。

该系统提供了岩土工程勘测过程中工程属性信息管理、人力资源配置、方案策划、成本预算、QHSE 体系文件贯标、数据电子化采集、数值集成分析计算、绘制图件和成果管理的全部功能，是岩土专业支撑性作业平台。

系统的创新点主要包括：

（1）顶层设计创新：集成应用系统通过设计流程、管理流程相结合的新思路，以数据仓库为基础，优化勘察业务流程，实现数据的高度集成共享和深度应用。以项目管理思想统筹工程数据管理，从勘测任务下达到具体技术人员完成勘测设计任务，通过工程项目树型结构和相应的功能模块组合即可完成，多项目同时推进时其优势更加明显。

（2）设计理念创新：集成应用系统设计以岩土工程勘察作业过程为核心，从方案设计、成本预算、外业采集、数据入库、勘察分层、数据统计、成果输出、图形自动绘制等功能为基本要求,涵盖岩土工程勘察全业务范畴,在功能设计上体现全过程覆盖,着力打造平台级专业支撑体系。

（3）实现方式创新:图形化分层、可视化任务设计、按业务流程的界面设计、电子化采集方案多角度反馈、双维度控制模式等,软件功能达到了国内先进水平。本模块中利用标准土层和单孔勘测数据实现了图形化分层功能,使得单孔分层变得直观、高效,填补了国内同类软件空白;在数理统计中将统计源数据和统计结果窗口并列,便于设计人员对统计结果分析并方便地实现异常数据的剔除。

（4）知识管理创新:功能模块中大量集成专业知识库,用户能通过软件的知识库管理辅助判断作业过程合理性,系统提供多源异构数据的统一管理,以业务逻辑为主线,将项目数据、专业体系数据和专业管理数据进行了有效管理。

（5）密切关注技术前沿:外业集成数据采集系统基于移动办公设备(手持 GPS)和配套软件,实现野外岩土信息的电子采集,基于时间、空间坐标双重属性校验数据真实性,同时减少数据采集环节工作量,能有效提高内业资料整理效率,促进勘测外业管理的规范化,进一步提升岩土工程勘察质量与进度,为岩土工程勘察行业监管提供了低成本高效率的解决方案。

表 6-5 对本系统的一些特殊功能进行了列表展示。在系统的实现过程中主要经验是基于工程师视角进行的功能设计,在尊重工程师设计习惯的基础上,充分应用数据思维,将工程勘察过程与软件功能进行了有效整合,受到了工程师的普遍欢迎。

表 6-5　系统界面及特色功能描述

典 型 界 面	特色功能描述
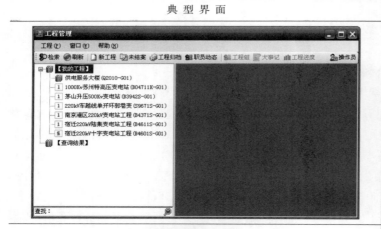	以项目管理思想统筹工程数据管理,从勘测任务下达到具体技术人员完成勘测设计任务,通过工程项目树型结构和相应的功能模块组合即可完成,多项目同时推进时其优势更加明显
	项目策划模块基于 CAD 环境进行勘探方案设计,顺利实现勘探孔类型、坐标、计划深度等勘测设计方案信息的自动采集,实现图形化单孔勘测任务设计,将传统的勘测大纲编制和测试任务设计有机结合起来,使勘测任务设计趋于经济合理、严格受控,并奠定了勘测全过程信息化的基础

续表

典 型 界 面	特色功能描述
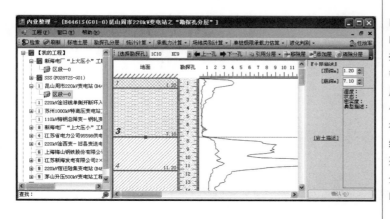	内业整理模块是集成应用系统的核心,在此模块中将完成勘探孔分层、参数统计、分析评价等工作。本模块中利用标准土层和单孔勘测数据实现了图形化分层功能,使得单孔分层变得直观、高效;在数理统计中将统计源数据和统计结果窗口并列,便于设计人员对统计结果分析,并方便地实现异常数据的剔除

表 6-6 对比了商业软件与系统之间的功能差异。通过对比发现,较为真实地还原了工程勘察集成应用系统的特色。

表 6-6 系统与同类软件功能对比分析

对比项目	功能模块	国内同类软件	岩土工程勘察集成应用系统
功能对比	工程管理	单工程项目管理模式,同工程不同卷册处理难度大	多项目管理模式,针对各行业工程勘察特点,以工程名称＋卷册号组织项目数据,支持单人多任务或多人单项目协同设计
		文本格式数据或单机版数据库模式,数据共享程度较低	网络数据库模式,提供局域网、桌面云及 VPN 等多种方式接入数据库,数据共享程度高
		勘测作业过程信息数据无法保存	可与项目管理系统获取工程属性数据,支持工程基本信息、勘测大事记、工程组成员、项目进展情况等生产管理数据的保持和数据应用,提供实时统计职员动态、产值评估等功能,实现生产管理与技术管理的统一
	项目策划	无	采用数据字典和实体扩展数据在图形中保存数据的技术,实现勘测方案策划的全过程 CAD 化;实现图形化单孔任务设计;一键生成勘测大纲及附件(勘测工作计划量、测量任务单、单孔任务卡等现场作业管控文件),为实现外业过程精细化控制奠定基础;方案设计与预算系统高度集成,勘测方案设计的技术经济合理性得到较好的贯彻执行

对比项目	功能模块	国内同类软件	岩土工程勘察集成应用系统
功能对比	数据采集	生产过程数据不提供采集支持，大多采用纸质记录，纸质记录电子化过程较为繁琐且易出错	基于掌上智能终端和互联网技术，以方案设计和策划数据为约束，全面采集勘察外业过程中的专业数据、钻探数据、现场影像数据；通过自动采集 GPS 坐标和时间等信息，强化了对外业过程的控制和可追溯性，并提供基于 B/S 结构设计的外业成果展示，为政府及行业监管机构提供基于云服务的勘测过程全程再现与合规性评估功能。本系统设计了完善的前端采集、后端处理方案，采集数据远程、实时获取，便于搭建全新一代的质量管控支持体系
		仅采集外业结果数据，数据采集过程较为繁琐	外业结果数据采集按不同类型勘测手段设计，数据采集过程录入方便快捷；支持移动端数据远程采集，可大幅提高采集效率和准确性，采集效率提高 90% 以上
		土工试验数据按固定格式设计	完全可定置土工试验数据入库设计，兼容任意土工试验格式数据，解决岩土工程勘察中最为复杂的专业数据入库问题
		采集项目不全面或分项不合理	采集项目严格遵循国标、行标及实际工作要求，分项合理
	内业整理	无标准土层概念或标准土层无实际工程意义	建立了标准土层概念模型，巧妙架构了标准土层与单孔分层联动和图形化分层及数据处理方法，不仅使得单孔地层分层效率大幅提高，也提高了分层数据统计效率，符合设计习惯
		土层分层过程过于繁琐、不直观，技术人员设计过程被限制为数据录入过程；当发生土层合并或拆分时，需逐个钻孔、逐个层位录入层位信息，工作量大易出错	标准土层与图形化分层功能相结合，实现了可视化地质分层效果，多种原位测试数据可叠加分析辅助分层，操作简单，单孔地层分层效率大幅提高；当发生土层拆分或合并时，仅需一步操作即可完成全部勘探孔分层调整
		统计计算过程与成果模块分离	向导式设计思想，统计分析过程同步进行，一键生成计算书，与专业分析过程吻合
		统计计算与分析评价关联性不强	功能设计环环相扣，不同计算模块之间数据可直接共享
		地震液化等专业模块仅提供现行规范算法	提供了多种类型的专业分析模块，专利"基于标准贯入和静力触探试验相关关系的液化判别方法"进一步拓展了静力触探试验的应用范围
		专业图件功能按行业差异提供不同版本，用户采购成本大；出图后需进行大量的编辑操作	兼容电力、交通、市政等行业和国际项目的需求，提供专业图件的出图风格定制功能，软件采用多种智能算法，出图后的编辑工作量仅为传统软件的 10%
	成果管理	最终成果保留在单机硬盘中	成果可批量上传至网络数据库或管理信息系统，为资源共享提供便利
		数据复用或数据增值服务有限	搭建了岩土工程数据仓库，为勘察数据深度应用和数据挖掘提供了便利

续表

对比项目	功能模块	国内同类软件	岩土工程勘察集成应用系统
效率对比		系统投运后典型工程工时对比图如下图所示,勘察设计成品出手效率提高一倍以上,劳动强度大幅下降,成品质量有了根本保证。 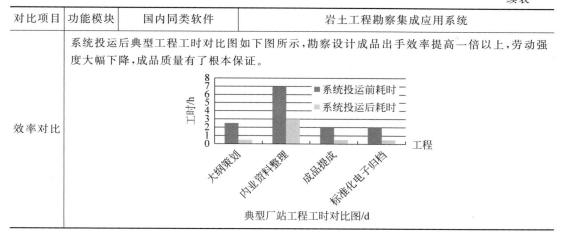 典型厂站工程工时对比图/d	

6.2　架空线路类业务与智慧勘察应用场景

6.2.1　架空线路类勘察业务概述

本书定义的架空线路类勘察业务专门指电力行业各电压等级架空送电线路工程。架空线路类勘察业务针对塔位选址范围开展勘察工作,查明塔位基础设计、施工有关的岩土结构、岩土性质、地下水条件等工程地质条件和不良地质作用与人类活动影响,为确定岩土体整治和利用提供依据。

输电线路:在电力网中,从发电厂将电能输送到变电站的高压线路,电压等级一般为35kV及以上,其中,又分为特高压、超高压及高压输电线路。在我国,通常称 35~220kV 的线路为高压输电线路,330~750kV 的线路为超高压输电线路,大于 750kV 的线路为特高压输电线路。交流输电线路,以交流电流传输电能的线路;直流输电线路,以直流电流传输电能的线路。

配电线路:担负分配电能任务的线路,称为配电线路。我国配电线路的电压等级有380/220V、6kV、10kV,其中,又可分为高压配电线路与低压配电线路。高压配电线路,1~10kV 的线路,主要作用是将电能从变电站送至配电用变压器,电压等级一般为 10kV 或6kV。低压配电线路,1kV 以下的线路,主要作用是将电能从配电用变压器送至各个用电点,电压等级一般为 0.38kV 或 0.22kV。

架空线路类工程勘察技术方案的制定包括如下内容。

(1) 研究勘察任务书或委托要求,了解路径走向,明确勘察阶段、勘察目的和需要解决的岩土工程问题;

(2) 搜集分析已有资料,并进行现场踏勘调查,对路径沿线的工程地质条件取得基本认识;

(3) 按各勘察阶段工作要求,编制勘察工作方案。

与站厂类勘察业务显著不同的是,架空线路类勘察业务最显著的特征是不同电压等级的塔位档距各不相同(200~1000m),对工程勘察深度的要求有显著差异,这就意味着不能用站厂类的数据处理模式来处理架空线路业务。

一般情况下,架空线路类勘察业务均根据勘察阶段不同,有针对性地开展工程勘察工作,如表 6-7 所示。

表 6-7 架空线路类勘察业务工作

电压等级	设计阶段	勘察主要目的	工程勘察要求	勘察成果
特高压	可行性研究	为多个拟选路径方案提供岩土工程分析与评价,给出推荐建议	现场调查及搜集资料,初步查明沿线区域地质、地质构造、地层岩性、不良地质作用及地质灾害,以及文物与矿产分布	岩土工程勘察报告(含综合工程地质图)
	初步设计	对路径沿线分区段进行岩土工程分析评价,并为杆塔基础选型提供勘测资料	以搜集资料结合现场踏勘调查为主,并在沿线不同地址区段布置适量的勘探工作,进一步查明沿线工程地质条件	岩土工程勘察报告、勘察成果附图和表、相关专题报告(如有)
	施工图设计	查明塔基岩土工程条件,为基础形式、岩土整治、施工和运行提出建议	采用适宜的勘察方法进行逐基或逐腿勘察,进行大地导电率和土壤电阻率测量	岩土工程勘察报告、塔位岩土工程条件综合成果表、图件及影像资料
超高压	可行性研究	为论证拟选线路路径的可行性与适宜性提供勘察资料	以搜集资料为主,具备条件时宜进行遥感解译,搜集各路径沿线已有的区域地质、地震地质、矿产、水文地质、工程地质及遥感资料	岩土工程勘察报告
	初步设计	为选定线路路径方案及确定地基基础初步方案提供勘察资料	以搜集资料结合现场踏勘调查为主要手段,对岩土工程条件特别复杂或缺少资料的地段宜布置适量勘探工作	岩土工程勘察报告
	施工图设计	评价杆塔的场地稳定性,为地基基础设计、施工及环境整治提供勘察资料	岩土工程勘察应逐基进行,针对不同的地貌类型和地质条件作出岩土工程分析评价	岩土工程勘察报告、塔位工程地质条件一览表、原位测试、土工试验成果等附图、附件
高压	可行性研究	初步了解沿线地形地貌、岩土特性、矿产分布、地下水、不良地质作用等分布范围	以搜集资料为主,必要时可进行现场踏勘	岩土工程勘察报告
	初步设计	评价沿线岩土工程条件对线路的影响,提供杆塔基础设计所需的基本参数	以搜集资料和现场踏勘为主,必要时辅以少量现场勘测工作,现场调查了解区域地质、地震地质、工程地质、水文地质、不良地质作用、矿产与文物分布等	岩土工程勘测报告及必要的图件,必要时提出专题研究报告及图件
	施工图设计	查明杆塔基础岩土工程条件	结合前期工作成果,确定具体塔位的勘测方法与勘探深度,应逐基进行地质鉴定,提出地质资料	岩土工程勘测报告、塔位地质明细表、地质柱状图、专题研究报告及图件(如有)

对于复杂的工程地质条件或有特殊施工要求的塔位必要时应进行施工勘察。

6.2.2　架空线路勘察需求分析

传统工作模式依靠手工操作、耗时长、易出错，急需高效率的新手段。目前输电线路工程勘察外业采集数据包含塔位坐标、塔位地形地貌描述、地质调查记录、钻孔信息、原位测试、岩芯照片、地形照片等信息；内业成果数据包含地质分层信息、地层岩土设计参数、工程地质问题及建议、地下水信息、微地貌特征等信息。外业采集仍普遍采用纸质手工记录，记录项目繁琐，效率低，也可能由于记录人的主观意识出现错记、漏记甚至返工的情况；内业整理时需将纸质记录转化为电子数据，该过程进一步降低了效率，同时也存在对原始记录误读导致成果出错的风险。这种工作模式致使输电线路工程勘察效率低下，质量得不到提升。岩土工程师在外业过程中无法借助智能设备支持来确定自身位置并感知环境，当现场遇到难题时，无法和院内专家资源形成有效对接。

国网公司要求进一步提高输变电工程勘测质量，勘测数字化移交需求迫切。近年来，国网公司对特高压等大型输电线路工程岩土勘察外业的质量、数量、效率等要求越来越高，对终勘定位信息采集的要求也逐步明确。为满足我公司的生产工作任务需求以及响应国网公司提出的高标准，进一步提高线路工程勘测质量和效率，传统的勘探方案设计及实施手段已不能满足，亟须运用"大数据"时代的新思维，通过全流程作业平台的开发，在保证提高勘察成果质量的前提下，以实现勘测全过程资料的数字化移交为目的，工作效率也能有质的飞跃。研发平台功能模块分析亲和如图 6-21 所示。

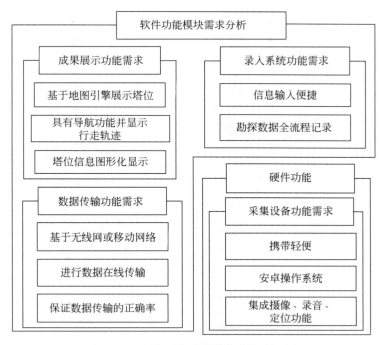

图 6-21　研发平台功能模块分析亲和图

（1）对移动采集设备的功能要求：携带轻便，系统便于操作，有良好的可兼容性。针对此项需求，确定使用普遍性很高的基于安卓操作系统的移动设备作为采集端。采集端能够集成摄像、录音、定位、导航等功能，无须再借助手机或其他专业设备。

（2）岩土勘测数据采集录入需求：需提供塔位勘探孔的勘探数据记录，充分考虑勘探数据中岩土种类复杂、属性多样、环境多变等特点，从便于快捷输入和提高外业工作效率的角度进行功能设计。

（3）拍照、录像、录音、定位功能需求：在外业作业过程中，需要对现场的工程、塔位、探孔进行拍照，系统能够驱动设备的摄像头打开，并可以附加拍照的地理位置信息（经纬度）。在调查访问过程中，征得对方同意后开启录音设备，提高访问效率。

（4）成果图形化显示需求：基于地图引擎展示工程、塔位以及引导记录人基于地图完成对工程的操作，记录采集人员的行走轨迹，以便于外业采集信息的图形化显示。

（5）数据交互需求：采集端与后处理端可进行实时数据交互，供数据远程下发上传，数据传输的正确率要得到保证，如表 6-8 所示。

表 6-8　数据交互需求

模块名称		主要功能需求
Pad 终端	开始采集	以任务导航为核心，现场循环工作为基础，密切结合输电线路工程特点和岩土工程策划要求，完成输电线路现场钻探回次信息采集、照片采集和孔内原位测试数据采集；工程地质调查信息录入、地质点信息采集等功能
	数据管理	在有 WiFi 环境下，根据现场采集情况，自动汇总当天钻探工作量、工程场地天气状况和其他需汇报的事宜，为主勘人和专业室安排工作提供基础信息；提供互联网地图下载服务；业务数据的下载和上传
	成果管理	工程数据查询、塔位信息查询、回次列表展示
	系统管理	版本信息查询、系统更新
协同处理平台	工程管理	工程管理基本操作（新建、删除、修改工程信息、备份还原工程数据、查新汇总工程数据等）、配置工程组成员、记录工程大事记、标记工程进度等
	项目策划	勘探孔管理、导出工程至 PAD（形成）、勘测大概及附件生成、原始资料管理等
	数据采集	采集勘测外业形成的过程数据和记录文件，包括原位测试数据导入、PAD 钻探记录数据导入、土工试验指标管理、土工数据导入方案管理等
	内业整理	工程地质区段管理、图形化塔位地基土分层功能、基于 CAD 环境下的柱状图、静力触探综合图等各类专题图件生成、岩土设计参数智能匹配、桩基计算分析、液化评价与计算等功能
	成果管理	输出成果（勘测报告、相关计算结果表、实物工作量报表）、成品管理（上传、下载成品资料、生成成品目录等）
	信息库维护	知识库管理（单项信息管理及组合信息管理）及参数库管理（地区经验数据库及工程数据库的建立与审核）
	后台支持	提供岗位管理、职员管理、角色管理、用户管理、系统维护管理等功能

6.2.3　业务数据流分析

架空线路工程勘察作业流程：确定路径（塔位）→针对路径（塔位）完成勘察工作策划→现场作业→采集数据→整理数据→分析并提交报告、图纸→项目结束。

架空线路工程业务数据流分析如图 6-22 所示。

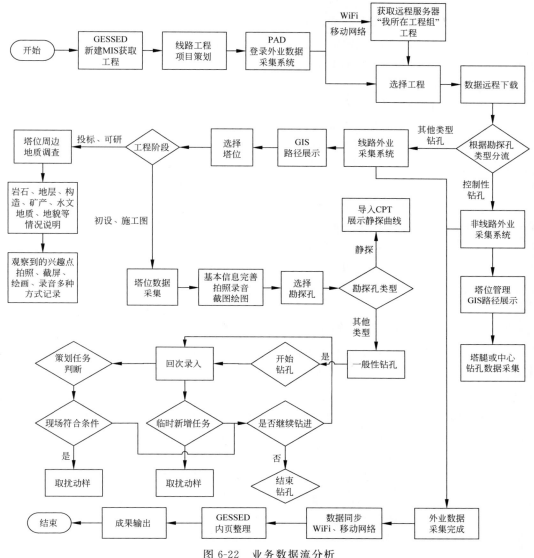

图 6-22　业务数据流分析

根据架空线路岩土工程勘测的地质调查及勘探记录情况,信息化采集的主要内容是将线路勘测过程中的相关信息以标准化、电子化方式进行采集,采集内容包括:

工程属性信息:具体包括工程名称、卷册号、工程组成员信息等,能标示工程项目属性,并可根据签署权动态调整用户操作权限。

工程地质调查内容:针对线路所在地区的工程地质调查重点,按工程地质调查内容进行逐项采集。

塔位勘探地质编录内容:岩土定名、状态或密实度、钻进过程描述信息按《电力工程岩土工程勘测描述规定》执行。

塔位周边环境:主要采集塔位照片及影像信息等周边环境信息,能帮助内业人员再现塔位定位过程、辅助岩土工程分析过程。

不良地质作用：针对选线、定位过程中发现的影响线路走向和塔位稳定性的不良地质作用发育情况，采集位置、规模、发育程度及对线路的影响程度等信息。

岩土工程问题及建议：结合选线、定位过程中发现的影响线路走向和塔位稳定性的不良地质作用发育情况，与设计人员现场商讨后确定岩土工程问题及建议方案，采集相关方案后为内业整理提供素材。

采集时间、空间属性及人员信息：利用智能终端的硬件支持，在上述采集过程中记录每一条信息的采集时间、空间属性及采集人员信息，为输电线路外业管控过程提供原始数据，有条件时可全程采集设备的 GPS 轨迹数据，为后期项目外业质量评估提供依据。

选线及定位过程中与路径有关的其他信息：根据不同线路工程特点和地形地貌特征，可针对选线及定位过程，采集与路径相关的其他信息，便于以工程为单位进行数据管理。

架空送电线路工程与站场类工程相比，有其特殊的业务特征，主要表现在其关注的岩土工程条件与线路工程的塔位位置密切相关，在采集内容上也比站场类工程多了环境岩土工程问题的采集。由于与上游专业的杆塔排位密切相关，在业务逻辑上出现交互和协同的问题，放大了架空线路工程的信息化处理难度，所以，国内目前还没有专门针对这一需求场景的商业软件。

6.2.4　架空线路工程勘察智能采集协同平台案例分析

输电线路工程勘察设计作为电力设计院的主营业务之一，长期以来信息化"瓶颈"问题都未得到有效解决。主要矛盾在于，架空输电线路勘察工作量布置与工程规模、现场地质条件复杂程度和个人经验有很大的关系，个性化要求特征明显。现场定位过程依赖于个人经验、无法与院内专家形成有效沟通、内外业缺乏协同机制、重复劳动强度大、无法感知环境信息等，都严重影响了现场终勘定位的效率和质量，因此有必要应用智慧勘察方法，对传统输电线路勘察过程加以改造。

架空线路工程勘察智能采集协同平台，基于移动智能终端和互联网地图应用，开发了符合输电线路工程特点的 APP，移动智能终端从平台获取线路及塔位信息，同时还可接收平台推送通向塔位的最佳路径等信息；定位过程中技术人员采集的塔位及其周边信息可实时上传至平台，院内专家可根据需要对敏感塔位进行远程分析，并将会诊建议实时发送至现场定位人员，及时优化现场定位方案。

同时，出于质量和行为管控需求，智能终端还可以根据要求，自动采集设备的轨迹信息。当对某些塔位数据存疑时，可载入查看设备轨迹信息，通过判断现场工作人员是否就位等信息，对现场定位工作作出可靠性评估。

1. 平台总体框架

智慧勘察输电线路协同设计平台系统架构如图 6-23 所示。

架空线路工程勘察智能采集协同平台总体架构由智能采集终端 APP 和后台运维管理终端组成。根据系统建设目标，智能采集终端 APP 包括下载工程、外业采集、上传数据、钻机管理、签名管理等方面的内容，后台运维管理终端功能包含工程管理、工程详情、工程监管、数据字典维护、采集模板维护等。

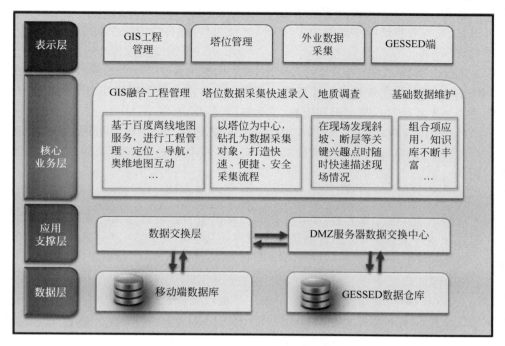

图 6-23　智慧勘察输电线路协同设计平台系统架构

智能采集 APP 与工程勘察集成应用系统（捷思得）数据交互如图 6-24 所示。

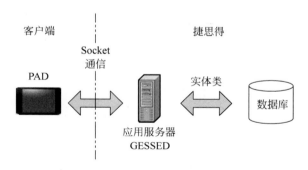

图 6-24　架空线路工程勘察协同工作平台数据交互示意图

APP 客户端是应用部分数据采集来源，数据存储模式采用 SQLite 数据格式，与业务模块接口采用实体类封装进行，便于实现业务逻辑的耦合性。采用关系型数据库可以有效管理数据，快速、高效组织检索数据。

Socket 通信是工程勘察集成应用系统与 APP 系统数据交换的接口模式，基于 Socket 通信开发的接口分为上传和下载接口，支持数据流的加密传输，还需要支持照片、视频等格式。

输电线路信息化采集在以下几个方面具有明显优势。

（1）岩土勘察数据的电子化采集具有标准统一、信息全面、处理高效和不易灭失等优点，是今后岩土工程勘察工作全面信息化的必然趋势；

（2）输电线路岩土工程勘察外业数据的信息化采集，可进一步提高电力行业的信息化水平，信息化采集内容的时空属性和实时交互功能设计，能广泛应用于输电线路外委合作项目的质量管控；

（3）信息化采集与传统的纸质记录相比，采集内容丰富、生动、可追溯性强，标准化与数字化特征显著，设计输电线路岩土工程勘察实际流程和需求的采集及处理系统，可大幅提高输电线路岩土工程勘察成果的整理资料（简称整资）效率；

（4）充分借助智能硬件和互联网发展提供的便利，在输电线路勘察过程中实现互联网＋设计的应用，既可以确保输电线路第一手资料的完整准确，又能提高输电线路岩土勘察的准入门槛。

2. 采集系统设计

输电线路的信息化采集实现，必须依托软硬件的支持。目前主流便携式平板电脑的硬件已可以满足这一需求，考虑到输电线路工作环境较为艰苦，需考虑恶劣环境下硬件的适用性。

（1）采集硬件选型

适用于输电线路岩土工程现场外业采集的平板设备较为丰富，总体分为工业级平板设备和民用级平板设备两种类型，两个类型的价格极差较大，两类产品对比如表 6-9 所示。

表 6-9　采集硬件选型配置对比

对 比 项 目		工业级平板设备	民用级平板设备
价格/元		1.2 万～1.5 万	1999～3000
坚固性		2m 抗摔	不抗摔
现场适用评价		适用	较适用
配置参数	处理器	1.2Ghz 四核	2.0Ghz 双四核
	内存	1G	2～3G
	显示屏	7 寸[①],Ips,450lm	7 寸,TFT 材质(LTPS 技术)
	主屏分辨率	1024×600	1920×1200
	GPS 导航	支持	支持
	北斗导航	支持	不支持
	前置摄像头	300 万像素	500 万像素
	后置摄像头	800 万像素	1300 万像素
	电池容量/mAh	11 000	3000～5000
	操作系统	安卓 4.2	安卓 4.4-安卓 5.0
	TF 扩展支持	32G	32G
	3G/4G 网络	支持 3G	联通移动双 4G
	WiFi	支持	支持

① 7 寸≈17.78cm。

从表 6-9 可以看出，工业级平板设备虽然非常适用于勘测现场的恶劣环境，但从性价比和推广的角度来看，并不适合作为主要的推广设备选型，选择民用级平板设备即可。

（2）操作系统选型

目前，市场的主流智能终端操作系统为 Windows Phone、安卓和苹果 IOS，智能终端操作系统特点对比如表 6-10 所示。

表 6-10 智能终端操作系统特点对比

操作系统比较	Windows Phone	安　卓	苹果 IOS
多任务处理	限制级(7 个)后台运行,让系统更流畅	多任务并行	后台运行
支持厂商	HTC、诺基亚、三星、华为等	支持广泛、繁杂	仅限于苹果自身产品
系统自身安全性	高(bitlocker 加密系统),经过微软认证无恶意软件骚扰,安全可靠	低(极易感染病毒)	一般(经常被破解)
应用商店	Windows Phone store	谷歌等应用商店	苹果商店
系统界面	windows 界面设计元素	主屏幕可放置插件图标	定制性相对较弱
办公套件	免费的移动版 office2013(word,excel 和 powerpoint),onenote	免费资源丰富	收费的 iwork 套件
系统扩展性	支持内存卡扩展	支持内存卡扩展	不支持
系统流畅性	高度流畅不死机	高端厂商手机能做到流畅	流畅
市场占有率/%	4.9	76.5	18.9

考虑到市场占有率、产品硬件更新换代频率和开放性等因素,建议选择安卓操作系统进行开发。

(3) 软件功能设计

采集系统的功能设计主要包括：①数据的输入、存储、编辑功能；②数据的可视化展示功能；③数据的检查、容错和查询功能；④知识库的维护与更新功能；⑤数据的远程实时传输功能；⑥用户权限控制功能；⑦工作组成员的数据协同功能；⑧数据后台处理功能。

架空线路工程勘察信息化采集系统设计,应考虑业务场景与业务流程优化,在进行界面设计中,应充分考虑业务逻辑与界面的关系,做到能在现场辅助专业技术人员规范外业行为和记录内容,同时也要考虑到现场环境恶劣,在录入设计中更多地体现知识库的智能支持,最大限度提高现场录入效率。

典型的界面设计如图 6-25 所示。

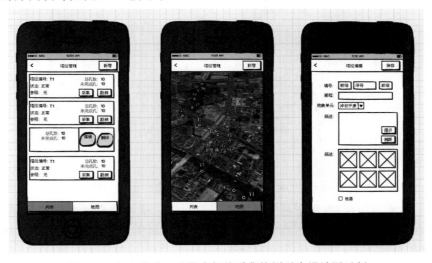

图 6-25 架空线路工程勘察智能采集协同平台设计图示例

软件功能设计与需求是密切相关的,从功能模块布局和界面设计都应以满足现场工作场景为原则。

用户管理(user management),如图 6-26 所示。

新建用户(create user):创建新用户;

更新资料(update data):PC 上复制 XML 到 PDA,解析 XML;

清理资料(clear data):清理已经完成的工程数据。

图 6-26 用户管理功能结构   图 6-27 工程管理功能结构

工程管理(project management),如图 6-27 所示。

导入工程(import project):解析 PC 端复制来的 XML,导入工程数据,解析工程数据;

新建工程(create project):输入工程编号、工程名称、卷册号、设计阶段等信息创建新工程;

处理工程(project management):功能包含塔位列表、基本信息、上传工程、结束工程等。塔位列表:显示工程下所有塔位;基本信息:可查看工程的基本信息(工程编号、工程名称、卷册号、工程阶段信息);上传工程:将工程数据打包成压缩包,复制到 PC 端供工程勘察集成应用系统导入;结束工程:将工程进行阶段标记为结束,可以上传工程或选择清理工程。

考虑到输电线路工程勘察过程与地图应用结合有助于提高现场工作效率,因此在开发中引入了 GIS 模块化管理。基于 GIS 模块化管理可实现单一任务展示和多任务叠加展示。单任务操作与展示具有数据结构简单、逻辑清晰、易于编写算法等优点,但在多任务同时进行时操作繁冗,程序容易出错;多任务叠加操作与展示能够顺应客户需求,充分发挥多工程任务协同开展的优势,但对于数据结构的组成形式要求较高。GIS 模块功能结构如图 6-28 所示。

图 6-28 GIS 模块功能结构

采用百度提供的最新安卓 SDK V7.5 版,其提供矢量地图、卫星地图以及相应的地图操作等地图服务,提供正向、反向地理编码服务,提供导航、指向位置等线路规划服务,在此基础上,也可添加用户图层,从而实现塔位、地质调查等图层的添加和导入。APP 端工程管理界面设计如图 6-29 所示。

塔位管理(tower management),如图 6-30 所示。

图 6-29 APP 端工程管理界面设计

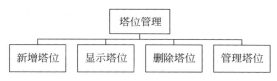

图 6-30 塔位管理功能结构

新增塔位(add tower)：创建新塔位；

显示塔位(show tower)：列表中按用户自定义格式显示塔位；

删除塔位(delete tower)：塔位没有所属钻孔，即可删除塔位；

管理塔位(tower management)：包括探孔列表、参照塔位、基本信息、复制塔位、上传塔位、作废塔位、删除本塔、启用本塔、复制其他塔位、撤销参照塔位等。

勘探孔管理(hole management)，如图 6-31 所示。

新增勘探孔(create hole)：在塔位周围选择勘探孔，新建勘探孔，导航到勘探孔等；

管理勘探孔(hole management)：包括勘探记录、基本信息、引用探孔、复制本孔、删除本孔等。

图 6-31 勘探孔管理功能结构　　　　　图 6-32 钻探记录功能结构

钻探记录(drilling record)，如图 6-32 所示。

新增钻探记录(create drilling record)：填写基本信息，创建新的记录；

参照其他孔(refer to other hole)：其他孔与本孔土层数据类似的情况下，可以选择参照其他孔；

　　管理钻探记录（drilling record management）：包含查看基本信息、拆分记录、向上合并、向下合并、删除记录等。

　　APP 勘探孔管理与采集界面设计如图 6-33 所示。

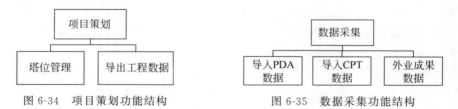

图 6-33　APP 勘探孔管理与采集界面设计

　　项目策划（project scheme），如图 6-34 所示。

　　塔位管理（tower management）：输入塔位，进行编号为导出 XML 数据给 PDA 做准备；

　　导出工程数据（export project data）：根据工程勘察集成应用系统系统数据，导出工程塔位信息到 XML 打包提供给 PDA 作为数据源使用。

　　数据采集（data collection），如图 6-35 所示。

图 6-34　项目策划功能结构　　　　图 6-35　数据采集功能结构

　　导入 PDA 数据（import PDA data）：导入 PDA 数据包（工程数据包、塔位数据包）；

　　导入 CPT 数据（import CPT data）：导入溧阳 D310 格式及双桥苏电格式静探数据；

　　外业成果数据（outside production data）：根据 PDA 导入的 XML 解析，分组成成果塔和作废塔，并可将上传的包作为成果保存起来。

　　内业整理（inner task disposal），如图 6-36 所示。

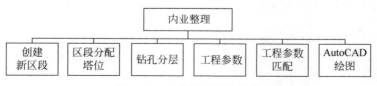

图 6-36　内业整理功能结构

创建新区段(create new area)：给工程建立新的区段；

区段分配塔位(towers allot to area)：按区段划分管理塔位；

钻孔分层(hole fit)：选择工程区段，根据 PDA 上传的分层信息自动分层，没有分层信息的勘探孔可手工分层；

工程参数(project parameter)：选择工程区段，设置岩土相关参数，可以参照地区经验值或引用历史工程值；

工程参数匹配(project parameter matching)，即将设定好的某种状态的土层参数，赋值给各分层，形成完整的参数表。

AutoCAD 绘图：调用 LISP 程序生成指定文档可选(柱状图一览表、静探孔一览表、单层分孔资料、描述文件、静探信息文件、静探数据文件、单孔土层信息文件)。

APP 端工程管理界面设计如图 6-37 所示。

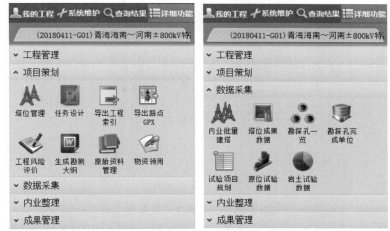

图 6-37　APP 端工程管理界面设计

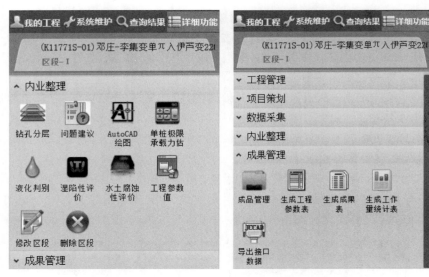

图 6-37（续）

成果管理（production management），如图 6-38 所示。

图 6-38 成果管理功能结构

生成工程参数表（get project param table）：生成工程参数表；

生成成果表（get pruduction table）：生成成果表数据；

生成工作量统计表（get workload statistics table）：生成工作量统计表。

信息库维护（information maintenance），如图 6-39 所示。

图 6-39 信息库维护功能结构

单项管理（monomial management）：增删改土层相关属性数据；

组合项管理（combination distribute management）：选择岩土相关属性进行组合，目的是到 PDA 上直接自动匹配；

地区经验值管理（area experiences value management）：新增相关方案，为以后工程提供参考；

历史工程参数方案（history project param scheme）：浏览、查询历史工程参数方案。

（4）数据库选择

根据智能终端特点,安卓系统使用开源的、与操作系统无关的 SQL 数据库——SQLite。SQLite 第一个 Alpha 版本诞生于 2000 年 5 月,它是一款轻量级数据库,它的设计目标是嵌入式的,占用资源非常低,只需要几百千字节的内存就够了。安卓系统和 iOS 系统都是使用 SQLite 来存储数据的。

SQLite 数据库是 D. 理查德·希普(D. Richard Hipp)用 C 语言编写的开源嵌入式数据库,支持的数据库大小为 2TB。它具有如下特征:

① 轻量级:SQLite 和 C/S 模式的数据库软件不同,它是进程内的数据库引擎,因此不存在数据库的客户端和服务器。使用 SQLite 一般只需要带上它的一个动态库,就可以享受它的全部功能。而且那个动态库的尺寸也相当小。

② 独立性:SQLite 数据库的核心引擎本身不依赖第三方软件,使用它也不需要"安装",所以在使用的时候能够省去不少麻烦。

③ 隔离性:SQLite 数据库中的所有信息(比如表、视图、触发器)都包含在一个文件内,方便管理和维护。

④ 跨平台:SQLite 数据库支持大部分操作系统,除了我们在计算机上使用的操作系统之外,很多手机操作系统同样可以运行,比如安卓、Windows Mobile、Symbian、Palm 等。

⑤ 多语言接口:SQLite 数据库支持很多语言编程接口,比如 C/C++、Java、Python、dotNet、Ruby、Perl 等,得到更多开发者的喜爱。

⑥ 安全性:SQLite 数据库通过数据库级上的独占性和共享锁来实现独立事务处理。这意味着多个进程可以在同一时间从同一数据库读取数据,但只有一个可以写入数据。在某个进程或线程向数据库执行写操作之前,必须获得独占锁定。在发出独占锁定后,其他的读或写操作将不会再发生。

（5）信息化采集成果输出

信息化采集成果应与岩土工程勘察内业整理软件进行数据共享,所采集的条目、内容和知识库维护均能进行有效的数据导入和导出。

工程地质调查、工程地质编录的详细信息,应能导出为标准化的电子表格,为体现信息化采集的优势,可开发 B/S 结构的输电线路成果展示平台,可建立以工程编号、工程名称为索引的树形结构,利用互联网地图支持,图形化展示输电线路路径走向及塔位位置。进入具体工程后,可展示塔位的工程地质调查信息、钻探编录信息、定位轨迹等信息。

3. 实现效果与创新点分析

"架空线路工程勘察智能采集协同平台"是以互联网＋智慧勘察为设计理念、勘察业务信息为基础、工程勘测全过程信息管理与共享为核心内容、项目勘察设计流程管理为主线、实现信息共享、功能集成、模块智能为特色的高度集成化交互式协同设计系统。功能覆盖各电压等级输电线路勘察设计过程,是目前国内唯一针对电力行业用户推出的专业协同设计平台。依托掌上智能终端与配套数据处理系统,实现输电线路工程中杆塔工程地质条件描述信息录入、塔位微地貌照片拍摄、现场原位测试数据采集,通过编制相应的内业整资模块,进行外业综合数据的分析处理并按现行规范要求,智能化提供符合线路特点的岩土勘测成品文件,大幅提高线路工程内业整资效率和质量。

本系统采用手持数据采集终端的方式实现现场勘探工作的全数字化电子记录,通过内业整资模块,对采集的各类专业信息进行分析处理,最终实现迅速提供勘测成果的目的,可大幅提高输电线路岩土工程勘察内外业整资效率和质量。创新点主要包括:

(1) 在标准化工作的基础上,依据现行国标、行标对本专业相关的外业数据进行梳理、整合,数据结构合理,内容全面,软件组织结构合理有序,运行高效;

(2) 智能终端基于安卓系统开发,采用轻量级 SQLite 数据库;处理终端采用甲骨文(Oracle)数据库设计,系统界面友好,操作简便,适合现场作业环境;

(3) 针对电力行业输电线路勘察设计提供了交互式协同设计的解决方案;

(4) 在采集终端引入互联网地图,为勘探孔现场定位、数据展示提供辅助;

(5) 向导式设计流程,将处理端系统策划方案直接作为钻探任务导航,对钻探作业提供指导和控制,并形成有效的策划—实施—记录闭环;

(6) 提供了较为灵活的任务调整,可通过现场任务修改、作业过程调整等方式,切实保证采集过程与现场实际吻合;通过归纳总结和分类梳理,将工程地质编录的不确定性、复杂性转化为标准化流程、结构化采集、电子化展示,实现基于岩土类别的钻探属性动态采集,将彻底改变工程地质编录中内容随意、字迹模糊、合规性千差万别的状况;

(7) 在编录过程中通过自动采集编录 GPS 坐标和时间等信息,为岩土勘察现场质量管控提供了时间、空间两个维度的可追溯渠道,现场岩芯拍照和录音等模块则为校审提供了鲜活的第一手资料,立体地实现勘察过程的全方位记录,成为岩土勘测外业质量管控的新手段;

(8) 数据实时交互,同一工程组的不同设计人之间可进行数据协同,可在野外迅速实现专业信息交互、便于统一作业规则;

(9) 软件分智能终端系统和处理系统两大模块,较好地解决了数据同步、基础数据下发和采集数据回传等问题,智能终端部分系统设计简洁、功能齐全、各模块逻辑控制合理,为现场数据采集提供了强大的支持。

6.3 勘察监管业务与智慧勘察应用场景

6.3.1 勘察监管业务描述

岩土工程勘察外业是岩土工程勘察工作的关键环节,一般是指岩土工程勘察在野外开展的工作和相关准备工作,勘察外业的基本程序通常包括:制定勘察方案,指导勘察外业施工;现场技术交底,将勘察方案对外业人员进行宣贯,确保勘测大纲得到落实;外业实施,按照勘察方案开展工作,根据勘察方案开展采集各类试样以及现场各类测试工作;外业验收,外业结束后对各项外业成果进行验收确认。其中,勘察方案制定、现场技术交底以及企业内部验收等环节均属于企业质量内控范畴,外业监管的重点是外业工作是否按照勘察方案执行,因此外业监管的重点是外业实施过程的监管,为了有效地实现监管,需要增加外业申报环节,也就是要在外业实施前,将审定的勘察方案进行申报作为监管依据,因此勘察外业信息化监管的重点就是外业申报和外业实施过程的监管,通过外业申报获取审定的勘察方案,通过外业实施过程的监管数据采集,并与勘察方案进行比对,最终获得对勘察外业完成质量优劣的评定。

外业实施过程监管是整个信息化监管过程的核心,因此,需要从管理和技术两个维度考量勘察外业完成的质量情况,通过标准化勘察外业流程、多元信息采集、数据属性校验等关键技术的加持,重点关注勘测作业过程与大纲、技术要求的一致性,操作过程的合规性,采集数据的真实性、可靠性、准确性,勘察原始资料的完整性等。勘察外业结束后,采集系统根据事先设定的规则,对采集数据的完整性、合规性等进行验收和确认。实际操作中,外业结束后,系统可通过表单法自动核查策划采集的数据是否已完成、采集数据格式是否正确等,并在验收环节评价勘察外业的质量管控是否达标。

6.3.2 监管需求分析

首先应明确勘察外业信息化监管的主导为行业主管部门,受监管对象为参与外业的勘察单位、人员、设备等,从参与勘察外业的各行为主体出发,以外业工作推进为主线,对项目基本情况,参与单位、人员、设备情况,质量监督管理等信息进行归集。信息化监管内容及技术手段见表 6-11。

表 6-11 勘察外业信息化监管内容及技术手段

序号	监管内容	监 管 清 单	监 管 手 段
1	勘察单位	项目、单位基本信息、系统评分等	单位备案,考核机制
2	作业人员	单位法定代表人、技术负责人、项目负责人、现场技术员、测量员、描述员、安全员、机长、钻工等人员信息	人员备案,人脸识别技术等
3	勘察设备	设备信息二维码	二维码识别技术等
4	操作流程	关键环节操作的内容、时间记录	图像视频技术、数据比对技术等
5	过程数据	项目基本信息、专业数据、影像数据、单位人员数据和监管数据	视频、图像实时上传、区块链技术等

(1)勘察单位监管

目前,主要是通过资质认定来实现对勘察单位的监管,在信息化背景下,完全可以实现对勘察参与各方单位的监管,将各单位名称、法人代表、联系人信息、单位社会统一信用代码、资质证书(编号、等级、从业范围等)等数据,提前录入至监管平台中,并建立评估考核机制。该机制下需发挥行业协会和建设行政主管部门的作用,通过监管系统所获得的质量监管数据,对勘察单位进行评分考核,对于不合规的操作给予经济处罚、扣分、降级等处罚,对于质量控制得当的行为给予加分、优选等奖励。

(2)作业人员监管

作业人员是岩土工程勘察外业工作的行为主体,现场技术人员、作业工人的专业技能、质量责任意识是外业质量监管的主要影响因素。为此,应根据各个岗位工作内容和职责制定专项培训计划,组织参与勘察外业的所有人员参加岗前培训,培训合格后方可取证上岗;勘察单位应对在岗人员定期进行再教育培训,目的是提高从业人员的技术水平,培养其职业道德、质量责任意识。

作业人员监管内容除采集传统的单位法定负责人、技术负责人等信息外,还包括采集从事勘察外业的所有具体人员,如项目负责人、现场技术员、测量员、描述员、安全员、机长、钻工。在人员信息采集中,着重关注人员取证情况、有无不良行为记录等。监管手段可根据各岗位工作特点,通过采集端人脸智能识别、行为轨迹、GPS定位及作业时间记录检查人员到岗情况。

人脸识别技术在作业人员监管中的应用,通过建立勘察外业人员的电子信息库,勘察过程中通过采集端自带的摄像设备,进行现场位置定位和考勤,实现人员现场监管。

（3）勘察设备监管

勘察单位应按照要求对老旧的勘察设备进行及时校正、保养和维修,保证现有仪器的精确度和准确性,同时还应该根据企业需要和勘察市场的发展水平适当地进行设备更新,引进先进的勘察技术手段,现代化设备的更新不但能够提高工作效率、勘察质量,还能够降低勘察成本。

勘察设备仍由建设主管部门监管,按照备案制留存勘察设备信息并入库,发放二维码合格证,实行"一机一码",勘察外业前通过扫描二维码获取设备信息,并向系统内自动录入设备识别号、工况等,以达到设备监管的目的。

二维码识别技术在勘察设备监管中的应用,主要体现在设备入库管理、勘察现场设备点检、设备状态管理、设备故障维修保养等记录管理功能。

（4）操作流程监管

工程勘察质量管理一般由标准控制、过程控制和交付控制三个主要环节组成。操作流程监管（过程控制）是外业质量监管的关键内容。传统"人盯人"的监管方式耗时耗力,特别是现今人力资源紧张以及人力成本攀升的时代,已经无法适应高质量、高效率的发展要求。

操作流程的信息化监管,需利用标准化作业流程,并逐级细化,对操作流程的监管类似于"踩点得分"方式,由系统通过智能化算法自动识别完成。例如钻探作业流程为:钻孔定位→钻机安装就位→钻探（每一个回次的钻进、取样、原位测试、编录）→终孔→验收→封孔,取样的操作流程又可细化为:钻进→提钻→安装取土器→下钻取土→提钻→取土封样→编录。每一项操作均有时间记录,系统通过智能化算法将实际操作流程与标准化流程进行对比,判定是否在合理区间范围内,从而完成操作流程的信息化监管。

操作流程监管可应用图像视频监控、数据比对等技术。外业图像视频监管依托移动视频采集组件采集影像数据,并通过移动通信网络上传至云端服务器。系统用户通过登录云端,实时查看当前监控的现场画面。远程计算机将云端数据下载到本地硬盘中,并通过历史监控录像管理模块对硬盘中的数据进行回放查看和管理。基于数据校验技术的外业流程监管方法是将政策法规、标准规范、技术规程等进行数字化,采用适当数据准则来表述,通过使用外业监管系统或平台,实现外业工作记录电子化后,根据专业数据和行为数据对外业过程和行为进行分析,与系统中预先设置的规则进行对比校验,甄别出外业流程中存在的异常情况,通过进一步的核查达到外业流程监管的目的。

（5）过程数据监管

过程数据监管主要监管对象为外业过程中产生数据的采集和传输行为。

过程数据的采集应能全面、准确、客观地反映勘察外业过程和工程地质条件,满足工程勘察技术需求和质量监管需求。过程数据包括项目基本信息、专业数据、影像数据、单位人员数据和监管数据。过程数据的回传应设置一定准则,监管传输数据结构的规范性、完整性和一致性,不致引起无效采集等情况,确保数据真实、可靠。

勘察外业过程数据碎片化严重,不同类型数据的应用场景与要求具有一定差别,涉密数据及资料较多,数据加密保护技术研究基础薄弱,种种因素在很大程度上增加了过程数据管理和共享的难度。区块链以其去中心化、不可篡改、隐私保护的特性,以及智能合约提供的丰富交互接口,可以为勘察外业中所产生的实物、资料、数据等提供强有力的管理共享平台。

6.3.3 基于区块链技术的监管方法

1. 技术背景

近年来,随着计算机技术、网络技术、遥感技术、全球定位系统、地理信息系统等信息技术之间的相互渗透,目前岩土工程勘探信息呈现多载体、多格式、多模式和多样化特点。此外,岩土工程勘察所采集的数据碎片化严重,不同类型数据的应用场景与要求具有一定差别,涉密数据及资料较多,数据加密保护技术研究基础薄弱,种种因素在很大程度上增加了勘察数据的管理和共享。区块链以其去中心化、不可篡改、隐私保护的特性,以及智能合约提供的丰富交互接口,可以为岩土工程勘察中所产生的实物、资料、数据等提供强有力的管理共享平台。

结合岩土工程勘察大数据的使用主体、属性类型、开放程度的差异,可构建公共链、联盟链、私有链融合共生的岩土工程勘察数据区块链管理架构,针对权属为国家、机构、个人的数据,满足其在互联网公开共享、内网申请共享、个人交易等不同的需求。

如图 6-40 所示,公共链主要管理岩土工程勘察中可对公共开放的数据资源,应用主体为关注地质的普通大众、个体形式的相关研究人员;联盟链针对以集体形式参与数据共享的组织机构,如相关机构、科研院所、高校等,共享数据涉及核心专业的地质数据资源、自主研发的软件和技术等;私有链针对机构内部对涉密数据的交换共享。同时可引入数据交互审计节点,便于跨链资源信息共享。

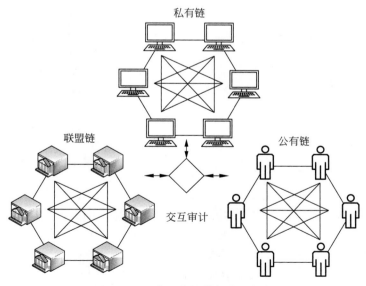

图 6-40 混合区块链数据管理架构

在公共链、联盟链、私有链混合架构基础上，去中心化、不可篡改、瞬时记录等特征为区块链在岩土工程勘察数据管理中提供了技术可行性。借鉴数字资产管理中的应用经验，结合岩土工程勘察数据的行业特征，在数据产权保护技术的实现上，首先需要解决的是数据信息的确权存证、勘察数据的唯一标识设计这几个关键技术点。

2. 数据信息的确权存证

数据信息的确权存证是区块链系统中的关键环节，也是岩土工程勘察数据上链管理的核心步骤。如图 6-41 所示，用户将数据上传到原始区块链系统中后，数据及其相关信息以特定的编码方式储存到一个区块中，通过与已上链数据比对进行确权，而后此区块被加盖相应时间戳水印，并依据数据及信息特征加密抽象为缩略版的版权信息，同时依据一定规则生成版权认证证书，并根据信息的生成和更新形成按时间顺序连接的链路。保存在区块链中的时间戳能够被系统中各参与主体看到，它提供了某人在特定时间上传数据的证据。经过确权认证，系统当即生成认证证书，并进行全网同步。此后这份数据经历的每次访问与修改均会被系统记录并在网络各节点进行同步更新。

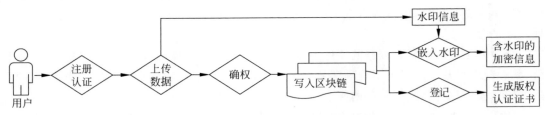

图 6-41　勘察数据确权存证流程

3. 勘察数据的唯一标识

岩土工程勘察手段丰富，数据获取难度大、成本高，其混合性、变异性、相关性等随时间、空间而各异。同一区域的勘察成果数据，往往因为勘察手段、勘察时间、勘察尺度的不同而产生较大差异，同时，数据可能来源于勘察流程中的各个环节，并且成果数据往往具备再研究挖掘的价值。因此，较之普通的数字资产，岩土工程数据具有数量庞大、内容复杂、体系众多、衍生性强等特点。区块链系统对上链数据的任何一次访问、更改等操作均进行哈希编码并记录，在保证过程记录完整性的同时，也造成了同一份地质数据的多个记录版本，造成有效内容比对过程复杂，导致管理成本高等问题。

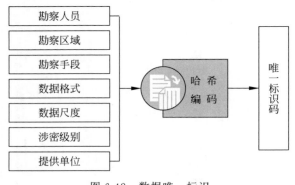

图 6-42　数据唯一标识

因此，针对行业勘察数据，在确权认证后，有必要进行数据唯一标识。在此，通过借鉴出版行业普遍使用的数字对象唯一标识符来对勘探数据进行标示操作。如图 6-42 所示，依据岩土工程勘察数据的勘察人员、勘察区域、勘察手段、数据格式、数据尺度、涉密级别、提供单位，通过哈希编码操作，针对确权比对后的数据，生成唯一标识码，从而便于数据版本更新、衍生研究等不同情形下的产权溯源与原始标记。

4. 基于区块链的风险监察方法

近年来,岩土工程勘察行业虽然发展迅速,但也出现了很多弊端。譬如部分勘察单位核心技术人才匮乏,对重大、疑难勘察问题没有足够的经验、技术力量去解决,勘察现场技术员水平普遍偏低、责任心不够,工人文化素质普遍偏低,勘察现场一人多用,技术人员身兼管理之责,导致现场交底不彻底,安全存在隐患;技术把关环节不到位,资料混乱。然而传统的建设工程监管机制,主要是依靠相关被监测主体组织的自觉性以及执法部门定期检查,由于执法主体和监测力量分散,监管往往难以到位。

基于区块链技术的开放性、不可篡改、可追溯的特点构建风险监管系统,从而实时准确记录勘探各环节的现场数据和作业信息,实现监管的数字化、实时化和数据共享,从而显著提高数据的安全性、现场监管的有效性,以及生产风险管控水平,优化施工流程和监管措施,为安全高效生产和降本增效提供保障。

5. 区块链溯源管理

岩土工程勘察流程、数据的区块链溯源管理主要利用基于时间戳的链式区块结构。如图 6-43 所示,在区块链系统中,每一个结点对交易和区块的任何微小改变都会改变区块链上的哈希标识值,使得区块链接状态改变,进而影响链状结构的溯源,因此具有极好的防伪溯源的特性。

勘察数据溯源技术的关键在于数据模型的构建,它决定了数据起源的获取、存储及后期使用等操作。主要过程应包括:对勘察数据进行抽象建模,并对数据接入进行规范;把勘察数据溯源业务的整个过程划分不同阶段,并对不同阶段的业务数据进行分组;通过数据特征标识获取数据的全链路历史版本。对地质勘察实物、资料、数据溯源进行溯源追踪,需要对溯源应用的全生命周期进行管理,总体架构设计包括应用层、服务层、核心层、基础层和管理层等层次结构和相应模块。其中,基础层提供互联网基础信息服务,为上层架构组件提供基础设施。核心层是区块链系统最重要的组成部分,包括共识机制、P2P 网络传输、隐私保护等。服务层是溯源数据的来源端,也是溯源服务的接收端。服务层为区块链溯源应用提供了区块链相关服务,保证了服务的高可用性、高便捷性。通证作为区块链服务特色体系,能够提供更加丰富的服务场景。应用层是溯源应用落地过程中必不可少的重要组件,溯源管理平台、监控中心等提供了流转数据溯源监管的可靠性支撑。区块链溯源架构如图 6-44 所示。

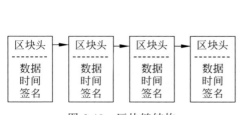

图 6-43　区块链结构

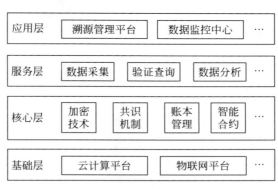

图 6-44　区块链溯源架构

基于区块链技术的不可篡改性和可溯源性,当出现质量问题时,监管机构可以对所有上链数据进行追溯,从而分析事故造成的原因,追究相关单位和负责人的责任。

6.3.4 智慧勘察管控云平台案例分析

1. 平台研究总体架构设计

平台以"云"+"端"形式实现对输变电工程勘察作业过程和成果的统一管理,云端采用基于微服务架构的大数据技术,实现勘察项目管理、数据展示、管理分析等功能;采集端则利用智能终端,实现输变电工程通用的勘察外业采集,针对专业数据和管理数据,设计全流程采集模式,实现采集数据标准化、采集流程规范化、采集交互实时化。

(1)系统架构设计

总体架构以"云"+"端"形式展现,实现对输变电工程勘察作业过程和成果的统一管理。智慧勘察管控平台架构如图 6-45 所示。

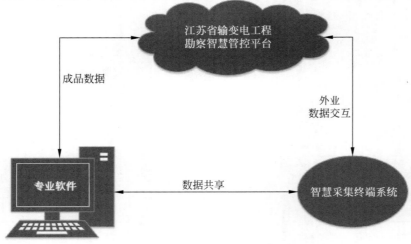

图 6-45 智慧勘察管控平台架构

（2）云端平台功能

云端采用基于微服务架构的大数据技术，实现勘察项目管理、数据展示、管理分析等功能，主要解决管理用户和项目实施用户相关的数据交互与展示，包括但不限于：平台用户管理、功能授权管理、项目立项、项目归并、任务下发、项目实施备案、数据上传、数据展示与分析、资料管理与共享、轨迹分析、项目动态管理等。

（3）移动端功能

移动端利用智能终端，研究输变电工程通用的勘察外业采集，针对专业数据和管理数据，设计全流程采集模式，实现采集数据标准化、采集流程规范化、采集交互实时化。主要功能包括任务下载、数据采集、数据交互、照片拍摄、专业数据采集、轨迹数据采集、信息汇报等。架构体系如图 6-46 所示。

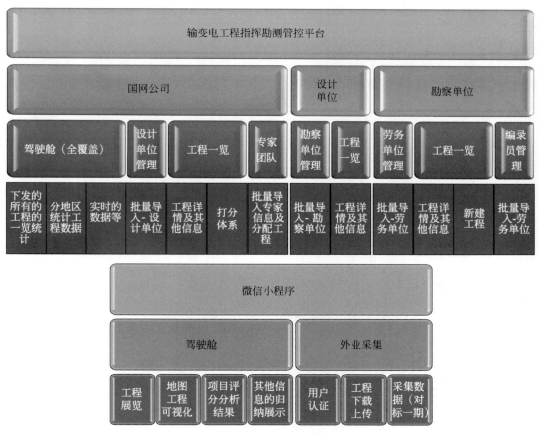

图 6-46　移动端架构体系

注：因排版问题，无法体现所有架构体系，故以上体系只做核心说明。

2. 处理流程

平台以"云"＋"端"形式实现对输变电工程勘察作业过程和成果的统一管理，云端采用基于微服务架构的大数据技术，实现勘察项目管理、数据展示、管理分析等功能；采集端则利用智能终端，实现输变电工程通用的勘测外业采集，针对专业数据和管理数据，设计全流程采集模式，实现采集数据标准化、采集流程规范化、采集交互实时化。处理流程如图 6-47 所示。

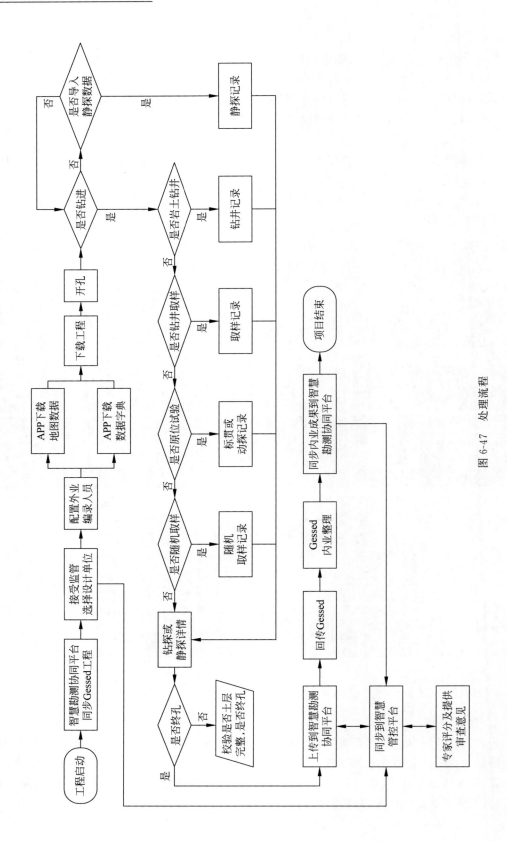

图 6-47 处理流程

3. 系统功能设计

智慧勘察是指运用计算机、网络通信、信息安全、数值分析、系统集成等电力物联网技术服务于岩土工程勘察、试验、设计、施工、检测与监测，并对岩土工程数据进行结构化、可视化、定量化以及智能化处理的研究全过程。智慧勘察管控技术研究，重点解决岩土工程专业多源异构数据的结构化、地质体及岩土工程对象的三维建模、可视化与空间分析及岩土工程勘察信息化交付等课题，不仅具有重要的理论意义，而且对于开展后续的工程设计、施工方案的风险评估，提高岩土工程的信息化、智能化决策水平等方面，都具有重要的应用价值。

根据国网公司《能源互联网技术研究框架》和《泛在电力物联网技术白皮书》等技术文件，输变电工程智慧勘察关键技术研究已被列入输变电工程设计施工与环保技术方向［近期重点研究项目实施计划（N51）］，本项目聚焦输变电工程勘察管控的难题，通过电力物联网关键技术研究，解决输变电工程勘察质量管控的难题，将从操作和实践层面构建智慧勘察关键技术体系。

通过本次项目，输变电工程岩土勘察外业数据采集和监管将会被纳入同一体系，同时，平台早期构建的数字化框架将会进一步得到整合和强化。输变电工程的全部设计单位、勘察单位、建管单位和设计评审单位将通过本平台逐渐纳入同一业务体系下，未来更多业务都可以基于此套框架进行业务拓展。业务架构如图 6-48 所示。

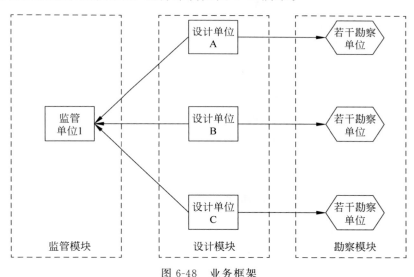

图 6-48   业务框架

根据系统需求分析，"外业数据采集一体化系统 2.0"分为爱勘 APP、智慧勘察协同平台和智慧管控平台。

APP 端包括：选择工程、工程详情、钻孔详情、回次录入、模板采集、本地管理 6 项内容。

智慧勘察协同平台包括：工程一览、我的工程、数据字典、模板管理、劳务管理、用户管理 6 项内容。

智慧管控平台包括：工程一览、驾驶舱、我的工程、专家团队、设计单位、勘测单位、用户管理、小程序 8 项内容。

系统结构设计如图 6-49 所示。

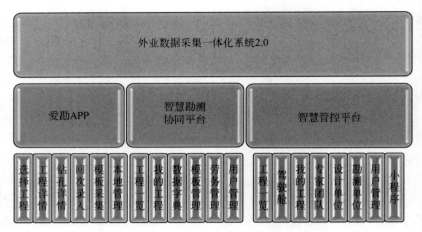

图 6-49　系统结构设计

（1）选择工程

选择工程功能模块设计如图 6-50 所示。

图 6-50　选择工程功能模块设计

扫码下载：扫工程二维码下载工程；

搜索下载：搜索当前编录员参与的工程下载；

工程管理：删除工程、导入 KML、修改工程、进入工程；

新建工程：创建本地工程。

（2）工程详情

工程详情功能模块设计如图 6-51 所示。

图 6-51　工程详情功能模块设计

进入钻孔/塔：从工程进入钻孔详情或塔详情；

新增钻孔/塔：新增钻孔或新增塔；

钻孔/塔管理：删除钻孔/塔、进入钻孔/塔详情；

模板采集：采集工程维度的电阻率模板和自定义模板。

（3）钻孔详情

钻孔详情功能模块设计如图 6-52 所示。

图 6-52 钻孔详情功能模块设计

开孔：确定钻孔类型及成孔设备类型；

回次：开展回次作业，回次类型包括岩土钻进、钻进取样、原位试验、随机取样；

导入：静探孔导入静探数据；

终孔：选择编录员、机长、检查员签名和记录终孔质量检查情况；

封孔：记录封孔材料及过程；

地下水：记录初见水位和稳定水位。

（4）回次信息录入

回次信息录入功能模块设计如图 6-53 所示。

图 6-53 回次信息录入功能模块设计

岩土钻进：记录底深、钻头、钻杆配置、机上余尺、采取率等信息；

钻进取样：包括薄壁取样和厚壁取样，记录钻头、钻杆配置、取样类型、取样编号、采取率等信息；

原位试验：包括标贯和动探，记录钻头、钻杆配置、试验段长度和击数等信息；

随机取样：包括薄壁取样、厚壁取样、扰动样、岩样、水样 5 种类型，记录取样顶深、取样编号、采取率等信息。

（5）模板采集

模板采集功能模块设计如图 6-54 所示。

图 6-54 模板采集功能模块设计

塔位调查模板：记录每个塔所在的地貌单元、杆塔类型、塔位类型、塔腿图片及塔位工程质量问题等信息；

电阻率模板：分为工程和塔两个维度，记录测试地点、地表湿度、仪器型号和仪表读数及视电阻率等信息；

自定义模板：记录自定义的模板配置的信息。

模板采集是本次智慧管控平台开发中一个重要的变化,支持动态、可定制采集内容的设计,其应用场景是满足复杂多变的线路工程踏勘、调查、定位等不同应用需求。

（6）本地管理

本地管理功能模块设计如图 6-55 所示。

图 6-55　本地管理功能模块设计

钻机管理：维护本地钻机,选择钻机类型,选择机长,配置钻头、钻杆、导杆等;

签名管理：维护本地机长、检查员、编录员签名。

切换勘察单位：切换到不同的勘察单位开展采集工作。

（7）工程一览

工程一览功能模块设计如图 6-56 所示。

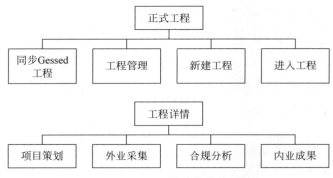

图 6-56　工程一览功能模块设计

数据统计：从工程总数、劳务单位总数、孔总数、工程月度统计、工程状态分布总览、实时工程等查看数据统计。

我的工程分为在建工程和归档工程,其中在建工程分为正式工程和临时工程。正式工程主要包括同步数据、工程管理、新建工程、进入工程四个部分。

进入工程后工程详情包括项目策划、外业采集、合规分析、内业成果四个部分。

同步数据：从工程勘察集成应用系统同步工程到智慧勘察协同平台;

工程管理：编辑工程、归档工程、删除工程、查看工程消息;

新建工程：创建新工程;

进入工程：进入工程详情;

项目策划：展示从工程勘察集成应用系统同步过来的策划数据或新建孔/塔、导入 KML 文件、删除等;

外业采集：查看采集的数据及修改孔的经纬度及高程;

内业成果：上传内业报告和从工程勘察集成应用系统同步单孔分层。

（8）数据字典

数据字典功能模块设计如图 6-57 所示。

基础数据：APP 和后台的基础数据维护；

模板数据：模板采集的数据来源。

（9）模板管理

模板管理功能模块设计如图 6-58 所示。

图 6-57　数据字典功能模块设计　　　　图 6-58　模板管理功能模块设计

岩土编录模板：针对不同岩性，需要关注和采集的信息的不同需求，对编录模板进行增加或修改；

塔位调查模板：针对塔位所处的不同地貌单元，需要关注和调查的塔位地形地貌信息的不同需求，对塔位模板进行增加或修改；

电阻率模板：针对电阻率不同测深需求，对电阻率采集模板进行增加或修改；

自定义模板：除上述提供的采集模板外，根据野外采集需求，定制任意信息的采集模板。

（10）劳务管理

劳务管理功能模块设计如图 6-59 所示。

劳务单位：对劳务单位进行增删改查；

编录人员：对编录人员进行增删改查。

（11）用户管理

用户管理功能模块设计如图 6-60 所示。

图 6-59　劳务管理功能模块设计　　　　图 6-60　用户管理功能模块设计

用户管理：对用户增删改查相关数据；

角色权限：对用户增删改查相关数据。

（12）驾驶舱

在"工程一览"页面右下角的悬浮图标入口进入"驾驶舱"。中间展示的是江苏各个板块的工程总数。国网公司用户查看驾驶舱统计的是设计部门及归属的项目平均分和勘探孔总数，设计单位用户查看驾驶舱统计的是勘察单位及负责的项目平均分和勘探孔总数。项目月度统计最近 5 个月的新建工程及完工工程。工程一览统计全部的工程数据，滚动展示。实时钻孔统计全部工程的孔数据。工程勘察进度中展示全部工程的孔完成情况。天气预报中展示南京的天气、温度、风向、风力。另外还统计了工程总数、已完成工程数、工程状态占比。

（13）工程管理

工程管理功能模块设计如图 6-61 所示。

工程管理：查看工程数据；

进入工程：进入工程详情；

新建工程：设计单位用户可以新建工程；

分配工程：国网公司用户可以分配工程给专家评分；

评分：国网公司专家评分。

（14）专家团队：增删改查专家相关属性数据。

设计单位：增删改查设计单位相关属性数据；

勘察单位：绑定、修改、查看勘察单位相关属性数据。

（15）小程序

小程序功能模块设计如图 6-62 所示。

图 6-61　工程管理功能模块设计　　　　图 6-62　小程序功能模块设计

首页：查看工程统计数据分析；

消息：查看接收的工程消息；

工程：查看工程详细信息。

4. 数据结构设计

数据结构如图 6-63 所示。

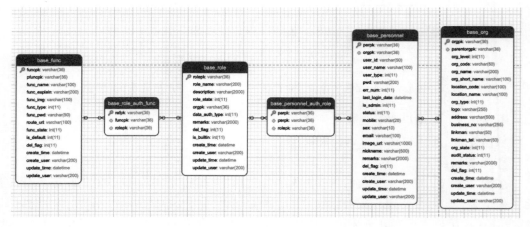

图 6-63　数据结构

pj_plan_tower

- 🔑 **plantowerpk**: varchar(36)
- **projectpk**: varchar(36)
- **orgpk**: varchar(36)
- **tower_code**: varchar(255)
- **tower_type**: int(11)
- **tower_seq**: int(11)
- **description**: varchar(255)
- **landform**: varchar(255)
- **longitude**: double
- **latitude**: double
- **x**: double
- **y**: double
- **address**: varchar(255)
- **mileage**: decimal(20, 4)
- **altitude**: decimal(20, 4)
- **tower_compute**: decimal(20, 4)
- **remark**: varchar(255)
- **is_gessed**: int(11)
- **towerguid**: varchar(36)
- **del_flag**: int(11)
- **create_time**: datetime
- **create_user**: varchar(255)
- **update_time**: datetime
- **update_user**: varchar(255)

pj_plan_drill

- 🔑 **drillpk**: varchar(36)
- **orgpk**: varchar(36)
- **projectpk**: varchar(36)
- **plantowerpk**: varchar(36)
- **tower_site**: varchar(10)
- **hole_type**: varchar(32)
- **hole_code**: varchar(255)
- **x**: double
- **y**: double
- **longitude**: double
- **latitude**: double
- **depth**: decimal(10, 2)
- **altitude**: decimal(10, 2)
- **is_cpt**: int(11)
- **is_water**: int(11)
- **is_wave**: int(11)
- **well_depth**: decimal(10, 2)
- **is_gessed**: int(11)
- **plandrillguid**: varchar(36)
- **remark**: varchar(255)
- **del_flag**: int(11)
- **create_time**: datetime
- **create_user**: varchar(50)

pj_plan_task

- 🔑 **taskpk**: varchar(36)
- **drillpk**: varchar(36)
- **task_name**: varchar(32)
- **task_desc**: varchar(255)
- **plan_depth**: decimal(10, 2)
- **del_flag**: int(11)
- **create_time**: datetime
- **create_user**: varchar(50)

pj_holes

- 🔑 **holepk**: varchar(36)
- **merge_holepk**: varchar(36)
- **projectpk**: varchar(36)
- **towerpk**: varchar(36)
- **tower_site**: varchar(10)
- **orgpk**: varchar(36)
- **construction**: varchar(255)
- **hole_code**: varchar(20)
- **hole_type**: varchar(20)
- **device_type**: varchar(255)
- **hole_craft**: varchar(36)
- **is_CPT**: int(11)
- **cpt_data**: text
- **ai_cpt_data**: text
- **soil_data**: text
- **is_plan**: int(11)
- **drillpk**: varchar(36)
- **is_gessed**: int(11)
- **drillguid**: varchar(36)
- **drillbuguid**: varchar(36)
- **holeguid**: varchar(36)
- **depth**: decimal(10, 2)
- **a_depth**: decimal(10, 2)
- **well_depth**: decimal(10, 2)
- **distance**: decimal(10, 2)
- **distance_reason**: varchar(1000)
- **longitude**: double
- **latitude**: double
- **x**: double
- **y**: double
- **address**: varchar(255)
- **altitude**: decimal(10, 2)
- **diameter**: decimal(10, 2)
- 更多（36 列）…

pj_projects

- 🔑 **projectpk**: varchar(36)
- **orgpk**: varchar(36)
- **design_orgpk**: varchar(36)
- **project_code**: varchar(30)
- **monitor_code**: varchar(30)
- **volume**: varchar(30)
- **project_name**: varchar(100)
- **project_type**: int(11)
- **project_image**: varchar(255)
- **category**: varchar(20)
- **stage**: varchar(20)
- **scope**: varchar(255)
- **location_code**: varchar(20)
- **location_name**: varchar(100)
- **address**: varchar(255)
- **start_time**: datetime
- **end_time**: datetime
- **longitude**: double
- **latitude**: double
- **designer**: varchar(255)
- **owner**: varchar(255)
- **builder**: varchar(255)
- **outline**: varchar(255)
- **task_book**: varchar(255)
- **tower_count**: int(11)
- **push_status**: int(11)
- **project_status**: int(11)
- **project_stage**: int(11)
- **design_leader**: varchar(255)
- **remark**: varchar(255)
- **archive_flag**: int(11)
- **score**: double
- **score_status**: int(11)
- 更多（17 列）…

pj_tower

- 🔑 **towerpk**: varchar(36)
- **merge_towerpk**: varchar(36)
- **projectpk**: varchar(36)
- **orgpk**: varchar(36)
- **tower_code**: varchar(255)
- **tower_type**: int(11)
- **tower_seq**: int(11)
- **description**: varchar(255)
- **landform**: varchar(255)
- **longitude**: double
- **latitude**: double
- **x**: double
- **y**: double
- **address**: varchar(255)
- **status**: int(11)
- **mileage**: decimal(20, 4)
- **altitude**: decimal(20, 4)
- **tower_compute**: decimal(20, 4)
- **templatepk**: varchar(36)
- **remark**: varchar(255)
- **backup**: varchar(3000)
- **is_plan**: int(11)
- **plantowerpk**: varchar(36)
- **is_gessed**: int(11)
- **towerguid**: varchar(36)
- **del_flag**: int(11)
- **survey_person**: varchar(255)
- **survey_time**: datetime
- **upload_time**: datetime
- **create_time**: datetime
- **create_user**: varchar(255)
- **update_time**: datetime
- **update_user**: varchar(255)
- **modified**: bigint(13)

图 6-63(续)

5. 云服务器

传统服务器大多部署在公司内部,由于一体化平台集成多家数据,勘察子系统使用方系统环境差异巨大,因而需要进行统一部署。若平台分散部署,会因各家环境不同造成成本上升。同时,因为数据要集中进行展示,分散部署增加了数据通信的难度。综上,基础环境下优先选择在云端部署,便于各家统一维护。考虑到项目成本和安全性问题,可在集团云端或公司私有云上部署,但也会存在以下问题:①早期快速更新、迭代会因为平台的限制变得不及时,不利于软件快速修改,响应早期用户遇到的问题;②用户访问难度增大,会产生一些访问限制,且系统迭代时一些新的诉求涉及数据传输和访问,可能会受到环境限制;③数据安全性成本较高,集团云端基础服务不包含高可用的数据库存储服务,自建需要高额成本。综合考虑下,最终决定优先部署在阿里云上。

6. 实现效果与创新点

（1）平台简介

江苏省输变电勘测智慧管控云平台是江苏省电力公司建设部委托中国能源建设集团江苏省电力设计院有限公司开展的工程基建新技术研究项目,旨在将《国网江苏省电力有限公司建设部关于进一步加强输变电工程勘测质量管理工作意见（试行）》,结合智慧勘测关键技术和管理需求转化为高效率管控平台的探索性项目。这是国网系统首个贯通基建管理、设计院和勘测单位三级、一体化数字赋能勘测质量管控的数字平台。输变电工程智慧勘测管控云平台界面如图 6-64 所示。

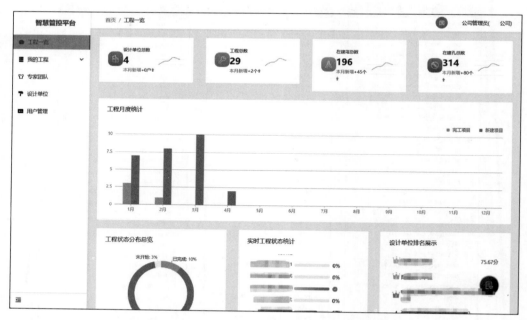

图 6-64　输变电工程智慧勘测管控云平台界面

（2）平台功能

智慧勘测——构建勘测质量管控解决方案

针对输变电工程勘测关键和薄弱环节存在的质量隐患,智慧勘测重点解决勘测外业质量管控的核心问题,采用基于安卓终端及移动网络的地质编录采集系统及管控等创新方法,基于采集数据的时空属性校验和实时控制体系,制定基于专业知识库的勘测作业过程合规性评价准则,为建管部门提供有效的勘测质量监管手段。

数字勘测——打造全流程信息化勘测体系

针对输变电工程勘测设计的全过程实施,重点解决勘测过程中的信息化短板,从勘测方案设计、成本预算、外业采集、数据入库、勘察分层、数据统计、成果输出、图形自动绘制和数字化移交等环节的数字化需求,研发基于标准化设计流程的工程勘察全流程信息化解决方案,着力打造平台级专业支撑体系。

端云协同——促进上下游数据融会贯通

总体架构以"云"+"端"形式展现,功能设计上实现对输变电工程勘测作业过程和成果的统一管理。云端采用基于微服务架构的大数据技术,实现勘测项目管理、数据展示、管理分析等功能,主要解决管理用户和项目实施用户相关的数据交互与展示。移动端利用智能终端,设计输变电工程通用的勘测外业全流程采集模式,针对专业数据和管理数据,实现采集数据标准化、采集流程规范化、采集交互实时化。

数据挖掘——服务于前期规划与综合决策

针对具有高地理属性的海量勘察数据和电力勘测设计企业对数据归属的敏感特性,通过大数据平台构建的关键技术、私有化部署技术和大数据分析技术,激活现有数据资产价值,对全省输变电工程前期规划、运维管理、应急抢险等关键环节提供有效支持。

神机妙算——搭建多维智能评价系统

系统自动读取勘测所有过程的监管数据(如人员轨迹、采集时间和空间数据等),通过预设相关合规性评价准则、智能化算法,进行勘测质量定量评价;线上勘测专项评审替代传统线下评审职能,评审专家对勘测成品的内容完整性、评价合理性、建议针对性、参数准确性、依据合规性等进行评价打分。评价系统根据"机读"+"专家阅卷"两部分得分综合给出勘测质量的最终评价。

(3)创新点分析

1)勘测质量管理的手段创新。

以"云"+"端"形式实现对输变电工程勘测作业过程和成果的统一管理。云端采用基于微服务架构的大数据技术,实现勘测项目管理、数据展示、管理分析等功能;采集端则利用智能终端,实现输变电工程通用的勘测外业采集,针对专业数据和管理数据,设计全流程采集模式,实现采集数据标准化、采集流程规范化、采集交互实时化。

2)勘测质量管理的业务流程创新。

通过建管中心和设计单位两级参与管控,强化了对勘测过程的管理,平台设计了勘测评审环节,可直接对勘测成果进行评价,进而实现项目勘测质量的累进评级。

搭建基础架构一朵云。对输变电工程岩土勘测数据采集全过程进行科学设计、合理布局、统筹整合,归集离散的计算资源,建立云端大数据分析平台。梳理数据资源目录,建立全省输变电工程岩土勘测数据资源超市。

编织数据融通一张网。按照"统建共用"模式,搭建建管中心、设计单位和勘测单位一体化数字驾驶舱,畅通数据上传下沉通道,将前端采集设备采集的有效数据筛选后接入驾驶舱,供平台进行数据合规分析,同时支撑勘测单位对数据处理的各类应用场景。

绘制输变电勘测一纸图。以全省统一地理地图为基底,汇集新建项目勘测过程及成果数据,并将其与设计单位、勘测单位等数据关联匹配,形成人、企、事等动态化治理信息图层,可实现叠加业务属性,解决数据孤岛问题。比如设计评审单位在审核勘测成果过程中可追溯勘测过程数据及平台智慧评分结果,对勘测成果进行全过程评价。

3）勘测质量管理的业务模式创新。

平台全省统一建设。国网江苏公司建设部打造融合云计算、大数据等前沿技术的智慧勘测管控平台,统一为建管中心、设计院和勘测单位三级驾驶舱提供算力、算法和数据支撑,提供统一身份认证、统一消息服务、统一事件、统一地图等基础平台能力,为全省勘测智慧管控应用提供平台赋能。

数据全省统一归集。按照"重点优先、分步实施"的归集和共享策略,统一数据归集目录标准、技术对接标准、在线传输标准,加快推进数据高质量融合与共享。

驾驶舱全省统一赋能。驾驶舱赋能是"平台赋能、数据赋能、场景赋能"三大能力在驾驶舱建设过程中的综合应用。全省统一赋能,可迅速将现有的勘测质量管控系统进行低成本复制,便于设计、勘测单位快速复制治理模式、推广治理手段、提升治理水平、共享治理成果。针对设计单位和勘测单位的特殊需求,可独立创新个性化应用场景、灵活组合各类数据指标、快速配置并上线数字驾驶舱,为精准化数字治理赋能。

6.4　数字监测业务与智慧勘察应用场景

6.4.1　检测监测业务描述

本书定义的检测监测业务专门指电力行业各电压等级电缆隧道工程(含 GIL 管廊)施工安全监测、运营健康监测、结构表观检测,还包含架空线路杆塔安全监测、海上风电工程安全监测、电力工程边坡挡墙安全监测等。

检测监测的目的主要分两大部分。

施工过程的安全监测目的是通过监测了解各施工阶段地层与支护结构的动态变化,掌握施工过程中工程自身结构所处的安全状态;掌握施工对周边环境的影响,并根据对监测数据的处理、分析结果,采取工程措施来控制地表沉降,确保建(构)筑物与地下管线的正常使用;用现场实测的结果弥补理论分析过程中存在的不足,并把监测结果反馈设计,指导施工。

运营期间的健康监测及检测目的是通过对设备基础变形、表观结构病害等进行数据采集,全面了解电缆隧道、杆塔、风机等安全健康状况,查明存在的病害原因,利用图像处理及模式识别等人工智能技术,判断设备及隧道异常风险隐患,评价对各电力设备运营安全的危害,通过科学的养护维修治理及时消除隐患,从而保证运营过程中的安全性和可靠性。

监测技术方案制定原则如下。

（1）在施工监测基础上,将监测所涉及的监测项目及施工监测项目有机结合,并形成有效四维空间,监测项目的测试数据能相互进行校核验证;

（2）运用、发挥系统功效,对基坑进行全方位、立体、实时监测,确保所测数据的准确、及时,同时为了维护监测数据的权威性、有效性及可靠性,外观监测精度将高于施工监测精度;

（3）在施工过程中进行连续监测，确保数据的连续性、完整性、系统性；

（4）采用比较完善的监测手段和方法；

（5）监测中所使用的监测仪器、元件均应事先进行检定，并在有效期内使用；

（6）监测点应采取有效的保护措施。

6.4.2 数字监测需求分析

从上述业务分析可以看出，施工过程的安全监测和运营期间的健康监测及检测需求各不相同，监测项目及监测要求根据不同阶段的特点有针对性地采取相应的监测手段。

电缆隧道工程大都属于危大工程，若因施工不当造成人身伤亡、财产损失，将带来极大的社会、经济影响，为此提供真实有效的工程安全监测预警，能为地下工程实施起到很好的保驾护航作用。当前电缆隧道安全监测大多采用人工监测为主，存在监测频率不及时、施工预警方式滞后、监测数据质量不佳且不连续、监测外业效率低、数据处理分析耗时且不能及时进行预测、不能满足市场信息化监管的要求等问题，若不进行技术变革，传统的人工监测模式将在市场竞争中逐步被淘汰。并且电缆隧道运营期间常见结构病害包括结构裂损、衬砌渗漏水、结构腐蚀等，制约了电缆隧道的长期服役性能。电缆等电力设施对水非常敏感，尽管高压电缆本体已采取了多道防水措施，但如果积水淹没电缆（尤其是电缆接头部位），仍然可能会造成运营事故和损失。隧道内渗水、返潮等情况会造成隧道内其他设备的腐蚀、短路等问题。

海上风电技术发展迅速，海上风电场的数目和装机容量不断增加，但是由于海上风电场较陆上风电场的工作环境更加恶劣，如盐雾的腐蚀、台风的破坏、海浪的荷载和海上撞击物的影响，如何提高海上风机的可靠性和利用率就成为研究重点和亟待解决的问题。随着我国风电行业的发展，维修成本也越来越影响着风机产业的扩大。而且随着单台风电机装机容量的增加，风机设备也越来越高、越来越大，风机出现的问题也使得风机的损失越来越大。对于降低风机损失，风机健康监测技术的发展已经成为风机发展的基础与保证。

输电线路由于长年经受荷载作业和风吹日晒、雨水侵蚀等环境作业，铁塔结构构件会出现弯曲、腐蚀等现象，对线路的运行构成安全隐患，甚至影响输电线路的安全性。因此应加强架空输电线路的全过程管理，及时掌握输电线路铁塔安全健康水平，确保老旧输电线路铁塔的安全稳定运行。

（1）当前监测领域技术进化路径

当前监测领域技术进化路径如图 6-65 所示。

图 6-65 当前监测领域技术进化路径

当前市场上约 95% 工程安全监测仍采用传统的人工监测，约 5% 采用（半）自动化监测，根据市场监管的要求、监测技术的发展、信息化技术的发展，预测未来 10 年内市场格局将变为 95% 工程安全监测采用（半）自动化监测。

当前监测领域行业现状如图 6-66 所示。

图 6-66　当前监测领域行业现状

当前监测市场上存在监测频率不及时、施工预警方式滞后、传感器损坏或成活率不高以及监测数据造假、编制报告和市场混乱等问题。

（2）监测技术发展的新要求

现行传统的人工监测市场低价竞争、人工成本与日俱增，同时工作量大、效率低、精度低，监测数据不连续、失真等缺点已使传统监测陷入困境。实现自动化监测是一个必然趋势。自动化监测在数据真实性、及时性、准确性、连续性和便捷性方面有着得天独厚的优势，目前的自动化监测技术框架体系逐步向信息化、智能化和物联化发展，要求能快速布设、便于维护和可扩展性强。自动化监测技术框架体系如图 6-67 所示。

图 6-67　自动化监测技术框架体系

当前自动化监测工作面临挑战：①自动化监测造价成本高。项目测项使用自动化监测时，其传感器造价成本高、投入大。②自动化设备现场保护难。由于设备成本造价高，设备传感器现场安装后保护措施要求较高。③设备安装环境要求高。受现场施工环境，如振动、地形等影响,自动化设备现场安装较困难。④数据采集不稳定。因现场电量或信号条件因素,容易出现数据掉线,导致采集不连续。

（3）物联网监测发展趋势

目前振弦式、电压式、电阻式等多种方式传感器均可实现物联网数据自动化采集分析,如图 6-68 所示。

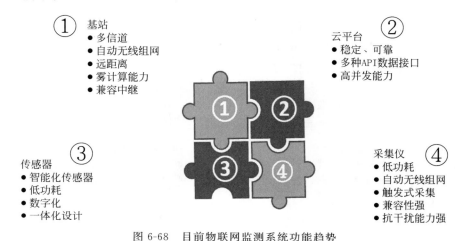

① 基站
● 多信道
● 自动无线组网
● 远距离
● 雾计算能力
● 兼容中继

② 云平台
● 稳定、可靠
● 多种API数据接口
● 高并发能力

③ 传感器
● 智能化传感器
● 低功耗
● 数字化
● 一体化设计

④ 采集仪
● 低功耗
● 自动无线组网
● 触发式采集
● 兼容性强
● 抗干扰能力强

图 6-68　目前物联网监测系统功能趋势

借助"互联网＋"手段升级和改进现有的监测仪器设备和技术手段,推广一种具有较强适用性的安全监测技术,同时为所有安全监测相关人员实现传感器感知＋数据采集传输＋应用及决策,搭建好一个公共数据平台,将具有重要的现实意义和必将推动监测行业健康发展。

6.4.3　业务数据流分析

通过分析监测业务数据流,建立了全流程信息化管理理念,结合监测业务工作特点和数据交互需求,应重点提高外业采集和内业整资两部分的数据利用率。监测业务数据流分析如图 6-69 所示。

（1）外业采集

根据安全监测或健康监测工程特点,信息化采集应实现在外业现场实时控制,设置自动化采集方式和计划,采集解析并传输至云端服务器进行。外业采集智能化包含以下内容:

1）自动化参数设置

随时随地设置断面、模块、设站、方向、计划等各项参数。

2）远程采集及处理数据

可远程控制设备,自动进行数据采集、平差、运算等处理。

3）实时查看监测信息

预警信息等数据可多维度、图形化显示、查看。

4）讨论组实时沟通

发布事件简报建立讨论组,手机电脑沟通无障碍,事件处理速度快。

5）在线生成报表报告

监测数据分析完成,一键生成日周月报表报告,手机电脑随时查看。

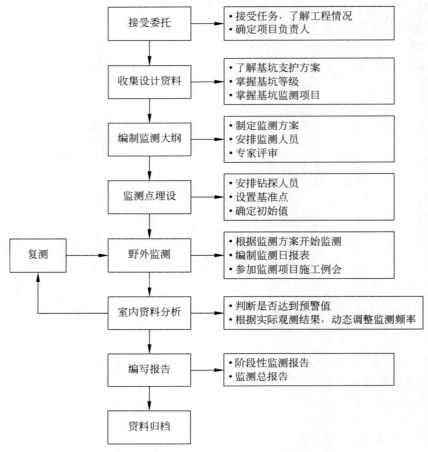

图 6-69　监测业务数据流分析

（2）内业整资

内业整理工作应实现监测数据的图形化结果分析、数据周期管理、预警事件发布、建立讨论组、生成报表报告，为危险、需要实时监测的重要区域提供全天 24 小时不间断监测服务，使外业人员采集数据安全快速、省时省力，大大提高工作效率。内业整资数字化包含以下内容：

1）监测配置管理

监测基础信息、信息统计、项目管理、警报信息、报告管理、监测机构信息、知识库、系统管理、个人中心等。

2）远程设备控制

对隧道监测传感器远程控制，实时管理监测计划。

3）项目信息

监测情况、数据分析与统计、曲线图、巡检记录、基本信息、测点设置、原始记录、成果管理。

4）自定义报表报告

自定义模板，报表报告输出，自动排版打印。

5）预警

预警方式（系统报警、短信报警），预警流程，预警响应。

6.4.4　建设工程智慧监测云平台案例分析

1. 平台研究总体框架

建设工程智慧监测云平台结合传统人工监测的现状，综合利用物联网、移动通信、云计算等技术确保监测工作过程更加规范便捷，结果更准确。平台分为三大模块：“数据采集模块”“数据后处理模块”“结果与过程呈现模块”，其中数据采集模块支持人工监测实时上传、传感器自动化采集与上传、原始数据文本格式上传等上传方式；终端呈现模块可在网页、手机 APP、微信小程序等移动网络终端上实时展示监测情况和监测数据等相关信息。

智慧监测云平台技术框架体系如图 6-70 所示。

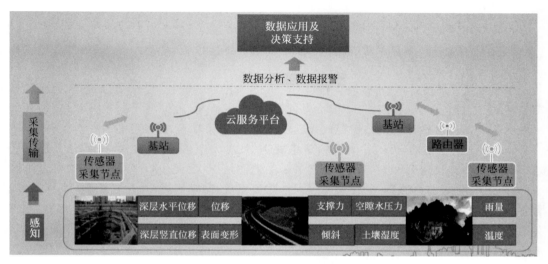

图 6-70　智慧监测云平台技术框架体系

建设工程智慧监测云平台具备以下几点明显优势：

（1）网页端模块设置合理，操作简单，易上手。

（2）项目管理功能较全面，项目管理模块实现监测项目的基本信息设置、测点设置、数据成图、报警管理等。

（3）平台网页端关于项目相关信息录入全面，包括监测单位人员信息、设备信息，项目建设单位具体信息等。这对生成报告、校审报告、人员角色权限设置分配、设备校验更新等非常有用。

（4）报警信息模块不仅包含监测数据报警信息，也包括自动化监测设备的异常信息；平台支持的监测项目齐全，新增监测项时信息录入全面合理。

（5）数据上传利用专门的上传平台或手机 APP，自动化采集会自动上传，测绘原始外业数据上传后会自动进行平差运算。

（6）事件预警及时。数据上传过程中就会监测数据是否预警，预警后会提示处理。未消警之前禁止上传该测项的监测数据。

（7）自动生成监测日报、总报告，并提交校审。

2．软件功能设计

（1）信息统计

项目信息：①信息情况状态：正常项目、预警项目、报警项目、控制项目数量及状态项目数量统计图；②区域：可选择省/市/区进行查询（注：不同颜色代表不同城市）；③类别，也可称为项目类型，可在系统管理中添加、编辑修改、删除；也可在企业管理中添加、编辑修改、删除。

机构信息：①类别：可以看到类型机构的所有工作单位等信息；②区域：可选省/市/区进行查询。

项目进度统计：①在系统管理员开启勾选权限"项目进度统计"，才能进行后续项目信息填入操作；②选择项目的进度统计，单击"添加"相关项目统计信息，提交确认，完成操作。

（2）项目管理

项目分布图：①界面可以看到账号下所有项目的分布地点位置及项目状态统计弹框（包含项目报警统计、项目总数、项目类别）；②单击图标位置，即显示项目所在地点、名称；可直接进入相关项目进行监测操作。

项目列表：项目总览，可以看到该账号下所负责的所有项目，包含项目编号、项目名称、项目地址、项目负责人、数据更新时间、项目类别、进展情况、记录项目的报警颜色状态以及报警的数量（正常、预警、报警、超控），开启项目，完工结束项目，删除项目。

项目操作：①实施日志，主要包括信息发送、日志类型、上传文件附件、图片上传发送、通知各个负责单位进行相对应的措施工作；②监测情况，主要包括现场图片、项目三维图、平面布置图、实时监测数据、监测数据统计；③警报管理，消警操作，单击消警，选择上传消警文件进行，消警后，监测项为"已处理"状态，即完成监测项消警；④曲线图，主要包括监测分区、是否自动化、监测项、测点、类型、时间、继承/非继承、查看平面布置图、查询为选择及展示功能；⑤巡检记录，主要为项目在施工场地上传项目实时监测图片，通过最新上传的巡检查看项目施工进展问题，同时可查看巡检的上传位置，编辑巡检的记录信息；⑥基本信息，主要完善项目的具体内容，提供全面的项目信息，能更好地给予使用者了解项目相关事宜；⑦测点设置，主要为新增与编辑监测项和测点信息，进行仪器与平台连接数据的接收工作，根据实际情况添加相关的测点信息，便于仪器对应测点上传相关的有效数据；⑧原始记录，主要显示数据上传成功后，可直接查看测点上传次数，数据采集时间和上传时间，下载数据原始文件；⑨成果管理，主要查询数据上传次数与时间，也可下载数据文件对比数据数值是否计算正确，记录于平台上。

完工审批：主要操作是项目完工后，监测人员提交申请完工文件，通过企业管理批准通过；项目完工后，项目内所有相关操作都不能再次使用，只能生成项目相关报告。

（3）报告管理

报告审批：主要可以下载、报告校核、打印报告。

报告存档：主要上传报告存档于相关项目，可进行下载查看、编辑、删除；要进行权限勾选才能进行项目存档操作。

（4）警报信息

预警信息：上传的数据值与测点设置预警值对比（注：如相关人员勾选预警短信权限，

数据上传达到测点预警值时,系统将发送预警短信至监测人员接收)。

报警/控制信息:上传的数据值与测点设置"报警/超控"值对比(注:"未处理"表示测项测点没有消警状态;"可修改"表示消警状态后;"已修改"表示重新修改报警数值)。

传感器异常信息:只用于自动化传感器异常显示,通过接受手机短信、平台记录来查看传感器异常功能;记录并进行状态修改。

报警值修改日志:通过"项目名称"查询,记录每个项目修改监测项报警值的相关信息。

(5)监测机构信息

基本信息:机构信息、机构证书管理、职位管理、工程管理。

人员信息:人员信息添加用于项目所有相关人员建立账号,操作项目并给予权限。

设备信息:用于新增项目人工/自动化设备类型,新增设置好相关参数,提交即可。使用状态和连接状态、查看详情、编辑/删除。

采集仪信息:用于测点使用的采集仪信息(包含采集仪型号、采集仪编号、通道数量、采集间隔,设备状态)。

传感器信息:用于测点使用的传感器信息(包含监测对象、传感器型号、波特率、标定系数、初始值、设备状态等信息参数)。

(6)办公管理

统计管理:包含用于项目的工作量、成本、补贴、考勤、合同额、里程。

人员考勤:包含用于项目人员的出勤统计。

计划管理:用于项目计划,新增或编辑查询即可。

假日管理:用于记录工作假期(注:只有企业管理员设置假日管理)。

参数设置:用于项目的参数补贴(包含测项单价、补贴、工作量)。

(7)系统管理

身份管理:用于对项目人员的操作权限管理。

更新日志:用于平台更新功能的日志查看。

操作日志:用于平台对其功能的操作日志查看。

智慧监测云平台界面设计如图6-71所示。

图6-71　智慧监测云平台界面设计

图 6-71（续）

3．实现效果与创新点分析

基于物联网、云计算的电缆隧道安全监测云平台经济合理、便捷高效，其实现效果及创新点如下：

（1）即时上传

结合传统人工监测和"互联网＋"，采用人工采集、即时上传模式。由监测人员用全站仪、水准仪、频率计等仪器进行基坑监测数据采集，将数据导出至手持式上传设备，再上传至服务器云端进行即时数据处理、报告生成等一系列内业工作。

（2）规范、高效

由于施工现场的特殊限制性以及各方单位相互协作制约等原因，人工观测的工作量，一般监测频率一天两次已经到达饱和。但对于某些自动化测量设备和元器件较经济和便于保护的监测项目可采用自动化监测，如土压力、孔隙水压力、支撑轴力、墙体内力、地下水位监测等，可以充分利用全自动化监测技术，自动采集数据后实时传输至服务器云端计算存储，实现自动化采集监测数据，当采用全自动化监测技术的监测项目出现报警或异常时，在排除系统误报警之后立即加密人工监测。即时上传监测云平台，自动生成报告。达到数据自动归档，成果信息化管理的目的。

（3）质量可靠

解决关键部位、恶劣天气等条件下的数据连续性问题，弥补人工监测缺陷。采用传统人工进行现场数据采集，通过监测终端经移动网络及时将监测数据上传至服务器实施存储和计算，监测数据不经任何人工修饰，确保监测工作的高效性和准确性。

（4）预警及时

数据实时计算并按阈值预警，保证数据的及时性，准确性，降低将测误差。

（5）经济与社会效益

借助"互联网＋"技术综合提高工程监测技术水平，提高监测内、外业效率，向业主提供真实、有效、实时、多视角展示的优质监测服务，提前布局信息化监管，从而大幅提高江苏院电缆隧道安全监测市场竞争力。进一步确保电缆隧道的施工、运行安全，减少因工程事故给参建各方带来的损失。

6.5 其他通用业务与智慧勘察应用场景

6.5.1 项目投标与成本预算

1．项目背景

国内岩土工程勘察中的投标报价与预算，基本采用基于相似工程或以工程规模进行模糊定价的方式，国内致力于勘察信息化的某公司虽然推出了勘察概预算系统，经项目组成员对比研究后发现，该系统大部分功能是针对已有勘察数据进行工作量统计，并按工民建勘察的习惯做法进行勘察费用统计。工作量统计功能与工程勘察集成应用系统提供的工作量统计基本类似，但在具体的统计方式、数据来源、计价规则均与现有的业务系统无法对接，且该软件最新版不能在 64 位机器上安装运行。根据搜资调研情况，电力行业各兄弟设计院也没有类似的软件，岩土工程投标报价仍然沿用现行的综合报价方式，在目前电力行业市场受到蚕食，非电业务拓展压力增大的背景下，必须尽早考虑依托现有的专业数据及市场通行的报价体系,开发相应的软件,为今后业务拓展等提供有效支撑。

工程勘察预算系统基于项目策划数据,根据现行规范及市场报价影响因素,快速完成工程勘察项目投标报价和项目预算等工作,是目前满足国内非电业务和国际业务快速响应的必要组成部分,具体实现方式是通过虚拟钻孔资料或引用钻孔资料、勘察方案设计和测绘面积等情况,快速获得接近真实情况的实物工作量预算,解决拍脑袋预算、模糊定价的局面,可进一步提高勘察部应对市场投标要求的能力。通过系统研发可制定基于合理经济的岩土工程勘察策划方案,更好适应外委采购管理流程控制要求,在进行外委时能了解较为准确的外委费用,同时,通过项目预算和勘察部最终决算数据,积累项目成本管理数据,为今后实行大项目管理、开发后续的项目决算系统创造条件。

项目投标和成本预算作为工程勘察行业普遍存在的应用场景,从工程勘察集成应用系统提取相关数据,基于设计方案进行报价方案设计,将业务流程与项目管理进行全面对接即可达到预期效果。

2. 需求分析

工程勘察收费标准:将工程勘察设计标准及勘察部常用标准参数植入本软件数据库,并提供维护;将勘察收费标准计算公式提炼并验证后植入程序算法,参与勘察费用运算。考虑到工程勘察自然条件、作业内容和复杂程度的不同,系统需设定附加调整系数。

快速报价:在招投标阶段,根据技术人员在工程勘察集成应用系统中工程策划提供的工作量信息,系统自动汇总并快速对费用进行估算,形成表单提供给工程勘察业务管理部门作决策参考。

外委预算:根据工作量统计出各个外委单位的工作量及费用,考虑到一个工程多个外委单位的情况,除汇总表外,应给各个外委单位单独提供一个表单。考虑到外委单位基本信息在工程勘察集成应用系统已进行维护,本系统需做到数据同步的需求,保持数据的统一。

预算审批:勘察业务管理部门对岩土、测绘、水文工作量或外委单位工作分配进行审批,不满足要求通知各个专业室更改工作量数据。

需求分析如图 6-72 所示。

3. 处理流程

根据对系统业务流程分析,得出的工作主流程如图 6-73 所示。

根据对系统数据流程分析,得出的数据流程图如图 6-74 所示。

4. 实现效果

实现效果如图 6-75 所示。

6.5.2　业务实施与协同

1. 按业务过程进行功能设计

智慧勘察关键技术包含勘测手段、作业过程和成果应用三个层次的信息化。也就是说,要从岩土工程勘察作业流程出发,全面梳理岩土工程勘察任务接受、方案策划、现场作业、内业整理、提交成品到最终资料归档和资料再利用整个过程中产生的各类数据,依托现有设备和软件,通过补充开发相应软件,把整个勘察设计过程有机地联系起来,在计划(plan)、实施(do)、检查(check)和提交(input)四个重要环节中体现需求与响应的闭合,方可达到全过程信息化的目的。

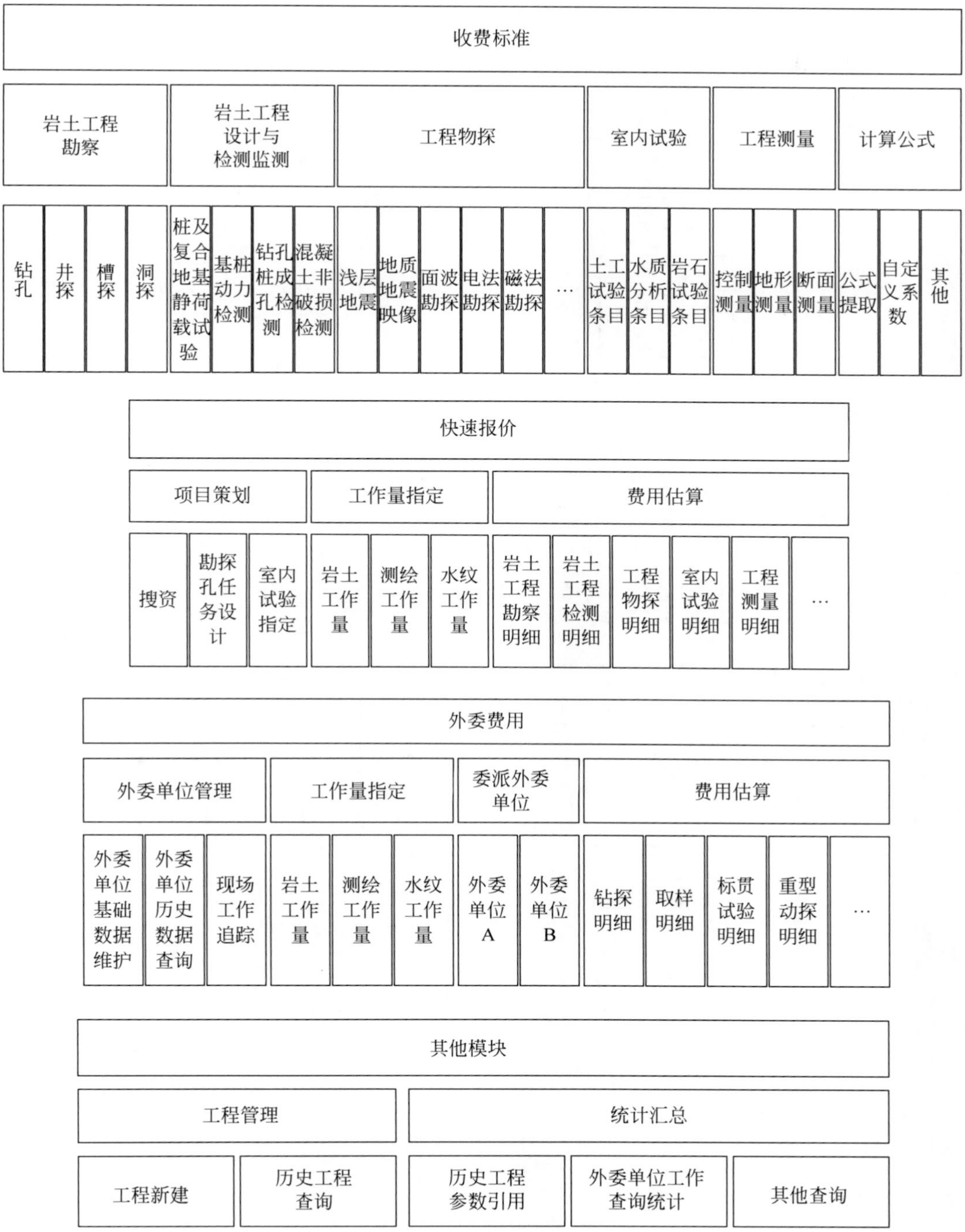

收费标准

岩土工程勘察	岩土工程设计与检测监测	工程物探	室内试验	工程测量	计算公式

钻孔 ｜ 井探 ｜ 槽探 ｜ 洞探 ｜ 桩及复合地基静荷载试验 ｜ 基桩动力检测 ｜ 钻孔桩成孔检测 ｜ 混凝土非破损检测 ｜ 浅层地震 ｜ 地质地震映像 ｜ 面波勘探 ｜ 电法勘探 ｜ 磁法勘探 ｜ … ｜ 土工试验条目 ｜ 水质分析条目 ｜ 岩石试验条目 ｜ 控制测量 ｜ 地形测量 ｜ 断面测量 ｜ 公式提取 ｜ 自定义系数 ｜ 其他

快速报价

项目策划	工作量指定	费用估算

搜资 ｜ 勘探孔任务设计 ｜ 室内试验指定 ｜ 岩土工作量 ｜ 测绘工作量 ｜ 水纹工作量 ｜ 岩土工程勘察明细 ｜ 岩土工程检测明细 ｜ 工程物探明细 ｜ 室内试验明细 ｜ 工程测量明细 ｜ …

外委费用

外委单位管理	工作量指定	委派外委单位	费用估算

外委单位基础数据维护 ｜ 外委单位历史数据查询 ｜ 现场工作追踪 ｜ 岩土工作量 ｜ 测绘工作量 ｜ 水纹工作量 ｜ 外委单位A ｜ 外委单位B ｜ 钻探明细 ｜ 取样明细 ｜ 标贯试验明细 ｜ 重型动探明细 ｜ …

其他模块

工程管理	统计汇总

工程新建 ｜ 历史工程查询 ｜ 历史工程参数引用 ｜ 外委单位工作查询统计 ｜ 其他查询

图 6-72　需求分析

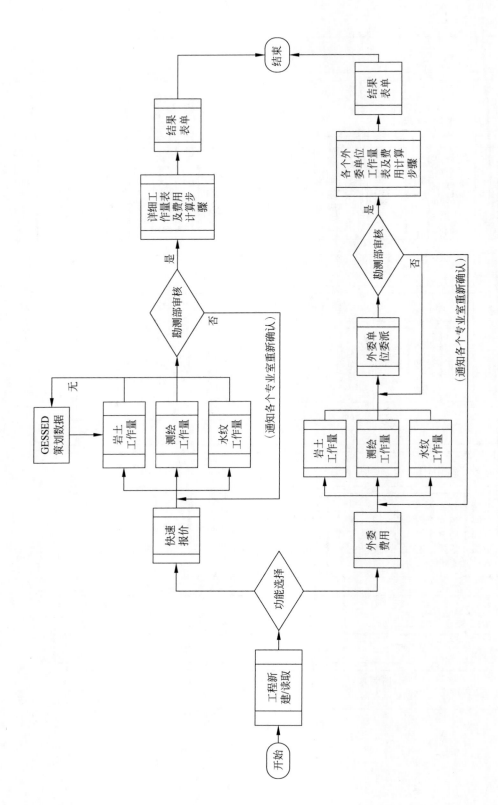

图 6-73　工作主流程

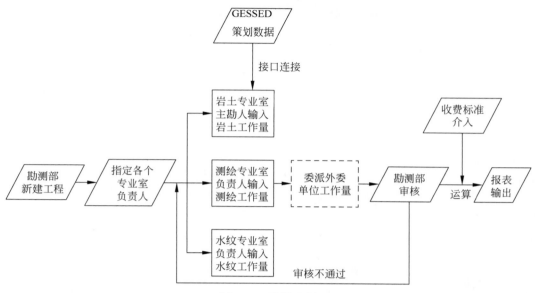

图 6-74　数据流程

图 6-75　实现效果

(F03371K-G01)江苏国信淮安盐化工园区2X400MW级燃机热电联产...

注: 总价(元) 总最终报价(元)

项目名称	实物工作费(元)	技术工作费(元)	折扣	最终报价(元)
› 岩土工程勘察	91938.30	110325.96	基价折扣(%): 90	182037.83
▪工程钻探	27308.20	32769.84	基价折扣(%):90	54070.24
▪静力触探	18517.50	22221.00	基价折扣(%):90	36664.65
▪标贯	2636.00	3163.20	基价折扣(%):90	5219.28
▪动探	37996.60	45595.92	基价折扣(%):90	75233.27
▪取样	5480.00	6576.00	基价折扣(%):90	10850.40
› 土工试验	318.00	63.60	基价折扣(%): 100	381.60
› 工程物探	1876414.50	450339.48		2326753.98
› 工程测量	4936.00	1234.00	基价折扣(%): 100	6170.00
› 其他	20.00	0.00		20.00
总价: 2515363.41			折扣(%): 100	2515363.41

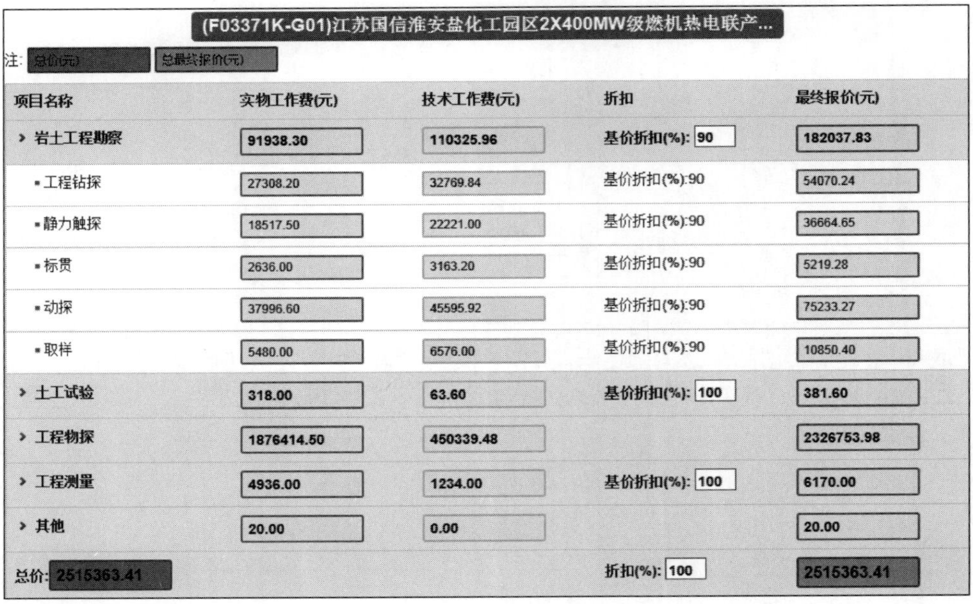

图 6-75(续)

在智慧勘察体系构建过程中,应全面梳理业务过程中的相关数据结构,尤其是在通用的专业数据字典设计中,必须结合业务规则进行梳理,如在进行岩土编录模板设计中,应根据不同岩土类别区分相应的岩土属性,才能更合规和专业地实现专业需求。勘察外业信息化监管内容及技术手段如表 6-12 所示。

表 6-12 勘察外业信息化监管内容及技术手段

岩土类别	岩 土 属 性
岩石	名称、风化程度、颜色、矿物成分、结构、构造、胶结物、胶结程度、节理裂隙发育程度、破碎程度、岩层走向、岩层倾向、岩层倾角、电阻率
碎石土	名称、密实度、颜色、主要成分、一般粒径、最大粒径、磨圆度、风化程度、坚固性、充填物(成分)、充填物(性质)、充填物(百分数)、胶结物、胶结程度、层理特征、电阻率、其他
砂土	名称、密实度、颜色、湿度、主要成分、颗粒级配、胶结物、胶结程度、黏性土含量、包含物、电阻率、其他
粉土	名称、密实度、颜色、湿度、等级、主要成分、摇振反应、干强度、韧性、包含物、层理特征、水理性、光泽反应、电阻率、其他
黏性土	名称、状态、颜色、湿度、主要成分、包含物、光泽反应、干强度、韧性、水理性、层理特征、光泽反应、电阻率、其他
软土	名称、状态、颜色、湿度、等级、主要成分、干强度、韧性、包含物、气味、包含物、水理性、层理特征、光泽反应、电阻率、其他
红黏土	名称、状态、颜色、矿物成分、塑性、结构、包含物、裂隙、其他
黄土	名称、状态、颜色、湿度、黄土类型、节理裂隙发育程度、孔隙发育程度、包含物、陷穴发育情况、光泽反应、电阻率、其他
膨胀岩土	名称、状态、颜色、矿物成分、结构、裂隙、包含物、其他
填土	名称、密实度、颜色、湿度、主要成分、堆积方式、堆积时间、包含物、均匀性、电阻率、其他
其他	钻头类型、钻进方法、特殊信息

2. 专业数据和质量数据同步采集

在各业务系统建设过程中,坚持从一线获得需求和设计灵感,比如在输电线路工程由于其工作的特殊性,单兵作战特征明显,某些复杂的工程项目现场信息不能及时与专家资源形成有效对接;在线路工程实施过程中,如何更好地感知环境,从宏观上了解自身所处位置,从而更全面地把握影响线路工程的岩土工程问题,需要通过软硬件的支持,加强协同设计。数据流程过程融入了各种可能的情况,力争将各种场景下的应用需求都进行覆盖。在数据采集设计过程中,除满足专业评价需求外,还根据勘察质量管控的维度,采集了专业数据的时空属性数据,为现场作业质量管控增加了可追溯的技术手段。

3. 强化专业协同

针对输电线路勘察专业数据分类特征与业务流程标准化体系,提出专业数据管理技术与业务协同方案。对输电线路勘察外业协同问题进行充分研究,搭建数据远程控制中心,实现远程数据实时交互和多人协同功能,并通过记录作业人员的 GPS 轨迹数据,方便地实现输电线路勘察外业质量监控功能。系统开发中引入工作流机制,实现业务过程和数据流程控制相匹配,并支持多任务协同设计。这种做法极大地提高了质量管理过程与设计过程的融合程度。

在岩土工程勘察工作中,考虑到技术管理要有一定的规则,进而确定技术管理在每个环节的应用,使岩土工程勘察工作流程能够得到优化,保证勘察效果。在实际勘察作业过程中,一是要对项目现场的地质条件进行试验,在确定地质条件后,工程人员可以选择适当的测量技术;二是加强对相关人员的技术培训,使其掌握专业的岩土工程勘察技术知识,了解勘察过程,能够有效地开展岩土工程勘察的质量控制和管理。总之,只有实现全过程技术管理,才能有效提高岩土工程勘察技术水平,确保技术更加可靠和实用。

为此,设备管理也是技术需求与管理需求融合的体现。在进行岩土工程勘察时,要注意各种设备的应用,要对设备采取有效管理。要对设备进行定期监测,确保设备能够安全、稳定运行;对设备进行实时监测,及时掌握设备的运行状况,在第一时间发现异常现象,有效解决问题。如果设备问题比较严重,就要及时排除,提高设备的综合性能。在对设备进行管理时,要在设备的整个应用过程中对设备进行细致的检查,确保设备不出现问题。只有设备质量得到保证,岩土工程勘察工作才能顺利进行。

6.5.3　智能化算法与勘察过程的融合

岩土工程勘察工作运用各种勘察手段和技术方法有效查明建筑场地的工程地质条件,常用的工程勘察技术有勘探、原位测试技术、物探和地质调查技术。随着智能化算法的发展,传统的勘察技术可以与之相结合,利用智能算法代替部分人工工作,减少人为误差,提高工作效率。例如,静力触探试验是一种工程地质学中的常用方法,基于 CPT 的土层分类是静力触探试验的一项主要应用,不过传统的土层分类均是人工完成的,分类精度受人工主观影响较大。机器学习算法可以通过智能化的过程实现基于静力触探试验的自动化土层分类,相较于人工分类更加省时、省力,具有显著的优势。基于智能识别技术的静探分层方法可实现静探数据分层智能识别、自动分层,其智能识别准确率能达到90%以上;算法的集成系统具有图形化人机交互界面,体现"人工智能"时代的新思维。

该方法的应用一方面可以在传统人工分层的基础上大幅度提升地层分类效率和准确度,降低传统人工分层的人力、物力消耗,解决工程设计中工作量大、劳动强度高的难题,大幅度缩短岩土工程勘察内业整理时间,通过测算,采用基于智能识别技术的静探分层方法,工作效率可提高60%以上;另一方面,工作效率的提高,有效减少了人力、物力的投入,节约了勘察成本,具有较大的经济效益价值。

该方法目前仍有可改进的地方:

(1)不同工程之间的静探数据存在差异性,尤其是地域相差较远的工程。在这种情况下,不同工程之间在相似深度测得的静探数据即使完全一样,它们所对应的土层一般也不相同,但这种情况会对机器学习模型造成困扰,因为训练数据集中完全相同的特征(测得的静探数据)对应着不同的标签(土层类型),从而影响机器学习模型分类的精度。

(2)使用机器学习算法对静探数据进行土层分类的前提是训练集数据均来自同一工程或地域相近的工程,即不同工程之间的静探数据一般不能混用,因为不同工程之间的地下土层类别、地质情况一般不一样,在机器学习训练的过程中一部分混用数据实际上会成为噪声数据。

人工智能在岩土工程领域的研究处于起步阶段,相关研究成果不多,在静力触探数据处理方面的研究更是少之又少。但该方法的提出可为传统勘察行业开拓新的研究方向,深化人工智能在岩土勘察行业的应用,符合国家相关产业政策和发展导向,具有一定的社会效益。

除此之外,智能化算法在岩土工程勘察全过程的应用技术还可通过运用大数据存储、整理、提炼和相关分析等技术结合业务计算模型,提供面向综合决策、分析预警、数据挖掘与增值服务应用场景的功能支持,通过大数据分析平台和智能化算法,用数据支持决策,激活现有数据资产价值。在专业平台建设中优化计算模型,运用多种创新架构和智能化算法提高数据处理效率和质量、改善用户体验并进一步提高质量管控水平。具体在底层技术路线实践上:重点研究基于AUTOCAD二次开发技术,采用数据字典和实体扩展数据在图形中保存数据的技术,实现勘察方案策划的全过程CAD化和数据共享。

第7章

智慧勘察与质量管理创新

　　质量管理思想是质量管理理论的基础，它决定了质量管理的基本内容和行为方法的取向，以及组织结构的形式。工程勘察设计企业除了提供满足要求的产品和服务外，还需要满足顾客、员工、其他相关方和社会的期望和需求。工程总承包业务的拓展使得勘察、设计、施工等环节全面介入，固定的项目推进过程不复存在，管理相互交叉融合更为明显，利用管理创新的推进方法提升质量管理水平成为企业管理中必须要重视的课题。

　　本章从质量管理 PDCA 理论开始，探讨了质量管理体系建立、案例企业质量管理衍变及其基于智慧勘察体系的质量管理创新做法。

7.1　戴明环理论

　　质量管理循环保证体系（PDCA）是由美国质量管理专家沃特・A. 休哈特（Walter A. Shewhart）首先提出的，由戴明采纳、宣传，获得普及，所以又称为"戴明环"，它由 Plan（计划）、Do（实施）、Check（检查）、Act（处理）四个词的第一个字母组成。它从质量计划的制订到活动的组织实现，是执行全面质量管理必须遵循的科学程序，这个过程就是按照 PDCA 循环、按照既定计划和组织实施步骤周而复始地运作。戴明环通过不断发现问题和解决问题使质量和质量管理水平不断呈台阶状上升，最终实现预定目标。戴明环循环阶段及其上升过程如图 7-1、图 7-2 所示。

图 7-1　PDCA 循环阶段

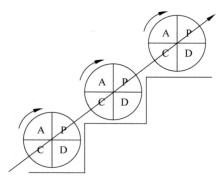

图 7-2　PDCA 上升过程

　　戴明环理论的显著特点是大环套小环，一环扣一环；小环保大环，推动大循环。每个小循环都有自己的 PDCA 管理循环，所有的循环圈都在转动，并相互协调、相互促进，每个循环圈都如同爬楼梯一样螺旋式上升，每转动一圈就上升一步，就实现了一个新目标，不停地

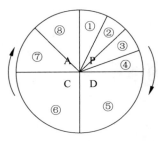

图 7-3　PDCA 循环八个步骤

转动就会不断提高，如此反复不断地循环，整个项目就会不断向前推进，项目的建设质量和管理水平也就会步步提高。

在每个循环中，A 阶段是关键，这一阶段将有效的措施、先进的经验加以推广或继续巩固，无效的措施或效率低下的方法被舍弃，上一阶段未完成的项目或未进行的项目相应转入下一个循环继续解决。A 阶段起着总结上阶段工作和布置下阶段工作的桥梁纽带作用。整个循环分为四个阶段、八个步骤，如图 7-3、表 7-1 所示。

表 7-1　四个阶段、八个步骤

阶　　段	步　　骤	主　要　内　容
计划阶段（P）	①	分析现状，找出问题
	②	分析产生问题的原因
	③	从各种原因中找出主要原因
	④	制订计划，制定措施
实施阶段（D）	⑤	执行计划，落实措施
检查阶段（C）	⑥	检查计划执行情况和措施实施效果
处理阶段（A）	⑦	巩固或推广有效措施和先进经验
	⑧	遗留问题转入下一循环继续解决

戴明环理论最早应用于质量管理领域，后来逐渐被证明是一种可以促进管理活动有效进行的合乎逻辑的工作程序，体现了全面的质量管理思想和工作方法，成为管理学中非常重要的一种管理模型。戴明学说的主要观点"十四要点"是全面质量管理的重要理论基础，其具体内容如下：

1）创造产品与服务改善的恒久目的

最高管理层必须从短期目标的迷途中归返，转回到长远建设的正确方向，即把改进产品和服务作为恒久的目的，坚持经营，这需要在所有领域加以改革和创新。

2）采用新的观念

不容忍粗劣的原料、不良的操作、有瑕疵的产品和松散的服务。

3）停止依靠大规模检验来达到质量标准

检验其实等于准备有次品，检验出来已经太迟，且成本高而效益低。好的质量不是来自检查，而是需要改良生产过程。

4）结束只以价格为基础的采购习惯

没有质量的低价格是没有意义的，低质量会导致产品品质下降，所以整体成本开支上升是不可避免的结果。公司一定要与供应商建立长远关系，并减少供应商的数目，采购部门必须采用统计工具来判断供应商及其产品的质量。

5）持之以恒地改进生产和服务系统

改进质量和生产能力，可持续减少成本开支。

6）岗位培训方法

培训必须是有计划的，且必须是建立于可接受的工作标准上，必须使用统计方法来衡量培训工作是否奏效。

7）督导方法

管理的目标是帮助人、机器和设备做更好的工作。督导人员必须要让高层管理知道需要改善的地方,且管理当局必须及时采取行动改善。

8）排除恐惧心理

使每一个员工都能提出问题,表达意见。

9）打破部门之间的障碍

部门间要用合作代替竞争,研究、设计、销售、生产部门的人员需要发挥团队精神,去预测生产问题,尽早发现解决问题,共同提高产品和服务质量。

10）取消对员工发出计量化的目标

过度的标语告诫会产生压力、挫折感、怨气、恐惧、不信任和谎言,无须为员工订下可计量的目标,但公司本身需要这样一个目标:永不间歇地改进。

11）取消定额管理和目标管理

定额把焦点放在数量而非质量上,而计件工作制鼓励制造次品。

12）消除打击员工工作热情的考评

管理人员有责任让每一个人的关注点从量化目标向质量转变。

13）鼓励学习和自我提高

质量和生产力的改善会导致部分工作岗位数目的改变,因此所有员工都要不断接受训练及再培训。

14）采取行动实现转变

让公司每一个人通过工作实现转变。

7.2　质量管控标准体系构建

质量管理体系(quality management system,QMS)通常包括制定质量方针、目标以及质量策划、质量控制、质量保证和质量改进等活动。实现质量管理的方针目标,有效地开展各项质量管理活动,必须建立相应的管理体系,这个体系就叫质量管理体系。

质量管理体系是企业内部建立的、为保证产品质量或质量目标所必需的、系统的质量活动。它根据企业特点选用若干体系要素加以组合,加强从设计研制、生产、检验、销售、使用全过程的质量管理活动,并予以制度化、标准化,成为企业内部质量工作的要求和活动程序。

质量管理体系的特点如下。

（1）它代表现代企业或政府机构思考如何真正发挥质量的作用和如何最优地作出质量决策的一种观点;

（2）它是深入细致的质量文件的基础;

（3）质量体系是使企业内更为广泛的质量活动能够得以落实质量管理过程方法的基础;

（4）质量体系是有计划、有步骤地把整个企业主要质量活动按重要性顺序进行改善的基础。

7.2.1　质量管理原则、方法与总体流程

1. 质量管理原则

ISO 9001 标准是国际标准化组织(ISO)于 1987 年颁布的在全世界范围内通用的关于

质量管理和质量保证方面的标准。《质量管理体系要求》(GB/T 19001—2016)所倡导的质量管理原则是：

——以顾客为关注焦点；

——领导作用；

——全员积极参与；

——过程方法；

——改进；

——循证决策；

——关系管理。

2. 过程方法

《质量管理体系要求》(GB/T 19001—2016)倡导建立、实施质量管理体系以及提高其有效性时采用过程方法,通过满足顾客要求增强顾客满意。过程方法将相互关联的过程作为一个体系加以理解和管理,有助于组织有效和高效地实现其预期结果,这种方法使组织能够对其体系过程之间相互关联和相互依赖的关系进行有效控制,以提高组织整体绩效。过程方法包括按照组织的质量方针和战略方向,对各过程及其相互作用进行系统的规定和管理,从而实现预期结果。可通过采用 PDCA 循环以及始终基于风险的思维对过程和整个体系进行管理,旨在有效利用机遇并防止发生不良结果。

在质量管理体系中应用过程方法能够：

(1) 理解并持续满足要求；

(2) 从增值的角度考虑过程；

(3) 获得有效的过程绩效；

(4) 在评价数据和信息的基础上改进过程。

单一过程各要素及其相互作用如图 7-4 所示。每一过程均有特定的监视和测量检查点,以用于控制,这些检查点根据相关的风险会有所不同。

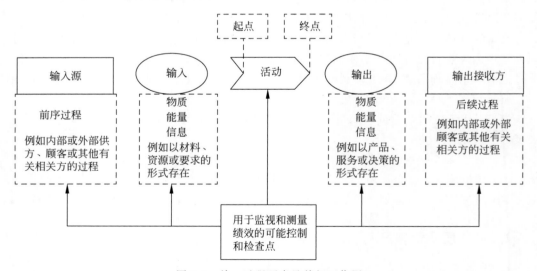

图 7-4 单一过程要素及其相互作用

3．PDCA 循环

PDCA 循环能够应用于所有过程以及整个质量管理体系。图 7-5 表明了质量管理体系中各类要求是如何构成 PDCA 循环的。

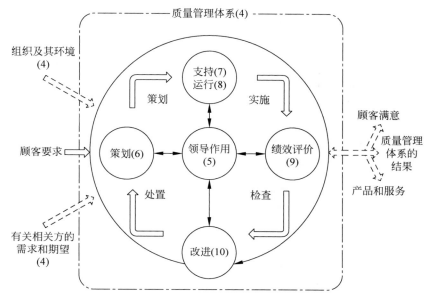

图 7-5　质量管理体系要素在 PDCA 循环中的展示

PDCA 循环简要描述如下：

——策划（plan）：根据顾客的要求和组织的方针，建立体系的目标及其过程，确定实现结果所需的资源，并识别和应对风险和机遇；

——实施（do）：执行所做的策划；

——检查（check）：根据方针、目标、要求和所策划的活动，对过程以及形成的产品和服务进行监视和测量（适用时），并报告结果；

——处理（act）：必要时，采取措施提高绩效。

4．质量管理体系特征

1）符合性：欲有效开展质量管理，必须设计、建立、实施和保持质量管理体系。组织的最高管理者对依据 ISO 9001 国际标准设计、建立、实施和保持质量管理体系的决策负责，对建立合理的组织结构和提供适宜的资源负责；管理者代表和质量职能部门对形成文件的程序的制定和实施、过程的建立和运行负直接责任。

2）唯一性：质量管理体系的设计和建立，应结合组织的质量目标、产品类别、过程特点和实践经验。因此，不同组织的质量管理体系有不同的特点。

3）系统性：质量管理体系是相互关联和作用的组合体，包括：①组织结构——合理的组织机构和明确的职责、权限及其协调的关系；②程序——规定到位的形成文件的程序和作业指导书，是过程运行和进行活动的依据；③过程——质量管理体系的有效实施，是通过其所需过程的有效运行来实现的；④资源——必需、充分且适宜的资源包括人员、资金、设施、设备、料件、能源、技术和方法。

4）全面有效性：质量管理体系的运行应是全面有效的，既能满足组织内部质量管理的要求，又能满足组织与顾客的合同要求，还能满足第二方认定、第三方认证和注册的要求。

5）预防性：质量管理体系应能采用适当的预防措施，有一定的防止重要质量问题发生的能力。

6）动态性：最高管理者定期批准进行内部质量管理体系审核，定期进行管理评审，以改进质量管理体系；还要支持质量职能部门专业班组采用纠正措施和预防措施改进过程，从而完善体系。

7）持续受控：质量管理体系所需求过程及其活动应持续受控。

质量管理体系应最佳化，组织应综合考虑利益、成本和风险，通过质量管理体系持续有效运行使其最佳化。

5. 质量管理体系构建的总体流程

根据不同企业的性质以及管理现状，建立和完善质量管理体系大致应该包括：质量管理体系的策划与设计、质量管理体系文件的编制、质量管理体系的试运行、质量管理体系审核和评审四个阶段，每个阶段又可分为若干具体步骤。各个阶段的工作重点和实施流程如图7-6所示。

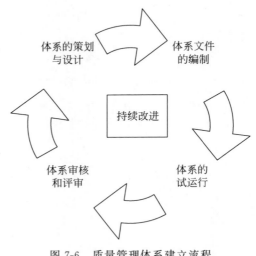

图 7-6　质量管理体系建立流程

7.2.2　质量管理体系的策划与设计

该阶段主要是做好各种准备工作，包括教育培训、统一认识、组织落实、拟定计划；确定质量方针，制订质量目标；现状调查和分析等方面。

1. 教育培训，统一认识

质量管理体系建立和完善的过程，是一个逐层推进、分级培训、分层指导、循序渐进的动态过程，公司必须制订培训计划并严格执行。企业向企业有关对象培训质量管理体系知识，对象主要包括以下三个层次：第一层次为决策层，包括党、政、技（术）领导；第二层次为管理层，重点是管理、技术和生产部门的负责人，以及与建立质量体系有关的工作人员；第三层次为执行层，即与产品质量形成全过程有关的作业人员。

2. 组织落实，拟定计划

设计完善的组织机构，据此制定质量管理体系建立的权责体系并严格按照计划推行贯标工作是十分重要的环节。企业需针对质量管理体系制订重大工作计划，建立相应的组织机构，并对组织机构的权限体系进行详细设计。

3. 确定质量方针，制定质量目标

质量方针体现了一个组织对质量的追求，对顾客的承诺，是职工质量行为的准则和质量工作的方向。勘察设计企业的质量总目标可以包括工程优良率、合同履约率、顾客满意率等指标。质量管理体系构建需秉承"质量为本,安全第一"的基本宗旨,制定符合本企业业务特点的质量管理方针并在质量管理手册中书面发布。

4. 现状调查和分析

现状调查和分析的目的是合理地选择体系要素,内容包括:①体系情况分析;②产品特点分析;③组织结构分析;④设备、资源等能否适应质量管理体系的有关要求;⑤技术、管理和操作人员的组成、结构及水平状况的分析;⑥管理基础工作情况分析。对以上内容可采取与标准中规定的质量管理体系要素要求进行对比性分析。

7.2.3 质量管理体系文件的编制

1. 质量管理体系文件的编写要求

质量管理体系文件的编制内容和要求,从质量管理体系的建设角度讲,应强调几个问题:

1)除质量手册需统一组织制订外,其他体系文件应按分工由归口职能部门分别制订,先提出草案,再组织审核,这样做有利于今后文件的执行。

2)为了使所编制的质量管理体系文件做到协调、统一,在编制前应制订"质量管理体系文件明细表",将现行的质量手册(如果已编制)、企业标准、规章制度、管理办法以及记录表式收集在一起,与质量管理体系要素进行比较,从而确定新编、增编或修订质量管理体系文件项目。

3)质量管理体系文件的编制应结合本单位的质量职能分配进行。按所选择的质量管理体系要求,逐个展开为各项质量活动(包括直接质量活动和间接质量活动),将质量职能分配落实到各职能部门。质量活动项目和分配可采用矩阵图的形式表述,质量职能矩阵图也可作为附件附于质量手册之后。

4)编制质量管理体系文件的关键是讲求实效,不走形式。既要从总体上和原则上满足ISO 9001标准,又要在方法上和具体做法上符合本企业的实际情况。

2. 编写总则

质量管理体系文件一般可分为三个层次:第一层次为质量手册,第二层次为程序文件,第三层次为作业指导书、质量计划(质量保证大纲)、报告、质量记录、表格等。第三层次的作业指导书又可分为公司通用作业指导书和各部门专用指导书两类。

质量管理体系文件的编写原则如下:符合 GB/T 19001—2016 标准的要求;符合企业实际,便于操作;文字简练实用,易于理解。质量手册应覆盖 GB/T 19001—2016 的所有要求。质量手册应引用程序文件,程序文件可引用作业指导书和公司现行有效的标准、规章制度。质量管理体系文件应严格履行审批手续方可发放实施。

3. 质量管理体系文件的编写流程

质量管理体系文件的编写过程一般包括 6 个步骤:文件编制策划、文件编写、文件校对、文件审核与审定、文件批准、文件打印与发放。具体流程如图 7-7 所示。

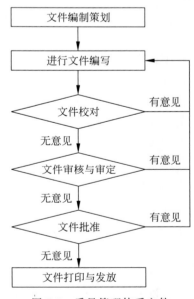

图 7-7 质量管理体系文件的编写流程

7.2.4　质量管理体系试运行

质量管理体系文件编制完成后,质量管理体系将进入试运行阶段。通过试运行,考验质量管理体系文件的有效性和协调性,并对暴露出的问题采取改进措施和纠正措施,以达到进一步完善质量管理体系文件的目的。在质量管理体系试运行过程中,重点在于:

（1）有针对性地宣贯质量管理体系文件。通过宣贯,使全体职工认识到新建立或完善的质量管理体系是对过去质量管理体系的变革,要适应这种变革,就必须认真学习、贯彻质量管理体系文件。

（2）实践是检验真理的唯一标准。体系文件通过试运行必然会出现一些问题,全体职工将从实践中发现的问题和改进意见如实反映给有关部门,以便采取纠正措施。

（3）将体系试运行中暴露出的问题,如体系设计不周、项目不全等进行协调、改进。

（4）加强信息管理,不仅是体系试运行本身的需要,也是保证试运行成功的关键。所有与质量活动有关的人员都应按体系文件要求,做好质量信息的收集、分析、传递、反馈、处理和归档等工作。

7.2.5　质量管理体系审核与评审

质量管理体系审核在体系建立的初始阶段往往更加重要。在这一阶段,质量管理体系审核的重点,主要是验证和确认体系文件的适用性和有效性。

审核与评审的主要内容一般包括:规定的质量方针和质量目标是否可行;体系文件是否覆盖了所有主要质量活动,各文件之间的接口是否清楚;组织结构能否满足质量管理体系运行的需要,各部门、各岗位的质量职责是否明确;质量管理体系要素的选择是否合理;规定的质量记录是否能起到见证作用,所有职工是否养成了按体系文件操作或工作的习惯,执行情况如何。

该阶段体系审核的特点:体系正常运行时的审核重点在符合性,在试运行阶段,通常是将符合性与适用性结合起来进行;为使问题尽可能地在试运行阶段暴露无遗,除组织审核组进行正式审核外,还应有广大职工的参与,鼓励他们通过试运行的实践,发现和提出问题;在试运行的每一阶段结束后,一般应正式安排一次审核,以便及时对发现的问题进行纠正,对一些重大问题也可以根据需要适时地组织审核;在试运行中要对所有要素审核覆盖一遍;充分考虑对产品的保证作用;在内部审核的基础上,由最高管理者组织一次体系评审。

质量管理体系是在不断改进中得以完善的,质量管理体系进入正常运行后,仍然要采取内部审核、管理评审等各种手段,以使质量管理体系能够保持和不断完善。

7.3　企业质量管理衍变史

7.3.1　质量管理贯标

早在 1986 年江苏院就在同行中率先推行全面质量管理(total quality control,TQC),先后建立了质量管理制度和明确了发电、送电、变电、系统及勘测五类工程的工序和各专业工序流程图,通过实施并先后通过部级达标验收,并荣获建设部"国家全面质量管理先进单位"等称号,在电力建设系统属于第一批试点单位。

1993 年为适应市场环境的新变化,江苏院以实施 TQC 为基础,开始贯彻 ISO 9000《质量管理和质量保证》系列国际质量管理标准,1993—1994 年江苏院作为电规总院的 5 个"贯标"试点院,按 GB/T 19001—1994、ISO 9001—1994 标准模式建立了文件化的质量管理体系,并予以贯彻实施。1996 年 5 月通过长城(天津)质量保证中心的认证审核。江苏院是国内电力系统第四家也是江苏省首家被认证批准注册的勘测设计院。2001 年国际标准换版,公司又组织建立了符合 2000 版质量标准的质量管理体系和体系文件,并于 2002 年 1 月发布实施,2002 年 7 月通过了符合 2000 版质量标准的质量管理体系复评换证,又使江苏院质量管理水平上了一个新平台。

近年来,随着我国电力体制改革的深入,电力勘测设计院都在积极探索和创新适应现代企业管理的新模式,2007 年年初江苏院根据管理和市场以及院开辟工程总承包部新业务的需要,按照 ISO 9000(质量)、ISO 14000(环境)和 OHSAS 18000(职业健康安全)国际通用管理标准开始建立质量、健康、安全和环境(QHSE)整合管理体系的贯标活动,建立了完善的 QHSE 管理体系并保持 QHSE 体系按期换版。公司各项工作按 QHSE 体系要求开展内审、外审,始终保持北京中电联认证中心的质量、职业健康安全和环境管理体系认证证书。

7.3.2　卓越绩效模式导入

回顾 60 多年来江苏院不断奋进质量管理历程,从 20 世纪 80 年代起推行全面质量管理,将精细、严谨的作风根植于企业文化的萌芽阶段;20 世纪 90 年代中期在江苏省勘察设计行业首批通过质量贯标认证;2005 年导入卓越绩效管理模式,不断夯实企业管理水平;2015 年开始对标中国质量奖,积极争创"南京市市长质量奖"和"江苏省质量奖",在质量管理方面始终坚持以"工匠心态"抓好企业质量管理工作。案例企业质量管理改进历程如图 7-8 所示。

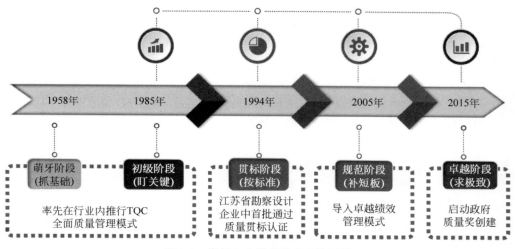

图 7-8　案例企业质量管理改进历程

　　"卓越绩效模式"是通过综合的组织绩效管理方法,为顾客、员工和其他相关方不断创造价值,提高组织整体绩效和能力,促进组织获得持续发展和成功的一种经营管理模式。该模式起源于 1987 年美国波多里奇国家质量奖评审标准,它总结了世界百强企业的管理经验,形成了《卓越绩效评价准则》,其核心是强化组织的顾客满意意识和创新活动,追求卓越的经营绩效。我国于 2004 年导入卓越绩效管理,制定并发布了《卓越绩效评价准则》与《卓越绩效评价准则实施指南》两项国家标准。对于一个成功的企业如何追求卓越,"卓越绩效模式"提供了评价标准,企业可以采用这一标准集成的现代质量管理理念和方法,不断评价自己的管理业绩,从优秀走向卓越。卓越绩效模式的导入,可实现公司与世界一流管理模式迅速接轨,成功借鉴世界一流公司的管理经验,推行卓越绩效模式,建立完善的标杆管理体系并实施推进,对提升企业综合竞争力将起到积极的作用。卓越绩效模式已成为当前国际上广泛认同的一种组织综合绩效管理的有效方法和工具。

　　江苏院自 2005 年导入卓越绩效管理模式以来,秉承"大质量观"理念,以卓越绩效管理为主线,以质量、职业健康安全和环境三标整合管理体系为支撑,历经十余年探索和实践历练,江苏院建立起一套战略导向、资源支撑、过程可控、改进创新的高效管理体系。通过战略研讨会、质量分析会等各层次、多形式全面开展绩效评估和质量改进;通过"转型发展年""提速-提效-提质年""对标提升年"等专题年活动,进一步提升精细化设计水平,推进精益化管理,打造一流的企业高效运行管理体系。

7.4　基于智慧勘察体系的质量管理创新做法

　　创新,顾名思义,创造新的事物。《广雅》:"创,始也";新,与旧相对。创新一词出现很早,如《魏书》中有"革弊创新",《周书》中有"创新改旧"。英语中 innovation(创新)这个词起源于拉丁语。它原意有三层含义:①更新,就是对原有的东西进行替换;②创造新的东西;③改变,就是对原有的东西进行发展和改造。

　　1912 年,约瑟夫·A.熊彼得(1883—1950 年)在《经济发展理论》一书中首次提出"创新理论"(innovation theory)。创新者将资源以不同的方式进行组合,创造出新的价值。这种"新组合"往往是"不连续的",也就是说,现行组织可能产生创新,然而,大部分创新产生在现行组织之外。因此,他提出了"创造性破坏"的概念。熊彼得界定了创新的五种形式:开发新产品;引进新技术;开辟新市场;发掘新的原材料来源;实现新的组织形式和管理模式。

　　彼得·F.德鲁克(1909—2005 年)提出,创新是组织的一项基本功能,是管理者的一项重要职责。在此之前,"管理"被人们普遍认为就是将现有的业务梳理得井井有条,不断改进质量和流程、降低成本、提高效率等。然而,德鲁克则将创新引入管理,明确提出创新是每一位管理者和知识工作者的日常工作和基本责任。

　　综上所述,创新是指人们为了发展需要,运用已知的信息和条件,突破常规,发现或产生某种新颖、独特的有价值的新事物、新思想的活动。具体而言,创新是指人为了一定的目的,遵循事物发展的规律,对事物的整体或其中的某些部分进行变革,从而使其得以更新与发展的活动。创新作为一项活动,可以用过程方法的理论,采用 PDCA 循环和基于风险的思维对过程进行管理,旨在有效地利用机遇防止不良结果。创新的本质是突破,即突破旧的思维定式,旧的常规戒律。

为适应市场竞争需求,创新成了企业运营中的普遍性活动,管理创新有不同于传统管理特点,一般具有明确的目的性、变革性、新颖性、超前性、价值性五个特点。在高质量发展中的创新,还增添了数字化、信息化、网络化的新工具,创新中还融入了清洁生产、绿色消费、低碳生活等质量新元素。

改进创新虽然一直是质量管理关注的一个重要因素,但不少企业实际运行的主要精力集中在生产制造和经营活动上,而且传统企业的质量管理大多数围绕实现"固有特性"运行设计、营销和生产制造过程。正常生产这些过程通常都是在稳定状态下或只有小的波动情况下运行,按部就班、按系统的途径、方法重复质量管理行动,相对成熟过程的质量管理一般都形成了完善的管理规范和机制;此外,过去在一般企业创新活动也相对较少,即使有创新活动,主要关注的是创新结果,对创新过程、创新质量的控制,积累的方法、成功经验不多也不够系统,创新管理是企业质量管理中一个相对薄弱环节。

因此,从宏观层面,企业的质量管理创新可以从质量文化创新、管理模式创新和过程管控创新进行设计。

7.4.1　质量文化创新

江苏院企业文化是以"和合文化"为代表的文化,它倡导的是以人为本,合作共赢。企业价值观:和合、务实、创新、为民。

和合:就是建立在合作共享之上的和谐融洽。倡导的和合文化,既是企业与员工共同成长、企业与顾客互惠互利的共赢文化,也是企业与社会、产品与自然和谐发展的和谐文化,更是员工、企业、顾客、社会共同享受企业生产经营成果的共享文化。

务实:一切从实际出发,实事求是,察实情,说实话,办实事,出实招,求实效。倡导的务实文化既是科学果断、深谋远虑的理性决策文化,又是雷厉风行、不畏艰难的执行文化,顾客导向、效率优先的服务文化,更是着眼大局、强调思路的管理文化。

创新:我们倡导的创新文化是放眼世界,瞄准国际标准,创新业内标准的卓越文化;是压力下不退缩,敢于挑战自我,敢于超越自我的超越文化;是适应环境变化,主动听取意见,海纳百川、持续改进的变革文化;也是洞察秋毫、防微杜渐、迅速应对、拥抱创新的速度文化。

为民:我们倡导的为民文化,是心系员工、为民谋利的领导风格;是以人为本、以人为尊的人文关怀;是关注社会、服务社会的社会责任。

公司高层领导十分重视企业价值观的培育和树立,领导班子充分发挥思想、组织引领作用,把企业文化建设作为一项长期的战略性工作来抓,在不断实践、总结和提炼过程中,形成了具有公司自身特色的企业文化理念系统,形成了内涵丰富、独具特色的以"和合文化"为代表的企业文化。不仅明确了企业的共同愿景和价值理念,确定了长短期战略目标,建立了科学的绩效评价体系,切实践履了央企社会责任,而且积极通过多种形式向外界传播践行企业文化,为公司可持续发展营造了良好的内外部环境。

自2005年开始,江苏院在每年端午节期间都要举办一次龙舟赛。经过17年的接续实践,龙舟赛已成为公司企业文化建设的一个品牌活动。公司还从龙舟赛这项活动中所呈现出的企业气质和人文精神进行提炼,并凝练出了具有公司特定内涵的"龙舟精神"——同舟共济、奋勇争先。

"龙舟精神"是江苏院面对日趋激烈的电力市场努力超越、追求卓越的精神象征,是企业文化建设的名片。目前,"龙舟精神"已成为公司面对激烈市场而奋勇前进的精神图腾,与"和合、务实、创新、为民"的企业价值理念完美契合,共同为企业的持续健康发展提供源源不断的精神动力。

从"和合文化"外延至"龙舟精神",体现了人、舟、桨"三位一体"的团队文化。在此基础上,形成了具有特色的"三位一体"的质量文化。

案例企业质量文化与企业文化关系如图 7-9 所示。

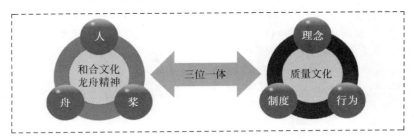

图 7-9　案例企业质量文化与企业文化关系

江苏院的质量文化从理念、制度和行为三个层次,延伸到企业管理的每个角落,真正做到人人知晓、事事遵循。

案例企业质量文化体系如图 7-10 所示。

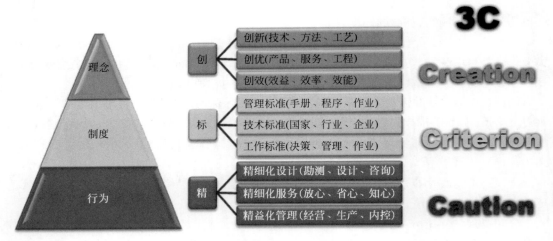

图 7-10　案例企业质量文化体系

7.4.2　管理模式创新

服务业高质量发展不仅要利用领先的科技成果,更要有先进的质量管控体系保障落地,创新和质量是相辅相成的。江苏院以"全员参与"为原则,坚持质量兴企、科技强企,提出"创(creation)、标(criterion)、精(caution)"三位一体的独创性 3C 质量管理模式,并成功应用于全领域项目实施中,较好地解决了江苏院乃至行业内部的共性质量管理难题,所取得的成果与经验在行业内更是得到很好的推广与应用,对江苏院的质量技术进步起到了较大的促进作用。案例企业 3C 质量管理模式结构体系如图 7-11 所示。

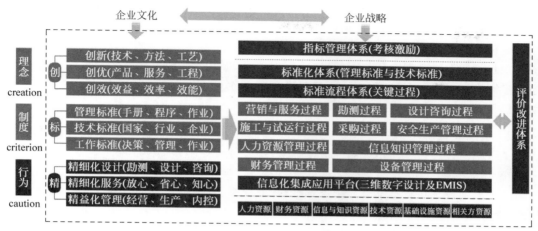

图 7-11　案例企业 3C 质量管理模式结构体系

在理念层面,关注的是质量管理目标,强调创新(技术、方法、工艺)、创优(产品、服务、工程)、创效(效益、效率、效能),通过持续不断的技术、方法、工艺等方面的创新来引领未来的市场,通过为业主提供优质的勘测设计产品、优质的服务与优质的工程来赢得更大的市场,通过创造更好的效益、更高的效率和更优的效能为员工、企业与社会获得更多的价值,从而真正实现公司持续健康发展的质量目标。

在制度层面,关注的是质量管理标准,公司建立了完善的三大标准体系,管理标准包括了管理手册、程序文件与作业文件,覆盖了 QHSE 管理、安全监察管理、生产经营管理、技术管理、人力资源管理等方面;技术标准包括了外部的政府类标准(国家、行业与地方标准)、团体类标准以及公司内部的企业技术标准;工作标准包括了决策层、管理层与作业层的岗位标准,涵盖了所有业务角色的动态与静态岗位;通过三大标准体系的建立,明确了公司质量管理的要求。

在行为层面,关注的是质量管理活动,力求在开展勘察、设计、咨询业务时做到精细化设计,为业主提供优质的勘察设计产品与工程;精心化服务体现在服务强化、提升服务让业主放心,服务前移、主动服务使业主省心,服务延伸、真诚服务与业主知心;公司在生产、经营与内控(安全、财务、法务、审计、后勤)等方面推行精益化管理,来提高公司的管理效益与质量。

7.4.3　过程管控创新

1. 质量过程管控策划

首先,质量管理的核心在于过程,要做好质量过程管控,就要根据质量管理 PDCA 理论,做好策划。在质量过程管控策划中,要结合企业质量管理体系和具体的质量活动,理解创新质量管理的不确定性,关注经营、结构、流程及产品创新,识别质量活动中可能产生影响的关键路径和环境,将高质量的新的生产要素、质量元素和生产条件引入生产体系,用创新提高生产力、提高全要素生产率,应用数字化、信息化、智能化技术改进创新质量管理,将创新过程质量与企业经营质量深度融合,确保创新的有效性和效率持续提升。

其次,在落实企业质量方针和质量提升要求的同时,结合企业实际需求,分析质量工作面临的形势和现状,针对特殊过程的质量管理难点,提出加强质量管控工作的指导思想和主要目标,按照全面质量管理的要求,明确主要任务,并就强化组织实施提出工作要求。

管理部门与业务部门按照"项目管控、全局协同"的架构,建立质量过程管控组织体系。成立项目级质量提升行动领导小组,通过管理部门质量主管、生产部门质量管理团队和项目质量控制班组,实行三级监督管控。将质量管理工作重心下移,过程管控,通过项目实施过程的策划、实施、监督和管控等途径,持续提高质量水平。

2. 识别关键环节

工程勘察设计过程质量控制一般由标准控制、过程控制和交付控制三个主要环节组成。

1)标准控制

工程勘察设计执行标准分为国家标准、行业标准、地方标准和企业标准四个层次,与此同时,企业的生产经营也需遵守国家法律法规、地方政府发布的规章制度。这些相关的法律法规、规程规范、规章制度和技术标准是输变电工程勘察设计的依据。

以智慧勘察标准控制为例,在建立信息化专业体系过程中,建立了勘察过程管控的知识库和评价准则库,便于各项目执行过程中调用相关标准进行项目过程分析。将项目执行过程和项目质量管理过程有效整合,根据各项目实施过程中策划、实施、供方、成品等定量指标与标准的比对情况、项目间同类指标完成情况以及年度、季度专业部整体实施情况进行全方位对标,敦促各项目做好全过程管控,也为年度质量班组建设提供量化指标。还从项目策划、数据采集、数据完整性、时空属性合规性、过程监管等各个环节考核可行的量化指标,对项目实施过程和结果进行全方位评价,对作业过程中的外部供方,系统也提供自动评估结果输出,为后续的供方评价和质量分析提供量化指标。

2)过程控制

工程勘察设计过程控制是质量管理的关键环节。以电力勘察设计企业为例,每个项目的勘察任务书、勘察大纲、作业指导书、危险源及环境识别、环保措施等,在其实施过程中,都需要基于 PDCA 循环流程进行,按质量管理体系要求留有相关记录,具备可追溯性。过程控制的管理重点要求基本覆盖"事前指导、中间检查、外业验收"三个关键环节。

质量管理重在过程,过程管理重在留痕,基于智慧勘察体系的质量管理以创新思维和智慧化手段,彻底解决了勘察设计行业质量管控难题,不仅树立了江苏院智慧勘察领域的标杆地位,而且在江苏院全业态项目中实现全流程应用,确保高质量的勘察产品为精细化设计服务,推出的基于时空属性校验和全过程信息化管理的智慧勘察业务平台不仅仅能满足生产业务需求,而且能满足质量管控需求,以"智慧勘察"为研究课题的智慧岩土 QC 小组获得2018 年国家优秀质量管理小组,成为行业内质量管理标杆。

3)交付控制

工程勘察设计交付控制是完成合格交付的基本要求。交付控制的成果一般为满足设计要求的报告、图纸和表格等。不同阶段报告或图纸表达的深度、格式、范围及相应的计算书等,需要按产品分级类别组织校审。各岗位分级把关,通过编、校、审、批等标准化校审流程,杜绝不合格产品,确保成品质量满足要求。

3. 建立跟踪机制

逐年制订质量工作计划,把落实质量规划纲要和解决当前突出问题结合起来,层层落实质量重点工作。结合年度生产任务,制定具体工作举措,明确时间计划和责任分工并组织实施。建立质量工作计划执行跟踪机制,在各项目实施过程中进行质量全面跟踪考核,确保项目实施质量可控,实现全面提升质量竞争力。

7.4.4　智慧勘察体系中的质量管理创新

质量管理体系如何落实到企业项目管理的过程中去,其实施路径在不同部门或专业各不相同,基于智慧勘察关键技术的质量管理,最基本要求是具备标准化的勘察业务流程。同时,要达到功能需求上满足专业信息化的质量管理体系框架,需从标准化体系、业务流程体系、专业算法体系、反馈优化体系和人才培养体系等多方面进行,以标准化和信息化为双驱动、互融合,以关键信息技术为支撑,服务于勘察业务全流程,在功能设计上既要符合管理要素、满足《质量管理体系　基础和术语》(GB/T 19000—2016)要求,又要在专业功能上便捷实用。

1. 标准化体系

标准化是质量管理创新的基础。基于智慧勘察关键技术的质量管理标准化建设工作,主要包含管理、技术及作业三个层面的标准化工作。在管理层面上,以创建标准化班组为导向,以 5S 管理为核心开展工作,解决管理规范化的问题;在技术层面上,落实三标体系文件、规程规范的要求,重点解决体系文件模板标准化问题;在作业层面上,开展专业技术人员标准化作业手册编制,并重点解决勘察设计流程标准化问题。

2. 业务流程体系

业务流程优化是质量管理创新的灵魂。专业信息化的目的是服务于业务流程并解决现有业务流程中的"瓶颈"问题,因此业务流程体系决定了智慧勘察体系覆盖的范围。在标准化的业务流程体系中,专业信息化需要解决设计习惯与软件功能实现的平衡。设计习惯作为一种传承,必然有其存在的合理性,在业务流程体系建设中要坚持质量管理创新的初心,坚持立足基本流程,基于业务进行流程创新。软件研发中既不能抱着既有的设计习惯为信息化而信息化,又不能完全不顾及设计习惯,用一套别扭的软件强制设计人员适应。好的信息化产品要针对业务流程来设计并具备一定的弹性,能适用业务流程的变更。

3. 专业算法体系

专业算法体系是信息化的核心,也是质量管理创新最可靠的保证。智慧勘察体系构建中实现了专业算法的程序化,最大限度地避免人为因素对计算结果的影响,专业系统中涉及几十本国标及行业规程规范的算例,必须要在各功能模块中反复论证、优化。因此在专业信息化体系中,专业算法体系的梳理、专业算法团队的构建、计算结果的验证,是通过智慧勘察实现质量安全的基本保障。在专业算法体系中,将科研成果获得的经验算法通过信息化建设研发相应的计算模块,把科研成果及时转化为生产力,同时也通过更进一步的工程实例,为算法的优化提供真实数据。

4. 反馈优化体系

反馈优化体系是智慧勘察体系建立的重要环节,也是管理创新不断改进优化的具体体现。智慧勘察体系的设计是项目团队在优选路径上搭建的完美方案,但事实上技术人员在应用中总会创造性地选择新路径,这样就导致各种模块的数据共享并非严格按理想的应用场景传递,往往在使用中发现一些功能设计上的瑕疵。在全过程信息化研发过程中倡导全员参与,及时反馈思路,在系统分析、需求评审、模型设计、成果表达等多个环节,通过每周工作研发计划、每月工作评审、季度工作汇报和 BBS 等多种途径,及时发布工作思路、设计方案并针对技术人员的反馈,在后续开发中一一对应,在研发过程中通过 PDCA 循环提高用户体验。

5. 人才培养体系

人才培养体系是质量管理创新的后盾。智慧勘察体系的构建目的是实现"1+1 大于 2"的效果,通过全方位的质量管理创新,全面提升专业技术人员工作效率,保证工作质量在较高水准运行,因此,智慧勘察体系中的人才培养机制尤为重要。首先,智慧勘察的信息化建设需要复合型人才领衔研发工作,才能从全局考虑信息化建设思路,最大程度上把握信息化建设的方向。研发队伍中专业技术骨干经验的发挥、信息化梯队人才的培养,都是需要在专业信息化建设中予以关注的问题。其次,江苏院在全过程信息化建设中,把智慧勘察软件作为人才培养工具,通过把先进工作方法、专业算法固化为智慧勘察软件,以符合流程的功能设计,实现新进人员只要掌握软件就能完成勘察设计工作的目的,从而搭建高效率的人才培养体系,实现质量管理创新的完美落地。

7.4.5 实施效果分析

1. 质量管理创新的宏观效果分析

江苏院全面推行"创(creation)、标(criterion)、精(caution)"三位一体的 3C 质量管理模式,充分调动全体员工的主观能动性,激发员工的创新意识,共同为提高产品质量、降低生产成本献计献策,更好地引领江苏院质量管理模式优化升级。

江苏院以卓越绩效管理为主线,以质量、职业健康安全和环境三标整合管理体系为支撑,通过战略研讨会、质量分析会、部门月周例会等各层次、多形式全面开展绩效评估和质量改进。近年来公司还通过"转型发展年""提速-提效-提质年""能力建设年"等专题年活动,进一步提升精细化设计水平,推行典型化和模块化设计理念,大力推进精益化管理、科技管理创新、绩效考核机制和薪酬分配机制创新,对有突出贡献的部门和个人给予奖励,坚持以企业品牌建设为载体,不断改进公司绩效管理模式,取得显著成效。

体系化的工具方法支持。江苏院在发展中融合自身管理实践,对先后引进的各类先进管理理念和改善工具进行总结提炼,逐渐形成了一套具备核心理念引导、管理制度配合、质量工具方法支撑的工具方法体系,有效地支持了全员创新及质量提升。

基于全业务数字化的三维设计。江苏院基于企业大数据平台,建立了贯穿全生命周期、数字化、可视化、持续优化地满足客户需求的数字化设计体系,主营业务板块全面推行三维设计,实现多专业的协同设计,具备三维正向设计、三维展示、全景信息模型和数字化移交能力,以信息化手段提升设计质量和效率。基于三维设计模型进行的三维工艺设计与仿真,设计效率提升 20%、差错率降低 30%,以信息化手段显著提升了设计质量和效率。智慧勘察解决方案以创新思维和智慧化手段,彻底解决了勘察设计行业质量管控难题,在江苏院全业态项目中实现全流程覆盖应用,确保高质量的勘察产品为精细化设计服务,智慧勘察全流程管控项目在第三届"江苏智造"创新大赛中获奖。

与此同时,公司致力于打造基于移动信息化的互联网设计院,以实现主要业务过程全程可追溯、提升全产业链服务质量。公司自主开发了与业务流程相适应的 OA 系统、能源规划大数据平台、生产管理 MIS、总承包质量管理系统、工程现场视频监控系统、人力资源信息系统和财务信息系统等,各信息系统实现数据共享、流程整合与功能集成。知识管理系统实现隐性知识显性化、显性知识规范化、个人知识组织化、组织知识效益化。获得江苏省工信厅"两化融合优秀企业"和"五星级上云企业"称号。

2017 年江苏院荣获南京市市长质量奖,开启了企业在质量管理、企业管理等全方位追求卓越的新篇章;2019 年江苏院荣获江苏省省长质量奖,成为江苏省首家获得省长质量奖的勘察设计企业,这是江苏院实施质量强企战略、深化卓越绩效管理模式、坚持走质量效益发展之路的必然结果。

2. 智慧勘察中的质量创新微观效果分析

基于智慧勘察体系的质量管理,在全国率先提出基于全过程信息化的智慧勘察管理理念,将复杂深奥的专业平台建设与 PDCA 的质量管理流程进行深度融合,在信息化项目开发过程中坚持从需求分析、专业算法设计、软件开发、质量管控和项目评估全流程落实质量管理要求,将江苏院 QHSE 标准化要求和项目勘察设计过程完美结合,形成了基于数据仓库和业务流程体系的信息化架构模式,真正做到了既解决生产过程所需的专业平台建设,又让质量管理在软件功能和流程中得到落实,实现了企业需求和员工需求的双赢。

1) 智慧勘察成果显著,提升企业软实力

基于智慧勘察关键技术的质量管理创新的本质在于专业信息系统的开发和质量管理方针的全面融合。专业系统针对工程勘察行业信息化痛点、商业软件数据处理效率和现场质量管控等方面存在的缺陷,以工程勘察全流程信息化为宗旨,实现勘察过程控制文件标准化、数据分析处理图形化、外业数据采集规范化、功能集成化的研发目的。

全过程信息化专业系统研发的关键技术包括:①基于过程控制的专业信息化体系:针对工程勘察行业信息化程度低、商业软件匮乏的现状,构建了勘察专业信息化体系。对现有勘察软件功能进行深入研究,首次提出了基于标准化设计流程的智慧勘察全流程信息化解决方案。②专业数据管理与业务协同技术:针对勘察专业数据分类特征与业务流程标准化体系,首次提出专业数据管理技术与业务协同方案,对工程勘察外业协同问题进行充分研究,搭建数据远程控制中心,实现远程数据实时交互和多人协同功能,并通过记录作业人员的 GPS 轨迹数据,方便地实现勘察外业质量监控功能。③大数据处理与创新利用技术:针对具有高地理属性的海量勘察数据,运用大数据存储、整理、提炼和相关分析等技术结合业务计算模型,提供面向综合决策、分析预警、数据挖掘与增值服务应用场景的功能支持;在数据表达和利用方面,突破现有软件设计模式,岩土专业首次提出了标准土层与单孔分层联动和图形化分层及数据处理方法,填补了国内同类软件的空白。④互联网与多元信息采集技术:针对工程勘察行业存在的资料造假行为,首次提出基于采集数据的时空属性校验和实时控制体系的工程地质编录信息化解决方案,能迅速发现并锁定现场资料造假行为,为政府和行业监管部门提供有效勘察外业质量管控手段。⑤云计算技术与资源整合共享方法:针对资源共享的迫切需求,充分利用企业私有云支持,优化了企业云计算与资源整合共享方法,实现对分散独立的存储、计算等资源的统一调度,为智慧勘察提供高效率的云计算支持。

2）信息化生产力发力，提升勘察工作效率

信息化生产力是创造、采集、处理、使用信息并获得信息资料的水平和力量，它具有高智能化与网络化、高渗透力等显著特征。信息化生产力依靠的是具有"无限性、增值性、共享性"的信息资源，这便为生产力的可持续发展提供了可靠的后盾与基础。

信息化建设成果不仅仅是专业软件的研发和引进，勘察公司在研发过程中，注重勘察流程标准化与信息化的高度结合，三个专业工作平台的建设，从业务流程、软件功能、生产协同和专业能力建设统一起来，从勘察公司信息化推进的过程中，信息化对生产、管理等各方面的促进是显而易见的。专业信息化对勘察公司的生产能力提供了强有力的支撑，有效地缓解了人力资源矛盾，提高了成品质量的稳定性，信息化生产力已见成效。

3）勘察过程管控与质量管理上台阶，提升经济效益

基于智慧勘察关键技术的质量管理创新成果及其转化收益主要体现在：①质量体系的稳定：系统的研发归纳总结了勘察专业主要规程规范的算法模型和评价准则，基本消除了专业技术人员对规范理解偏差导致的质量隐患，对专业能力的提升、专业质量的稳定所发挥的作用是显而易见的。②工作流程优化：全流程覆盖的功能设计为勘察专业的工作流程优化提高起到了关键作用，系统通过模块化的设计、高效的数据处理方法、贴近专业技术人员思路的流程优化，实现了数据驱动业务的目的，为企业节约了人力资源成本。作为平台级的专业软件，软件投运后对江苏院勘察专业的生产运营、人才培养、质量安全贯标都起到了关键作用。③无形资产的增值：勘察全过程信息化中获取的各类数据及数据仓库的建立，实现了企业数据资产的高度整合和共享，提高了数据资产的价值。科技项目软件著作权、发明专利及专有技术等知识产权的授予对苏电设计品牌而言，本身就是无形资产增值的过程。④商业化运行后的市场收益：专业软件作为产品推广后的收益，将是企业科技成果转化最直接的经济效益。

4）培育创新思维，实现质量管理创新

培育创新思维首先要打破思维障碍。企业在长期发展过程中，都会在一定程度上形成自身独特的思维方式和思维惯性，对环境和企业自身都会形成相对比较固定的看法，这些看法很可能成为企业开展创新和实现发展的阻碍因素。因此，企业需要培育出创新精神，就要改变固定的思维方式，培育创新思维。其次，让创新成为企业文化的重要元素。企业要想在动态、复杂的环境中建立持续的竞争优势，创新是根本。企业的任何资源和能力本身并不具备独特的竞争优势，只有通过对这些资源和能力进行新的组合，这些独特的组合才是竞争对手无法模仿的，才能成为核心竞争力。因此，企业要努力形成创新的企业文化，让创新成为企业每个成员的自觉思维方式。

电力勘察设计企业基于智慧勘察关键技术的质量管理创新集中体现在以下四方面：①顶层设计创新：三大专业系统通过设计流程、管理流程相结合的新思路，以数据仓库为基础，优化勘察业务流程，实现数据的高度集成共享和深度应用，将技术和管理需求进行了深度融合。②设计理念创新：业务系统设计以勘察作业过程为核心，从方案设计、成本预算、外业采集、数据入库、勘察分层、数据统计、成果输出、图形自动绘制等功能点为基本要求，涵盖勘察全业务范畴，在功能设计上体现全过程覆盖，着力打造平台级专业支撑体系，技术数据与管理数据在设计过程中自动沉淀、归集，便于进行质量管控。③实现方式创新：专业系统建设中提出的图形化分层、可视化任务设计、按业务流程的界面设计、电子化采集方案、多

角度反馈、双维度控制模式等,使得软件功能达到了国内先进水平。④知识管理创新:功能模块中大量集成专业知识库,用户能通过软件的知识库管理辅助判断作业过程的合理性,系统提供多源异构数据的统一管理,以业务逻辑为主线,将项目数据、专业体系数据和专业管理数据进行有效管理,为全面提升勘察设计质量保驾护航。

5)彰显示范效应,具有明显推广意义

基于智慧勘察关键技术的勘察质量管控方式,在实现专业生产和协同的基础上,更强化了过程控制和信息留痕的方式,这种全过程、一体化管控机制适合于勘察设计企业的质量管理需要,有助于企业持续完善、改进质量管理体系,提升勘察设计产品质量水平。

7.5　智慧勘察研究中的科技成果转化方案设计

企业的科研任务来源于企业自身战略发展需要,不仅要解决当前生产技术"瓶颈"问题,更要支撑企业未来的发展。科技成果具有时间价值性,由于技术的发展和竞争,一些科技成果价值会迅速降低或完全失去价值。因此,科技成果转化首先要有科技成果的时间价值,按照其对企业当前问题与长远发展的技术支撑作用,充分考虑科技成果的转化应用方案。

科技成果转化的重要途径是技术组合和资源组合。技术组合即将技术转化成产品,实现技术的产品化;资源组合则要求技术与资金、装备、材料等生产资源进行有效组合,把产品变成商品、最终变成产业。在实施科技成果转化的两个组合中存在诸多障碍和困难,需要在科技项目实施过程中分阶段、分步骤统筹考虑技术与资源有效组合。回顾智慧勘察的研发历程,经历了分散化、集成化和商业化开发三个典型的研发阶段,由于每个阶段的开发定位、开发成果都有着明显差异,在进行科技成果转化时,也应该根据各阶段的特点进行科技成果转化方案设计。

7.5.1　分散化阶段的科技成果转化

1992年至2006年,案例企业江苏院岩土专业开始了基于业务需要的工具软件自行开发,这一阶段的研发工作基本上没有科技项目统筹的概念,研发活动以个人兴趣爱好、岗位建功、特殊项目需要等形式为依托,以满足生产任务需要为目的,短平快的方式陆续开发了静力触探试验数据处理软件包、工程地质剖面图绘制软件、成图数据编辑系统、场地类别计算工具包、岩土参数数理统计工具包等多项工具类产品,这些工具软件分别应对与岩土工程勘察内业资料整理的几个关键环节,以程序化的方式替代了繁琐的手工计算,极大地提高了专业工作效率,并以成图数据编辑系统、工程地质剖面图绘制软件和岩土参数数理统计工具包为桥梁,将岩土工程勘察内业资料整理工作有机地联系起来,初步探索了数据流与任务流的同步可行性。

分散化阶段的科技成果转化是以分散开发、内部分散使用、成果应用成熟度低为基本特征。本阶段成果转化要求突出科技成果向生产力快速转化的要求,实践证明这一阶段的科技研发工作不仅仅实现了快速转换的目的,还起到了梳理专业需求、明确研发目标和细化专业支持的作用。与此同时,项目组通过分散化开发,逐步完成了专业隐性知识显性化的转化和专业设计流程标准化等一系列必要的准备。但由于本阶段的开发方式为单兵作战,缺乏统一的规划和深入的需求分析,科技开发成果的推广应用受到了一定的限制。

7.5.2   集成化阶段的科技成果转化

随着案例企业江苏院岩土专业软件分散化开发的逐步深入,项目组萌发了集成化开发的想法并付诸实施。2008 年起,江苏院岩土专业研发团队以"岩土勘察软件深化研究项目"为题,申报了科技项目并成功立项,开始了集成化开发的新阶段。笔者根据开发进程将集成化开发划分为萌芽期、发展期和成熟期三个阶段,分别阐述科技成果转化的方案设计。

(1)萌芽期:萌芽期定义为科技项目立项至需求分析完成这段时间,本阶段的转化方案设计重点在于搜集科技项目研究方向、挖掘内部需求和确立研究及转化目标。在分散化开发经验和积累的基础上,研究案例确立了明确的研发目标,项目组在项目开发初期明确提出了岩土工程专业信息化建设三步走战略,为整个集成化开发确立了科学合理的顶层设计,并对科技项目的知识产权申报等进行了提前谋划。

(2)发展期:发展期主要包括科技项目开展研究的整个周期,科技成果的显著特征之一是采用创新性新技术解决企业生产发展的技术瓶颈问题,满足生产经营需求。因此,集成化开发任务在实施过程中进行了适当分解,以解决企业生产中关键痛点为目标,以专业生产技术平台建设、外业采集系统和成本预算管理三大需求为重点,依次开发了苏电捷思得岩土工程勘察子系统、输电线路、工程地质编录采集子系统和工程勘察预算子系统,并通过统一的数据管理平台进行功能集成,取得了理想的效果。发展期的科技成果转化工作首先要完成科技项目承担的解困职能,并在此基础上增加科技项目成果的附加值,为后期的外部转化创造条件。成果转化的重要途径主要是针对科技项目研究过程中创新成果的知识产权保护、项目阶段成果测试、评审及认证等工作。

(3)成熟期:科技项目完成后经过评估、鉴定后即处于成熟期。作为岩土专业业务支撑平台,集成应用系统的开发实现了岩土专业在一个平台上完成本专业全部数据分析处理的任务。输电线路外业采集系统功能涵盖各电压等级、各设计阶段岩土外业勘察数据采集及处理,在国内电力勘察设计行业首次提出了岩土外业数据采集的标准解决方案;苏电工程地质编录采集系统可广泛应用于岩土工程勘察外业的地质编录记录工作,通过真实记录具有时间空间属性的外业各类信息,为外业质量管控提供了新的手段,根据江苏院科技成果转化推广工作计划,将全面在外委供方单位中加以推广,应用于江苏院承接的各项岩土工程勘察外业工作中,通过完成江苏省输变电智慧勘察管控云平台,成为江苏省勘察设计监管云平台建设中重要的一个组成部分。

7.5.3   商业化阶段的科技成果转化

一般来说,自主创新产品商业化,能大幅抑制同类技术市场价格,降低企业应用技术成本。在某些科技项目成果中应用核心关键技术,对建设具自主知识产权的核心技术品牌,增强企业核心竞争力有很深远的意义。

作为智慧勘察体系研发中的核心专业软件,岩土工程勘察集成应用系统是完全由岩土专业技术人员自主研发的专业软件,其设计思想先进、实现方法新颖、功能覆盖面广,与国内同类软件相比,解决了同类软件对工程勘察全过程支持力度不足的"瓶颈"问题,从其专业价值上具备全行业推广的价值,科技成果转化范围可以从电力勘察设计行业扩大至岩土工程勘察行业,具有广阔的市场前景。该软件的架构和功能设计总结了江苏院岩土工程勘察专业多年积累的勘察设计经验和岩土专业标准化建设成果,能有效提高本专业勘察设计整体水平,成果推广后能为岩土工程勘察设计行业节约人力成本,并能为其他行业的精细化设计提供支持,有益于社会资源的有效节约。

在研发过程中,案例研究项目组充分认识到了本项目的市场价值,从科技成果转化的角度,项目组完成了系统的集成测试、第三方测评、行业专家验收评审、著作权登记、专利及专有技术申报、科技成果认定、报优报奖和软件产品登记等转化前的必要准备。从科技成果转化和知识产权保护的角度,依托软件商业化形式,可培育新的经济增长点,以电力版、市政版和交通版等多行业场景应用为重点研发内容进入勘察信息化市场。

从目前本项目的商业化阶段,还需要进一步加强:

(1) 以中国能源建设集团公司勘察设计企业为目标客户,通过技术交流及宣讲,让更多企业了解江苏院研发成果,提供行业通用测试版供潜在用户测试,通过用户体验增加产品认知度。

(2) 数据采集子系统是在互联网和硬件发展基础上的标准化解决方案,可深入发掘该系统的内在价值,积极为政府及行业监管服务,依托传统业务、结合新技术,构建勘察设计企业互联网生态圈,能够在勘察行业监管体系下,以提供在线云服务产品为载体,构建面向行业应用的云服务平台。

(3) 在迭代升级与产品宣传相结合,提升用户体验的同时,扩大产品知名度。智慧勘察系列软件产品在实践中发挥了提升效率和保证质量的作用,受到了广大技术人员和管理人员的欢迎,在科技成果转化过程中需要以实际应用效果为准绳,不断迭代升级产品,追求品质服务,提升数字化产品生命力。通过申报高级别科技进步奖或优秀计算机软件奖的方式,扩大智慧勘察体系的知名度,为进一步在全集团范围内的推广做好准备工作。

第8章

智慧勘察的未来之路

工程勘察设计行业是国民经济的基础产业之一,是现代服务业的重要组成部分。工程勘察设计是工程建设的先导、灵魂和关键,是提高建设项目经济社会效益、保障工程质量安全的重要保证。工程勘察行业作为勘察设计行业的一个重要分支,在政府各相关部门、相关企业几十年的不懈奋斗下,全行业向社会提供专业服务的能力获得显著的提升,成为从单一提供建设项目勘察结果发展成为向客户和社会提供种类丰富、价值广泛的智力服务行业,科技水平进入世界前列,为中国一大批世界级工程建设项目解决了复杂的岩土工程问题,为我国社会发展做出了重要贡献。智慧勘察的未来必然是在工程勘察设计行业发展的大背景下,适应社会发展趋势,方可准确把握发展方向。本章将从工程勘察设计行业分析入手,对智慧勘察的未来之路进行展望。

8.1 工程勘察设计的未来展望

8.1.1 工程勘察设计行业发展方向

1. 工程勘察设计行业发展现状

根据 2021 年全国工程勘察设计统计年报披露,全国共有 26 748 个工程勘察设计企业参加了统计。其中,工程勘察企业 2873 个,占企业总数的 10.7%;工程设计企业 23 875 个,占企业总数的 89.3%。2020 年,具有勘察设计资质的企业年末从业人员 483.3 万人。其中,勘察人员 16.4 万人,与上年相比增长 2.3%;设计人员 109.2 万人,与上年相比增长 3.5%。年末专业技术人员 228.5 万人,其中具有高级职称人员 49.9 万人,与上年相比增长 7.9%;具有中级职称人员 80.7 万人,与上年相比增长 5.2%。即使考虑到统计口径并未涉及的钻探劳务单位及从业人员,工程勘察从业人数占行业从业人员近 15%。

从参加统计的工程勘察设计企业业务状况分析,2021 年,具有勘察设计资质的企业工程勘察新签合同额合计 1410.2 亿元,与上年相比减少 5.6%。工程设计新签合同额合计 7347 亿元,与上年相比增长 4.3%。其中,房屋建筑工程设计新签合同额 2464.4 亿元,市政工程设计新签合同额 1065.4 亿元。工程总承包新签合同额合计 57 885.8 亿元,与上年相比增长 5.1%。其中,房屋建筑工程总承包新签合同额 22 324 亿元,市政工程总承包新签合同额 8416.1 亿元。其他工程咨询业务新签合同额合计 1289.3 亿元,与上年相比增长 16.3%。

2021 年,全国具有勘察设计资质的企业营业收入总计 84 016.1 亿元。其中,工程勘察收入 1103 亿元,与上年相比增长 7.5%;工程设计收入 5745.3 亿元,与上年相比增长

4.8%;工程总承包收入 40 041.6 亿元,与上年相比增长 21.1%;其他工程咨询业务收入 964.8 亿元,与上年相比增长 19.8%。净利润 2477.5 亿元,与上年相比减少 1.4%。

参与企业的科技活动情况显示,2021 年,全国工程勘察设计行业科技活动费用支出总额 2541.7 亿元,与上年相比增长 36.1%;企业累计拥有专利 38.2 万项,与上年相比增长 27.4%;企业累计拥有专有技术 7.6 万项,与上年相比增长 25.4%。

我国工程勘察行业是从 20 世纪 50 年代参照苏联模式建立起来的,当时在国务院各部门、各地区陆续建立了工程勘察单位,有一部分是独立的,但更多的是附属在设计院内,作为设计院属的二级单位。其主要业务是为设计配套服务,提供设计需要的勘察资料,在当时的历史条件下,为我国工程建设事业做出了不可磨灭的贡献。进入 20 世纪 80 年代以来,我国工程勘察行业不论是从改革原有体制弊端上,还是在技术发展上,都有了显著的进展,特别是作为工程勘察主专业之一的工程地质勘察向岩土工程转化,从原来单一的勘察扩展到包括岩土工程勘察、岩土工程设计、岩土工程监测检测、岩土工程治理、岩土工程监理与岩土工程咨询五个方面,业务范围有了很大拓展,对工程建设所起的作用也越来越大,工程勘察得到了国家建设主管部门和建筑行业的公认。

随着岩土工程体制的逐步形成,勘察行业成为设计与施工之间的一个独立行业,并与设计、施工、监理一起构成了建筑行业的重要组成部分,得到了社会的认可。随着工程勘察行业的进一步发展,我国加入世界贸易组织(Wold Trade Organization,WTO)后与国际接轨的需要以及国家建设主管部门的政策要求,工程勘察行业面临着一个新的发展阶段,其发展方向和趋势也将面临新的调整,以适应社会发展的需要。

2. 工程勘察设计行业发展前景与趋势

1) 国民经济发展和基础设施投资增长,为工程设计行业提供直接支持

随着宏观经济发展,我国全社会固定资产投资额呈现出增长态势。从固定资产投资来看,整体固定资产投资增速继续放缓,但基础设施投资增速保持在高位。根据《中华人民共和国 2021 年国民经济和社会发展统计公报》,2021 年全年全社会固定资产投资 55.29 万亿元,比上年增长 4.90%,固定资产投资依然是拉动经济增长的重要引擎。

工程勘察设计行业的市场规模与国民经济发展状况密切相关。数据显示,我国国内生产总值持续增长,从 2009 年的 34.85 万亿元增长到 2019 年的 99.09 万亿元,年均复合增长率达 11.02%。我国城镇化进程的加快,将进一步拉动基础设施等固定资产投资,促进工程勘察设计行业持续发展。

建筑业的发展是建筑设计市场需求的直接来源。2009 年至 2019 年,我国建筑业总产值从 7.68 万亿元增长到 24.84 万亿元,年均复合增长率为 12.46%。2022 年 1 月,住房城乡建设部印发《"十四五"建筑业发展规划》,明确提出"以建设世界建造强国为目标,着力构建市场机制有效、质量安全可控、标准支持有力、市场主体有活力的现代化建筑业发展体系",建筑业增减值占国内生产总值的比重保持在 6% 左右。在中国经济新常态形势下,建筑业仍将保持平稳增长。

2) 国家产业政策支持,双碳政策落地为工程勘察设计行业催生了新机遇

贯彻落实绿色低碳理念是工程勘察设计行业发展的必然趋势。"十四五"时期,新型城市基础设施建设、城市更新、完整居住社区建设、乡村建设行动等工作任务为工程勘察设计行业发展带来了新机遇,碳达峰、碳中和目标为行业绿色低碳发展指明了新方向,"适用、经

济、绿色、美观"是行业发展贯彻落实的建筑方针。近年来,我国提出了粤港澳大湾区规划、长江经济带战略、"一带一路"倡议、西部陆海新通道规划、新型城镇化、美丽中国、乡村振兴等一系列重大举措,将形成大量工程项目及投资,为工程勘察设计行业带来新的市场空间。

自"3060"碳达峰、碳中和目标提出以来,工程勘察设计行业围绕"双碳"目标逐步完善顶层设计,勘察设计是工程建设的前端,也是工程建设行业减碳的源头。在"双碳"目标下,涉及建筑设计、施工及运营全过程的产业链将被颠覆,工程勘察设计行业在节能建筑、装配式建筑、光伏建筑、建筑垃圾循环利用等方面将面临巨大的市场空间。"双碳"目标要求绿色生产方式和建设模式,设计阶段应从建筑的全生命周期角度考虑节约资源、保护环境。加快推动近零能耗建筑规模化发展,鼓励积极开展零能耗建筑、零碳建筑建设。生产和建造阶段,加大绿色建造力度,节约资源、保护环境,从而减少碳排放,尤其是注重加大绿色建材的应用,从占比最高的钢筋混凝土处通过技术提升减排。要提高绿色建筑标准,需要构建目标指标体系、标准技术体系、政策法规体系、监测考核体系,在引导绿色施工、推动绿色应用上循序渐进。

3) 新型城镇化与城市更新推进,持续拉动工程设计和国土空间规划业务增长

我国城市化水平仍处于快速发展阶段。数据显示,2009 年至 2019 年,我国城镇常住人口从 6.45 亿人增加到 8.48 亿人,常住人口城镇化率从 48.34% 增至 60.60%;到 2030 年我国常住人口城镇化率将达到 70%。发达国家的城镇化经验表明,我国城镇化率正处于加速阶段初期,未来较长时间内将保持持续增长趋势,工程设计和国土空间规划行业仍将有广阔的增长空间。

2021 年 3 月,《中华人民共和国国民经济和社会发展第十四个五年规划和 2035 年远景目标纲要》(简称《纲要》)正式出炉。《纲要》是指导我国今后 5 年及 15 年国民经济和社会发展的纲领性文件,对我国的经济与社会发展具有重要的战略意义。《纲要》给城市更新领域带来了重大的利好,主要为完善新型城镇化战略,实施城市更新行动,提升城镇化发展质量,全面推进乡村振兴,实施房地产市场平稳健康发展长效机制,促进房地产与实体经济均衡发展,进一步完善住房市场体系和住房保障体系,有序推进房地产税立法等。"十四五"规划纲要指出,我国将坚持走中国特色新型城镇化道路,深入推进以人为核心的新型城镇化战略,继续推进新型城镇化建设,并提出"十四五"时期将常住人口城镇化率提高到 65% 的目标。在新型城镇化建设方面,发展壮大城市群和都市圈,优化提升京津冀、长三角、珠三角、成渝、长江中游等城市群,培育发展一批同城化程度高的现代化都市圈,依托辐射带动能力较强的中心城市,提高 1 小时通勤圈协同发展水平,培育发展一批同城化程度高的现代化都市圈;以京津冀、长三角、粤港澳大湾区为重点,提升创新策源能力和全球资源配置能力,加快打造引领高质量发展的第一梯队。根据 2020 年国务院《政府工作报告》,从市场布局角度出发,工程设计行业的市场热点仍旧是五大重点区域:京津冀协同发展、粤港澳大湾区建设、长三角一体化发展、长江经济带建设、成渝双城经济圈建设。区域性规划将实现城市间互通互联作为基本要求,鼓励设计企业积极推进业态创新,以新业务、新技术敲开新市场大门。

智慧城市是运用物联网、云计算、大数据、空间地理信息集成等新一代信息技术,促进城市规划、建设、管理和服务智慧化的新理念和新模式。建设智慧城市,对提升城市可持续发展能力具有重要意义。随着云计算、大数据、人工智能等信息化技术的推广应用,智慧城市建设将迎来重要机遇期。

4）行业市场化程度提高，工程建设组织模式优化

在国家"简政放权、放管结合、优化服务改革"的背景下，住房城乡建设部连续发布多项政策，从资质改革、招投标改革等方面入手，旨在改善市场环境、规范市场秩序。行业市场化程度的提高，将释放市场活力，有利于优质设计企业打破区域壁垒，拓展全国市场。产业链内的企业可通过并购等方式向上下游拓展业务，开拓新兴业务领域。BIM、互联网、大数据等信息技术的运用，将改变工程勘察设计行业传统的商业模式和管理模式，为勘察设计企业带来新的发展机遇。

2017年，国务院办公厅印发《关于促进建筑业持续健康发展的意见》后，住房城乡建设部相继发布了工程总承包、全过程工程咨询等相关专项政策与试点，为持续推动工程建设组织模式优化提供政策支持，极大促进了行业业务创新发展。

5）新技术创新与应用

装配式建筑、BIM技术、大数据的推广应用，将提高建筑产业的信息化管理水平，促进绿色建筑发展和智慧城市建设。突发性公共卫生事件的发生，更加证明智慧城市建设的作用不可或缺，尤其是在城市交通、医疗、政务等方面，数字化转型将为工程设计企业提供新的市场空间。

8.1.2　工程勘察技术发展方向

1. 勘察技术创新

在国家有关部门的统筹规划领导和推动下，与国际接轨的岩土工程技术服务体系已经建立起来，与快速发展的工程测量技术和专业地理信息服务相耦合，全行业为社会、客户提供的专业技术服务品质发生了显著的变化，创造的价值已远远超出传统建设项目工程勘察的范畴。行业工作成果的质量和水平与城市基础设施的运行安全、建设项目安全、自然环境和都市建成环境的质量安全密切相关。

工程勘察技术的创新随着服务领域的拓展也在不断进步，诸如基于环境保护和资源科学利用的规划选址、复杂建成环境下地下空间开发建设的投资效益及其岩土工程风险预防、地温能等可再生能源利用、城市基础设施安全运营、土壤地下水环境的污染防治、智慧城市运营管理中的专业数据资源利用与专业决策技术支撑等，亟待积极地去发掘。要完成这些新业务和新领域的工程项目，其核心的勘察技术及其创新就显得尤为重要。

1）综合勘察技术。综合勘察技术是利用多种物理勘探技术、地面测绘技术以及钻探技术的优点，将其有机结合后形成的一种综合性勘探方法，该方法可充分利用各类勘探技术的优点，弥补其缺点，对目标从点、线、面多个维度进行立体化勘探。综合地质勘探方法并不是各类方法的简单叠加，需要按照先地面后地下的顺序进行勘探；对地面进行勘探时，应按照先钻探再物探的顺序进行；对地下进行勘探时，可采用钻探和物探相结合的方式进行。在综合地质勘探中，常用的勘探方法有低位物理勘探、坑探工程、钻探工程、地质填图和遥感技术。

2）物探技术。工程物探是岩土工程中的重要组成部分，也是工程检测监测的重要方法。工程物探技术受到地形及场地限制的可能性较小，因此具有节省费用、时间及勘察准确的特点。运用超高频脉冲电磁波探测地下介质分布情况的地质雷达技术、用不同方向地震波的走势对地质内部结构进行探测且成像的CT技术等，都需要在未来拓展应用范围，解决数据解译处理的诸多"瓶颈"问题，能更直观、多维地表达勘探结果，得到的岩土力学参数能直接应用在工程设计及施工当中，并有效地解决很多传统勘探技术中无法解决的问题，

这些都是未来工程勘察技术要攻克的难点。

3）地质数字建模技术。通常现场勘察采集到的钻孔资料相对零散，为方便数据处理及整体分析，以计算机建模方式对岩土工程进行 3D 地质建模，可以达到地层建模从剖面至三维、三维建筑物建模、柱状显示三维钻孔、管理查询数据、分析工程数值之间的有机融合，目前常见的建模方法主要分为不规则网格法、表面模型法等，后期通过人工智能算法在工程勘察领域的大范围应用，在建模技术上也有望形成突破。同时大范围、多层次的区域地质建模服务需求也将随着智慧城市建设出现需求井喷，如何利用建模技术为新型业务的开拓提供助力，需要在技术能力上有所储备。

地质数字建模技术作为地质资料的空间表达，其精度一方面取决于勘察资料的精度，另一方面取决于差值算法的精度。目前在本领域经常出现鼓吹差值算法万能的言论有很多，但应该清醒地认识到，任何地质数字建模技术是对未知地质条件的技术模拟，而非真实表达，作为岩土工程师应该对此保持冷静。

2．业务一体化

工程勘察企业业务单一，同质化竞争已成为行业共识，未来工程勘察行业的技术发展方向，必须考虑工程勘察与设计、施工和检测监测业务一体化的模式。工程勘察、设计、施工和监测检测一体化模式，既可以保障工程项目质量，又有助于提升建设单位的效益，相比于传统的分散模式，实行一体化模式的优势主要体现在：①显著提高施工速度。通过加强组织协调，让勘察人员与设计人员保持联系，方便设计人员详细掌握勘察资料，从而保证设计方案的质量与可行性，加快设计出图效率。让设计人员与施工人员保持联系，用设计图纸指导现场施工的顺利进行，提高施工速度。②方便工程造价管理。承包商全权负责勘察、设计和施工，能够将各种资源合理配置，对各个环节进行优化，减少工程设计变更，从而有利于工程造价的控制。除此之外，该模式还具有责任划分明确、加快技术创新等一系列特点勘察、设计与施工一体化在实现资源优化配置、加快工程建设进度等方面的应用优势不言而喻。

基于勘察设计与施工一体化模式的技术特点、工作衔接等方面，尽快出台与之配套的规章制度、行业准则，为该模式应用价值的发挥创设良好的外部环境，要明确划分勘察、设计、施工三方主体的责任，加强相互之间的信息交流，通过破除信息壁垒，让各项工作的前后衔接更加紧密、过渡更加自然。同时工程勘察企业也要提升业务能力，为业务一体化模式的推广创造一切可能的条件，以高品质、高质量的服务，形成企业的核心竞争力，实现更好地生存与发展，使企业能够在竞争越来越激烈的市场中取得优势地位。

3．业态创新和商业模式创新

工程勘察行业近年来又一个热点拓展领域是环境岩土工程领域，解决污染场地土壤、地下水污染问题的环境岩土工程服务，其涉及污染场地的专业调查分析评价、场地修复治理工程的设计、修复项目实施、运维监测和项目管理等，整个行业为社会和客户不断地创造出新的价值。工程勘察设计行业将朝着大数据、云计算与"互联网＋"等方向发展，建筑信息模型（BIM）和数字化工厂（digital factory，DF）技术在工程建设项目全生命周期充分发挥作用，信息化促进勘察设计企业转型升级、创新发展，也不断开拓着行业的业态创新。

商业模式是企业为了实现价值最大化，把内外各要素整合，并通过最优实现形式满足客户需求，实现客户价值，形成的一个完整高效的，具有独特核心竞争力，并能持续盈利的系统整合方案。简单说,是企业依托自身核心能力,同步实现客户价值最大化,持续获得利润的运营方式。

以案例企业为例,"双碳"目标下国内能源电力产业结构调整、竞争力重塑快速加剧,行业发展热点将聚焦在新能源和能源新业态领域。电力勘察设计企业在新业态领域的商业模式如果单纯延续传统业务的项目设计收费模式,将无法满足用户不断增长的需求,更无法在竞争中立足。在未来的蓝海市场里,特别是在能源数字化大背景下,无论是具有资源、规模优势的国内外能源巨头,还是具有数字化、智能化优势的互联网头部企业,纷纷入局新能源和智慧能源领域,商业模式创新将是赢得这场竞争的关键。

如何创新固有的商业模式,必须深入思考行业的核心痛点在哪里?用户需求如何?此处借用互联网的用户划分体系来梳理,如表 8-1 所示。

表 8-1 案例企业客户需求分析

客户细分	特 征 描 述	需求变化描述
B 端客户	五大＋两网＋行业用户	普通电源—智能电源—绿色能源电源—多能互补智慧电源
C 端客户	园区、社区等为代表的各类用能大户	用能—用清洁低碳能源—智慧用能

注:"五大"指的是中国华能集团有限公司、中国大唐集团有限公司、中国华电集团有限公司、国家电力投资集团有限公司、中国国电集团有限公司。"两网"指的是国家电网有限公司、中国南方电网有限责任公司。

案例企业的传统优势为挖掘并解决用户的痛点,从规划咨询、勘察设计、EPC 总包到投建营一体化,尤其是非常擅长满足 B 端客户的需求,未来在 C 端客户需求出现井喷的新形势下,通过提升资本运作、产业研判、投资决策和风险管控等能力,将"云大物移智链"(云计算、大数据、物联网、移动互联网、人工智能、区块链技术)等数字技术与产业深度融合,在综合智慧能源、氢能、储能、电能替代等三新产业率先布局,促进智慧城市、智慧园区、美丽乡村、共享储能、绿电交通等新技术、新业态、新模式蓬勃发展。

因此,用数字化链接产业链生态的模式呼之欲出:瞄准行业痛点,满足客户多层次需求,把刚需转化为今后为公司带来长期持续营收的新来源,针对新型电力系统构建过程中的具体应用场景,提供智慧用能数字化产品,增强用户黏度、提升核心优势,实现从单一的前端收费模式向全过程赋能与服务模式转变。案例企业商业模式创新分析如表 8-2 所示。

表 8-2 案例企业商业模式创新分析

简 称	定 位	核 心 业 务	细分客户
D(Design&Digitalize) 能源数字化设计	一流的能源电力一体化方案解决商	能源电力全容量及全电压等级勘察设计与全过程数字化实现	B+C
P(PLAN) 能源规划	一流的高端规划咨询商	双碳规划、能源电力规划、园区规划、用能规划	B
C(Construction) 工程建设	一流的工程总承包商	各类工程总承包	B+C
O(Operation) 智慧运营	一流的基础设施综合服务商	用能监测、用能优化、工程节能服务与基础设施智慧运营	B+C
S(Supply chain) 供应链	一流的供应链生态整合商	依托总包及智慧运营,链接设备供应、新产品研发	B+C

DPCOS 商业模式：对市场、用户、产品、企业价值链和行业生态进行重新审视，以规划为引领，设计为核心，数字化产品为载体，全产业链联动赋能的新型商业模式。

核心理念：用数字孪生产品深度绑定用户，引导和挖掘用户需求，从项目的一次性服务向全生命周期服务转变，在变革中创造新的价值和赢利点。

盈利模式：能源规划＋数字产品设计＋数字化交付＋智慧化运营＋全生命周期增值服务。

8.2　勘察设计行业数字化畅想

党的十九大制定了面向新时代的发展蓝图，提出要建设网络强国、数字中国、智慧社会，推动互联网、大数据、人工智能和实体经济深度融合，发展数字经济、共享经济，培育新增长点、形成新动能。2018 年 4 月，习近平总书记在全国网络安全和信息化工作会议上指出，要发展数字经济，推动产业数字化，利用互联网新技术新应用对传统产业进行全方位、全角度、全链条的改造，提高全要素生产率，释放数字对经济发展的放大、叠加、倍增作用。2020 年 8 月，国务院国资委印发《关于加快推进国有企业数字化转型工作的通知》，明确国有企业数字化转型的基础、方向、重点和举措，全面部署国有企业数字化转型工作。2020 年 11 月，《中共中央关于制定国民经济和社会发展第十四个五年规划和二〇三五年远景目标的建议》要求发展数字经济，推进数字产业化和产业数字化，推动数字经济和实体经济深度融合。可见，激活数据要素潜能，促进数字技术与传统产业深度融合，催生新产业、新业态、新模式，已成为推进国有企业转型发展的必然要求。2022 年 1 月，国务院印发的《"十四五"数字经济发展规划》中指出：数字经济是继农业经济、工业经济之后的主要经济形态，是以数据资源为关键要素，以现代信息网络为主要载体，以信息通信技术融合应用、全要素数字化转型为重要推动力，促进公平与效率更加统一的新经济形态。数字经济正在推动生产方式、生活方式和治理方式的深刻变革，成为重组全球要素资源、重塑全球经济结构、改变全球竞争格局的关键力量。发展数字经济是把握新一轮科技革命和产业变革新机遇的战略选择。

数字经济可以分为产业数字化和数字产业化。产业数字化方面，要加快重点行业数字化转型提升工程，发展智慧农业和智慧水利，开展工业数字化转型应用示范，加快推动工业互联网创新发展，提升商务一领域数字化水平，大力发展智慧物流，加快金融、能源等领域的数字化转型；数字产业化方面，要增加关键技术创新能力，补齐关键技术短板，强化优势技术供给，抢先布局前沿技术融合创新。要提升核心产业竞争力，加快培育新业态新模式。

在参与市场竞争过程中，勘察设计企业瞄准数字化、智能化、智慧化的新趋势，重塑组织关系和生产经营方式，重构客户服务和产品创新能力，营造全在线、全连接、全协同的数字化、智能化环境，打造能源"智慧＋"、基建"智慧＋"等新产业生态圈，实现产业数字化、数字产业化，培育新的核心竞争力。深刻理解数字化转型的重要意义，抓住产业数字化、数字产业化赋予的机遇，适应数字化、网络化、智能化发展大趋势。

勘察设计企业在进行数字化转型过程中，要强化顶层设计，打造数字生产运营体系，深化业务执行平台、数字交付平台、基础服务平台建设，重塑企业价值链和生态链，创造全新价值。要求研究成立数字化转型适应性组织，建立激励与容错机制，加大投入力度，激发广大人才的积极性和开拓性；积极采用参股、并购等方式，加强与数字产业链上下游合作，探索创新商业模式，打造数字化转型的良好生态圈。

以互联网、物联网、大数据、云计算及 BIM 等技术为主要发展方向,从而实现"全系统、全过程、全要素"的一体化发展态势,为国家基础建设、区域学科发展及行业技术创新提供科学的、坚实的、有效的助力。数字化、信息化与智慧化是工程勘察信息化发展的关键路径。

8.2.1　信息化、数字化与智慧化的概念

1. 概念释义

（1）信息化

企业信息化实质上是将企业的生产过程、物料移动、事务处理、现金流动、客户交互等业务过程数字化,通过各种信息系统网络加工生成新的信息资源,提供给各层次的人们洞悉、观察各类动态业务中的一切信息,以做出有利于生产要素组合优化的决策,使企业资源合理配置,以使企业能适应瞬息万变的市场经济竞争环境,求得最大的经济效益。

（2）数字化

数字化的概念分为狭义数字化和广义数字化。狭义数字化主要是利用数字技术,对具体业务、场景的数字化改造,更关注数字技术本身对业务的降本增效作用。广义数字化,则是利用数字技术,对企业、政府等各类组织的业务模式、运营方式,进行系统化、整体性的变革,更关注数字技术对组织的整个体系的赋能和重塑。

狭义数字化,是指利用信息系统、各类传感器、机器视觉等信息通信技术,将物理世界中复杂多变的数据、信息、知识,转变为一系列二进制代码,引入计算机内部,形成可识别、可存储、可计算的数字、数据,再以这些数字、数据建立起相关的数据模型,进行统一处理、分析、应用,这就是数字化的基本过程。

广义数字化,则是通过利用互联网、大数据、人工智能、区块链、人工智能等新一代信息技术,对企业、政府等各类主体的战略、架构、运营、管理、生产、营销等各个层面,进行系统性的、全面的变革,强调的是数字技术对整个组织的重塑,数字技术能力不再只是单纯地解决降本增效问题,而成为赋能模式创新和业务突破的核心力量。

场景、语境不同,数字化的含义也不同,对具体业务的数字化,多为狭义数字化,对企业、组织整体的数字化变革,多为广义数字化,广义数字化的概念包含了狭义数字化。

数字化转型是一种通过将数字技术整合到运营流程、产品、解决方案与客户互动中来推动业务创新的战略。这种策略的重点是通过关注数字资产的创造与货币化过程,利用新技术带来的机会及其对业务的影响。数字化转型涉及数字生态系统的建设,在这个系统中,客户、合作伙伴、员工、供应商和外部实体之间形成统一的无缝整合,可以从整体上提供更大的价值。

（3）智慧化

智慧化是指事物在计算机网络、大数据、物联网和人工智慧等技术的支持下,所具有的能满足人的各种需求的属性。智慧化是建立在数据化的基础上的媒体功能的全面升华。它意味着新媒体能通过智慧技术的应用,逐步具备类似于人类的感知能力、记忆和思维能力、学习能力、自适应能力和行为决策能力,在各种场景中,以人类需求为中心,能动地感知外界事物,按照与人类思维模式相近的方式和给定的知识与规则,通过数据处理和反馈,对随机性的外部环境做出决策并付诸行动。

2. 概念区别与联系

从三者的内涵上看,信息化是数字化的基础,数字化是智慧化的基础,从信息化到数字

化再到智慧化,是勘察设计企业数字化转型的合理路径。信息化、数字化、智慧化可以视为企业信息化发展的不同阶段的核心特征描述。

信息化是将企业业务搬到了信息系统。数字化是将企业产品、运营、服务等模式重塑组合,数字化转型是企业形态变化的另一种新形式,体现为:①业务数字化,数字业务化;②推倒围墙、改变模式、构建生态;③聚焦战略、愿景和价值。智慧化有两方面的含义:①采用"人工智能"的理论、方法和技术处理信息与问题;②具有"拟人智能"的特性或功能,例如自适应、自校正、自协调、自诊断及自修复等。智慧化是自动化技术当前和今后发展的动向之一,它已经成为工业控制和自动化领域各种新技术、新方法及新产品的发展趋势和显著标志。

三者在技术、内核和影响层面上的主要区别如下:

(1) 从技术层面看。信息化、数字化本质上都是把物理事件的流程、产品、数据变成计算机世界的 0 和 1 的代码。然而,数字化相比信息化有了一个突破性的变化,那就是以大数据、人工智能、物联网为核心的新一代技术,把信息化的范围和深度做了革命性的变化。智慧化是信息新技术的集成应用。

(2) 从内核层面看。互联网、物联网在人与人、人与物、物与物之间建立了更为广泛、深入的连接,基于这些连接,越来越多的业务从线下转移到线上,从而把企业业务从实际过程变成一个个数字化镜像。在业务数字化连接之上,企业内部同时产生了大量数据,通过数据建模、数据加工、数据洞察,企业可以借助这些数据赋能业务和管理,为企业创造出更多的价值,即数据赋能业务、数据驱动业务。有了数据之后,企业才能迎来数字化的最高阶段——智能。人工智能是大数据的产物,没有海量数据的支撑,人工智能根本无法实现。

(3) 从影响层面看。首先,数字化极大地帮助企业优化了业务流程,提高了管理效率。其次,数字化革命性地改变了客户和企业的沟通模式,企业和客户之间的沟通变得越来越实时和无缝,这就要求企业必须真正建立起以客户为中心的运营模式。如果不以客户为中心,企业在未来可能会越来越难以生存。最后,数字化在改变了企业和客户的交互模式之后,企业内部的管理模式、运营模式也都会随之发生很大的改变,新的商业模式将应运而生。

简而言之,信息化是把业务汇总成数据,通过数据打通业务信息传递;数字化是以数据为核心去驱动业务,甚至去开辟新业务。信息化是对内提升管理效率,数字化是对外重构商业模式。数字化转型是一项长期艰巨的任务,数字化是推进信息化的最好方法,业务生产数据、数据反哺业务,并催生智慧化需求,从而推动企业进行新一轮数字化转型。

信息化、数字化和智慧化的区别如表 8-3 所示。

表 8-3　信息化、数字化和智慧化的区别

对比项	信　息　化	数　字　化	智　慧　化
关注视角	管理	业务	决策
关注内容	信息处理	信息协同	信息预警
集成特点	系统集成	数据融合	智能感知
建设模式	IT 部门主导	IT＋业务	IT＋业务＋生态
应用框架	流程驱动,解决的效率问题	数据驱动,解决效益问题	数据＋算法驱动,解决效能问题
人才要求	一般	高	最高
技术特征	紧耦合	解耦	场景化＋微服务

8.2.2 数字孪生

1. 概念释义

数字孪生(digital twin)是充分利用物理模型、传感器更新、运行历史等数据,集成多学科、多物理量、多尺度、多概率的仿真过程,在虚拟空间中完成映射,从而反映相对应的实体装备的全生命周期过程(引自百度百科)。

数字孪生是一种超越现实的概念,可以被视为一个或多个重要的、彼此依赖的装备系统的数字映射系统。这个定义基本上道出了数字孪生的本质是基于物联网、传感器、模型、数据、映射、仿真多学科技术的集成应用,核心要解决的是设备全生命周期的管理。

从这个定义也可以看出,数字孪生最初是基于设备全生命周期管理场景提出的,着眼点是物理设备的数字化。将这个概念进一步泛化,可以将物理世界的人、物、事件等所有要素数字化,在网络空间再造一个一一对应的虚拟世界,物理世界和虚拟世界同生共存、虚实交融,万物皆可数字孪生。

简单来说,数字孪生就是在一个设备或系统的基础上,在信息平台上创造一个虚拟的、数字版的"克隆体"。与工程勘察设计行业的 CAD 图纸显著不同的点,在于数字孪生是实体对象的动态仿真。实体对象的数字模型既包含了实体本身的几何设计模型数据,还集成了传感器反馈的数据、历史运行数据等,实体对象的实时状态、外界环境条件,都可以被复现在"孪生体"身上。生产流程数字孪生模型如图 8-1 所示。

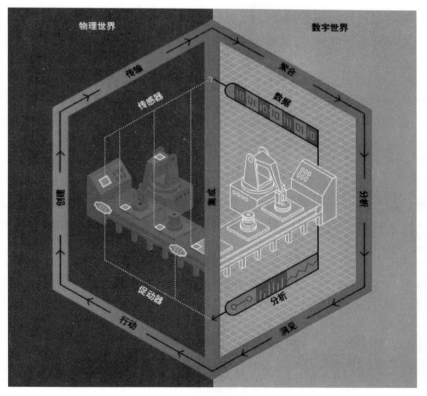

图 8-1 生产流程数字孪生模型

2. 数字孪生的典型特征

数字孪生最初源于 2003 年 Grieves 教授在美国密歇根大学产品生命周期管理课程上提出的"与物理产品等价的虚拟数字化表达"的概念,当时被称作"镜像空间模型",其定义为包括实体产品、虚拟产品及两者之间连接的三维模型。数字孪生技术早期主要被应用在军工及航空航天领域。2010 年,美国国家航空航天局在太空技术路线图中首次引入数字孪生的概念,开展了飞行器健康管控应用。2011 年 3 月,美国空军研究实验室结构力学部门的 Pamela A. Kobryn 和 Eric J. Tuegel 做了一次演讲,题目是"Condition-based Maintenance Plus Structural Integrity(CBM+SI)& the Airframe Digital Twin(基于状态的维护+结构完整性 & 战斗机机体数字孪生)",首次明确提到了数字孪生,指出要基于飞行器的高保真仿真模型、历史数据和实时传感器数据构建飞行器的完整虚拟映射,以实现对飞行器健康状态、剩余寿命及任务可达性的预测。

高德纳咨询公司(Gartner Group)自 2016 年起连续多年将"数字孪生"列为未来十大战略技术之一。其认为数字孪生体是"物理世界实体或系统的数字代表,在物联网背景下连接物理世界实体,提供相应实体状态信息,对变化做出响应,改进操作,增加价值"。

数字孪生的显著特征包括:

(1)互操作性

数字孪生中的物理对象和数字空间能够双向映射、动态交互和实时连接,因此数字孪生具备以多样的数字模型映射物理实体的能力,具有能够在不同数字模型之间转换、合并和建立"表达"的等同性。

(2)可扩展性

数字孪生技术具备集成、添加和替换数字模型的能力,能够针对多尺度、多物理、多层级的模型内容进行扩展。

(3)实时性

数字孪生技术要求数字化,即以一种计算机可识别和处理的方式管理数据以对随时间轴变化的物理实体进行表征。表征的对象包括外观、状态、属性、内在机理,形成物理实体实时状态的数字虚体映射。

(4)保真性

数字孪生的保真性指描述数字虚体模型和物理实体的接近性。要求虚体和实体不仅要保持几何结构的高度仿真,在状态、相态和时态上也要仿真。值得一提的是,在不同的数字孪生场景下,同一数字虚体的仿真程度可能不同。例如工况场景中可能只要求描述虚体的物理性质,并不需要关注化学结构细节。

(5)闭环性

数字孪生中的数字虚体,用于描述物理实体的可视模型和内在机理,以便对物理实体的状态数据进行监视、分析推理、优化工艺参数和运行参数,实现决策功能,即赋予数字虚体和物理实体一个大脑。因此数字孪生具有闭环性。

(6)全生命周期特性

由于数字孪生具备虚实融合与实时交互、迭代运行与优化以及全要素/全流程/全业务数据驱动等特点,目前已被应用到产品生命周期各个阶段,包括产品设计、制造、服务与运维乃至报废回收的整个周期,它并不仅限于帮助企业把产品更好地造出来,还包括帮助用户更好地使用产品。未来世间万物都将拥有其数字孪生体,并且通过物联网彼此关联,创造出巨大的价值。

3. 数字孪生应用场景

数字孪生以数字化的形式在虚拟空间中构建了与物理世界一致的高保真模型,通过与物理世界间不间断的闭环信息交互反馈与数据融合,能够模拟对象在物理世界中的行为,监控物理世界的变化,反映物理世界的运行状况,评估物理世界的状态,诊断发生的问题,预测未来趋势,乃至优化和改变物理世界。数字孪生能够突破许多物理条件的限制,通过数据和模型双驱动的仿真、预测、监控、优化和控制,实现服务的持续创新、需求的即时响应和产业的升级优化。基于模型、数据和服务等各方面的优势,数字孪生正在成为提高质量、增加效率、降低成本、减少损失、保障安全、节能减排的关键技术,同时数字孪生应用场景正逐步延伸拓展到更多和更宽广的领域。与工程勘察设计相关的数字孪生应用场景主要包括:

(1)智慧城市领域的数字孪生应用

数字孪生城市是数字孪生技术在城市层面应用,通过构建城市物理世界及网络虚拟空间一一对应、相互映射、协同交互的复杂系统,在网络空间再造一个与之匹配、对应的孪生城市,实现城市全要素数字化和虚拟化、城市状态实时化和可视化、城市管理决策协同化和智能化,形成物理维度上的实体世界和信息维度上的虚拟世界同生共存、虚实交互的城市发展新格局。数字孪生城市具备四大技术特征:①物理城市与数字城市的精准映射;②数字城市的分析洞察,实现数据驱动的治理;③数字城市与物理城市的虚实融合,虚拟服务现实;④数字城市对物理城市的智能干预,在数字城市仿真,在物理城市执行。

数字孪生城市既可以理解为实体城市在虚拟空间的映射状态,也可以视为支撑新型智慧城市建设的复杂综合技术体系,它支撑并推进城市规划、建设、管理,确保城市安全、有序运行。中国科学院院士、中国工程院院士李德仁在2021(第二十届)中国互联网大会的《基于数字孪生的智慧城市》中指出,数字孪生城市就是要在真三维城市实体模型底座之上,把基础设施包括水、电、气、交通的运行状态,市政管理的医疗、消防的调配情况,人流、车流、物流情况等上网,建设数字孪生城市的时候要强调物联网、万物上网,要把GIS、BIM和物联网加在一起,构成无处不在、无时不在的真正的数字孪生城市。2022年4月21日,在"数字孪生城市框架与全球实践"研讨会上,中国信息通信研究院产业与规划研究所总工程师高艳丽解读了《数字孪生城市框架与全球实践(2021年)》报告,基于中国信息通信研究院多年数字孪生城市研究,结合全球数字孪生城市发展态势,进一步总结提炼了数字孪生城市的概念——数字孪生城市是通过数字化技术,将城市的物理空间映射到数字空间,通过模拟、监控、诊断、预测和控制,实现城市物理维度和数字维度同步运行、虚实互动的城市发展新形态。并进一步提出了四大特征和三大愿景,构建了"4+5"数字孪生城市要素框架。

数字孪生城市三要素是:数据、模型、服务。当空天地一体化网络、智能无人系统等技术充分发展起来以后,传统城市电子地图精度提升近百倍,实现高精度实时城市三维建模成为可能,数字孪生城市具备技术条件。各类业务平台系统数据、物联网终端数据、城市三维模型数据通过有序组合形成城市之数字孪生体,在城市数字孪生体中存在各类智能模型与算法,与城市业务融合后,可产生各类有价值的城市服务。

为满足城市创新运营和应用需求,数字孪生城市建设必须解决时空信息可视化问题。而可视化的本质是要解决用户实际的业务问题,首先要解决城市管理者和数字孪生城市系统应用能"看得懂"的问题。三维场景更容易让观者有代入感,能提升事件处理效率,缩短问题反映时间。对于城市管理者而言,实现城市基础设施可视化管理、城管部件可视化定位、城市用地信息可视化监测、城市应急指挥可视化决策等,能更好地满足管理与决策上的高层次应用。对于公众而言,可视化的三维实景城市是客观世界的真实写照,不需要公众具有专业知识来判读理解,能根据实时场景进行问题查询和处理。

　　基于三维实景建模与城市智能模型(CIM)的数字孪生城市建设,可利用高精度的三维实景模型为智慧城市时空大数据平台提供全过程的可视化支撑,利用 CIM 生动准确描述实体单元并融合城市地理实体的动态信息来支撑智慧城市各类应用,从而真正意义上实现智慧城市建设的智慧可视。数字孪生城市架构如图 8-2 所示。

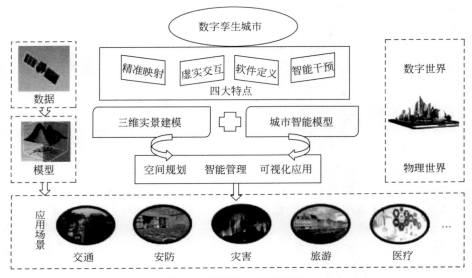

图 8-2　数字孪生城市架构

　　数字孪生城市应用系统数据建模思路是:以"业务需求"为起点和中心,以"数据互联互通"为根本,从数据源抽取以下城市核心主题:人、物品、交通工具、环境、制度、案件、事件,构建包括以下四大组成部分的闭环数据生态模型:①数据中台:包括业务数据库、知识库、模型库;②数据服务总线;③城乡应用生态:包括国家级、省级、市级、县级、乡村级 5 个层级;④数据反馈线:提供定期和实时两类数据。基于闭环数据生态模型,构建形成融智能业务体系和数据资源体系为一体的数据综合集成模型,可满足城市复杂多变的应用场景需求,同时具有抗突发事件的应急能力和持久韧性。

　　(2) 智慧建筑领域的数字孪生应用

　　数字孪生建筑是将数字孪生技术应用于建筑领域,构建物理建筑模型,使用各种传感器全方位获取数据的仿真过程,在虚拟空间中完成映射,以反映相对应的实体建筑的全生命周期过程。

　　数字孪生建筑具有四大特点:精准映射、虚实交互、软件定义、智能干预。数字孪生建筑的核心环节在于 BIM 的应用。BIM 是一种应用于工程设计、建造、管理的数据化工具和信息建模技术,可以实现建筑设计的三维可视化,BIM 技术叠加时间轴形成 4D 模型,进一步叠加成本信息可构筑 5D 模型,对建筑进行多维度考量,可贯穿建筑全生命周期中规划、概念设计、细节设计、分析、出图、预制、施工、运营维护、拆除或翻新等所有环节。数字孪生建筑典型应用场景如图 8-3 所示。

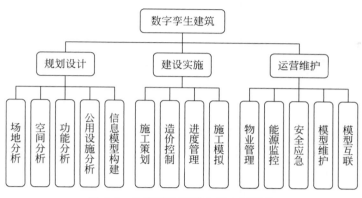

图 8-3　数字孪生建筑典型应用场景

（3）智慧能源领域的数字孪生应用

智慧能源系统是由电气、机械以及信息等不同系统组合而成的,在构建智慧能源系统时,需要全面、综合分析多物理场,真实建模。智慧能源系统需要传递虚实信息,在数字孪生模型上加载数据,实现"模型驱动＋数据驱动"混合驱动方式的构建,模型尽量逼真,在虚拟环境中预测和分析工况部件及系统性能。综合能源领域的数字孪生典型应用如图 8-4 所示。

以智慧园区为例,能源管理系统覆盖了园区从生产到综合办公的多种业务应用,具有复杂的物理特征,例如在电、气、水等多个不同能源数据采集过程中,会存在数据结构、误差精度、时间尺度等方面的差异,在多源数据信息融合等方面加大了难度。需要做到以下几点:

（1）能源管理系统数字孪生模型保真度与模型构建复杂度之间需要找到适中的平衡点。模型越精准,建模结构及计算量就越混杂,同时各模型接口的集成难度也相应增加。这就要求数字孪生应用技术对研究对象和场景进入前期深入调研,通过模型等值等技术手段,构建多颗粒度模型等,以便实现有限计算资源的有效求解。

（2）构建真实数据驱动的数字孪生自学习机制。由于能源管理系统中的真实数据是动态变化的,所以造成多源异构数据计算复杂度高,高维求解难度大。在数字孪生技术应用之前,要完成历史数据训练,尽量明确要映射的运行数据。

（3）能源管理系统还存在一些无法直接获取的数据,数字孪生应用技术需要通过构建模型机理等方法实现数据获取,明确边界条件,以实现虚实数据的一致性。

园区综合能源管控的数字孪生系统如图 8-5 所示。

面向智慧能源系统的数字孪生技术贯穿于能源生产、传输、存储、消费、交易等环节,有助于打破能源行业的时间和空间限制,促进各种业务的全方位整合与统一调度管理;横向联合能源行业参与主体之间的业务,提高能源利用效率。梳理形成智慧能源行业的数字孪生技术生态圈,按照能源系统的全生命周期过程将之划分为六部分:能源生产、能源传输、能源分配、能源消费、能源存储和能源市场。随着各部分之间交互的不断加深,逐步实现基于数字孪生技术的智慧能源行业可持续发展。

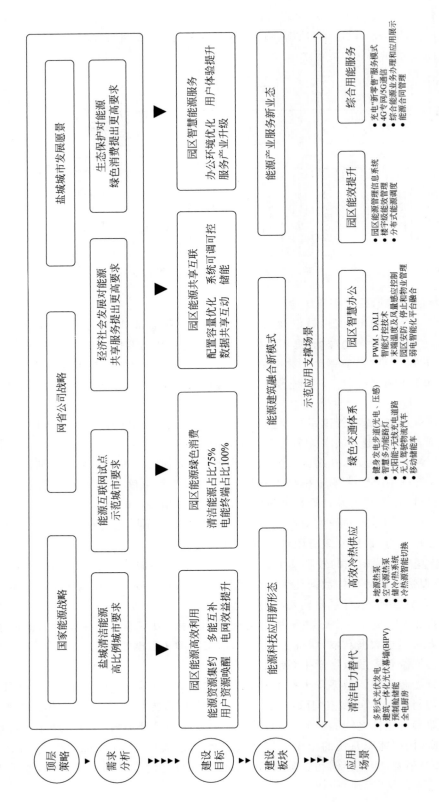

图 8-4　综合能源领域的数字孪生典型应用

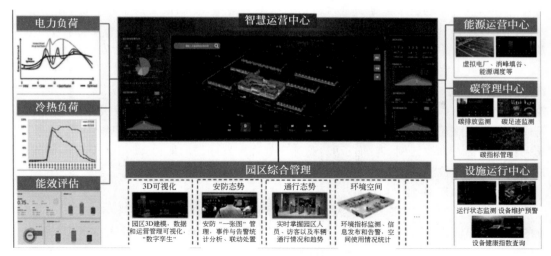

图 8-5 园区综合能源管控的数字孪生系统

（4）智慧交通领域的数字孪生应用

不断迭代信息技术时代，5G 的加速发展，物联网与人工智能技术的应用，赋予了交通系统"万物互联"的功能，使得"车-人-路-环境"这交通四要素从物理世界转移到数字世界，进一步赋能数字孪生智能交通系统。

在交通运输部印发的《数字交通发展规划纲要》中提出：我国数字交通发展要以数据为关键要素。交通运输部印发的《数字交通"十四五"发展规划》确定了"十四五"期间我国数字交通发展的总体目标：到 2025 年，"交通设施数字感知，信息网络广泛覆盖，运输服务便捷智能，行业治理在线协同，技术应用创新活跃，网络安全保障有力"的数字交通体系深入推进。

数字孪生技术可以从多个方面赋能智能交通，以满足未来出行需求。首先，同步可视、模型推演，实现数据驱动决策。数字孪生可以实时采集数据、同步交通运行可视，为交通模型推演提供试验空间，完成数据的驱动决策。其次，场景丰富、实景重现，加速智能驾驶落地。城区级或地级市的数字孪生数据可以提供高精度地图。基于真实数据和模型的数字孪生技术，可以提升智能驾驶的安全稳定性，从而加速智能驾驶更安全地落地和推广。最后，全城视野、全局规划，寻找治理拥堵的最优解。城市区域路面复杂，交通流量变化大，准确量化城市交通动态画像是现代交通的难点。数字孪生可通过对全要素数据汇聚，进行城市画像，实现对城市交通动态的洞察。

全天候通行系统：这是当前智慧高速基于数字孪生技术建设的重点应用之一。部分企业利用数字孪生技术，建设全天候通行系统。通过车路两端布设的传感器，将车辆、道路的数据信息进行实时收集并经过数字孪生技术处理后，结合车道级的高精底图将最终的效果实时呈现在车端车载单元（on board unit，OBU）显示屏上，辅助驾驶人员了解车辆行驶的道路情况和周边过车情况，从而保证车辆在雨雾天气的正常通行。除此之外，车辆行驶过的道路信息还将同步上传至数字孪生可视化平台，帮助交通管理人员对道路环境做出预警判断。

车路协同：构建交通仿真的数字孪生可视化与交互系统"一张图"，再现中观和微观的交通流运行过程，支持交通仿真决策算法研发，为拥堵溯源等交通流难题提供可靠的工具，为管理者提供可靠的决策依据。平台包括数据融合对接、基础设施云平台、大数据中心、车路协同业务监督管理等功能,打造规范化、系统化、智能化的智能网联业务应用展示中心以及监督管理运营中心;主动自动化预判和识别风险,最大限度地降低运营安全隐患。

自动驾驶:数字孪生可提升智能驾驶试验精度。通过搭建真实世界 1:1 数字孪生场景,还原物理世界运行规律,满足智能驾驶场景下人工智能算法的训练需求,大幅提升训练效率和安全度。如通过采集激光点云数据,建立高精度地图,构建自动驾驶数字孪生模型,完成厘米级道路还原,同时对道路数据进行结构化处理,变现为机器可理解的信息,通过生成大量实际交通事故案例,训练自动驾驶算法处理突发场景的能力,最终实现高精度自动驾驶的算法测试和检测验证。

(5)基于 BIM 的数字化设计

在勘察设计领域,BIM 是继 CAD 之后整个工程建设领域的第二次数字革命,对建筑行业的生产组织模式和管理方式产生了深远的影响。BIM 的核心是通过建立虚拟的建筑工程三维模型,利用数字化技术,为这个模型提供完整的、与实际情况一致的建筑工程信息库。该信息库不仅包含描述建筑物构件的几何信息、专业属性及状态信息,还包含了非构件对象(如空间、运动行为)的状态信息。BIM 是建筑设施物理和功能特性的数字化表达,是创建和使用"数字孪生"的工具。

基于 BIM 技术,可以将建筑设施的各种信息集成在模型要素上,构建出建筑的数字孪生体。无论是效率上还是数据上,都带来了极大的便利性。2011 年住房城乡建设部发布了《2011—2015 年建筑业信息化发展纲要》,首次将 BIM 技术纳入建筑信息化的标准中。并在 2015 年和 2016 年相继推出《关于推进建筑信息模型应用的指导意见》《2016—2020 年建筑业信息化发展纲要》,再次明确 BIM 成为"十三五"建筑业重点推广的包括 BIM、大数据、智能化、移动通信、云计算等五大信息技术之首。

传统 BIM 软件往往是专门针对房屋建筑而开发的,建筑设计与工业设计在设计对象上的差异,导致一般的 BIM 软件在其他专业领域的信息处理能力是不具备或者不完善的,举例而言,很多 BIM 软件不能创建类似道路中心线这样的专业对象,也无法定义房屋构件之外的特殊对象类型,导致在专业设计院的 BIM 应用受到了一定的限制。近年来国内外头部 BIM 软件商开始介入工业设计领域,为专业设计院提供了功能强大的 BIM 软件,但如果把 BIM 软件应用作为数字设计的全部,是一种不正确的认知。我们必须用数字孪生的思想来看待勘察设计行业的数字化设计,要把城市、建筑、产品和人员结合起来,实现整个人居环境开发的全流程数字化,为行业带来全面的数字变革。

从严格意义上来说,BIM 软件创建的是数字模型,与物理时间的实体之间缺乏双向映射、动态交互和实时连接,因此并不是数字孪生对象。设计过程中产生的 BIM 可以实现方案可视化、生成图纸以及解决不同构件/子系统之间的碰撞冲突,但其模型中信息量并没有完全覆盖建筑物生命周期的大部分信息,比如对供热/供冷系统进行维修时,传统 BIM 并不包含供热/供冷系统的细节构造以及控制逻辑,因此这种模型对系统维护人员几乎没有价值。设计、施工、运维等不同的应用场景对于模型的信息精细度、分类往往存在巨大的差异,导致基于 BIM 的数字化设计目前还处于不断探索完善的阶段。BIM 的另一个局限是它对于建造过程(包括工厂预制和现场安装两个阶段)的关注不够,BIM 描述的是建造的最终成果,但建造本身是一个动态过程。建筑师眼中的一个构件(例如一块幕墙面板)可能是由多个零件组成,它们需要分别进行设计、生产、运输,再按照一定的工艺流程进行预装配或者现场安装。建造的方式不仅在很大程度上影响了施工成本,也会影响到最终的用户体验。传统的建筑师并不太关心建造过程,而作为对比,制造业的设计师不仅要设计一个产品的功能和造型,也要设计产品的生产工艺和装配流程。

案例企业在贯彻落实电网可研和设计一体化管理意见,解决输变电工程可研和设计数据融合程度不足、各专业各部分之间系统交互能力不足及缺乏项目协同管理管控平台等问题方面,开展基于数字孪生的可研和设计一体化应用技术研究,实现可研和设计的精准有效衔接,促进项目核准验收评审,推进项目工程建设,保证电网高质量发展。同时结合虚实融合可视化、互联网+等技术,融合设计多源数据,打造网络端可研可视一体化设计管理平台,实现多专业、多机构在线协同及方案可视化评审等功能,提高可研设计效率。

基于 BIM 与数字孪生的可研设计一体化应用系统架构如图 8-6 所示。基于 BIM 的数字化设计要求不仅仅在设计过程中使用 BIM 工具完成数字设计,还需要把这些构件/子系统的生产工艺和装配流程纳入到数字化模型中来,形成动态的全过程数字仿真,这种全过程数字仿真不仅包含建筑产品本身,更要把生产设备、施工工艺、人员、工期、质量记录等各种信息包含进来,形成建造过程的完整记录,因此,BIM 技术在中国落地过程中,为应对不同的数字化需求,实现从 BIM 到数字孪生,其轻量化技术逐步得到了广泛的应用。

BIM 轻量化技术是指在工程建筑的 BIM 建立之后(利用专业的 BIM 建模软件,比如 Autodesk Revit、Bentley MicroStation、DS CATIA 等),通过对 BIM 的压缩处理等技术手段,让 BIM 可以在各类网络浏览器、移动 APP 上被使用的技术。BIM 轻量化技术大大拓展了 BIM 的应用范围,让三维可视化、数据化的 BIM 不仅停留在设计阶段,而且可以应用于施工阶段、运维阶段,覆盖工程建筑的全生命周期。

BIM 轻量化技术使得 BIM 可以脱离专业的 BIM 建模软件,可以应用于各种各样的信息化系统、软件平台,大大拓展了 BIM 技术的应用场景。BIM 轻量化技术还可以实现多种不同格式 BIM 的融合应用,打破了不同 BIM 建模厂商产品间的屏障,实现了统一数据格式与统一数据应用,以及多专业协同,大大降低了 BIM 应用的复杂度。BIM 轻量化技术大大拓展了 BIM 技术的应用人群范围,使得大量的非专业技术人士也可以方便使用 BIM 技术,充分发挥了 BIM 技术的三维可视化、数据化,体现出协同效应。

8.2.3 智慧勘察与数字孪生技术

数字孪生的本质是技术集成。数字孪生的实现需要依赖诸多基础数字技术的融合创新,正是这些基础数字技术的蓬勃发展,数字孪生才有机会从小尺度到大尺度都有了更多的应用场景,并变成了新的融合贯通式的数字化基础设施。将数字化技术、智慧技术应用于岩土工程勘察,在信息化的基础上进一步确保勘察的安全性和高效性,从而保证勘察结果的精确性,进而为建设工程提供正确的投资方向,保证工程项目安全与投资效益。勘察过程从信息化到数字化和智慧化转型涉及的数字孪生技术主要包括:

(1) 云计算

云计算(cloud computing)是网格计算、并行计算、网络存储等传统计算机技术和网络技术发展融合的产物,是一种新型的数据密集型的超级计算方式,运用了虚拟化技术、数据存储技术、数据管理技术、编程模型等关键技术。

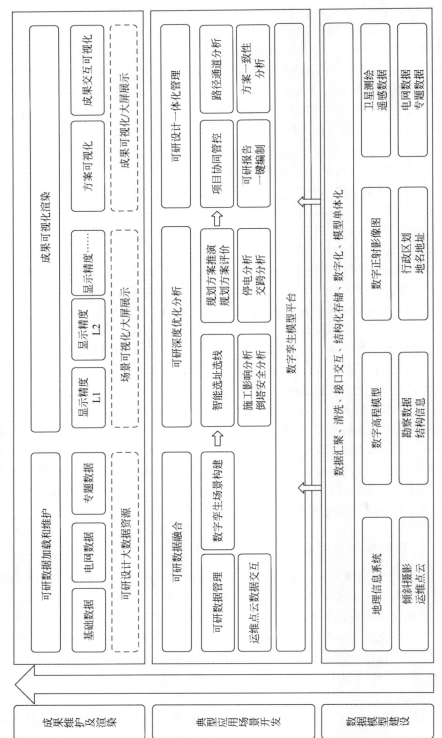

图 8-6 基于 BIM 与数字孪生的可研设计一体化应用系统架构

云计算是一种新型的按需付费的商业模式,将硬件、平台以及软件作为服务通过互联网提供给用户。使用云计算服务时,用户无须配置昂贵的硬件和复杂的软件系统,也不需要关心数据存储的位置,可以像电一样即插即用。

云计算的快速发展,为各行各业提供了分布式可扩展的数据存储和计算能力,有效整合了各类设计、生产和市场资源,促进产业上下游的高效对接和协同创新,大幅降低建设投入成本和数字化技术门槛,使得技术资源配置方式发生了重大变革。

云计算是勘察数字化重要的底层技术基础设施。其主要指的是通过互联网进行实时交互之后,调配和反馈动态处理资源。例如在以往外业工作中难以及时获得计算技术的支持,需要完成外业后,通过内业计算处理后判断分析是否需要修正现场错误。未来技术人员借助云计算技术,能根据外业工作实际需要,以手机、电脑等方式使用互联网和数据中心连接,依据需求远程进行实时计算获得结果,及时判断现场工作是否已满足需求。云计算更多地对智慧勘察的支持,表现在智慧勘察系统未来将以软件即服务(SaaS)方式部署为主,SaaS平台供应商将智慧勘察应用软件统一部署在公有云服务器上,客户可以根据工作实际需求,通过互联网向厂商定购所需的应用软件服务,按定购的服务多少和时间长短向厂商支付费用,并通过互联网获得SaaS平台供应商提供的服务。其应用软件有免费、付费和增值三种模式。

（2）物联网与智能装备

物联网(IoT)是通过智能传感器、射频识别(RFID)、卫星定位系统等信息传感设备,按照约定的协议,把各种设备连接到互联网进行数据通信和交换,以实现对设备的智能化识别、定位、跟踪、监控和管理的一种网络。

物联网的技术构成主要包括感知与标识技术、网络与通信技术、计算与服务技术及管理与支撑技术四大体系。感知和标识技术是物联网的基础,负责采集物理世界中发生的物理事件和数据,实现外部世界信息的感知和识别,包括多种发展成熟度差异性很大的技术,如传感器、RFID、二维码等;网络是物联网信息传递和服务支撑的基础设施,通过泛在的互联功能,实现感知信息高可靠性、高安全性传送;海量感知信息的计算与处理是物联网的核心支撑,服务和应用则是物联网的最终价值体现;管理与支撑技术是保证物联网实现"可运行-可管理-可控制"的关键,包括测量分析、网络管理和安全保障等方面。物联网是将物理世界进行数字化连接,实现实时感知控制能力的"最后一公里"式的基础设施。

物联网技术是推动数字化向智能化转型的关键技术,它实现了互联网在"人-机-物"之间的信息交互。在工程勘察领域,物联网技术的应用涉及整合专业设备和技术人员,获取、传输、存储和分析地质体信息等一系列活动。通过物联网技术,可以实现对实验设备和钻机状态的远程监控,获取并记录现场和实验室相关数据,从而避免手动二次输入和人工干预。这样做既维护了数据的真实性和客观性,又降低了数据造假和人为错误的可能性。

智能装备的研发和应用将从勘察外业数据采集、内业数据处理、原位测试监测、自动化监测等方面着手,促进勘察设计企业转型升级并创新发展。

（3）人工智能

2017年7月中国发布的《新一代人工智能发展规划》提出,人工智能作为新一轮产业变革的核心驱动力,将进一步释放历次科技革命和产业变革积蓄的巨大能量,并创造新的强大引擎,重构生产、分配、交换、消费等经济活动各环节,形成从宏观至微观各领域的智能化新需求，催生新技术、新产品、新产业、新业态、新模式，引发经济结构重大变革，深刻改变人类生产生活方式和思维模式，实现社会生产力的整体跃升。

人工智能已经从早期的模仿人类的单机智能转变为数据驱动、基于网络协同的系统。在云计算和大数据基础设施之上，人工智能将成为未来智能时代最重要的数字生产力。在线化、数字化、智能化也是走向未来智能时代的必由之路。

数字孪生世界的构建必然要依赖于人工智能的发展。技术方面，人工智能为数字孪生体运行过程提供了诊断、预测、决策等核心支撑，构成了数字孪生信息中枢的智能引擎。价值方面，人工智能的价值一定更多体现在多跨场景应用中，最终为用户带来便捷和体验升级。

基于"自学习、自判断、自修正"的人工智能原理，机器学习和智能算法，扩展与延伸人工智能方法、理论、技术在工程勘察全过程的应用。尤其是在海量数据支持下，针对数据分析和解读，在对项目前期资料分析研判、区域成果合规性评价和施工图审查等应用场景下具有广泛的应用可能。

智能化视频监控采集技术：该项技术在我国起步相对较晚，比如，视频智能监控系统现已运用到智能交通领域，和图像处理技术、计算机视觉技术、人工智能等相结合，是一个综合性系统工程。当前，我国部分学者就工程勘察现场特征，深入分析勘察外业现场视频采集仪器需要满足的各方面要求，对此常用的视频采集设备，在此基础上开发勘察外业现场智能化视频采集系统，未来智能化视频监控采集技术将应用于更多的管理场景。

数字图像技术：数字智能化图像技术的代表——二维码图像识别技术，借助二维码可以跟踪管理录入信息和进行土工试验样品的有效识别，现已广泛应用于勘察工地。未来这一项技术主要依托光学摄像头拍摄工程勘察现场，进行相关数据分析。以勘察钻孔电视技术为例，该技术通过下入井内的电缆把摄像头的光源后置，实现信号的采集，通过转换光电信号，在显示器上实时呈现钻井图像，并通过海量图像库和智能算法，实现研判结果的快速输出。

8.3 智慧城市框架下的智慧勘察

8.3.1 智慧城市发展趋势

智慧城市是建设数字中国、智慧社会的核心载体，中国智慧城市建设已进入以人为本、成效导向、统筹集约、协同创新的新发展阶段，发展重心也逐渐从满足政府管理需求向营造优质环境、构建长效发展机制转变。未来中国智慧城市发展将呈现以下趋势。

趋势一：低碳数字化将成为智慧城市建设的风向标。

城市拥有涵盖生产、生活、生态众多领域的丰富应用场景，既是碳排放的主要发生地，也是监测与减少碳排放的重点发力靶，是贯彻落实"双碳"目标的重要战场。

智慧城市建设一方面依托物联网、大数据、地理信息系统、人工智能、数字孪生等数字技术，以数据为载体动态把握城市资源禀赋及实时运行态势，为落实"双碳"目标提供数据支撑；另一方面通过落地实施智慧应用以及促进多元主体参与，提升城市治理质效与服务水平，为贯彻节能减排与降碳目标提供得力抓手。

　　随着"双碳"战略的深入推进,低碳数字化将成为智慧城市建设的风向标,各地将通过对电力、热力、制造、建筑等高碳排放行业以及交通、城管、应急、水务、环保、社区等城市治理和民生服务领域的数字化、智能化改造,提升城市整体能源利用效率,以数字化促进城市低碳发展。

　　趋势二:数字孪生城市的构建及落地条件更加成熟。

　　数字孪生城市通过创建虚拟的智慧城市,实现对现实物理城市中如建筑、交通、教育、社区、能源、医疗等各个要素的实时监测、物联控制、模拟仿真、深度分析、高效决策和有效预测等,从而提出适合的智慧城市建设规划以及智慧城市应用解决方案,助力打造虚实相映、孪生互动的城市发展新形态。

　　数字孪生技术作为数字经济发展的重要抓手,在智慧城市建设过程中,已实现在产品设计制造、工程建设、智慧园区、数字政府、智慧学校、智慧医疗、智慧电网、智慧物流、智慧交通等领域的深入应用。

　　数字孪生技术将更加有效发挥其在模型构建、数据采集、分析预测、模拟仿真等方面的价值和优势,不断拓展在智慧城市领域的应用广度和深度,数字孪生城市的落地实施条件将进一步成熟。

　　趋势三:构建"城市大脑"将是智慧城市建设的关键内容。

　　为了连接、整合散布在城市各个角落的海量数据,并基于大数据分析实现对城市全域的即时洞察、调度、管理,最终实现对城市的精准分析、整体研判与协同指挥,各种以"大脑"命名的应用系统,成为智慧城市建设的标配。

　　以城市数据、算力与算法、城市知识图谱数据库为核心要素的"城市大脑",兼具系统性和内驱性,集灵活、高效、集约、智能等多重优势于一身,且能随城市发展不断迭代完善,将得到更为广泛的接受与认可。同时,"交通大脑""产业大脑""安全大脑"等专业领域的"大脑"建设将是智慧城市建设内容不断数字化的关键内容,并将得到进一步拓展与深化,加快推动城市智慧化进程。

　　趋势四:城市数据资产价值有效释放将有望突破。

　　数字经济时代,数据已成为国家基础性战略资源,作为新型生产要素之一,数据资产化已是必然趋势。当前,政府掌握着80%左右可开发、可利用的数据,尤其智慧城市建设涵盖的能源、交通、金融、医疗、教育、旅游等领域的数据,是涉足面最广、数量最庞大、价值最高的数据资源。

　　数据开放共享是大数据应用和深入挖掘数据价值的基础,也是推进新型智慧城市建设的重要抓手和核心内容,建立健全跨部门、跨领域的数据开放共享机制,打破数据壁垒,实现数据规范共享与高效应用至关重要。

　　随着全社会的数据存储、数据挖掘、数据使用、数据参与意识逐渐觉醒,数据价值化的条件将进一步成熟,数据的所有权、使用权、增值权及数据红利的释放权、分配权有望在新的一年里确定更加清晰的边界,数据要素价值将得到更有效的释放。

　　趋势五:以集约化、融合化、一体化为特征的智慧城市建设步伐将加速。

　　当前中国智慧城市建设已进入全面提升新阶段,一改过去分散推动、单部门实施的建设模式,更加重视统筹协调与集约建设,紧扣"对内加快政府系统性、协调性变革,对外提升服务型政府的人民满意度"目标,着重以组织扁平化、数据共享化、业务协同化为切入点,进行一体化推进。

中国智慧城市建设将不再拘泥于技术、数据及业务融合,而是向着跨地域、跨系统、跨层级、跨部门、跨业务加速迈进,并且进一步凸显其在管理提升、服务改进、模式创新、政府公信力提高、营商环境优化等方面的作用,从而为数字经济、数字社会、数字政府建设提供有效助力。做好与基础设施、数据资源、信息系统等相关的网络安全监测预警、应急处置以及灾难恢复保障,提升应对网络安全、风险管理和运营保障的能力,将成为智慧城市建设的重中之重。

8.3.2 智慧城市框架下的机遇

近年来,我国社会经济水平不断提高,城市化进程加快,城市人口密度越来越高。在此背景下,有限的土地资源制约着城市的进一步发展,开发城市地下空间已成为智慧城市建设中的重要步骤与必然趋势。就目前我国城市地下空间的开发情况,其在规划、设计、施工、运行与维护等环节都存在诸多问题,严重影响了智慧城市的发展。智慧勘察属于智慧城市体系的基础保障,如可为智慧城市体系建设提供详细、直观、系统的岩土数据分析,继而保障智慧城市建设质量。

1. 工程勘察与智慧城市融合

一般而言,智慧城市由不同类型的网络、基础设施和环境组成,涉及城市的主要功能,可分六个核心系统,即组织(人)、业务/政务、交通、通信、水和能源。这些系统不是零散和独立的,而是以一种协作的方式相互衔接,而城市本身,则是由这些系统所组成的宏观系统。

2014年8月29日,经国务院同意,国家发展和改革委员会、工业和信息化部等八部委联合印发了《关于促进智慧城市健康发展的指导意见》,把智慧城市定义为"运用物联网、云计算、大数据、空间地理信息集成等新一代信息技术,促进城市规划、建设、管理和服务智慧化的新理念和新模式"。具体来说,智慧城市就是借助物联网、云计算、大数据决策分析优化等信息技术,将城市的交通、能源、通信、医疗、金融等物理基础设施、信息基础设施、社会基础设施和商业基础设施连接起来,成为新一代智慧化基础设施,不同部门和系统之间实现信息共享和协同作业,从而实现对城市各领域的精细化和智能化管理。其目的就是要实现对城市科学、智能和可持续性的管理、运行,使城市人口持续增加的需求得到更好的满足,达到环境友好、资源节约、可持续发展和具有创新环境的城市形态。

基础设施建设、运维是智慧城市的重要组成部分,而工程勘察工作是智慧城市基础设计建设的必经环节。工程勘察的任务是按照不同勘察阶段的要求,正确反映场地工程地质条件及岩土体形态的影响,并结合工程设计、施工条件以及地基处理等工程的具体要求,进行技术论证和评价,为设计、施工提供依据和决策性建议。

传统勘察方法通常具有信息化程度低、现场质量管控难度大等缺点,而智慧城市是以大数据、数字化和信息化为特征,传统勘察工作难以满足智慧城市数字化运维的需求。因此,以"互联网+勘察"为技术路线的"智慧勘察"创新实践与研究对智慧城市建设具有重大的指导意义,对社会生产具有重要的现实意义。

根据智慧城市的内涵和要求,结合工程勘察行业的实际需求,智慧勘察内涵可以归纳为:运用物联网、云计算、大数据、空间地理信息集成等新一代信息技术,实现基于项目实施全过程的信息化、成果移交数字化并为智慧城市运营提供全生命周期勘察专业服务的全新勘察模式。

智慧勘察的主要特征在于新一代信息技术的应用、勘察过程管控创新和勘察技术服务延伸。"互联网＋勘察"是实现智慧勘察的主要技术路线。针对传统行业信息化程度低、现场质量管控难度大等问题,现有技术难以满足智慧城市建设对数字化成果移交的新需求,以"互联网＋勘察"为切入点,推出的创新互联网服务提供各行业勘察业务信息发布与交易平台、数据采集、关键过程监控、证据链生成、专业数据分析处理、三维地质建模、产品数字化交付、大数据挖掘与交易、专业工程师咨询等服务,通过物联网和云平台等技术整合上下游资源,打造"互联网＋勘察"生态圈,最终实现智慧勘察的目的。

传统工程勘察行业信息化建设长期存在重视程度不足、投入匮乏和研究落后的问题,而智慧勘察的核心要素是高效率的信息化体系,因此智慧勘察可以解决长期以来困扰工程勘察从业人员的行业痛点,有效提升勘察技术人员用户体验、提高勘察服务水平,可以实现勘察过程数据高效采集、协同处理、有效决策与智慧调控,提高勘察的管理和运转效率。

智慧勘察信息化体系要求提供能满足工程勘察全过程服务的信息化产品,同时应考虑搭建云平台生态系统,提供软件即服务的全新信息化解决方案,彻底颠覆现有的专业软件处理模式,最大限度地提高生产效率和质量。

由于工程勘察行业现场作业难以监管,信息化体系构建过程应考虑通过采集现场作业过程的文字、图片等记录数据,完整记录工程勘察外业过程,通过时空属性校验等合规性评价算法,自动评估外业记录质量并备份至云平台,形成原始资料证据链,低成本高效率解决行业监管难题。

2. 监测检测与智慧城市融合

智慧城市发展对地下空间的需求量不断扩大,相关的勘察工程项目也越来越常见。相较于传统勘察,智慧勘察覆盖范围更加广泛,如基坑远程自动化监测与监控。

通过大量传感器捕捉基坑内外的异常信息并借助互联网平台进行共享是目前应用较为广泛的自动化监测与监控技术。在数据采集和自动处理环节,该自动化监测系统可利用传感器设备将围护结构的变形、地下水位变化、侧向位移和支撑轴力等数据实时传输至采集仪,常见的传感器设备有固定式测斜仪、水位计、测量机器人和支撑轴力计等。为确保数据的可靠性,系统还设有可自动辨伪的数据自动处理程序。基坑远程自动化监测系统还具有报表打印、安全预报警以及风险分析、成果质量审核等辅助功能。

目前,在 GIS、视频监控以及街景等高新技术的支持下,我国不少建筑企业已建立起基于网页和手机 APP 的基坑监测作业监控管理平台,如在上海轨道交通工程和天津于家堡枢纽工程等基坑监测项目中投入应用并取得明显成效的"天安监测"系统。

智慧城市的智慧环境监测需要监测场景和智能部门无缝对接,其管理方案和智慧勘察平台类似,需要云计算中心、信息系统、监测应用、决策支持应用等。

3. 勘察数据资产与数据变现

为了规范数据处理活动,保障数据安全,促进数据开发利用,保护个人、组织的合法权益,维护国家主权、安全和发展利益,中华人民共和国第十三届全国人民代表大会常务委员会第二十九次会议于 2021 年 6 月 10 日通过《中华人民共和国数据安全法》,自 2021 年 9 月

1 日起施行，这是我国第一部数据保护法。首次将数据交易纳入国家法律，也吸引了各界对这一新兴产业的关注。

（1）立法背景

随着信息技术和人类生产生活交汇融合，各类数据迅猛增长、海量聚集，对经济发展、社会治理、人民生活都产生了重大而深刻的影响。数据安全已成为事关国家安全与经济社会发展的重大问题。党中央对此高度重视，习近平总书记多次作出重要指示批示，提出加快法规制度建设、切实保障国家数据安全等明确要求。党的十九大报告提出，推动互联网、大数据、人工智能和实体经济深度融合。

党的十九届四中全会决定明确将数据作为新的生产要素。按照党中央部署和贯彻落实总体国家安全观的要求，制定一部数据安全领域的基础性法律十分必要。

1）数据是国家基础性战略资源，没有数据安全就没有国家安全。因此，应当按照总体国家安全观的要求，通过立法加强数据安全保护，提升国家数据安全保障能力，有效应对数据这一非传统领域的国家安全风险与挑战，切实维护国家主权、安全和发展利益。

2）当前，各类数据的拥有主体多样，处理活动复杂，安全风险加大，必须通过立法建立健全各项制度措施，切实加强数据安全保护，维护公民、组织的合法权益。

3）发挥数据的基础资源作用和创新引擎作用，加快形成以创新为主要引领和支撑的数字经济，更好地服务我国经济社会发展，必须通过立法规范数据活动，完善数据安全治理体系，以安全保发展，以发展促安全。

4）为适应电子政务发展的需要，提升政府决策、管理、服务的科学性和效率，应当通过立法明确政务数据安全管理制度和开放利用规则，大力推进政务数据资源开放和开发利用。

《中华人民共和国数据安全法》所称数据，是指任何以电子或者其他方式对信息的记录。数据处理，包括数据的收集、存储、使用、加工、传输、提供、公开等。数据安全，是指通过采取必要措施，确保数据处于有效保护和合法利用的状态，以及具备保障持续安全状态的能力。

（2）数据资产沉淀中的去伪

勘察信息化能实现从数据采集到深层次分析、处理数据，即"数字驱动"，有利于提升勘察各环节效率，提高勘察成果质量与应用水平，解决岩土工程实际问题过程中积累的大量勘察数据。这些数据在进行数据资产化过程中，首要的问题就是确认数据的真实性。如何做到数据在自然沉淀过程中增加真实性属性，数据采集环节的证据链保存和验证是非常重要的环节。这也是笔者多年来倡导智慧勘察体系的初衷。在智慧勘察框架体系下，数据的采集、传输和使用都采取严格的真实性检验机制，这样沉淀的数据才能成为企业真正有价值的资产。

对于存量数据的价值，只能通过企业诚信背书方式获得真实性属性，在数据资产管理和交易中会给企业带来其他的隐形成本。

（3）数据资产运营

数据是最大的驱动力，是企业最有价值的资产。数据资产在增强已有业务流程的同时，也衍生出全新的业务模式，达到以数据驱动业务、以数据创新业务，实现业务转型的目标。数据资产运营，是指对数据资产的所有权、使用权和收益权等权益及相关活动进行管理的过程，包括数据资产确权、资产购置、营销、服务、结算、资产处置等，以及配套的数据资产成本管理、质量、活性及价值的一系列评估、分析、统计、监督等活动。在数据汇集、规整、融合，形成以主数据、数据仓库、大数据湖等为代表的数据资产后,数据资产运营可以盘活公司数据资产,通过数据开放、数据交易、数据合作等方式促进数据资产流通和价值变现。

数据资产变现的路径包括通过数据驱动流程的精细化、智能化实现数据价值变现;打造数据驱动的服务产品变现。后者对于勘察设计企业来说更有意义和价值。

4. 服务众包与平台型就业

工程勘察行业的服务总体上可划分为咨询服务和劳务服务两类。无论哪种服务,对外部资源的需求都是客观存在的。智慧城市框架下的智慧勘察平台,除完成勘察成果与服务外,应考虑在资源共享上探索新的服务领域。

智慧勘察服务众包平台,基于互联网服务和统一的信息交互标准,为勘察企业提供工程勘察业务信息交易平台,通过平台发布业务需求信息,按项目实施要求,能够迅速筛选质量、报价及工期最优的合作伙伴,满足勘察企业承接的国内国际业务低成本高效率的实施需求。图 8-7 为智慧勘察众包服务系统示意图,各种满足工程勘察要求的钻机设备、工程技术人员,在智慧勘察平台上都是需求的发布或者响应者。通过互联网的媒介作用,传统行业在互联和共享中形成了新的商业生态链。

图 8-7 智慧勘察众包服务系统示意图

通过互联网寻找最佳合作伙伴后,甲方通过约定要求乙方使用穿山甲 APP 软件,交易平台根据采集数据评估现场工作的合理性、规范性和有效性,之后做出相应的评级标准,合格数据可作为后续交易完成的重要依据,不合格数据作为取消交易和索赔的证据。同时甲乙双方的交易记录自动被平台记录,作为双方后续的评级依据。

工程勘察数据的交易分为原始数据交易和成品数据交易。成品数据交易由双方根据需求协商后完成;原始数据交易范围仅限平台评估合格的数据,交易双方根据需求量自行协商价格,系统提供第三方支付担保机制并按支付价格索取佣金。同时,智慧勘察平台还提供专业工程师技术交流服务,连接供需双方需求,提供免费咨询和付费咨询服务,激活专业工程师专业服务功能,为急、难、险、重的特殊工程项目寻找合格的专业工程师意见,同时也可通过平台为项目召集专业工程师进行现场外业管控、踏勘及疑难问题会诊等。

8.4　智慧勘察与企业数字化转型

8.4.1　数字化转型背景

数字化转型以大数据、云计算、人工智能、区块链等新一代信息通信技术为驱动,以数据为关键要素,实现企业的智能化生产、精准化营销、数据化运营、智能化管理,从而催生一批新产业、新模式、新动能,实现创新驱动下的高质量、跨领域同步发展。数字化转型是"数字经济"发展的必要组成部分,也是"数字中国"建设的必然要求。2016 年 G20 数字经济发展与合作会议认为,数字化生产要素、现代信息网络和新一代 IT 技术与产业的融合,促进了数字经济的发展和经济结构的优化。

2017 年至今,我国已连续四年将"数字经济"写入政府工作报告,并在"十四五"规划中提出以数字化转型带动生产方式、生活方式和治理方式的全面变革。数字化转型已经从企业层面逐步上升到国家战略层面。企业是国民经济最基本的单元,而数字化企业是基础设施建设的核心,是"数字经济"最底层的关键环节,传统企业只有完成数字化转型,才能形成中国经济发展的核心力量。因此,企业数字化转型是"数字经济"发展的必要组成部分,是"数字中国"建设的必然要求,其目标是提高企业运营效率,优化现有产业结构,构建数字经济体系,实现经济高质量发展,推动数字强国建设。

2018 年 4 月,习近平总书记在全国网络安全和信息化工作会议上指出,要发展数字经济,推动产业数字化,利用互联网新技术新应用对传统产业进行全方位、全角度、全链条的改造,提高全要素生产率,释放数字对经济发展的放大、叠加、倍增作用。2020 年 8 月,国务院国资委印发《关于加快推进国有企业数字化转型工作的通知》,全面部署国有企业数字化转型工作。2020 年 11 月,《中共中央关于制定国民经济和社会发展第十四个五年规划和二〇三五年远景目标的建议》要求推动数字经济和实体经济深度融合。激活数据要素潜能,促进数字技术与传统产业深度融合,催生新产业、新业态、新模式,已成为推进国有企业转型发展的必然要求。

随着云计算、大数据、物联网、移动互联网、人工智能等新一代信息技术的蓬勃发展,能源电力行业数字化应用的关注焦点和能力建设从数字化设计向智慧工程建设、数字化移交乃至项目的全生命周期服务延伸。例如国家电网公司提出"到 2020 年底前所有新建、改建、扩建的 35kV 及以上输变电工程具备数字移交条件,总体上实现三维设计、三维评审、三维移交",并要求依托试点工程开展智慧工地建设。南方电网公司发布全球首份《数字电网白皮书》,加快推进向智能电网运营商、能源产业价值链整合商、能源生态系统服务商转型。各发电集团要求逐步实现从电厂规划设计、建设到生产、维护等全过程数字化,构建全感知、全联接、全场景、全智能的智慧电厂。显而易见,数字化、智能化已不再是口号,而是行业的刚性需求和准入门槛。在国内电力建设市场萎缩、国外市场竞争白热化的背景下,勘察设计企业只有把客户的需求转化为企业数字化转型的内生动力,努力提高服务电力建设工程智能化的水平,才能在激烈的市场竞争中立于不败之地。

中央企业对标世界一流,围绕高效率、高质量、高效益、低成本、低风险、管理领导强、创新驱动强、文化引领强的"三高两低三强"目标,提高科学管理水平,突出抓好资本运营、科技创新与数字化转型、风险防控,全面加强管理"三基"建设、抓实"三全"管理工作、落实管理"四化"要求。要瞄准数字化、智能化、智慧化新趋势,重塑组织关系和生产经营方式,重构客户服务和产品创新能力,营造全在线、全连接、全协同的数字化、智能化环境,打造能源"智慧＋"、基建"智慧＋"等新产业生态圈,实现产业数字化、数字产业化,培育新的核心竞争力。要求深刻理解数字化转型的重要意义,抓住产业数字化、数字产业化赋予的机遇,适应数字化、网络化、智能化发展大趋势。发布全面加快数字化转型指导意见,强化顶层设计,打造数字生产运营体系,深化业务执行平台、数字交付平台、基础服务平台建设,重塑企业价值链和生态链,创造全新价值。要求研究成立数字化转型适应性组织,建立激励与容错机制,加大投入力度,激发广大人才的积极性和开拓性;积极采用参股、并购等方式,加强与数字产业链上下游合作,探索创新商业模式,打造数字化转型的良好生态圈。

中国信息通信研究院发布的《中国数字经济发展白皮书(2021年)》指出,2020年中国数字经济规模达到39.2万亿元,占GDP的38.6%,同比增长9.7%,达到GDP增长2.3%的4倍以上。在数字经济带动实体经济高质量发展的形势下,全球建筑企业数字化转型投入占营业收入5%以上的企业不足2%,投入占营业收入1%以下的企业超过67%。

与其他行业相比,建筑业的数字化转型明显滞后。根据前期数字化转型调研、整理和分析工作,工程勘察设计企业数字化转型仍处于初级阶段,18%的企业尝试开展数字化协同设计,但进展缓慢,44.3%的企业处于初级信息化管理应用阶段,37.7%的企业未开展任何数字化系统建设工作,翻模仍是主要的数字化项目交付方式。同时,行业内也有一些示范性企业,以中国电力建设集团华东勘测设计研究院(简称"华勘院")为例,该院从2003年开始尝试从二维设计向数字化设计过渡;2009年在美国Bentley软件二次开发的基础上,开始在勘测设计业务中推广数字化协同设计,到2015年,水利水电等核心业务领域全面实现数字化协同设计;2015年,自主研发的数字化产品全面实现商业化,实现数字产业经济化;2020年,水利水电行业市场覆盖率达到70%,并覆盖市政、房屋、轨道交通等行业市场,数字经济规模达到每年近20亿元,实现数字经济产业化。该院通过数字化转型带动高质量发展,整体营业收入从2010年的18亿元增长到2020年的400亿元,实现了大跨越。

企业数字化转型面临的挑战主要体现在以下四个方面:

(1)认知困惑

在互联网时代,"互联网＋"的实践被大力推广,传统企业纷纷推出了大量的信息化系统。这些管理信息系统是信息数字化和业务数字化的有效实践,在一定程度上满足了业务信息化的要求。由于专注于业务信息化升级,企业管理者难以突破固有的传统信息技术认知"瓶颈",无法从组织、业务、管理和服务模式创新或从产业链的角度理解数字化转型的本质。

(2)数据孤岛

长期以来,工程建设行业在勘察设计、采购、施工、运营等各个环节被分割,数据散落在设计单位、供应商、施工单位、项目业主等不同机构。产业链上下游脱节,数据孤岛现象突出。随着我国总承包的大力推进,具有相应资质的总承包企业在设计、采购、施工、运营过程中实现了完整的闭环,并不同程度地完成了项目数据整合。但数据更多的是在业务系统中的各个环节,这种分割的IT系统是从各个业务主导方的角度和需求出发建立的,缺乏全局观念,从而形成标准不统一、数据碎片化的现象,这种分散建立的烟囱式系统,带来的问题是系统间业务联动成本高、协同性差,不利于数字资产的沉淀,不能支持业务快速响应和创新协同,系统不能适应业主对勘察设计成果的数字化产品和服务越来越高的要求。

（3）实施难度

很多数字化转型企业都致力于业务标准化和流程优化转型,标准化设计可以大大提高生产效率,但不同行业对标准化的实施程度不尽相同。与汽车等工业产品的"标准化、流水线、大批量生产"模式不同,勘察设计行业具有"个性化、非部件化"的特点,市场、生产和管理分散,设计标准多样化,建设标准化程度低,实施数字化转型难度大。从业人员专业水平参差不齐,实施数字化转型难度较大。

（4）人才梯队

数字化转型需要高级管理人员对企业和行业发展有深刻的理解,并对数字技术有一定的掌握。企业必须清楚数字化转型需要什么样的技术,时刻跟进新技术的进展和在企业中的应用前景,这样才能对人才需求有清晰明确的策略,才能完成企业战略的实施。对于勘察设计企业来说,数字化转型的专业人才本身储备不足,高薪聘请外部人才很难在短时间内形成较为明显的转型效益,在互联网科技企业跨界布局基础设施行业的竞争格局下,传统基础设施行业逐渐失去对高级信息技术人才的吸引力。

8.4.2　由智慧勘察管窥数字化转型

1. 智慧勘察是企业数字化转型的典型样本

案例企业江苏院通过对智慧勘察体系的探索,深刻认识到业务数字化对专业能力提升的巨大价值,以智慧勘察建设经验出发,把公司业务数字化作为企业数字化转型的切入点,制定公司数字化平台标准,有效发挥数字化中心的平台单元作用,充分整合公司内外部数字化资源,组建研究团队攻关重大技术专项,形成能支撑勘测、规划、设计、咨询、EPC和投资运营一体化全产业链数字化业务能力,以点带面分层分类实现公司全业务数字化,密切跟踪顾客需求,深入研究各业务板块数字化产品的功能需求、业务模式和经营战略,提供与商业模式创新相适应的数字化产品。

2. 勘察设计企业数字化转型路径

在工作实施路径方面,勘察设计企业的业务数字化可以从"点、线、面"三个层次入手,自下而上搭建数据架构,积累数据资产,推动各个层面的全面数字化转型。

（1）点,即岗位作业层。岗位层工作是勘察设计业务的起点,岗位层的提质增效是数字化转型最直接的价值体现。通过全面梳理各专业业务流程、设计软件功能及可扩展性,通过选择高效易用的设计软件、开发专业级业务系统、创建公司级模型构件库等方式,实现专业全过程勘察设计等业务数据的统一管理,明确设计边界和数据交互要点,以数模分离或数模同步等多种方式,实现设计手段从"二维＋三维无序"向基于统一数据中台的"数据＋模型有序"转变,以数字化业务系统为核心,推进模块化设计,提升设计效率和质量,也使得设计创意得到最大程度的呈现。

（2）线,即项目协同层。项目层是勘察设计业务的最小单元,决定整个设计过程的成败。搭建统一的数字化协同设计平台,将业务流、数据流进行整合,在数字化技术赋能下实现真正的业务协同和模块化设计,减少专业配合中大量的重复性工作,提升专业配合效率和项目质量。通过项目管理平台等实现对生产要素和作业过程实时、全面、智能的监控和管理,业务数据汇聚形成项目管理数据中心,助力作业层对项目进度、成本、质量、安全等业务实现精细化管理,基于实时数据和管理活动数据以及历史数据,利用数据驱动的人工智能,有效支撑项目管理层实现智能化决策。

(3)面,即企业运营层。企业层是勘察设计业务的主体,数字设计场景下,设计师将设计过程的各类知识资源沉淀积累成为完整的知识资产库,将业务最佳实践变成企业数据资产。企业通过数字平台对多项目进行集约化管理,通过数据集成,支撑企业智慧决策,同时赋能企业开展工程总承包或全过程工程咨询,促进业务的升级发展。

对数字化产品的应用场景可以从不同层级(单元级场景、企业级场景、产业级场景、生态级场景)、供需类型(需求类场景、供给类场景)等多个角度进行解构。以智慧能源为例,数字化场景就有多个层次:基于建筑的数字化产品、基于园区的数字化产品、基于片区的数字化产品、基于城市的综合能源数字化产品等。

第一个层次是数字化基础技术服务业务,主要包括基于 BIM 咨询服务(BIM 应用实施标准制定、BIM 数据管理规则制定)和 BIM 专项应用(BIM+设计、施工方案等),以及基于 BIM 技术的数据、平台、标准、应用的咨询及实施服务等,本质上这个层次的数字化业务依然是工程技术咨询的范畴,但同时也是第二、第三层次数字化业务发展的重要先决条件;第二个层次是"BIM+"融合服务业务,主要包括"BIM+全过程咨询""BIM+工程总承包""BIM+智慧运营"等,这个层次的业务特征是高结合度,即 BIM 技术与相关传统业务及其运作模式的高度结合,运用 BIM 技术在不改变传统业务与服务核心商业模式的前提下,为传统业务与服务最大化赋能;第三个层次是场景应用解决方案业务,主要包括提供面向用户的微观场景解决方案服务,如智慧园区、智慧社区,这个层次业务的主要特点是高集成度,是以数字系统为载体,以信息数据集成、软硬件结合的服务方式,大量应用云计算、大数据、人工智能等新技术,以系统付费、租赁、用户付费等为盈利来源。

8.4.3　数字化转型组织架构设计

工程勘察设计企业要完成数字化转型,需要及时在组织架构上通过适应性改造。通过组建数字化研发中心,以业务数字化为基础、数字化产品为突破,系统构建企业数字业务与智慧管理赋能体系,承接企业数字化转型重任,以核心工程技术与数字技术双轮驱动,对实现超前布局和探索新商业模式有着重要意义。

1. 数字化研发中心成立的必要性

随着物联网、大数据、云计算、人工智能等新一代信息技术不断发展,数字技术正以前所未有的广度和深度嵌入到产品生产与服务过程中,日益成为产业提质增效与转型升级的新动能。数字技术与数字经济已经在深刻地影响社会的方方面面,相比于传统工业经济,数字经济的开放性、无边界性、强互动性、不确定性等数字化情景和新特征,对新环境背景下的企业造成了巨大影响,对企业的生存发展也提出了新要求。

案例企业江苏院"十四五"规划指出,到"十四五"末,全面建成"科技型、管理型、多元化、数字化"(两型两化)具有国际竞争力的工程公司。数字化转型作为江苏院战略选择,事关企业顶层的重建,涉及管理模式的创新、商业模式的重构、企业文化的重塑,通过数字技术与工程建设全过程深度融合,促使公司设计手段变革,管理由流程驱动变数字驱动,组织由管控演变为赋能平台,产品和服务由图纸转变为数字化交付乃至数字孪生。数字化转型不是让IT部门单打独斗,更不是IT部门的原地升级,需要自上而下做好顶层设计和统筹协调,成立江苏院数字化研发中心的必要性体现在以下三点:

(1)江苏院业务数字化的现实需求:业务数字化的核心是赋能。根据对公司业务数字化开展情况的摸底调研和经验交流,公司各业务板块通过多年的探索和努力,在解决核心业务单元方面,基本具备了大型专业软件支持的能力,具备了业务数字化的基本要素,对业务数字化升级有着较为强烈的需求,但如何通过引进数字技术,实现业务技术与数字技术深度融合,提升核心业务全过程数字化水平,各业务板块尚缺乏明确的实施路径。部分专业在业务数字化方面探索性地开展了科研攻关,解决了全过程业务数字化的关键问题,但由于各子公司出于成本和人力投入考量,这些产品缺乏持续迭代,从而使公司业务数字化的行业影响力和价值创造力未被充分挖掘。总体而言,对标行业标杆单位,公司的业务数字化现状的主要问题表现在专业间发展不均衡、缺乏持续投入、不能满足和引导业主新需求以及缺乏顶层设计。

(2)江苏院数字化业务实现突破的迫切需求:数字化业务的核心是创新。从行业趋势和顾客需求上分析,聚焦客户痛点难点,通过人、物、技术、数据、管理、文化、生态等元素的集成,系统开展一系列数字化融合创新活动,以数字化产品满足客户需求并拓展数字化产品的应用边界和目标价值,是江苏院未来创新商业模式的必然选择。以江苏院目前开展的综合能源业务场景为例,围绕"多能互补、绿色低碳"核心思想统筹规划,通过搭建统一的数字化平台,将智能化控制技术与综合能源管控、碳排放监测与管理进行"跨界融合",实现"环境怡心怡业、建筑智能智慧、多能互联互补、业态领先率先"的新型智慧零碳园区已成为典型应用场景,但公司在这些关键业务板块上缺乏自主知识产权的数字化平台,制约了公司商业模式的创新。对标行业标杆企业,数字化产品已经是提供一体化解决方案中重要的组成部分,补齐短板刻不容缓。同时,从业务板块拓展需求,培育"能源+工程数字化"战略板块,拓展"数字孪生+智慧赋能"业务新模式是一场关乎公司未来商业模式创新的高价值战略决策。通过多源异构数据的时空关联融合,以江苏院主营业务产品数据为驱动力,提供全栈AI的智能协同响应,为满足项目全生命周期中规划的合理性、设计的精确性、建造的安全性、管理的高效性、成本的可控性和运维的智能性等场景应用需求提供专业技术和数字化支撑,将赋予传统业务板块新的生命力。

(3)成立独立数字化组织是行业标杆单位的共同选择:华勘院有限公司数字化业务主体是其全资子公司浙江华东工程数字技术有限公司。数字公司提供信息化管理和数字化工程技术产品和服务,负责指导和考核华勘院各部门的数字化业务,约600人。此外,华勘院每个生产部门还设置了数字化、智慧化部(10~20人),开展自动化控制、系统集成、软件开发等数字化业务。数字化业务人员总共1000人左右,未来五年华勘院数字化业务人员的总体规模将扩充到1500~2000人。

中国能源建设股份有限公司(简称"中国能建")广东院在信息化组织方面,设有公司信息化领导小组,组长由院长担任,副组长由分管院领导担任。2022年数字化部从科信部独立运行,目前在册人员12人,负责制订公司数字化发展规划与实施计划,研究数字化共性技术和工程全生命周期管理技术,负责工程全过程数字化支撑平台和工程数据中心建设,负责工程数字化相关的二次开发与优化,指导分公司开展数字化设计平台的建设、优化与应用培训。

中铁第四勘察设计院集团有限公司于 2022 年 1 月成立数智化事业部,现有职工 116 人,其中正高级工程师和高级工程师占比 42% 以上,数智化事业部现下设 2 个研究所,各所下设若干项目组。主要承担铁四院数智化建设及部分管理职能、数智化软件研发、数智化科研创新等工作,对外积极开拓数智化经营、生产项目,推动数智化新兴业务发展。

2. 数字化研发中心的功能定位与作用

江苏院数字化中心将聚焦公司"智慧+"顶层设计,定位于公司业务数字化和工程智慧化的平台研发和科研创新中心。业务数字化包括公司全业务板块,工程智慧化重点领域包括但不限于智慧能源、智能建筑、智慧园区和智慧市政等专业领域。

数字化研发中心将充分消纳公司在相关典型项目领域的专业积累,审慎选择适合江苏院业务特征和未来发展的数字化开发平台,以"数字+"工程为核心,应用 BIM、GIS、IoT、5G、大数据、云计算、人工智能等先进技术,围绕工程全生命周期,对勘察设计过程进行数字化改造,通过数字技术实现勘察、设计、建造和运维管理的数字化改造,提升工程参建各方和客户的体验感,提高劳动生产率,实现工程建造价值链中各利益相关方的价值增值,赋能主营业务转型升级,进一步打造全过程、全要素的数字勘察设计能力,最终为江苏院主营业务产品提供智慧大脑,为行业提供专业数字化、智慧化的产品、解决方案和创新服务。数字化中心将从以下几个方面发挥作用:

布道:帮助江苏院所有部门理解数字化的作用、趋势,从转型的意识上做好铺垫;

赋能:从江苏院全局角度进行数字化顶层设计,通过业务数字化系统建设、数字化产品打造、培训交流等工作,将数字化能力赋予各个业务部门;

连接:从企业层面,连接各种资源、方法、技术,作为数字化转型调度中心和连接外部资源和新技术的路由器,最终实现业务数字化、管理智慧化;

探索:帮助企业在未知领域、战略方向上进行探索;

优化:利用新的技术、工作方法,以数据驱动优化传统业务流程。

3. 数字化研发中心的工作内容

数字化研发中心的主要工作内容是整合公司外部数字化资源,组建公司级数字研发团队,研究和分析公司核心业务与商业模式、勘察设计技术、工程应用技术重大科技攻关成果,探索数字化技术在勘察、规划设计、EPC 与投建营、核心技术产业化在全产业链的应用,落实公司数字化业务发展的总体方案和工作计划,打造适应公司中长期发展所需的数字化技术服务能力,并结合项目开发与市场开拓,力争在主营业务板块构建数字化产品实现突破。

核心业务与商业模式研究:结合公司主营业务板块和"十四五"发展战略,研究核心业务模式与商业模式创新的逻辑关系,确立"以终为始"的业务数字化规划理念,从客户需求入手,研究核心业务数字化实现路径和商业模式的有效衔接。

勘察设计技术研究:确立业务与数字化双轮驱动理念,开展勘察设计现有技术与核心技术挖掘;收集与客户数字化需求相关的关键设计技术;工程应用技术重大科技攻关及产业化研究:针对主营业务板块的集成创新技术、试验检测技术和能源大数据等攻关成果,探索部分成果的数字化落地,培育自主核心知识产权。

公司主营业务全产业链模式研究:结合公司数字化转型的重大战略课题,开展主营业务全产业链模式的 SWOT 分析,提出数字化产品开发的重点领域、实现路径、企业模式和经营和商业模式。

数字化转型不是一蹴而就的简单过程,勘察设计企业的数字化强调的是数字技术对商业网络重塑和信息技术能力的有效提升,并非单纯地利用数字化关联传统业务。数字化转型需要企业投入大量的时间、精力、资金,乃至企业管理者决策的决心。企业首先应该探索出合适的转型路径,关键在于找准自己的核心竞争点是什么,应该构建什么样的核心竞争力,在这个基础上,再用数字化去做提升,一旦提升过了临界点,就能达成经营模式上的质变,迅速与行业竞争对手拉开段位式的差距。

道阻且长,行则将至,与每一位致力于企业数字化转型的同道共勉!

案例企业简介

中国能源建设集团江苏省电力设计研究院有限公司(江苏院)是中国电力工程顾问集团有限公司(中电工程)全资子公司,始建于 1958 年,前身是江苏省电业局设计院。1970 年更名为江苏省水电局电力设计室,1975 年恢复为江苏省电力设计院建制。1999 年以前,江苏院为部属勘测设计单位,作为江苏省电力工业局直属单位管理,后成为江苏省电力公司的全资子企业。2011 年,江苏院进入中国能源建设集团,企业更名为中国能源建设集团江苏省电力设计院,2014 年更名为现名。2018 年中国能建组建规划设计集团,公司现为中电工程旗下企业。

江苏院是中国最早成立的电力勘测设计院之一,江苏省规模最大的电力勘测设计单位,江苏省能源局能源规划中心依托单位。名列中国工程设计企业 60 强,江苏省勘察设计综合实力 30 强之首,连续 8 年获评中国能建经营业绩考核 A 级。

公司是国家高新技术企业、江苏省省长质量奖单位、中国对外承包工程业务新签合同额百强企业、全国工程项目管理和工程总承包企业完成合同额百强企业、江苏省首批全过程工程咨询试点企业、江苏省科技服务百强机构、全国实施卓越绩效模式先进企业、电力行业首批卓越绩效标杆 AAAAA 企业、全国电力行业用户满意企业。获得中电联 AAA 级信用评级、电力规划设计协会 AAA 信用评级、江苏省勘察设计行业诚信单位、江苏省咨询行业 AAA 信用评级和南京市勘协 A 类信用企业。

江苏院本部及所属子公司从业人员总量为 963 人,其中在职员工 779 人。公司在职员工中,硕士研究生及以上学历(学位)比例为 74.5%,高级职称比例近 45%。拥有一级注册建造师 38 人,咨询工程师(投资)56 人,一级注册结构工程师 51 人,注册电气工程师 79 人,一级造价工程师 37 人,注册监理工程师 31 人,注册安全工程师 21 人,各类注册师累计 420 人次。在专家领军人才方面,江苏院拥有"国务院政府特殊津贴专家"1 人、"电力勘测设计大师"4 人、"江苏省有突出贡献中青年专家"1 人,中国电机工程学会"青年人才托举工程"1 人、电力行业杰出青年专家 2 人、江苏省杰出岩土工程师 2 人。拥有中国能建工程技术专家 6 人、项目管理专家 4 人、质量管理专家 2 人、经营管理专家 1 人。"高学历、高职称、专业化、年轻化"的人才结构为公司保持行业领军地位奠定了坚实的基础。

江苏院以规划咨询、勘察设计、工程总承包、投资运营为核心业务,服务领域涵盖电力能源、建筑市政、环保水务等多个基础设施建设行业,为客户提供全生命周期的高价值服务。

公司在新能源及新型储能、全电压等级输变电、全容量燃煤发电、全系列燃气发电、海上风电、大跨越输电、智能电网、分布式能源、综合能源、智慧勘察等众多技术方面走在全国前列,形成的核心业务包括:能源电力规划咨询业务;大型煤电、燃气发电、生物质发电业务;海陆风电、光伏发电等新能源业务;特高压、超高压、高压输变电、大跨越输电、高端配网等电网业务;电化学储能、压缩空气储能等新型储能业务;综合能源、智慧能源、微网等新型电力业务;产业园区、绿色建筑、功能性建筑、地下管廊、供热管网等建筑市政业务;以及自来水厂、污水管网、环评水保等环保水务业务等。

参 考 文 献

[1] 沈小克,陈雷. 岩土工程勘察信息化的实践与思考[J]. 北京勘察设计,2006(1):14-20.

[2] 唐斯斯,张延强,单志广,等. 我国新型智慧城市发展现状、形势与政策建议[J]. 电子政务,2020(4):70-80.

[3] 孙轩. 多维定义下的智慧城市建设:来自英国的实践经验[J]. 城市观察,2021,76(6):135-148.

[4] 孙静愚. 数字地球技术及其应用研究[J]. 环球市场信息导报,2017(8):14-16.

[5] 关国杰,谭光杰. 输电线路数字化岩土工程勘察技术研究[J]. 电力勘测设计,2022(3):49-55,76.

[6] 黎志中. 一种立式工程勘察车及作业方法:LN,CN107701104A[P]. 2018.02.16.

[7] 李云贵. 基于国际标准 IFC 的工程建设信息共享[C]//第九届建筑业企业信息化应用发展研讨会论文集. 北京:中国建筑工业出版社,2005:47-54.

[8] 钟顺洪,陈功,李宏微,等. 大数据时代电力勘察设计企业信息化建设探索[J]. 计算机光盘软件与应用,2014,17(21):83-86.

[9] 刘博,曹新颖,杨悦,等. 基于责权关系的建筑工程质量保险体系研究[J]. 建筑经济,2020,41(7):95-100.

[10] 张晓京. 数据业务实时计费信息采集解决方案及其分析[J]. 电信工程技术与标准化,2011,24(2):66-70.

[11] 冉恒谦,张金昌,谢文卫,等. 地质钻探技术与应用研究[J]. 地质学报,2011,85(11):1806-1822.

[12] 任文. 现代钻探技术的分析应用[J]. 科技创新与应用,2014(6):298.

[13] 苏长寿,谢文卫,杨泽英,等. 系列高效液动锤的研究与开发[J]. 中国科技成果,2012(16):36-39.

[14] 王建华,苏长寿,左新明. 深孔液动潜孔锤钻进技术研究与应用[J]. 勘察科学技术,2011(6):59-64.

[15] 苏长寿,谢文卫. 深孔液动锤钻进技术[C]//全国深部地质钻探技术交流会论文集. 黄山:中国地质学会,2010:21-36.

[16] 姚建平,底衡波. 空气反循环连续取样技术在地质矿产勘查中的实际应用[J]. 矿产勘查,2021,12(7):1635-1640.

[17] 安宝山. 岩土工程勘察在复杂地质环境下的相关技术方法探究综述[J]. 环境与发展,2017,29(6):6,9.

[18] 任蓓蓓. 基于 CPTU 测试参数的砂土液化参数研究[D]. 南京:东南大学,2013.

[19] 段伟,蔡国军,刘松玉,等. 多功能参数静力触探在地震液化判别方法中的应用进展研究[J]. 地震工程学报,2020,42(3):764-776.

[20] 沈小克,蔡正银,蔡国军. 原位测试技术与工程勘察应用[J]. 土木工程学报,2016,49(2):98-120.

[21] 廖文鹏,朱通,黄日华,等. 综合物探方法在水资源勘察中的应用[J]. 物探化探计算技术,2017,39(6):768-774.

[22] 葛双成,江影,颜学军. 综合物探技术在堤坝隐患探测中的应用[J]. 地球物理学进展,2006,21(1):263-272.

[23] 贺志军. 地质雷达方法在工程勘察中的应用[C]//中国国际地球电磁学术讨论会. 乌鲁木齐:中国地球物理学会,2013:426-432.

[24] 李江昌. 工程物探技术在岩土工程中的应用及前景[J]. 技术与市场,2015,22(5):72-73.

[25] 盛淇威. 地质调查技术方法的归类和梳理[J]. 世界有色金属,2021(14):227-228.

[26] 张咸恭. 中国工程地质学[M]. 北京:科学出版社,2000.

[27] 李伯潇,兰阳.岩土工程勘察智能信息化技术研究现状[J].新型工业化,2021,11(5):75-76.

[28] 胡波,王锡霖,陈宗恒,等.海床式取心钻机研究及总体方案设计[J].地质装备,2019,20(6):11-17.

[29] 何健辉,张进才,陈勇,等.基于弱光栅技术的地面沉降自动化监测系统[J].水文地质工程地质,2021,48(1):146-153.

[30] 李春辉.大数据技术在物联网中的应用[J].科技资讯,2022,20(14):13-15.

[31] 徐敏,胡聪,王萍,等.基于云计算技术的大规模数据存储策略研究[J].微型电脑应用,2022,38(4):80-83,92.

[32] 黄述杰,顾金霞.云计算技术在计算机大数据分析中的应用[J].电子技术与软件工程,2022(8):235-238.

[33] 谢可,王剑锋,金尧,等.电力物联网关键技术研究综述[J].电力信息与通信技术,2022,20(1):1-12.

[34] 孙海涛.网络传输中数据安全及加密技术[J].电子世界,2022(1):180-181,186.

[35] 吴吉义,李文娟,曹健,等.智能物联网AIoT研究综述[J].电信科学,2021,37(8):1-17.

[36] 刘安涛,任立华,张焕杰,等.电力工程勘测一体化数据管理平台研究与实现[J].现代测绘,2021,44(4):46-50.

[37] 杨毅宇,周威,赵尚儒,等.物联网安全研究综述:威胁、检测与防御[J].通信学报,2021,42(8):188-205.

[38] 陆生强.时空数据湖的研究与应用[J].国土资源信息化,2021(3):28-33,53.

[39] 雷博文.基于大数据的实时数据仓库的设计与实现[D].北京:中国地质大学,2021.

[40] 闫昶,何燕兰,杨红军.多源三维数据集成展示关键技术研究[C]//江苏省测绘地理信息学会2020年学术年会论文集.南京:江苏省测绘地理信息学会《现代测绘》编辑部,2020:62-64.

[41] 涂道勇,黄进航,王骏.基于CAD/GIS集成的电力勘测制图技术研究与应用[J].电力勘测设计,2020(S2):97-104.

[42] 徐鹏军.计算机数据库技术在数据管理中的应用[J].电子技术与软件工程,2020(1):143-144.

[43] 程雪.基于有限单元法的边坡稳定性分析[J].黑龙江水利科技,2019,47(12):60-63.

[44] 王鹏.白石水库库区泄滩边坡稳定性风险评估[J].黑龙江水利科技,2019,47(11):96-101.

[45] 黄杏元.我国地理信息系统建设及进展(1)[J].现代测绘,2004(2):3-6.

[46] 彭岩岩,刘宇航,王天佐,等.数值模拟实验在岩土工程中的应用与展望[J].绍兴文理学院学报(自然科学),2018,38(2):39-44.

[47] 车敏,拓明福,柳泉.虚拟现实系统及其关键技术的研究进展[J].物联网技术,2018,8(4):93-94.

[48] 刘润东.实景三维新型测绘能力建设及典型应用[J].测绘与空间地理信息,2017,40(8):159-161.

[49] 陈华斌,王进,陈贺.岩质边坡数值分析方法综述[J].公路交通科技(应用技术版),2017,13(3):55-57.

[50] 谭君.测绘数据外业采集及其内业处理[J].低碳世界,2016(9):85-86.

[51] 刘永.云计算技术研究综述[J].软件导刊,2015,14(9):4-6.

[52] 宋晨阳,寇鹏,滕晓晓.基于数据字典的数据库索引技术研究[J].通信技术,2015,48(3):302-305.

[53] 张锋军.大数据技术研究综述[J].通信技术,2014,47(11):1240-1248.

[54] 刘相纯,陈玉明,和艳娥.岩土工程中数值方法的应用现状及思考[J].中国非金属矿工业导刊,2014(2):61-63.

[55] 刘智慧,张泉灵.大数据技术研究综述[J].浙江大学学报(工学版),2014,48(6):957-972.

[56] 任治军,任亚群,葛海明,等.岩土工程勘察信息化处理的架构与实施[J].电力勘测设计,2011(1):23-27.

[57] 孟凡利.基于钻孔数据的三维地层模型构建方法研究[D].西安:西安科技大学,2006.

[58] 龚健雅.当代地理信息系统进展综述[J].测绘与空间地理信息,2004(1):5-11.

[59] 陈述彭. 我国地理信息系统的新进展[J]. 国土资源信息化,2004(1)：3-4.

[60] 高太长,刘西川,刘磊,等. 自动气象站及气象传感器发展现状和前景分析[C]// 第三届全国虚拟仪器学术交流大会论文集. 北京：《仪器仪表学报》杂志社,2008：134-140.

[61] 章玮. 土壤检测的传感器技术发展现状与展望[J]. 安徽农学通报,2018,24(22)：142-145.

[62] 黄嘉东,徐兵元,叶向阳. 企业级应用系统 SOA 架构建设研究与实践[J]. 中国高新技术企业,2016(2)：159-161.

[63] 侯智,陈世平. 基于 Kano 模型的用户需求重要度调整方法研究[J]. 计算机集成制造系统,2005,11(12)：1785-1789.

[64] 黄文博,燕杨. C/S 结构与 B/S 结构的分析与比较[J]. 长春师范学院学报,2006,25(8)：56-58.

[65] 李云云. 浅析 B/S 和 C/S 体系结构[J]. 科学之友,2011(1)：6-8.

[66] 武苍林. B/S 与 C/S 结构的分析与比较[J]. 电脑学习,1999(5)：42-43.

[67] 张良银. 浅论 C/S 和 B/S 体系结构[J]. 工程地质计算机应用,2006(4)：20-23,28.

[68] 中华人民共和国住房和城乡建设部. 城市三维建模技术规范：CJJ/T 157-2010[S]. 北京：中国建筑工业出版社,2011.

[69] 姚延昊. 网上宠物店的设计与实现[D]. 沈阳：东北大学,2015.

[70] 孙杰. 基于 Web 的数据挖掘方法研究[J]. 现代制造技术与装备,2012(6)：25-27.

[71] 张梦迪,高振记. 区块链技术在地质大数据知识产权保护中的应用探讨[J]. 中国矿业,2019,28(11)：9-14.

[72] 中华人民共和国住房和城乡建设部. 火力发电厂岩土工程勘察规范：GB/T 51031-2014[S]. 北京：中国计划出版社,2015.

[73] 所振伟,张彦峰,周晓情. 岩土工程勘察中信息化技术的应用[J]. 华章,2012(5)：327.

[74] 卢恺. 地下工程施工监测平台的研究与应用[J]. 施工技术,2019,48(S1)：857-859.

[75] 刘衍存. 浅谈岩土工程勘察中信息化技术的应用[J]. 城市建设理论研究(电子版),2013(6)：1-4.

[76] 潘洪远,覃绪坚. 岩土工程勘察技术的应用与技术管理[J]. 科技风,2010(20)：281-282.

[77] 夏开全,刘思远,于维俭,等. 架空送电线路铁塔安全状态评价方法研究[J]. 工业建筑,2010(S1)：423-426.

[78] 胡德银. 现代 EPC 工程项目管理讲座 第六讲：EPC 工程总承包项目管理的基础工作：论建立工程项目管理体系[J]. 有色冶金设计与研究,2004(2)：83-89.

[79] 宗俊俊. 浅谈利用 PDCA 循环方法建立公司质量管理体系实例[J]. 轻工标准与质量,2021(5)：53-55.

[80] 李珍珠. 基于 PDCA 循环的高职双创孵化基地校内外协同机制研究[J]. 营销界,2021(35)：177-178.

[81] 张云生,陈伟然. "戴明环"理论在项目管理中的应用：以乌鲁木齐职业大学世界银行贷款支持职业教育项目管理研究为例[J]. 新疆职业教育研究,2016,7(3)：39-41.

[82] 徐晖,胡淼. EPC 模式下核电项目业主的工程质量管理[J]. 中国核电,2014,7(2)：150-155.

[83] 张步渐. C 公司全面质量管理研究[D]. 苏州：苏州大学,2014.

[84] 许多,李庆军,龙敏浩,等. 基于过程方法的风险识别及管控方法研究与应用[J]. 内燃机与配件,2018(11)：152-154.

[85] 王义礼. 凌凯威公司质量管理体系的优化研究[D]. 长沙：中南大学,2013.

[86] 陶光成,赖文娟,陈艳斌. 企业内部质量管理体系审核的开展[J]. 中国管理信息化,2018,21(11)：82-86.

[87] 兰杰,程亭. 谈建筑设计院质量管理体系的改进[J]. 工程质量,2008(7)：1-4.

[88] 李梅. 高校后勤质量管理体系建设研究[J]. 鞍山科技大学学报,2006(3)：328-330.

[89] 姜作涛. 中小食品企业质量管理体系有效运行研究[D]. 青岛：中国海洋大学,2009.

[90] 张秋节. 关于提高焊轨基地质量管理体系运行有效性的探讨[J]. 企业改革与管理,2017(21)：

207-208.

[91] 李春艳,刘翠茹,陈德仁.检测实验室质量管理体系构建和运行[J].煤质技术,2013(S1):27-29.

[92] 聂晶.搞好重组企业的文化融合[J].中外企业文化,2017(2):29-31.

[93] 蔡升华.中国能建江苏院 转动高质量发展"驱动轮"[J].中国电力企业管理,2022(6):38-40.

[94] 付万师,薛筱莉.两化融合管理体系在企业应用的思考[J].质量与标准化,2017(1):49-52.

[95] 蔡升华,任治军,戴洪军.卓越绩效视角下的质量管理模式创新与实践[J].电力勘测设计,2020(S2):1-7.

[96] 曹静,祝小艳,王小燕.基于卓越绩效模式评价方法的质量政策实施效果评估研究[J].科技经济市场,2018(9):85-87.

[97] 印锦红.卓越绩效管理模式在豪迈集团的应用研究[D].南京:南京理工大学,2012.

[98] 李中华.浅析"创新"在经济发展中的作用[J].商,2012(9):156-157.

[99] 周汉祥.中小企业创新质量管理的探索[J].质量与市场,2022(5):196-198.

[100] 朱一鸣.S公司发电工程设计项目的知识管理研究[D].南京:东南大学,2017.

[101] 王晓梅,白海平.哈大齐工业走廊建设中的地方政府职能转变[J].理论观察,2008(4):14-15.

[102] 任治军,戴洪军,潘晓烨,等.勘测设计质量管理信息系统架构设计与实践研究[J].电力勘测设计,2021(S1):90-95.

[103] 沈小克.承前启后 全面创新 科学发展:改革开放40年我国工程勘察行业发展的初步思考[J].中国勘察设计,2018(12):31-35.

[104] 席细平,范敏,谢运生,等.江西实现碳达峰与碳中和的思考[J].能源研究与管理,2021(1):1-5,11.

[105] 李舒沁.后疫情时代人力资源数字技能培养与镜鉴[J].中国科技产业,2021(4):67-69.

[106] 郭刚.从《政府工作报告》七大要点看勘察设计行业未来发展[J].中国勘察设计,2020(6):8-10.

[107] 中国勘察设计协会.工程勘察设计行业发展展望与预测[J].中国勘察设计,2020(4):14-19.

[108] 代端明.BIM技术在全过程工程咨询服务的应用探讨:以南宁市某市民文化活动中心项目为例[J].广西城镇建设,2019(12):116-118.

[109] 赵楠,严兴鹏,郝呈禄.综合地质勘探方法在地质勘探中的应用[J].世界有色金属,2020(3):233,235.

[110] 高春陆.浅谈建筑工程中的地质勘察技术[J].价值工程,2014,33(10):76-77.

[111] 戴永波.关于深基坑的支护设计与岩土勘察技术探讨[J].建材与装饰,2016(13):66-67.

[112] 陈诗艾.工程勘察管理信息化关键技术研究[J].广东土木与建筑,2020,27(4):42-45,56.

[113] 柴艳丽.商业模式创新中的"国家电投"思维[J].国资报告,2021(3):61-64.

[114] 丁万晶,何红喜.结合疫情探讨燃气企业传统客户服务模式创新发展方向[J].城市燃气,2020(3):27-31.

[115] 周其森.三方面着力转向全面推进乡村振兴[J].理论导报,2021(2):24,27.

[116] 李思瑾."云"端上的政务服务和社会治理[J].当代贵州,2018(24):27-28.

[117] 戚聿东,褚席.数字经济学学科体系的构建[J].改革,2021(2):41-53.

[118] 罗仕鉴.新时代文化产业数字化战略研究[J].包装工程,2021,42(18):63-72.

[119] 刘天慧.数字经济发展路径比较研究与政策分析:以天津市为例[J].北方经济,2021(7):49-52.

[120] 郭莉,张旺,马倩,等.新基建背景下基础设施工程投资价值评估研究:基于分阶段实物期权方法的分析[J].价格理论与实践,2021(2):170-173,175.

[121] 李中亮,吉朝辉.传统企业数字化转型对策思考[J].石油化工建设,2021,43(S2):72-73.

[122] 郎超男,徐乐,朱玉斌,等.浅析机械工程智能化的发展现状及未来趋势[J].装备制造技术,2021(2):111-114.

[123] 陈曦,宫政,刘垚.人工智能在物流领域的发展研究[J].信息通信技术与政策,2019(6):40-45.

[124] 周瑜,刘春成.雄安新区建设数字孪生城市的逻辑与创新[J].城市发展研究,2018,25(10):60-67.

［125］ 杜明芳.数字孪生城市视角的城市信息模型及现代城市治理研究［J］.中国建设信息化,2020(17)：54-57.

［126］ 贺洪煜,房霆宸,朱赟,等.大数据在建筑智慧运维系统中的应用［J］.建筑施工,2021,43(12)：2600-2603.

［127］ 李刚,王梦,左振波,等.基于数字孪生的智慧园区能源管理系统应用探讨［J］.科技与创新,2021(18)：51-52.

［128］ 魏强."物联网＋农业"助推农业现代化转型［J］.互联网经济,2018(7)：20-25.

［129］ 钱开铸,郭密文,王炜,等.工程勘察企业信息化的建设与思考［J］.岩土工程技术,2022,36(2)：111-115.

［130］ 赵艳轲.2022年我国智慧城市发展八大趋势［J］.数字经济,2022(Z1)：14-17.

［131］ 杨苗.新基建加持下的"智慧城市"发展趋势解析［J］.中国电信业,2021(5)：67-70.

［132］ 黄建城,杨丹,许文超.基于数字化技术的电力工程总承包项目全过程管理研究［J］.工程经济,2021,31(10)：39-42.

［133］ 苏红红.从数字化设计到数字化工程：中国电力工程EIM大赛折射行业发展［J］.电力勘测设计,2019(7)：1-4.

［134］ 马慧.数字经济背景下平台企业横向并购反垄断的困境与路径［J］.中国流通经济,2021,35(12)：112-124.

［135］ 费超.勘察设计企业数字化转型挑战与策略［J］.黑龙江水利科技,2021,49(12)：194-196.

［136］ 牟少峰,艾爽,王希祥.AI＋安防在智慧城管中的深度应用［J］.中国安防,2021(11)：59-66.

［137］ 刘逸鸣.华建数创：数字孪生,智慧城市缔造者［J］.华东科技,2021(5)：42-45.